高等院校计算机应用系列教材

大学计算机基础

(Windows 7/10+Office 2016)

姜春峰　主编

清华大学出版社

北　京

内 容 简 介

本书以培养学生的计算思维能力和计算机操作能力为核心任务，共分 10 章，分别介绍了计算思维与计算机技术、Windows 操作系统、Word 2016 的基本操作、文档的格式化与排版、Excel 2016 的基本操作、工作表的整理与分析、公式与函数的使用、PowerPoint 2016 的基本操作、演示文稿的设置与放映、计算机网络与信息安全等内容。

本书内容丰富、结构清晰、语言简练、图文并茂，具有较强的实用性和可操作性，是一本适用于高等院校计算机基础课程的优秀教材，也适合作为广大初、中级计算机用户的自学参考书。

图书在版编目(CIP)数据

大学计算机基础：Windows 7/10+ Office 2016 / 姜春峰主编. —北京：清华大学出版社，2021.8 (2025.1 重印)
高等院校计算机应用系列教材
ISBN 978-7-302-58613-5

Ⅰ. ①大… Ⅱ. ①姜… Ⅲ. ①Windows操作系统—高等学校—教材 ②办公自动化—应用软件—高等学校—教材 Ⅳ. ①TP316.7 ②TP317.1

中国版本图书馆 CIP 数据核字(2021)第 131716 号

责任编辑：王　定
装帧设计：孔祥峰
责任校对：成凤进
责任印制：刘　菲

出版发行：清华大学出版社
网　　址：https://www.tup.com.cn, https://www.wqxuetang.com
地　　址：北京清华大学学研大厦 A 座　　**邮　　编：**100084
社 总 机：010- 83470000　　**邮　　购：**010-62786544
投稿与读者服务：010-62776969，c-service@tup.tsinghua.edu.cn
质 量 反 馈：010-62772015，zhiliang@tup.tsinghua.edu.cn
印 装 者：三河市龙大印装有限公司
经　　销：全国新华书店
开　　本：185mm×260mm　　**印　　张：**20.5　　**字　　数：**524 千字
版　　次：2021 年 8 月第 1 版　　**印　　次：**2025 年 1 月第 6 次印刷
定　　价：59.80 元

产品编号：092475-01

前　言

“计算机基础”是高等院校非计算机专业学生必修的公共基础课，同时也是学习其他计算机应用技术的基础。

本书根据教育部的教学基本要求，追求教与学、研究与探究、理论与实践的有机结合，围绕课程内容的基础性、科学性和前瞻性搭建基本体系，结合本学科领域的最新科技应用成果，以理论学习为基础、以技术为主体、以应用创新为目的，通过调整知识结构、完善学生综合认知，让学生树立不断学习、深究探索的意识，进而加强人才培养的针对性、应用性、实践性。

本书系统研究、梳理并介绍了目前大学计算机基础教育和计算机技术发展的状况，在内容取舍、篇章结构、教学讲解和实验安排等方面都进行了精心的设计。全书共分 10 章，分别介绍了计算思维与计算机技术、Windows 操作系统、Word 2016 的基本操作、文档的格式化与排版、Excel 2016 的基本操作、工作表的整理与分析、公式与函数的使用、PowerPoint 2016 的基本操作、演示文稿的设置与放映、计算机网络与信息安全等。本书配套的实验教程《大学计算机基础实验教程(Windows 7/10+Office 2016)》(ISBN：978-7-302-38633-3)，可以培养学生的实践能力和处理实际问题的能力。

本书编写人员希望学生通过全面、系统的课程学习，能够较好地掌握计算机软、硬件技术与网络技术的基本概念，了解计算思维的基本概念，掌握 Word 2016、Excel 2016 和 PowerPoint 2016 等 Office 软件的使用方法，具有较强的信息系统安全与社会责任意识，为后续深入、广泛地学习计算机技术打下坚实基础。

本书内容全面、由浅入深，较为紧密地结合了计算机专业技术的发展，并采用计算机专业写作手法，避免了过于通俗而专业讲解不足的问题。本书适应多层次分级教学，可以满足不同学时的教学，适合不同基础人员的学习。在教学中，可根据实际教学学时数和学生基础灵活选择教学内容。

本书由西北大学现代学院姜春峰主编，在编写过程中得到诸多同事、朋友的帮助，在此表示感谢。由于编者水平有限，本书若有不当之处，希望同行和读者提出宝贵建议。

本书教学课件、教学大纲及习题参考答案可通过扫描以下二维码下载。

教学课件　　教学大纲　　习题参考答案

编　者

2021 年 4 月

前　言

[illegible]

2021年4月

目 录

第 1 章 计算思维与计算机技术……1
1.1 计算思维与算法概述……2
1.1.1 计算思维……2
1.1.2 算法……5
1.2 计算机的产生与发展……8
1.2.1 计算机的产生……9
1.2.2 计算机的发展……10
1.3 计算机的分类与应用……11
1.3.1 计算机的分类……11
1.3.2 计算机的应用……12
1.4 计算机系统的基本组成……12
1.4.1 计算机硬件系统……13
1.4.2 计算机软件系统……18
1.5 计算机中数据的表示和存储……18
1.5.1 常用数制……18
1.5.2 数制转换……21
1.5.3 二进制数的表示……23
1.5.4 数据的存储……30
1.6 多媒体技术的概念与应用……34
1.6.1 多媒体概述……34
1.6.2 多媒体的关键技术……35
1.6.3 多媒体技术的应用……36
1.7 习题……37

第 2 章 Windows 操作系统……39
2.1 操作系统概述……40
2.1.1 操作系统的基本概念……40
2.1.2 操作系统的功能……40
2.1.3 操作系统的分类……44
2.1.4 典型操作系统介绍……44
2.2 Windows操作系统简介……45
2.2.1 Windows 7 操作系统……45
2.2.2 Windows 10 操作系统……45
2.3 Windows操作系统的基本操作……46
2.3.1 使用系统桌面……46
2.3.2 操作鼠标和键盘……51
2.3.3 使用中文输入法……52
2.3.4 使用资源管理器……54
2.4 文件和文件夹管理……56
2.4.1 文件和文件夹的概念……56
2.4.2 文件和文件夹的基本操作……57
2.4.3 回收站……59
2.5 设置个性化系统环境……60
2.5.1 控制面板……61
2.5.2 显示设置……61
2.5.3 网络设置……63
2.5.4 鼠标和键盘设置……66
2.5.5 用户账户设置……68
2.5.6 字体设置……71
2.5.7 打印机设置……71
2.5.8 系统设置……73
2.6 安装和删除程序……74
2.7 使用系统工具……74
2.8 综合案例……76
2.9 习题……77

第 3 章 Word 2016 的基本操作……79
3.1 Word 2016简介……80
3.1.1 Word 2016 的基本功能……80
3.1.2 Word 2016 的启动和退出……81

3.1.3 Word 2016 的运行环境 …… 81
3.2 文档的基本操作 …… 83
3.2.1 创建文档 …… 83
3.2.2 保存文档 …… 83
3.2.3 打开和关闭文档 …… 84
3.3 输入与编辑文本 …… 85
3.3.1 输入文本 …… 85
3.3.2 输入日期和时间 …… 87
3.3.3 选取文本 …… 88
3.3.4 复制、移动和删除文本 …… 90
3.3.5 查找和替换文本 …… 91
3.3.6 撤销和恢复操作 …… 93
3.4 多窗口与多文档操作 …… 93
3.5 综合案例 …… 96
3.6 习题 …… 96

第 4 章 文档的格式化与排版 …… 99
4.1 设置文本格式 …… 100
4.1.1 设置字体格式 …… 100
4.1.2 修饰文本效果 …… 102
4.1.3 设置段落格式 …… 103
4.1.4 使用格式刷工具 …… 108
4.2 设置文档页面 …… 109
4.2.1 设置页边距 …… 109
4.2.2 设置纸张 …… 109
4.2.3 设置文档网络 …… 110
4.2.4 设置稿纸页面 …… 111
4.3 设置文档背景和主题 …… 112
4.4 设置文档分栏 …… 115
4.5 制作图文混排文档 …… 115
4.5.1 使用图片 …… 115
4.5.2 使用艺术字 …… 118
4.5.3 使用自选图形 …… 120
4.5.4 使用文本框 …… 121
4.6 使用表格 …… 122
4.6.1 创建表格 …… 122
4.6.2 编辑表格 …… 124
4.6.3 修饰表格 …… 127
4.6.4 表格数据的排序和计算 …… 129
4.7 保护文档 …… 130
4.8 打印文档 …… 131
4.8.1 预览文档 …… 131
4.8.2 打印设置与执行打印 …… 131
4.9 综合案例 …… 132
4.10 习题 …… 133

第 5 章 Excel 2016 的基本操作 …… 135
5.1 电子表格的基本功能 …… 136
5.2 Excel 2016简介 …… 136
5.2.1 Excel 2016 的基本概念 …… 136
5.2.2 Excel 2016 的启动与退出 …… 136
5.2.3 Excel 2016 的运行环境 …… 137
5.3 操作工作簿 …… 139
5.3.1 创建工作簿 …… 139
5.3.2 保存工作簿 …… 139
5.3.3 转换工作簿版本和格式 …… 140
5.3.4 显示和隐藏工作簿 …… 140
5.4 操作工作表 …… 141
5.4.1 创建工作表 …… 141
5.4.2 选取当前工作表 …… 142
5.4.3 移动和复制工作表 …… 142
5.4.4 删除工作表 …… 144
5.4.5 重命名工作表 …… 144
5.4.6 隐藏和显示工作表 …… 144
5.5 操作行与列 …… 145
5.5.1 选取行与列 …… 145
5.5.2 插入行与列 …… 146
5.5.3 移动和复制行与列 …… 147
5.5.4 隐藏和显示行与列 …… 148
5.5.5 删除行与列 …… 149
5.6 操作单元格与区域 …… 149
5.6.1 选取与定位单元格 …… 150
5.6.2 选取区域 …… 151
5.6.3 复制和移动单元格 …… 152
5.6.4 隐藏和锁定单元格 …… 154
5.6.5 删除单元格内容 …… 154
5.6.6 合并单元格 …… 155
5.7 控制工作窗口视图 …… 155

5.7.1 多窗口显示工作簿……156
5.7.2 并排查看……157
5.7.3 拆分窗口……157
5.7.4 冻结窗口……158
5.7.5 缩放窗口……158
5.7.6 自定义窗口……159
5.8 输入与编辑数据……159
5.8.1 在单元格中输入数据……159
5.8.2 编辑单元格中的内容……161
5.8.3 数据显示与数据输入的关系……161
5.8.4 日期和时间的输入与识别……165
5.9 快速填充数据……167
5.9.1 自动填充……167
5.9.2 设置序列……168
5.9.3 使用填充选项……169
5.9.4 使用填充菜单……170
5.10 设置工作表链接……170
5.11 查找与替换数据……171
5.11.1 查找数据……171
5.11.2 替换数据……172
5.12 设置打印工作表……173
5.12.1 快速打印工作表……173
5.12.2 设置打印内容……174
5.12.3 调整打印页面……176
5.12.4 打印设置……178
5.12.5 打印预览……178
5.13 综合案例……179
5.14 习题……180

第6章 工作表的整理与分析……182
6.1 设置单元格格式……183
6.1.1 认识 Excel 格式工具……183
6.1.2 使用 Excel 实时预览功能……184
6.1.3 设置对齐……184
6.1.4 设置字体……186
6.1.5 设置边框……186
6.1.6 设置填充……187
6.1.7 复制格式……188
6.1.8 快速格式化数据表……188
6.2 设置单元格样式……189
6.2.1 应用 Excel 内置样式……189
6.2.2 创建自定义样式……189
6.2.3 合并单元格样式……190
6.3 设置行高和列宽……191
6.4 设置条件格式……192
6.4.1 使用数据条……192
6.4.2 使用色阶……193
6.4.3 使用图标集……194
6.4.4 突出显示单元格规则……194
6.4.5 自定义条件格式……195
6.4.6 条件格式转换成单元格格式……195
6.4.7 复制与清除条件格式……196
6.4.8 管理条件格式规则优先级……196
6.5 使用批注……197
6.6 使用模板与主题……198
6.6.1 使用模板……198
6.6.2 使用主题……199
6.7 设置工作表背景……200
6.8 建立数据清单……200
6.9 排序数据……202
6.9.1 指定多个条件排序数据……203
6.9.2 按笔画条件排序数据……203
6.9.3 按颜色条件排序数据……204
6.9.4 按单元格图标排序数据……205
6.9.5 自定义条件排序数据……205
6.10 筛选数据……206
6.10.1 普通筛选……206
6.10.2 高级筛选……208
6.10.3 模糊筛选……210
6.10.4 取消筛选……210
6.11 分类汇总……211
6.11.1 创建分类汇总……211
6.11.2 隐藏和删除分类汇总……211
6.12 数据合并……212
6.12.1 按类合并计算……212
6.12.2 按位置合并计算……213
6.13 使用图表……214
6.13.1 创建图表……214

6.13.2 编辑图表……214
6.13.3 修改图表数据……216
6.13.4 修饰图表……216
6.14 使用数据透视表……219
6.14.1 数据透视表简介……219
6.14.2 建立数据透视表……220
6.15 综合案例……221
6.16 习题……222

第7章 公式与函数的使用……224
7.1 公式的使用……225
7.1.1 输入公式……227
7.1.2 编辑公式……227
7.1.3 删除公式……227
7.1.4 复制与填充公式……227
7.2 单元格的引用……228
7.2.1 相对引用……228
7.2.2 绝对引用……229
7.2.3 混合引用……229
7.2.4 多单元格/区域的引用……230
7.3 函数的使用……231
7.3.1 函数的结构……231
7.3.2 函数的参数……232
7.3.3 函数的分类……232
7.3.4 函数的易失性……233
7.3.5 输入与编辑函数……233
7.4 常用函数的应用案例……234
7.4.1 大小写字母转换……234
7.4.2 生成A~Z序列……235
7.4.3 生成可换行的文本……235
7.4.4 统计包含某字符的单元格个数……236
7.4.5 将日期转换为文本……236
7.4.6 将英文月份转换为数字……236
7.4.7 按位舍入数字……237
7.4.8 按倍舍入数字……237
7.4.9 截断舍入或取整数字……238
7.4.10 四舍五入数字……238
7.4.11 批量生成不重复随机数……239
7.4.12 自定义顺序查询数据……239
7.4.13 条件查询数据……240
7.4.14 正向查找数据……240
7.4.15 逆向查找数据……241
7.4.16 分段统计学生成绩……241
7.4.17 剔除极值后计算平均得分……241
7.4.18 屏蔽公式返回的错误值……242
7.5 综合案例……243
7.6 习题……244

第8章 PowerPoint 2016的基本操作……247
8.1 PowerPoint 2016简介……248
8.1.1 PowerPoint 2016的基本功能……248
8.1.2 PowerPoint 2016的工作界面……248
8.2 演示文稿的基本操作……249
8.2.1 创建演示文稿……249
8.2.2 保存演示文稿……251
8.2.3 打开演示文稿……251
8.2.4 关闭演示文稿……251
8.3 幻灯片的基本操作……252
8.3.1 插入幻灯片……252
8.3.2 选择幻灯片……252
8.3.3 移动和复制幻灯片……253
8.3.4 编辑幻灯片版式……253
8.3.5 删除幻灯片……255
8.4 输入与编辑幻灯片文本……256
8.4.1 输入幻灯片文本……256
8.4.2 设置文本格式……257
8.4.3 设置段落格式……257
8.4.4 使用项目符号和编号……258
8.5 插入多媒体元素……259
8.5.1 在幻灯片中插入图片……259
8.5.2 在幻灯片中插入艺术字……259
8.5.3 在幻灯片中插入声音……261
8.5.4 在幻灯片中插入视频……262
8.5.5 在幻灯片中使用表格……262
8.6 综合案例……264
8.7 习题……265

第 9 章 演示文稿的设置与放映……267
9.1 设置幻灯片母版……268
9.1.1 幻灯片母版简介……268
9.1.2 设计母版版式……268
9.1.3 设计页眉和页脚……269
9.2 设置主题和背景……270
9.2.1 设置幻灯片主题……270
9.2.2 设置幻灯片背景……271
9.3 设置幻灯片动画……271
9.3.1 设置幻灯片切换动画……271
9.3.2 设置幻灯片对象动画……272
9.3.3 设置动画效果选项……273
9.4 制作交互式演示文稿……274
9.4.1 添加超链接……274
9.4.2 使用动作按钮……275
9.4.3 隐藏幻灯片……276
9.5 设置放映方式……277
9.5.1 定时放映幻灯片……277
9.5.2 循环放映幻灯片……277
9.5.3 连续放映幻灯片……277
9.5.4 自定义放映幻灯片……278
9.6 设置放映类型……279
9.7 控制幻灯片放映……279
9.7.1 排练计时……279
9.7.2 控制放映过程……280
9.7.3 使用墨迹注释……281
9.7.4 使用旁白……281
9.8 放映与输出演示文稿……282
9.8.1 放映演示文稿……282
9.8.2 输出演示文稿……283
9.8.3 打印演示文稿……284
9.9 综合案例……286
9.10 习题……287

第 10 章 计算机网络与信息安全……289
10.1 计算机网络基础知识……290
10.1.1 计算机网络的形成和发展……290
10.1.2 计算机网络的定义……291
10.1.3 计算机网络的主要功能……291
10.1.4 计算机网络的组成……292
10.1.5 计算机网络的分类……293
10.2 计算机网络体系结构……295
10.2.1 计算机网络体系结构的形成……295
10.2.2 OSI 参考模型……296
10.2.3 TCP/IP 参考模型……297
10.3 网络传输介质……298
10.3.1 有线介质……298
10.3.2 无线介质……300
10.4 网络互联设备……300
10.5 Internet及其应用……303
10.5.1 IP 与域名……304
10.5.2 Internet 的接入……306
10.5.3 Internet 提供的服务……307
10.5.4 网络信息检索……308
10.6 使用IE浏览器……310
10.7 使用Outlook……311
10.8 计算机病毒及其防范……312
10.8.1 计算机病毒的概念……313
10.8.2 计算机病毒的特征……313
10.8.3 计算机病毒的分类……313
10.8.4 计算机病毒的防范……315
10.9 信息安全……315
10.10 习题……316

第 1 章
计算思维与计算机技术

☑ 本章要点

掌握计算思维与算法的基本概念，了解计算机的发展、类型及应用领域，了解计算机软件、硬件系统的组成及主要技术指标，理解计算机中数据的表示与存储，掌握多媒体技术的概念与应用。

☑ 知识体系

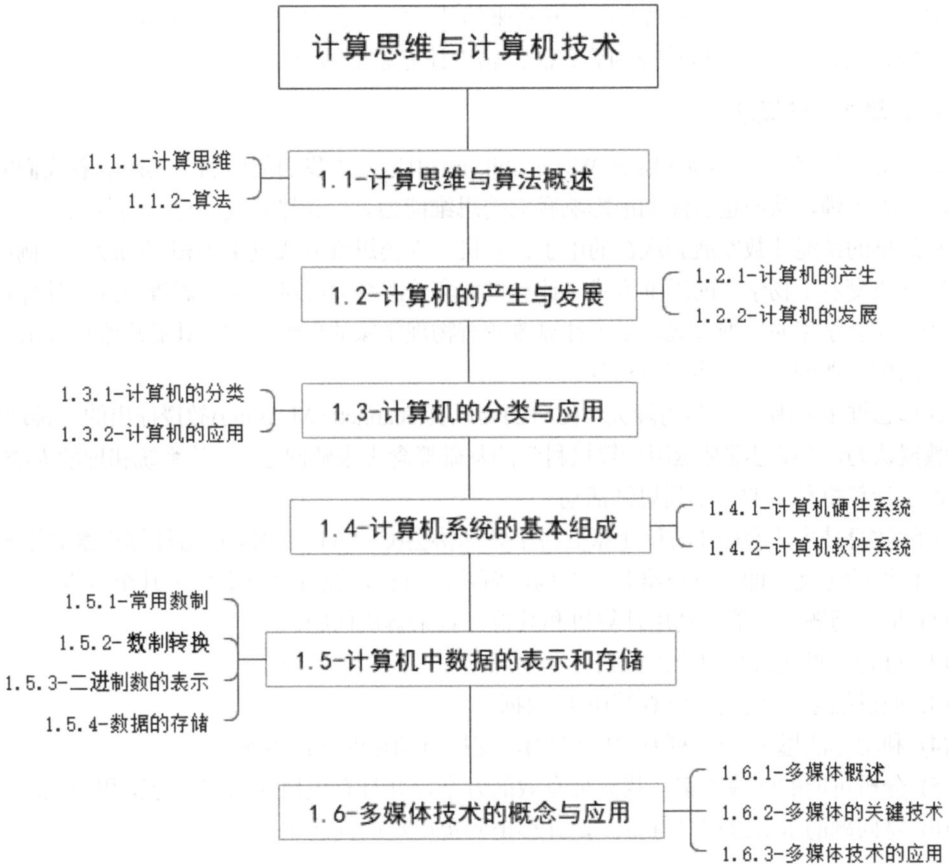

1.1 计算思维与算法概述

计算机是20世纪重大的科技成果之一。第一台电子计算机诞生以来，计算机学科已经成为发展最快的学科之一，尤其是微型计算机的出现和计算机网络的发展，极大地促进了社会的信息化进程和知识经济的发展，引起了社会的变革。现在，计算机已广泛应用于社会的各行各业，深刻地改变了人们工作、学习与生活的方式。在正式开始讲解计算机系统的基础理论、工作原理，以及计算机作为工具的使用方法之前，本章从计算思维与算法的基础概念开始，介绍计算机技术的思想和方法，即计算机科学家在解决计算(机)科学问题时的思维方法，阐明计算系统的价值实现过程。

1.1.1 计算思维

理论科学、实验科学和计算科学三大科学方法作为科学发展的三大支柱，推动着人类文明进步和科技发展。与三大科学方法相对应的是三大科学思维，即理论思维、实验思维和计算思维。本小节重点介绍计算思维。

计算思维又称构造思维，以设计和构造为特征，以计算机学科为代表。计算思维的研究目的是提供适当的方法，使人们借助现代和将来的计算机，逐步实现人工智能的较高目标。例如，模式识别、决策、优化和自动控制等算法都属于计算思维的范畴。

1. 计算思维的概念

计算机科学家迪科斯彻(Edsger Wybe Dijkstra)说过：**“我们使用的工具影响着我们的思维方式和思维习惯，从而也将深刻地影响我们的思维能力。”**计算的发展也影响着人类的思维方式，从最早的结绳计数发展到现在的电子计算机，人类思维方式发生了相应的改变，例如，计算生物学改变着生物学家的思维方式，计算机博弈论改变着经济学家的思维方式，计算社会科学改变着社会学家的思维方式，量子计算改变着物理学家的思维方式。计算思维已经成为利用计算机求解问题的一个基本思维方法。

计算思维是美国卡内基-梅隆大学(CMU)周以真(Jeannette M. Wing)教授提出的一种理论。周以真教授认为，计算思维是运用计算机科学的基础概念去求解问题、设计系统和理解人类行为，它涵盖了计算机科学的一系列思维活动。

国际教育技术协会(ISTE)和计算机科学教师协会(CSTA)于2011年给计算思维做了一个具有可操作性的定义，即计算思维是一个问题解决的过程，该过程具有以下几个特点。

(1) 拟定问题，并能够利用计算机和其他工具来解决问题。

(2) 符合逻辑地组织和分析数据。

(3) 通过抽象(如模型、仿真等)再现数据。

(4) 利用算法思想(一系列有序的步骤)，支持自动化的解决方案。

(5) 分析可能的解决方案，找到最有效的方案，并且有效地应用这些方案和资源。

(6) 将问题的求解过程进行推广，并移植到更广泛的问题中。

2. 计算思维的特征

周以真教授在《计算思维》论文中对计算思维的基本特征进行了如下描述。

(1) 计算思维是人的思维方式，不是计算机的思维方式。计算思维是人类求解问题的思维方法，而不是要使人类像计算机那样思考。

(2) 计算思维是数学思维和工具思维的相互融合。计算机科学本质上源于数学思维，但是由于受计算设备的限制，计算机科学家必须进行工程思考，不能只进行数学思考。

(3) 计算思维建立在计算过程的能力和限制的基础上。人们需要考虑哪些事情人类比计算机做得好，哪些事情计算机比人类做得好，最根本的问题是什么是可计算的。

(4) 为了有效地求解一个问题，我们可能要进一步问：一个近似解是否就够了呢？是否允许漏报和误报？计算思维就是通过简化、转换和仿真等方法，把一个看似困难的问题重新阐述成一个人们知道如何解决的问题。

(5) 计算思维采用抽象和分解的方法，将一个庞杂的任务分解成一个适合计算机处理的问题。计算思维选择合适的方式对问题进行建模，使其易于处理，使人们不必理解系统的每一个细节，就能够安全地使用或调整一个大型的复杂系统。

由此可以看出，计算思维是运用计算机科学的基本概念，进行问题求解、系统设计的一系列思维活动。

3. 人们对计算思维的认知

在计算机的帮助下，人类的思维方法与实践活动反复促进、交替上升，从而使计算思维与实践活动向更高层次迈进。计算思维的研究包含两个方面：计算思维研究的内涵和计算思维推广与应用的外延。其中，立足于计算机学科本身，研究该学科中涉及的构造性思维就是狭义计算思维。近年来，很多学者提出的各种说法，如算法思维、协议思维、计算逻辑思维、互联网思维、计算系统思维及三元计算思维，本质上都是一种狭义的计算思维。

在不同层面、不同视角下，人们对狭义计算思维的认知观点有以下几个。

(1) 计算思维强调用抽象和分解来处理庞大、复杂的任务或者设计巨大的系统。计算思维关注分离，选择合适的方法陈述一个问题，或者选择合适的方式对一个问题的相关方面建模使其易于处理。计算思维是利用不变量简明扼要且表述性地刻画系统的行为。计算思维使人们在不必理解系统的每个细节的情况下就能安全地使用、调整和影响一个大型复杂系统。计算思维是为预期的多个用户而进行的模块化，是为预期的未来应用而进行的预置和缓存。

(2) 计算思维是通过冗余、堵错、纠错的方式，在最坏的情况下进行预防、保护和恢复的一种思维，称堵塞为死结，称合同为界面。计算思维就是学习在协调同步的同时避免竞争的情形。

(3) 计算思维是利用启发式的推理来寻求解答。计算思维是在不确定情况下的规划、学习和调度，是利用海量数据来加快计算。计算思维就是在时间和空间之间的权衡，在处理能力和存储容量之间的权衡。

(4) 计算思维是通过约简、嵌入、转化和仿真等方法，把一个困难的问题阐释成如何求解它的思维方法。

(5) 计算思维是一种递归思维，是一种并行处理方法，能够把代码译成数据，又能把数据译成代码，是一种多维分析推广的类型检查方法。

(6) 计算思维是选择合适的方式陈述一个问题，或对一个问题的相关方面建模使其易于处理的思维方法。

我们已经知道，计算思维是人的思维，但是，不是所有的人的思维都是计算思维。比如，人们觉得困难的一些事情，如累加、连乘、微积分等，用计算机来做就很简单；而人们觉得容易的一些事情，如视觉、移动、顿悟、直觉等，用计算机来做就比较困难，例如让计算机分辨一个动物是猫还是狗可能就不太容易。

在不久的将来，那些可计算的、难计算的，甚至不可计算的问题也可能会有解决方法。这些立足计算本身来解决问题，包括问题求解、系统设计及人类行为理解等一系列的人的思维就称为广义计算思维。

狭义计算思维基于计算机科学的基本概念，而广义计算思维基于计算科学的基本概念。广义计算思维显然是对狭义计算思维概念的外延和拓展，以及推广和应用。狭义计算思维强调由计算机作为主体来完成，广义计算思维则拓展到由人或机器作为主体来完成。不过，计算思维虽然是涵盖所有人类活动的一系列思维活动，但是都建立在当时的计算过程的能力和限制的基础上。

4. 计算思维的应用

计算思维正在渗透到社会的各个学科、各个领域，并潜移默化地影响和推动着各领域的发展，成为一种发展趋势。

(1) 生物学领域。霰弹枪算法大大提高了人类基因组测序的速度，不仅具有能从海量的序列数据中搜索、寻找模式规律的能力，还能用体现数据结构和算法自身的方式来表示蛋白质的结构。

(2) 神经科学领域。大脑是人体中最难研究的器官，科学家可以从肝脏、脾脏和心脏中提取活细胞进行活体检查，唯独从大脑中提取活检组织的目标仍难以实现。无法观测活的大脑细胞一直是精神病研究的障碍。精神病学家目前转换思路，从患者身上提取皮肤细胞，转成干细胞，然后将干细胞分裂成所需要的神经元，最后得到所需要的大脑细胞，首次观测到神经分裂症患者的脑细胞。类似这样的思维方法，为科学家提供了以前不曾想到的解决方案。

(3) 物理学领域。物理学家和工程师仿照经典计算机处理信息的原理，对量子比特(qubit)中所包含的信息进行操控，如控制一个电子或原子核自旋的上下取向。与现在的计算机相比，量子比特能同时处理两个状态，意味着它能同时进行两个计算过程，这将赋予量子计算机超凡的能力，远远超过今天的计算机。现在的研究集中在如何使量子比特始终保持相干，不受到周围环境的干扰，如周围原子的推搡。随着物理学与计算机科学的融合发展，量子计算机走入人们的生活将不再是梦想。

(4) 地质学领域。地质学家将地球模拟成一台计算机，用抽象边界和复杂性层次模拟地球与大气层，并且设置了越来越多的参数来进行测试。地质学家甚至可以将地球模拟成一个生理测试仪，跟踪并测试不同地区人们的生活质量、出生和死亡率、气候影响等。

(5) 数学领域。E8 李群(E8 lie Group)是 18 名世界顶级数学家凭借不懈的努力，借助超级计算机，计算了 4 年零 77 小时，处理了 2000 亿个数据，完成的世界上最复杂的数学结构之一。如果在纸上列出整个计算过程所产生的数据，其用纸面积可以覆盖整个曼哈顿。

(6) 经济学领域。自动设计机制在电子商务中被广泛采用(广告投放、在线拍卖等)，社交网络是 MySpace 和 YouTube 等发展壮大的原因之一，统计机器学习被用于 Netflix 和联名信用卡等的推荐和声誉排名系统。

(7) 工程领域。计算高阶项可以提高精度，进而减轻质量，减少浪费并节省制造成本。例如，波音 777 飞机没有经过风洞测试，完全采用计算机模拟测试。在航空航天工程中，研究人员利用最新的成像技术，重新检测“阿波罗 11 号”带回的月球上类似玻璃的沙砾样本，模拟后的三维立体图像放大几百倍后仍清晰可见。

(8) 环境学领域。大气科学家用计算机模拟暴风云的形成来预报飓风及其强度。最近，计算机仿真模型表明，空气中的污染物颗粒有利于减缓热带气旋，因此，与污染物颗粒相似但不影响环境的气溶胶被研发并将成为阻止和延缓热带气旋风暴的有力手段。

(9) 艺术领域。音乐、戏剧、摄影等借助计算思维，应用计算工具，可以让艺术家们得到从未有过的崭新体验。

可见，实验思维和理论思维无法解决问题时，我们可以使用计算思维来理解大规模序列。计算思维不仅可以提高解决问题的效率，还可以解决经济问题、社会问题。大量复杂问题的求解、宏大系统的建立、大型工程的组织，包括流体力学、物理、电气、电子系统和电路，甚至和人类居住地联系在一起的社会和社会形态研究，以及核爆炸、蛋白质生成、大型飞机和舰艇设计等，都可应用计算思维借助现代计算机进行模拟。

如果我们能不断追问，计算机科学家面临过什么问题？这些问题他们是怎样思考的？他们是怎么解决问题的？从提出问题到找到解决问题的方案，其中蕴含着怎样的思想和方法？如果我们能够理解计算机科学家是如何分析问题、解决问题的，并在工作和生活中借鉴这些思想，那么就能真正体会计算思维的意义了。

1.1.2　算法

通俗地讲，算法就是定义任务如何执行的一套步骤。在日常生活中，我们经常会用到算法。例如，刷牙的时候会执行一个算法：拿出牙刷，打开牙膏盖，将足够量的牙膏挤在牙刷上，然后盖上牙膏盖，将牙刷放到牙齿上上下移动……又如我们每天乘坐地铁，乘地铁也是一个算法。

计算机与算法有着密不可分的关系。在计算机上运行的算法也会影响我们的生活。例如，当我们使用 GPS 或北斗导航时，会使用一种称为“最短路径”的算法来寻求路线；当我们在网上购物时，会运行一个采用了加密算法的安全网站；当我们在网上购买的商品发货时，计算机采用一定的算法将快递包裹分配给不同的卡车，然后确定每个司机的发车顺序。算法可以运行在各种设备上，包括台式(或笔记本)计算机、服务器、智能手机、嵌入式系统(例如车载电脑、微波炉、可穿戴设备)等，它无处不在。

1. 算法的基本定义

算法被公认为计算机科学的灵魂。简单地说，**算法就是解决问题的方法和步骤**。在实际情况下，方法不同，则解决问题的步骤也不一样。算法设计时，首先应考虑采用什么方法，方法确定了，再考虑具体的求解步骤。任何解题过程都是由一定的步骤组成的，通常把解题过程准确而完整的描述称为解该问题的算法。

进一步说，**程序就是用计算机语言表述的算法，流程图就是图形化了的算法**。既然算法是解决给定问题的方法，算法的处理对象必然是该问题涉及的相关数据。因而，算法与数据是程序设计过程中密切相关的两个方面。程序的目的是加工数据，而如何加工数据是算法的问题。

程序是数据结构与算法的统一。因此，著名计算机科学家、Pascal 语言发明者 N. 沃斯(Niklaus Wirth)教授提出了以下公式：

程序＝算法＋数据结构

这个公式说明：不能离开数据结构去抽象地分析程序的算法，也不能脱离算法去孤立地研究程序的数据结构，只能从算法与数据结构的统一上去认识程序。换句话说，程序就是在数据的某些特定的表示方式和结构的基础上，用计算机语言对抽象算法的具体表述。

当用一种计算机语言来描述一个算法时，其表述形式就是一个计算机语言程序。而当一个算法的描述形式详尽到足以用一种计算机语言来表述时，程序就自然而然出现了。因此，算法是程序的前导与基础。从算法的角度，可以将程序定义为：为解决给定问题的计算机语言有穷操作规则(即低级语言的指令、高级语言的语句)的有序集合。当采用低级语言(机器语言和汇编语言)时，程序的表述形式为“指令(instruction)的有序集合”；当采用高级语言时，程序的表述形式为“语句(statement)的有序集合”。

2. 算法的基本特征

算法的基本特征有以下几个。

(1) 有穷性。一个算法必须在有穷步后结束，即算法必须在有限时间内完成。这种有穷性使得算法不能保证一定有解，结果包括以下几种情况：有解；无解；有理论解；有理论解，但算法执行有穷步骤后没有得到；不知有无解，但在算法执行有穷步骤后没有得到解。

(2) 确定性。算法中的每一条指令必须有确切含义，无二义性，保证不会产生理解偏差。算法可以有多条执行路径，但是对某个确定的条件值只能选择其中的一条路径执行。

(3) 可能性。算法是可行的，描述的操作都可以通过基本的有限次运算实现。

(4) 输入。一个算法有 0 个或多个输入，输入取自某些特定对象的集合。有些算法在执行过程中输入，有些算法不需要外部输入，输入量被嵌入在算法中了。

(5) 输出。一个算法有 1 个或多个输出，输出与输入之间存在某些特定的关系。不同的输入可以产生不同或相同的输出，但是相同的输入必须产生相同的输出。

需要说明的是，有穷性的限制是不充分的。一个实用的算法，不仅要求有穷的操作步骤，而且应该尽可能是有限的步骤。

3. 算法的表示方法

算法可以用任何形式的语言和符号来表示，通常用自然语言、伪代码、流程图、N-S 图、PAD 图、UML 等进行描述，下面介绍几种常用的算法表示方法。

(1) 用自然语言表示算法。用自然语言描述算法的优点是简单，便于人们对算法的阅读。但是，用自然语言表示算法时文字冗长，容易出现歧义，而且描述分支和循环结构时不直观。

【例 1-1】用自然语言描述并输出计算 $z=x\div y$ 的流程。

自然语言描述如下：

① 输入变量 x、y；

② 判断 y 是否为 0；

③ 如果 y=0，则输出出错提示信息；

④ 否则，计算 $z=x/y$；

⑤ 输出 z。

(2) 用伪代码表示算法。用编程语言描述算法过于烦琐，常常需要添加注释才能使人明白。为了解决算法理解与执行两者之间的矛盾，人们常常用伪代码进行算法思想描述。伪代码是一种算法描述语言，它忽略了编程语言中严格的语法规则和细节描述，使算法容易被人理解。用伪代码写算法并无固定的、严格的语法规则，即没有标准规范，只要把意思表达清楚，并且书写格式清晰、易于读写即可。因此，大部分教材对伪代码做以下约定。

① 伪代码语句可以用英文、汉字、中英文混合表示，用编程语言中的部分关键字来描述算法。例如进行条件判断时，用 if-then-else-end if 语句，这种方法既符合人们正常的思维方式，并且转化成程序设计语言时也比较方便。

② 伪代码的每一行或几行表示一个基本操作。每一条指令占一行(if 语句例外)，语句结尾不需要任何符号(C 语言以分号结尾)。语句的缩进表示程序中的分支结构。

③ 伪代码中，变量名和保留字不区分大小写，变量的使用也不需要先声明。

④ 伪代码用符号←表示赋值语句，例如 x←exp 表示将 exp 的值赋给 x，其中 x 是变量，exp 是与 x 具有相同数据类型的变量或表达式。在 C、C++、Java 程序语言中，用=进行赋值，如 x=0、a=b+c、n=n+1、ts= “请输入数据” 等。

⑤ 伪代码的选择语句用 if-then-else-end if 表示。循环语句一般用 while 或 for 表示循环开始，用 end while 或 end for 表示循环结束，语法与 C 语言类似。

⑥ 函数值利用 return(变量名)语句来返回，如 return(z)；调用方法用 “call 函数名(变量名)” 语句来调用，如 call Max(x,y)。

【例 1-2】 用键盘输入 2 个数，输出其中最大的数。

用伪代码描述如下。

```
Begin                       #算法伪代码开始
input A,B                   #输入变量 A、B
  if A>B then Max←A         #如果 A 大于 B，则将 A 赋值给 Max
  else Max←B                #否则，将 B 赋值给 Max
  end if                    #结束 if 语句
output Max                  #输出最大数 Max
End                         #算法伪代码结束
```

(3) 用流程图表示算法。流程图由一些特定意义的图形、流程线及简要的文字说明构成，能清晰地表示程序的运行过程。在流程图中，一般用圆边框表示算法开始或结束；用矩形框表示各种处理功能；用平行四边形框表示数据的输入或输出；用菱形框表示条件判断；用圆圈表示连接点；用箭头表示算法流程；用字母 Y(真)表示条件成立，N(假)表示条件不成立。用流程图描述的算法不能直接在计算机上执行，如果要将它转换成可执行的程序还需要进行编程。

【例 1-3】用流程图表示：输入 x、y，计算 z=x÷y，输出 z。

流程图如图 1-1 所示。

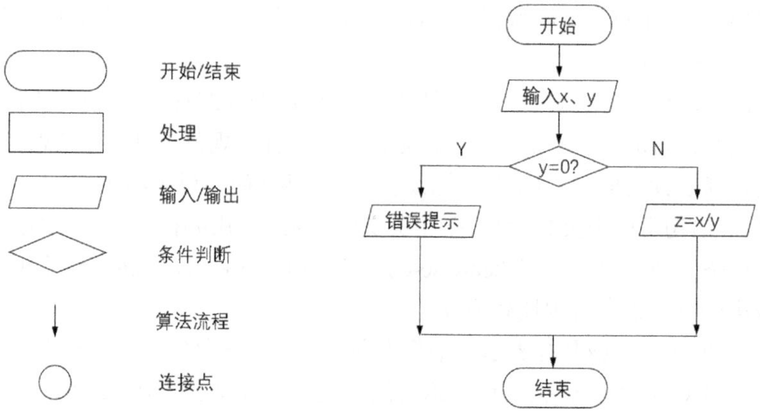

(a) 流程基本符号　　(b) 计算 z=x÷y 的算法流程图

图 1-1　例 1-3 流程图

4. 算法的作用

一台机器(例如计算机)执行任务之前，必须先找到与之兼容的执行该任务的算法。一个算法的表示称作一个程序(program)。为了方便人类读写，计算机程序通常是打印在纸上或显示在计算机屏幕上；为了便于机器执行，程序需要以一种与机器兼容的形式编码。开发程序并将其编码成与机器兼容的形式然后输入机器中的过程叫作程序设计(programming)。程序及其体现的算法共同称为软件(software)，而机器本身称为硬件(hardware)。

通过算法捕获并传达智能(或者至少是智能行为)使人们能够让机器执行有意义的任务，因此，机器表现出来的智能受限于算法本身可以传达的智能。只有执行某任务的算法存在时，人们才可以制造出执行该任务的机器。换言之，如果执行某任务的算法还不存在，那么这个任务就已经超出该机器的能力范围了。

20 世纪 30 年代，美籍奥地利数学家、逻辑学家和哲学家库尔特·哥德尔(Kurt Gödel)发表了不完备性理论的论文，确定算法能力局限成为数学学科中的研究命题。这一理论从本质上阐述了在任何包含传统算术系统的数学理论中，总有通过算法方式不能确定其真伪的命题。简单来说，对于算术系统的任何完整性研究都超出了算法活动的能力范围。这一发现动摇了数学领域的基础，而对算法能力的研究相继而来，对算法的研究就是当今计算机领域的开端，也是计算机科学的核心。

1.2 计算机的产生与发展

1946 年，世界上第一台电子计算机在美国宾夕法尼亚大学诞生。之后短短的几十年里，电子计算机经历了几代的演变，并迅速渗透到人类生活和生产的各个领域，在科学计算、工程设计、数据处理以及人们的日常生活中发挥着巨大的作用。电子计算机被公认为 20 世纪最重大的工业革命成果之一。

计算机是一种能够存储程序，并按照程序自动、高速、精确地进行大量计算和信息处理的电子机器。科技的进步推动了计算机的产生和迅速发展，而计算机的迅速发展又反过来促进了科学技术和生产力水平的提高。电子计算机的发展和应用水平已经成为衡量一个国家的科学、技术水平和经济实力的重要标志。

1.2.1　计算机的产生

1946 年 2 月第二次世界大战期间，由于军事上的需要，美国宾夕法尼亚大学的物理学家莫克利(见图 1-2)和工程师埃克特(见图 1-3)等人为弹道导弹研究实验室研究出了著名的电子数值积分计算机(electronic numerical integrator and calculator，ENIAC)，如图 1-4 所示。一般认为，这是世界上第一台数字式电子计算机，它标志着电子计算机时代的到来。

图 1-2　莫克利

图 1-3　埃克特

图 1-4　ENIAC

ENIAC 的运算速度可以达到每秒 5000 次，相当于手工计算的 20 万倍(据测算，人最快的运算速度是每秒 5 次加法运算)，相当于机电式计算机的 1000 倍。ENIAC 可以进行平方、立方运算，正弦和余弦等三角函数计算，以及一些更复杂的运算。美国军方对炮弹弹道的计算，之前需要 200 人手工计算两个月的工作量，ENIAC 只需要 3s 即可完成。后来，ENIAC 还被用于诸多科研领域，曾在人类第一颗原子弹的研制过程中发挥了重要的作用。

ENIAC 是一个重量达 30 t，占地面积 170m^2 的庞然大物，使用了大约 1500 个继电器、18000 只电子管、7000 多只电阻和其他各种电子元件，每小时的耗电量大约 140kW。尽管 ENIAC 证明了电子真空技术可以极大地提高计算技术，但是它本身存在两大缺点：一是没有真正的存储器，程序是外插型的，电路的连通需要手工进行；二是用布线接板进行控制，耗时长，故障率高。

在 ENIAC 诞生之前的 1944 年，美籍匈牙利科学家冯 • 诺依曼已经成为 ENIAC 研制小组的顾问。针对 ENIAC 设计过程中的问题，1945 年，他以“关于 EDVAC(electronic discrete variable automatic computer，离散变量自动电子计算机)的报告草案”为题起草了长达 101 页的总结报告。报告提出了制造电子计算机和程序设计的新思想，即“存储程序”和“采用二进制编码”；明确说明了新型的计算机由 5 个部分组成，即运算器、逻辑控制装置、存储器、输入设备和输出设备，并描述了这 5 个部分的逻辑设计。EDVAC 是一个全新的存储程序通用电子计算机方案，是计算机设计史上的一座里程碑。

1949 年，首次实现冯 • 诺依曼存储程序思想的 EDSAC(electronic delay storage automatic calculator，电子延迟存储自动计算机)由英国剑桥大学研制并正式运行。同年 8 月，EDSAC 交付使用，于 1951 年开始正式运行，其运算速度是 ENIAC 的 240 倍。直到今天，无论是什么规模的计算机，其基本结构仍遵循冯 • 诺依曼提出的基本原理，因而被称为“冯 •诺依曼计算机”。

1.2.2 计算机的发展

计算机的发展阶段通常以构成计算机的电子器件来划分，至今已经历了四代，目前正在向第五代过渡。每一个发展阶段在技术上都在前一阶段的基础上有新的突破，在性能上都有质的飞跃。下面介绍计算机的发展简史。

1. 第一代电子管计算机(1946—1957 年)

第一代计算机的主要元件是电子管，称为电子管计算机，其主要特征如下。

(1) 采用电子管元件，体积庞大，耗电量高，可靠性差，维护困难。

(2) 计算速度慢，一般每秒可进行一千次到一万次运算。

(3) 使用机器语言，几乎没有系统软件。

(4) 采用磁鼓、小磁芯作为存储器，存储空间有限。

(5) 输入/输出设备简单，采用穿孔纸带或卡片。

(6) 主要用于科学计算。

2. 第二代晶体管计算机(1958—1964 年)

晶体管的发明给计算机技术的发展带来了革命性的变化。第二代计算机的主要元件是晶体管，称为晶体管计算机，其主要特征如下。

(1) 采用晶体管元件，体积大大缩小，可靠性增强，寿命延长。

(2) 计算速度加快，每秒可进行几万次到几十万次运算。

(3) 提出了操作系统的概念，出现了汇编语言，产生了 FORTRAN 和 COBOL 等高级程序设计语言和批处理系统。

(4) 普遍采用磁芯作为内存储器，采用磁盘、磁带作为外存储器，容量大大提高。

(5) 计算机的应用领域扩大，除科学计算外，还用于数据处理和实时过程控制。

3. 第三代集成电路计算机(1965—1969 年)

20 世纪 60 年代中期，随着半导体工艺的发展，已制造出了集成电路元件。集成电路可以在几平方毫米的单晶硅片上集成十几个甚至上百个电子元件。第三代计算机开始使用中小规模的集成电路元件，其主要特征如下。

(1) 采用中小规模集成电路软件，体积进一步缩小，寿命更长。

(2) 计算速度加快，每秒可进行几百万次运算。

(3) 高级语言进一步发展，操作系统的出现使计算机功能更强，计算机开始广泛应用在各个领域。

(4) 普遍采用半导体存储器，存储容量进一步提高，而体积更小、价格更低。

(5) 计算机应用范围扩大到企业管理和辅助设计等领域。

4. 第四代大规模和超大规模集成电路计算机(1970 年至今)

随着 20 世纪 70 年代初集成电路制造技术的飞速发展，产生了大规模集成电路元件，使计算机进入了一个崭新的时代，即第四代大规模和超大规模集成电路计算机时代，其主要特征如下。

(1) 采用大规模集成(large scale integration，LSI)和超大规模集成(very large scale integration，VLSI)电路元件，体积与第三代相比进一步缩小，在硅半导体上集成了几十万甚至上百万个电子元器件，可靠性更好，寿命更长。

(2) 计算速度加快，每秒可进行几千万次到几十亿次运算。

(3) 软件配置丰富，软件系统工程化、理论化，程序设计部分自动化。

(4) 发展了并行处理技术和多机系统，微型计算机大量进入家庭，产品更新速度加快。

(5) 计算机在办公自动化、数据库管理、图像处理、语言识别和专家系统等各个领域大显身手，计算机的发展进入了以计算机网络为特征的时代。

1.3 计算机的分类与应用

随着计算机科学技术的不断发展，计算机的应用领域也越来越广泛，应用水平也越来越高。下面将介绍计算机的分类和主要应用领域。

1.3.1 计算机的分类

科学技术的发展使计算机的类型不断丰富，不同类型的计算机可以支持不同的应用。最初，计算机按照结构原理可分为模拟计算机、数字计算机和混合式计算机三类，按用途又可以分为专用计算机和通用计算机两类。专用计算机是针对某类应用而设计的计算机系统，具有经济、实用、有效等特点(例如铁路、飞机、银行使用的专用计算机)。通常所说的计算机是指通用计算机，例如学校教学、企业会计做账和家用的计算机等。

对于通用计算机而言，通常按照计算机的运行速度、字长、存储容量等综合性能进行分类，可分为以下几种。

(1) 超级计算机。超级计算机就是常说的巨型机，主要用于科学计算，运算速度在每秒亿万次以上，数据存储容量很大，结构复杂、价格昂贵。超级计算机是国家科研的重要基础工具，在军事、气象、地质等诸多领域的研究中发挥着重要的作用。目前，国际上最权威的高性能计算机评测机构是世界超级计算机协会，每年公布一次世界 500 强计算机排行榜。

(2) 微型计算机。大规模集成电路与超大规模集成电路的发展是微型计算机得以产生的前提。日常使用的台式计算机、笔记本型计算机、掌上型计算机等都是微型计算机。目前微型计算机已经广泛应用于科研、办公、学习、娱乐等社会生产、生活的方方面面，是发展最快、应用最为普遍的计算机。

(3) 工作站。工作站也是微型计算机的一种，是一种高档的微型计算机。工作站通常配置容量很大的内存储器和外部存储器，主要面向专业应用领域，具备强大的数据运算与图形、图像处理能力。工作站主要是为了满足工程设计、科学研究、软件开发、动画设计、信息服务等专业领域的需要而设计开发的高性能微型计算机。需要注意：这里所说的工作站不同于计算机网络系统中的工作站，后者是网络中的任一用户节点，可以是网络中的任何一台普通微型机或终端。

(4) 服务器。服务器是指在网络环境下为网上多个用户提供共享信息资源和各种服务的高性能计算机。服务器上需要安装网络操作系统、网络协议和各种网络服务软件，主要用于为用户提供文件、数据库、应用及通信方面的服务。

(5) 嵌入式计算机。嵌入式计算机是嵌入到对象体系中，实现对象体系智能化控制的专用计算机系统。车载控制设备、智能家居控制器，以及日常生活中使用的各种家用电器都采用了嵌入式计算机。嵌入式计算机系统以应用为中心，以计算机技术为基础，并且软硬件可裁剪，适用于对系统的功能、可靠性、成本、体积、功耗有严格要求的场合。

1.3.2 计算机的应用

计算机的快速性、通用性、准确性和逻辑性等特点，使它不仅具有高速运算能力，而且具有逻辑分析和逻辑判断能力。现代计算机的应用大大提高了人们的工作效率，还部分替代人的脑力劳动，能进行一定程度的逻辑判断和运算。如今计算机已广泛应用于人们的生活和工作中，主要体现在以下几个方面。

(1) 科学计算(或数值计算)：是指利用计算机来完成科学研究和工程技术中提出的数学问题的计算。在现代科学技术工作中，有大量的和复杂的科学计算问题，利用计算机的高速计算、大存储容量和连续运算的能力，可以解决人工无法解决的各种科学计算问题。

(2) 信息处理(或数据处理)：是对各种数据进行收集、存储、整理、分类、统计、加工、利用、传播等一系列活动的统称。据统计，80%以上的计算机主要用于数据处理。这类工作的量大、范围广，决定了计算机应用的主导方向。

(3) 自动控制(或过程控制)：是指利用计算机及时采集检测数据，按最优值迅速地对控制对象进行自动调节或自动控制。利用计算机进行自动控制，不仅可以大大提高控制的自动化水平，而且可以提高控制的及时性和准确性，从而改善劳动条件、提高产品质量及合格率。目前，计算机自动控制已在机械、冶金、石油、化工、纺织、水电、航天等领域得到广泛的应用。

(4) 计算机辅助技术：是指利用计算机帮助人们进行各种设计、处理等，包括计算机辅助设计(CAD)、计算机辅助制造(CAM)、计算机辅助教学(CAI)、计算机辅助测试(CAT)、计算机辅助生产、计算机辅助绘图和计算机辅助排版等。

(5) 人工智能(或智能模拟)：人工智能(artificial intelligence，AI)是指计算机模拟人类的智能活动，诸如感知、判断、理解、学习、问题求解和图像识别等。人工智能的研究目标是使计算机更好地模拟人的思维活动，那时的计算机将可以完成更复杂的控制任务。

(6) 网络应用：随着社会信息化的发展，通信业也发展迅速，计算机在通信领域的作用越来越大。目前，全球最大的网络 Internet 已把全球的大多数计算机联系在一起。除此之外，计算机在信息高速公路、电子商务、娱乐和游戏等领域也得到了快速的发展。

1.4 计算机系统的基本组成

一个完整的计算机系统由硬件系统和软件系统两部分组成。现在的计算机已经发展成一个庞大的家族，其中的每个成员尽管在规模、性能、结构和应用等方面存在很大的差别，但是它们的基本结构和工作原理是相同的。

计算机由许多部件组成，但总体来说，一个完整的计算机系统由两大部分组成，即硬件系统和软件系统，如图 1-5 所示。

- 计算机系统组成
  - 计算机的硬件系统
    - 中央处理器
      - 运算器
      - 控制器
    - 存储器
      - 内存
        - 随机存储器
        - 只读存储器
      - 外存(软盘、光盘、硬盘、U 盘等)
    - 输入设备(键盘、鼠标、扫描仪、数码相机等)
    - 输出设备(显示器、音箱、打印机、绘图仪等)
  - 计算机的软件系统
    - 系统软件
      - 操作系统
      - 语言处理程序(C 语言、Java、C++、JSP 等)
      - 分布式软件系统(分布式操作系统、分布式程序设计系统等)
      - 数据库管理系统(SQL Server 等)
    - 应用软件(Office、多媒体软件等)

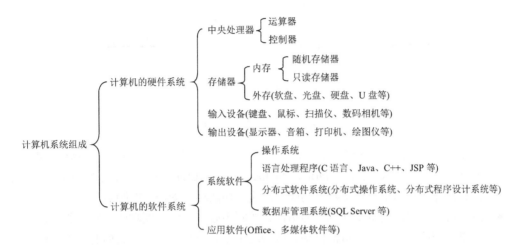

图 1-5　计算机系统的组成

1.4.1　计算机硬件系统

硬件是构成计算机的物理部件，是计算机的物质基础。无论计算机在结构和功能上发生什么变化，就其本质而言，当前计算机仍以冯·诺依曼计算机结构为主体而构建。

1. 冯·诺依曼计算机模型

根据冯·诺依曼的设想，计算机必须具有以下功能。

- 接受输入：输入是指送入计算机系统的任何东西，也指把信息送进计算机的过程。输入可能由人、环境或其他设备来完成。
- 存储数据：具有记忆程序、数据、中间结果及最终运算结果的能力。
- 处理数据：数据泛指那些代表某些事实和思想的符号，计算机要具备能够完成各种运算、数据传送等数据加工处理的能力。
- 自动控制：能够根据程序控制自动执行，并能根据指令控制机器各部件协调操作。
- 产生输出：输出是指计算机生成的结果，也指产生输出结果的过程。

按照冯·诺依曼计算机模型(见图 1-6)构造的计算机应该由 4 个子系统组成，其中各子系统所承担的任务如下。

- 存储器：存储器是实现程序内存思想的计算机部件。冯·诺依曼认为，对于计算机而言，程序和数据是一样的，所以都可以被事先存储。把运算程序事先放在存储器中，程序设计员只需要在存储器中寻找运算指令，机器就会自行计算，解决了计算器处理每个问题都重新编程的问题。程序内存标志着计算机自动运算成为可能。存储器子系统的主要任务就是存放计算机运行过程中所需要的数据和程序。

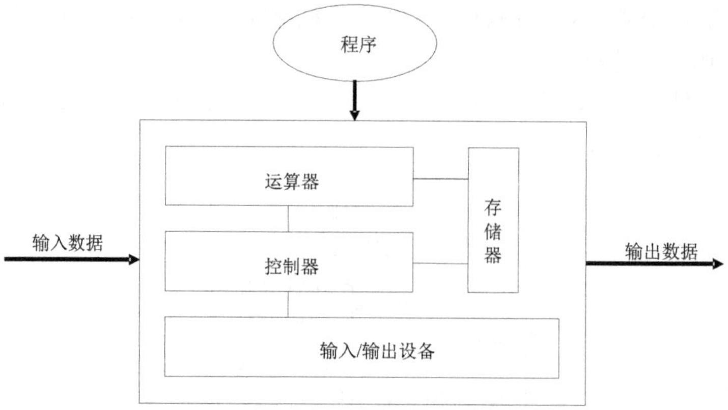

图 1-6　冯•诺依曼计算机模型

- 运算器：运算器是冯•诺依曼计算机的计算核心，主要完成各种算术运算和逻辑运算，所以也被称为算术逻辑部件(arithmetic logic unit，ALU)。除了计算之外，运算器还应当具有暂存运算结果和传送数据的能力，这一切活动都受控于控制器。
- 控制器：控制器是整个计算机的指挥、控制中心，它的主要功能是向机器的各个部件发出控制信号，使整个机器自动、协调地工作。控制器管理着数据的输入、存储、读取、运算、操作、输出以及控制器本身的活动。
- 输入/输出设备：输入设备将程序和原始数据转换成二进制串，并在控制器的指挥下按一定的地址顺序送入内存。输出设备则将运算的结果转换为人们能识别的信息形式，并在控制器的指挥下由机器内部输出。

2. 计算机的基本组成

按照冯•诺依曼的设想设计的计算机，其体系结构具体分为控制器、运算器、存储器、输入设备、输出设备等五大部分，如图 1-7 所示。

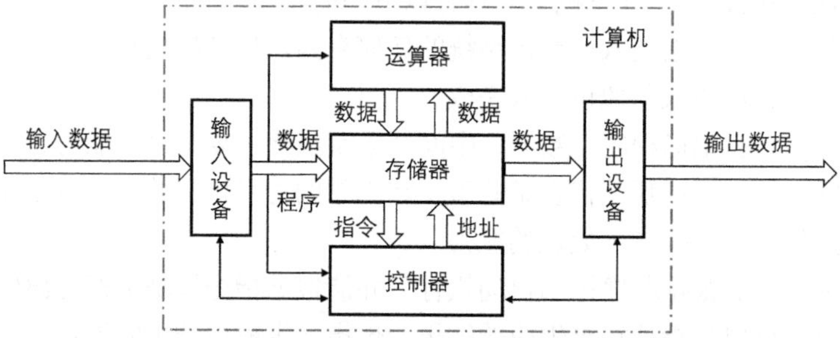

图 1-7　冯•诺依曼计算机体系结构

图 1-5 中，双线表示并行流动的数据信息，单线表示串行流动的控制信息，箭头则表示信息流动的方向。计算机工作时，这五大部分的基本工作流程如下：整个计算机在控制器的统一协调和指挥下完成信息的计算与处理，而控制器进行指挥所依赖的程序是人编制的，需要事先通过输入设备将程序和需要加工的数据一起存入存储器。当计算机开始工作时，根据地址从存储器中查找到指令，控制器按照对指令的解析进行相应的命令发布和执行工作。运算器是计算机的执行部门，根据控制命令从存储器中获取数据并进行计算，将计算所得的新数据存入存储器。计算结果最终经输出设备完成输出。

(1) 中央处理器。在图 1-5 所示的体系结构中，控制器和运算器是计算机系统的核心，称为中央处理器(central processing unit，CPU)，控制计算机所发生的全部动作，安装在计算机主机内部，如图 1-8 所示。

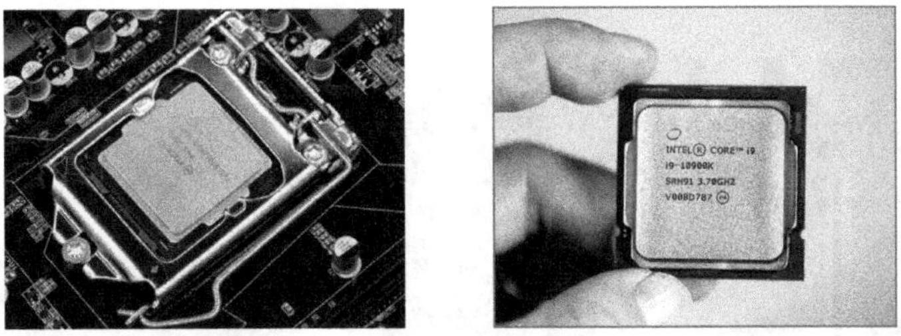

图 1-8　CPU

(2) 存储器。存储器无疑是计算机自动化的基本保证，因为它实现了程序存储的思想。存储器通常由主存储器和辅助存储器两个部分构成，由此组成计算机的存储体系。

主存储器又称为内存储器、主存或内存，它和运算器、控制器紧密联系，与计算机各个部件进行数据传送。主存储器的存取速度直接影响计算机的整体运行速度，所以在计算机的设计和制造上，主存储器和运算器、控制器是通过内部总线紧密连接的，它们都采用同类电子元件制成。通常，将运算器、控制器、主存储器等三大部分合称计算机的主机，如图 1-9 所示。

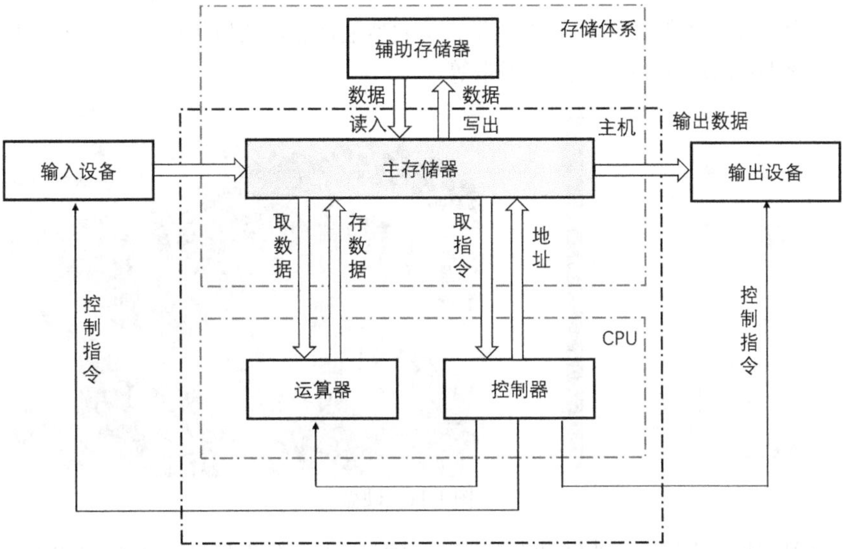

图 1-9　计算机的主机

主存储器按信息的存取方式分为两种：

① 只读存储器(read only memory，ROM)，信息一旦写入就不能更改。ROM 的主要作用是完成计算机的启动、自检，各功能模块的初始化，系统引导等重要功能，只占主存储器很小的一部分。通用计算机中的 ROM 指的是主板上的 BIOS ROM，其中存储着计算机开机启动需要运行的程序。计算机的主板如图 1-10(a)所示。

② 随机存储器(random access memory，RAM)，是主存储器的一部分。计算机工作时，RAM 能保存数据，但一旦电源被切断，RAM 中的数据将完全消失。通用计算机中的 RAM 有多种存

在方式，第一种是大容量、低价格的动态存储器 DRAM(dynamic RAM)，作为内存而存在；第二种是高速、小容量的静态存储器 SRAM(static RAM)，作为内存和处理器之间的缓存存在；第三种是互补金属氧化物半导体存储器 CMOS。计算机主板上安装的内存如图 1-10(b)所示。

(a) 计算机的主板　　(b) 主板上安装的内存

图 1-10　计算机的主板和内存

从主机的角度来看，弥补内存功能不足的存储器被称为辅助存储器，又称为外部存储器或外存。这种存储器追求的目标是永久性存储及大容量存储，所以辅助存储器采用的是非易失性材料，例如硬盘(见图 1-11)、光盘、磁带等。

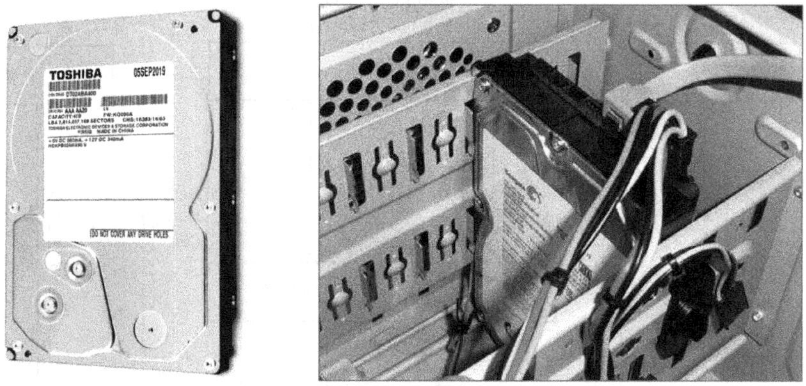

图 1-11　硬盘

目前，通用计算机上常见的辅助存储器——硬盘，大致分为机械硬盘(hard disk drive，HDD)、固态硬盘(solid state drive，SSD)和混合硬盘(hybrid hard drive，HHD)三种，其中机械硬盘是计算机中最基本的存储设备，是一种由盘片、磁头、盘片转轴及控制电机、磁头控制器、数据转换器、缓存等几个部分组成的硬盘，工作时，磁头可沿盘片的半径方向运动，加上盘片的高速旋转，磁头就可以定位在盘片的指定位置进行数据的读写操作，如图 1-12(a)所示；固态硬盘由控制单元和存储单元(FLASH 芯片、DRAM 芯片)组成，比机械硬盘的读写速度更快、功耗更低，但容量较小、寿命较短，并且价格更高，如图 1-12(b)所示；混合硬盘是一种既包含机械硬盘，又包含闪存模块的大容量存储设备，比机械硬盘和固态硬盘的数据存储与恢复速度更快，寿命更长，如图 1-12(c)所示。

(a) 机械硬盘的内部　　(b) 固态硬盘　　(c) 混合硬盘

图 1-12　硬盘

(3) 输入设备。输入设备是把数据和程序输入计算机中的设备。常用的输入设备包括键盘、鼠标、扫描仪、数码摄像头、数字化仪、触摸屏、麦克风等。其中，键盘是最常见和最重要的计算机输入设备之一，在文字输入领域，虽然鼠标和手写输入的应用越来越广泛，但键盘依旧有着不可动摇的地位，是用户向计算机输入数据和控制计算机的基本工具。键盘和鼠标如图 1-11 所示。

(4) 输出设备。输出设备是将计算机的处理结果或处理过程中的有关信息交付给用户的设备。常用的输出设备有显示器(见图 1-13)、打印机、绘图仪、音响等，其中显示器是计算机的基本设备。显示器通过主板上安装的显示适配卡(video adapter，简称显卡，见图 1-14)与计算机连接。计算机工作时，显卡与显示器配合输出图形和文字，其作用是将计算机系统所需要的显示信息进行转换驱动，并向显示器提供扫描信号，控制显示。

图 1-13　键盘、鼠标、显示器

图 1-14　显卡

3. 计算机的主要技术指标

面向个人用户的微型计算机简称微机，其主要技术指标包括字长、主频、运算速度、存储容量、存储周期等。

(1) 字长。计算机在同一时间内能够同时处理的一组二进制数称为一个计算机的字，而这组二进制数的位数就是字长。计算机的其他指标相同时，字长越大，计算机处理数据的速度也就越快。

(2) 主频。主频是指 CPU 的内部时钟工作频率，代表 CPU 的运算速度，单位一般是 MHz、GHz。主频是 CPU 的重要性能指标，但不代表 CPU 的整体性能。一般来说，主频越高，速度越快。

(3) 运算速度。运算速度是指计算机每秒钟能执行的指令条数，单位为百万指令数每秒(MIPS)。运算速度比主频更能直观地反映计算机的数据处理速度。运算速度越快，性能越高。

(4) 存储容量。存储容量是衡量计算机能存储多少二进制数据的指标，包括内存容量和外存容量。内存容量越大，计算机能同时运行的程序越多，处理能力越强，运算速度越快；外存容量越大，表明计算机存储数据的能力越强。

(5) 存取周期。存取周期是指内存储器完成一次完整的读操作或写操作所需的时间，即CPU从内存中存取一次数据的时间。它是判断计算机系统整体性能的主要指标之一。

此外，计算机还有其他一些重要的技术指标，包括可靠性、可维护性、可用性、性价比等，它们共同决定计算机系统的总体性能。

1.4.2 计算机软件系统

计算机仅有硬件系统是无法工作的，还需要软件的支持。计算机软件系统的能力，分别由系统软件和应用软件两类软件提供。

1. 系统软件

系统软件提供一台独立计算机必须具备的基本能力，它负责管理计算机系统中的各种独立硬件，使它们可以协调工作。系统软件使计算机使用者和其他软件将计算机当作一个整体而不需要顾及底层每个硬件如何工作。此外，系统软件还包括操作系统和一系列基本工具软件，如编译器、数据库管理、存储格式化、文件系统管理、用户身份验证、驱动管理、网络连接等。

2. 应用软件

应用软件提供基于操作系统的扩展能力，是为了某种特定用途而被开发的软件，它控制所有计算机运行的程序并管理整个计算机的资源，是计算机与应用程序及用户之间的桥梁。常见的应用软件有电子表格制作软件、文本处理软件、多媒体演示软件、网页浏览器、电子邮件收发软件等。

1.5 计算机中数据的表示和存储

在计算机中，信息是以数据的形式表示和使用的，计算机能表示和处理的信息包括数值型数据、字符型数据及音频和视频数据，这些信息在计算机内部都是以二进制的形式表示的。也就是说，二进制是计算机内部进行数据存储、数据处理的基本形式。计算机之所以能区别这些不同的信息，是因为它们采用不同的编码规则。

1.5.1 常用数制

在实际应用中，需要计算机处理的信息是多种多样的，如各种进位制的数据、不同语种的文字符号和各种图像信息等，这些信息要在计算机中存储并表达，都需要转换成二进制数。了解信息在计算机中表达和转换的过程，可以帮助人们掌握计算机的基本原理，认识计算机各种外部设备的基本原理和作用。

二进制数最大的缺点是数字的书写特别冗长。例如，十进制数的 100000 写成二进制数为 11000011010100000。为了解决这个问题，在计算机的理论和应用中还使用两种辅助的进位制，即八进制和十六进制。二进制和八进制、二进制和十六进制之间的转换都比较简单。本小节将介绍数制的基本概念，以及十进制、二进制、八进制、十六进制的表示方法。

1. 数制的基本概念

在计算机中，必须采用某一方式来对数据进行存储或表示，这种方式就是数制。数制，即进位计数制，是人们利用数字符号按进位原则进行数据计算的方法。在数制中，数码、基数和位权这 3 个概念是必须掌握的。下面将简单地介绍这 3 个概念。

(1) 数码：数码是指一个数制中表示基本数值大小的不同数字符号。例如，十进制有 10 个数码，即 0、1、2、3、4、5、6、7、8、9。

(2) 基数：基数是指一个数值所使用数码的个数。例如，二进制的基数为 2，十进制的基数为 10。

(3) 位权：位权是指一个数值中某一位上的 1 所表示数值的大小。例如，十进制的 123，1 的位权是 100，2 的位权是 10，3 的位权是 1。

2. 十进制数

十进制数的基数为 10，使用 10 个数字符号表示，即每一位上只能使用 0、1、2、3、4、5、6、7、8、9 这 10 个符号中的一个，最小为 0，最大为 9。十进制数采用“逢十进一”的进位方法。

一个完整的十进制的值可以由每位所表示的值相加，每位的权为 10^i (i=$-m$～n，m、n 为自然数)。例如，十进制数 9801.37 可以用以下形式表示：

$(9801.37)_{10}=9\times10^3+8\times10^2+0\times10^1+1\times10^0+3\times10^{-1}+7\times10^{-2}$

3. 二进制数

二进制数的基数为 2，使用两个数字符号表示，即每一位上只能使用 0、1 两个符号中的一个，最小为 0，最大为 1。二进制数采用“逢二进一”的进位方法。

一个完整的二进制数的值可以由每位所表示的值相加，每位的权为 2^i(i=$-m$～n，m、n 为自然数)。例如，二进制数 120.12 可以用以下形式表示：

$(120.12)_2=1\times2^2+2\times2^1+0\times2^0+1\times2^{-1}+2\times2^{-2}$

4. 八进制数

八进制数的基数为 8，使用 8 个数字符号表示，即每一位上只能使用 0、1、2、3、4、5、6、7 这 8 个符号中的一个，最小为 0，最大为 7。八进制数采用“逢八进一”的进位方法。

一个完整的八进制数的值可以由每位所表示的值相加，每位的权为 8^i(i=$-m$～n，m、n 为自然数)。例如，八进制数 8701.61 可以用以下形式表示：

$(8701.61)_8=8\times8^3+7\times8^2+0\times8^1+1\times8^0+6\times8^{-1}+1\times8^{-2}$

5. 十六进制数

十六进制数的基数为 16，使用 16 个数字符号表示，即每一位上只能使用 0、1、2、3、4、5、6、7、8、9、A、B、C、D、E、F 这 16 个符号中的一个，最小为 0，最大为 F。其中 A、B、C、D、E、F 分别对应十进制的 10、11、12、13、14、15。十六进制数采用“逢十六进一”的进位方法。

一个完整的十六进制数的值可以由每位所表示的值相加，每位的权为 16^i($i=-m\sim n$，m、n 为自然数)。例如，十六进制数 70D.2A 可以用以下形式表示：

$(70D.2A)_{16}=7\times16^2+0\times16^1+13\times16^0+2\times16^{-1}+10\times16^{-2}$

表 1-1 所示给出了 4 种进制数以及具有普遍意义的 r 进制的表示方法。

表 1-1　不同进制数的表示方法

数　制	基　数	位　权	进位规则
十进制	10(0～9)	10^i	逢十进一
二进制	2(0、1)	2^i	逢二进一
八进制	8(0～7)	8^i	逢八进一
十六进制	16(0～9、A～F)	16^i	逢十六进一
r 进制	r	r^i	逢 r 进一

直接用计算机内部的二进制数或者编码进行交流时，冗长的数字及不断重复的 0 和 1 既烦琐又容易出错，所以人们常用八进制数和十六进制数进行交流。十六进制数和二进制数的关系是 $2^4=16$，表示一位十六进制数可以表达四位二进制数，降低了计算机中二进制数书写的长度。二进位制和八进位制、二进位制和十六进位制之间的换算也非常直接、简便，避免了数字冗长带来的不便。所以，八进位制、十六进位制已成为人机交流中常用的计数法。表 1-2 列举了 4 种进制数的编码以及它们之间的对应关系。

表 1-2　不同进制数的表示方法

十进制	二进制	八进制	十六进制
0	0	0	0
1	1	1	1
2	10	2	2
3	11	3	3
4	100	4	4
5	101	5	5
6	110	6	6
7	111	7	7
8	1000	10	8
9	1001	11	9
10	1010	12	A
11	1011	13	B
12	1100	14	C
13	1101	15	D
14	1110	16	E
15	1111	17	F

1.5.2 数制转换

为了便于书写和阅读，用户在编程时常使用十进制、八进制、十六进制来表示一个数。但在计算机内部，程序与数据都采用二进制来存储和处理，因此不同进制的数之间常常需要互相转换。虽然不同进制的数之间的转换工作由计算机自动完成，但熟悉并掌握进制间的转换原理有利于我们了解计算机。常用数制间的转换关系如图 1-15 所示。

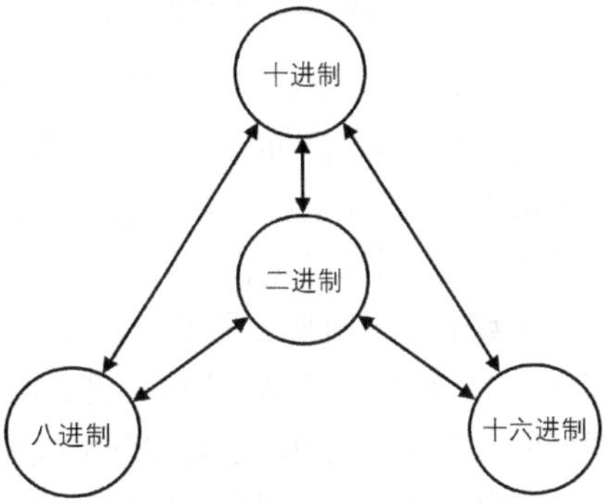

图 1-15 常用进制间的转换关系

1. 二进制数与十进制数转换

在二进制数与十进制数的转换过程中，要频繁地计算 2 的整数次幂。2 的整数次幂与十进制数值的对应关系如表 1-3 所示。

表 1-3 2 的整数次幂与十进制数值的对应关系

2^n	2^9	2^8	2^7	2^6	2^5	2^4	2^3	2^2	2^1	2^0
十进制数值	512	256	128	64	32	16	8	4	2	1

二进制数与十进制小数的对应关系如表 1-4 所示。

表 1-4 二进制数与十进制小数的关系

2^n	2^{-1}	2^{-2}	2^{-3}	2^{-4}	2^{-5}	2^{-6}	2^{-7}	2^{-8}
十进制分数	1/2	1/4	1/8	1/16	1/32	1/64	1/128	1/256
十进制小数	0.5	0.25	0.125	0.0625	0.03125	0.015625	0.0078125	0.00390625

二进制数转换成十进制数时，可以采用按权相加的方法，这种方法是按照十进制数的运算规则，将二进制数个位的数码乘以对应的权再累加起来。

【例 1-4】 将$(1101.101)_2$按位权展开转换成十进制数。

二进制数按位权展开转换成十进制数的运算过程如表 1-5 所示。

表 1-5 二进制数按权位展开过程

二进制数	1	1	0	1	1	0	1	1101.101
位权	2^3	2^2	2^1	2^0	2^{-1}	2^{-2}	2^{-3}	—
十进制数值	8 +	4 +	0 +	1 +	0.5 +	0 +	0.125	13.625

【例 1-5】 将$(1101.1)_2$，转换为十进制数。

$$
\begin{aligned}
(1101.1)_2 &= 1\times2^3+1\times2^2+0\times2^1+1\times2^0+1\times2^{-1} \\
&= 8+4+0+1+0.5 \\
&= 13.5
\end{aligned}
$$

2. 十进制数与二进制数转换

十进制数转换为二进制数时，整数部分与小数部分必须分开转换。整数部分采用除 2 取余法，就是将十进制数的整数部分反复除 2，如果相除后余数为 1，则对应的二进制数位为 1；如果余数为 0，则相应位为 0；逐次相除，直到商小于 2 为止。转换为整数时，第一次除法得到的余数为二进制数低位(第 K_0 位)，最后一次除法得到的余数为二进制数高位(第 K_n 位)。

小数部分采用乘 2 取整法，就是将十进制小数部分反复乘 2；每次乘 2 后，所得积的整数部分为 1，相应二进制数为 1，然后减去整数 1，余数部分继续相乘；如果积的整数部分为 0，则相应二进制数为 0，余数部分继续相乘；直到乘 2 后小数部分等于 0 为止，如果乘积的小数部分一直不为 0，则根据数值的精度要求截取一定位数即可。

【例 1-6】 将十进制 18.8125 转换为二进制数。

整数部分除 2 取余，余数作为二进制数，从低到高排列。小数部分乘 2 取整，积的整数部分作为二进制数，从高到低排列。竖式运算过程如图 1-16 所示。

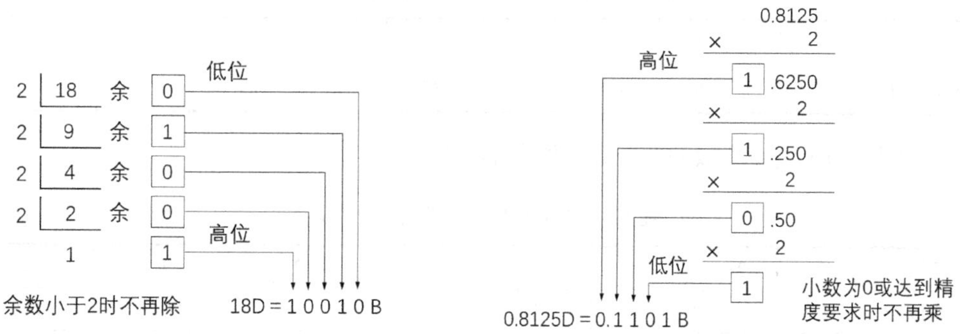

(a) 整数部分转换 (b) 小数部分转换

图 1-16 十进制数转换为二进制数的运算过程

转换结果为$(18.8125)_{10}=(10010.1101)_2$。

3. 二进制数与十六进制数转换

对于二进制整数，自右向左每 4 位分一组，当整数部分不足 4 位时，在整数前面加 0 补足 4 位，每 4 位对应一位十六进制数；对于二进制小数，自左向右每 4 位分为一组，当小数部分不足 4 位时，在小数后面(最右边)加 0 补足 4 位，然后每 4 位二进制数对应 1 位十六进制数，即可得到十六进制数。

【例 1-7】 将二进制数 111101.010111 转换为十六进制数。

$(111101.010111)_2=(00111101.01011100)_2=(3D.5C)_{16}$，转换过程如表 1-6 所示。

表 1-6 二进制数转换为十六进制数

二进制数	0011	1101	0101	1100
十六进制数	3	D	5	C

4. 十六进制数与二进制数转换

将十六进制数转换成二进制数非常简单，只要以小数点为界，向左或向右每一位十六进制数用相应的 4 位二进制数表示，然后将其连在一起即可完成转换。

【例 1-8】 将十六进制数 4B.61 转换为二进制数。

$(4B.61)_{16}=(01001011.01100001)_2$，转换过程如表 1-7 所示。

表 1-7　十六进制数转换为二进制数

十六进制数	4	B	6	1
二进制数	0100	1011	0110	0001

1.5.3　二进制数的表示

人们在日常生活中经常接触到的数据类型包括数值、字符、图形、图像、视频、音频等，总体上可归纳为数值型数据和非数值型数据两大类。由于计算机采用二进制编码方式工作，在使用计算机来存储、传输和处理上述各类数据之前，必须解决用二进制序列表示各类数据的问题。

在计算机中，所有的数值型数据都用一串由 0 和 1 组成的二进制编码来表示。这串二进制编码称为该数据的机器数，数据原来的表示形式称为真值。根据是否带有小数点，数值型数据分为整数和实数。对于整数，按照是否带有符号，分为带符号整数和不带符号整数；对于实数，根据小数点的位置是否固定，分为定点数和浮点数。数值型数据的分类如图 1-17 所示。

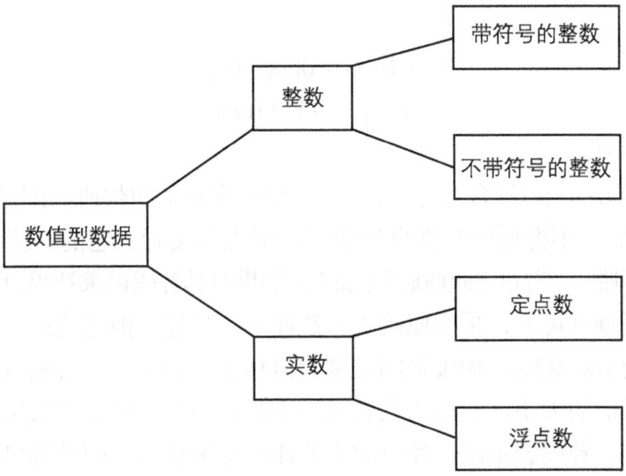

图 1-17　数值型数据的分类

1. 整数的计算机表示

如果二进制数的全部有效位都用于表示数的绝对值，即没有符号位，这种方法表示的数叫作无符号数。大多数情况下，一个数既包括表示数的绝对值部分，又包括表示数的符号部分，这种方法表示的数叫作带符号数。在计算机中，总是用数的最高位(左边第一位)来表示数的符号，并约定用“0”代表正数，用“1”代表负数。

为了区分符号和数值，同时便于计算，人们对带符号整数进行合理编码。常用的编码形式有以下 3 种。

(1) 原码。原码表示法简单、易懂，分别用 0 和 1 代替数的正号和负号，并置于最高有效位上，绝对值部分置于右端，中间若有空位填上 0。例如，如果机器字长为 8 位，十进制 15 和 −7 的原码表示如下：

$$[15]_{原}=00001111$$
$$[-7]_{原}=10000111$$

这里应注意以下几点：

① 用原码表示数时，n 位(含符号位)二进制数所能表示的数值范围是$-(2^{n-1}-1)\sim(2^{n-1}-1)$。

② 用原码表示数直接明了，而且与其所表示的数值之间转换方便，但不便进行减法运算。

③ 0 的原码表示不唯一，正 0 为 00000000，负 0 为 10000000。

(2) 反码。正数的反码表示与其原码表示相同，负数的反码表示是把原码除符号位以外的各位取反，即 1 变为 0，0 变为 1。

$$[15]_{反}=00001111$$
$$[-7]_{反}=11111000$$

这里应注意以下几点：

① 用反码表示数时，n 位(含符号位)二进制数所能表示的数值范围与原码一样，是$-(2^{n-1}-1)\sim(2^{n-1}-1)$。

② 用反码表示的数不便进行减法运算。

③ 0 的反码表示不唯一，正 0 为 00000000，负 0 为 11111111。

(3) 补码。正数的补码表示与其原码表示相同，负数的补码表示是把原码除符号位以外的各位取反后末位加 1。

$$[15]_{补}=00001111$$
$$[-7]_{补}=11111001$$

这里应注意以下几点：

① 用补码表示数时，n 位(含符号位)二进制数所能表示的数值范围是$-(2^{n-1}-1)\sim(2^{n-1}-1)$。

② 用补码表示数据不像原码那样直接明了，很难直接看出它的真值。

③ 0 的补码表示唯一，为 00000000(对于某数，如果对其补码再求补码，可以得到该数的原码)。

由以上三种编码规则可见，采用原码表示法简单、易懂，但它的最大缺点是加减法运算复杂。这是因为，当两数相加时，如果是同号则数值相加，如果是异号则数值应相减，而在进行减法时还要比较绝对值的大小，然后用大数减去小数，最后还要给结果选择符号。为了解决这些矛盾，人们才找到了补码表示法。反码的主要作用是求补码，而补码可以把减法转化成加法运算，使计算机中的二进制运算变得非常简单。

2. 实数的计算机表示

在自然描述中，人们把小数问题用小数点“.”表示，例如 1.5，但对于计算机而言，只能有“1”和“0”，不能有别的形式，而且计算机的“位”非常珍贵，所以小数点位置的表示采取“隐含”方案。这个隐含的小数点位置可以是固定的，也可以是可变的，前者称为定点数，后者称为浮点数。

(1) 定点数表示法，包括定点小数表示法和定点整数表示法。

① 定点小数表示法：将小数点的位置固定在最高数据位的左边，如图 1-18 所示。定点小数能表示小于 1 的纯小数。因此，使用定点小数时要求参加运算的所有操作数、运算过程中产生的中间结果和最后运算结果，其绝对值均应小于 1，如果出现大于或等于 1 的情况，定点小数就无法正确地表示出来，这种情况称为溢出。

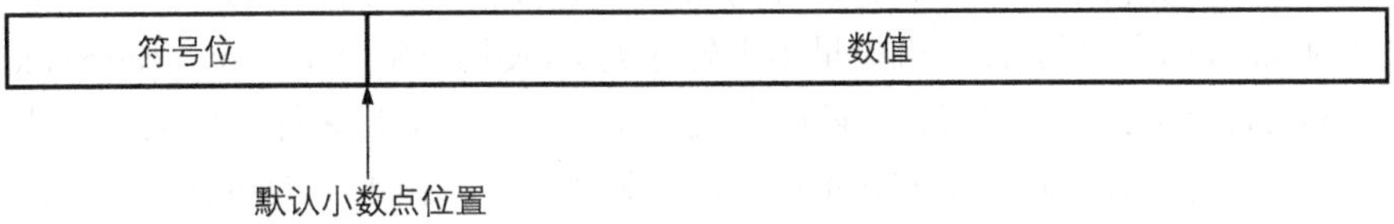

图 1-18　定点小数表示法

② 定点整数表示法：将小数点的位置固定在最低有效位的右边，如图 1-19 所示。对于二进制定点整数，所能表示的所有数都是整数。

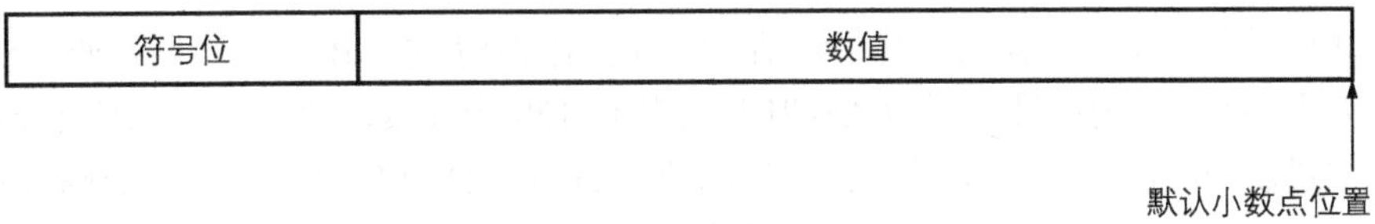

图 1-19　定点整数表示法

定点数表示法具有直观、简单、节省硬件等特点，但表示数的范围较小，缺乏灵活性，所以现在很少使用。

(2) 浮点数表示法。实数是既有整数又有小数的数，实数有很多种表示方法，例如 3.1415926 可以表示为 0.31415926×10、0.031415926×10^{2}、31.1415926×10^{-1} 等。在计算机中，如何表示 10^{n}？解决方案是：一个实数总可以表示成一个纯小数和一个幂之积(纯小数可以看作实数的特例)，例如 $123.45=0.12345\times10^{3}=0.012345\times10^{4}=12345\times10^{-2}=\cdots\cdots$

在十进制中，一个数的小数点的位置可以通过乘以 10 的幂次来调整。二进制也可以采用类似的方法，例如 $0.01001=0.1001\times2^{-1}=0.001001\times2^{1}$。即在二进制中，一个数的小数点位置可以通过乘以 2 的幂次来调整，这就是浮点数表示的基本原理。

假设有任意一个二进制数 N 可以写成 $M\cdot2^{E}$，其中，M 称为数 N 的尾数，E 称为数 N 的阶码。由于浮点数是用阶表示小数点的实际位置，所以同一个数可以有多种浮点表示形式。为了使浮点数有一种标准表示形式，也为了使数的有效数字尽可能多地占据尾数部分，以便提高表示数的精确度，规定非零浮点数的尾数最高位必须是 1，这种形式称为浮点数的规格化形式。

计算机中，尾数 M 通常都用定点小数的形式表示，阶码 E 通常都用整数表示，其中都有一位用来表示其正负。浮点数的一般格式如图 1-20 所示。

图 1-20　浮点数的一般格式

阶码和尾数可以采用原码、补码或其他编码方式表示。计算机中表示浮点数的字长通常为 32 位，其中 7 位作为阶码，1 位作为阶符，23 位作为尾数，1 位作为数符。

在计算机中按规格化形式存放浮点数时，阶码的存储位数决定了可表达数值的范围，尾数的存储位数决定了可表达数值的精度。对于相同的位数，用浮点法表示的数值范围比定点法大得多。所以目前的计算机都采用浮点数表示法，也因此又被称为浮点机。

3. 文本的表示

文本由一系列字符组成。要表示文本，必须先对每个可能出现的字符进行表示，并存储在计算机中。同时，计算机中能够存储和处理的只能是用二进制表示的信息，因此每个字符都需要进行二进制编码，称为内码。计算机最早用于处理英文，使用 ASCII 码(American Standard Code for Information Interchange，美国信息交换标准代码)来表示字符，后来计算机也用于处理中文和其他文字。由于字符多且内码表示方式不尽相同，为了统一，出现了 Unicode 码，它包括世界上出现的各种文字符号。

(1) ASCII 码。目前，国际上使用的字母、数字和符号的信息、编码系统种类很多，但使用最广泛的是 ASCII 码。ASSII 码最初是美国国家信息交换标准字符码，后来被采纳为一种国际通用的信息交换标准代码。

ASCII 码总共有 128 个元素，其中包括 32 个通用控制字符、10 个十进制数码、52 个英文大小写字母和 34 个专用符号。因为 ASCII 码总共有 128 个元素，故用二进制编码表示时需要使用 7 位二进制数。任意一个元素由 7 位二进制数 $D_6D_5D_4D_3D_2D_1D_0$ 表示，从 0000000 到 1111111 共有 128 种编码，可用来表示 128 个不同的字符。ASCII 码是 7 位的编码，但由于字节(8 位)是计算机中的常用单位，故仍以 1 字节来存放一个 ASCII 字符，每个字节中多余的最高位 D_6 取 0。表 1-8 所示为 7 位 ASCII 编码表(省略了恒为 0 的最高位 D_7)。

表 1-8　7 位 ASCII 编码表

$D_3D_2D_1D_0$	$D_6D_5D_4$							
	000	001	010	011	100	101	110	111
0000	NUL	DLE	SP	0	@	P	、	p
0001	SOH	DC1	!	1	A	Q	a	q
0010	STX	DC2	"	2	B	R	b	r
0011	ETX	DC3	#	3	C	S	c	s
0100	EOT	DC4	$	4	D	T	d	t
0101	ENQ	NAK	%	5	E	U	e	u
0110	ACK	SYN	&	6	F	V	f	v
0111	BEL	ETB	'	7	G	W	g	w
1000	BS	CAN	(	8	H	X	h	x
1001	HT	EM	)	9	I	Y	i	y
1010	LF	SUB	*	:	J	Z	j	z
1011	VT	ESC	+	;	K	[	k	{
1100	FF	FS	,	<	L	\	l	|
1101	CR	GS	-	=	M	]	m	}
1110	SO	RS	.	>	N	^	n	~
1111	SI	US	/	?	O	_	o	DEL

要确定某个字符的 ASCII 码，可在表中先查到它的位置，然后确定它所在位置相应的列和行，最后根据列确定高位码($D_6D_5D_4$)，根据行确定低位码($D_3D_2D_1D_0$)，把高位码与低位码合在一起就是该字符的 ASCII 码(高位码在前，低位码在后)。例如，字母 A 的 ASCII 码是 1000001，符号＋的 ASCII 码是 0101011。

ASCII 码的特点如下。

- 编码值 0～31(0000000～0011111)不对应任何可印刷字符，通常为控制符，用于计算机通信中的通信控制或对设备的功能控制；编码值 32(0100000)是空格字符，编码值 127(1111111)是删除控制 Del 码；其余 94 个字符为可印刷字符。
- 字符 0～9 这 10 个数字字符的高 3 位编码($D_6D_5D_4$)为 011，低 4 位编码为 0000～1011。当去掉高 3 位的值时，低 4 位正好是二进制形式的 0～9。这既满足正常的排序关系，又有利于完成 ASCII 码与二进制码之间的转换。
- 英文字母的编码是正常的字母排序关系，且大、小写英文字母编码的对应关系相当简单，差别仅表现在 D_5 位的值为 0 或 1，有利于大、小写字母之间的编码转换。

(2) Unicode 码。常用的 7 位二进制编码形式的 ASCII 码只能表示 128 个不同的字符，扩展后的 ASCII 字符集也只能表示 256 个字符，无法表示除英文以外的其他文字符号。为此，硬件和软件制造商联合设计了一种名为 Unicode 的代码，它有 32 位，能表示最多 2^{32}=4 294 967 296 个符号，代码的不同部分被分配用于表示世界上不同语言的符号，还有些部分用于表示图形和特殊符号。

Unicode 字符集广受欢迎，被许多程序设计语言和计算机系统所采用。为了与 ASCII 字符集保持一致，Unicode 字符集为 ASCII 字符集的超集，即 Unicode 字符集的前 256 个字符集与扩展的 ASCII 字符集完全相同。

(3) 汉字编码。为了在计算机内部表示汉字，用计算机处理汉字，同样要对汉字进行编码。计算机对汉字的处理要比英文字符复杂得多，它涉及多个汉字的编码和编码间的转换。这些编码包括汉字信息交换码、汉字机内码、汉字输入码、汉字字形码和汉字地址码等。

① 汉字信息交换码：用于汉字信息处理系统与通信系统之间进行信息交换的汉字代码称为汉字信息交换码，简称交换码，也称作国家码。它直接把第 1 个字节和第 2 个字节编码拼接起来，通常用十六进制表示，在一个汉字的区码和位码上分别加十六进制数 20H，即构成该汉字的国际码。例如，汉字“啊”的区位码为十六进制数 1601D(即十六进制数 1001H)，位于 16 区 01 位；对应的国标码为十六进制数 3021H(其中，D 表示十进制数，H 表示十六进制数)。

② 汉字机内码：为了在计算机内部对汉字进行存储、处理而设置的汉字编码称为汉字机内码，简称内码。当一个汉字输入计算机后，就转换为机内码，然后才能在机器内传输、存储、处理。汉字机内码的形式也有多种。目前，对应于国际码，1 个汉字的机内码也用 2 个字节存储，并把每个字节的最高二进制位置为 1，作为汉字机内码的标识，以免与单字节的 ASCII 码产生歧义。也就是说，国标码的 2 个字节中，每个字节的最高位置为 1，即可将其转换为机内码。

③ 汉字输入码：为将汉字输入计算机而编制的代码称为汉字输入码，也叫外码。目前，汉字主要经标准键盘输入计算机，所以汉字输入码都是由键盘上的字符或数字组合而成。流行的汉字输入码编码方案有多种，但总体来说分为音码、形码和音形码三大类。音码是根据汉字的发音进行编码，如全拼输入法；形码是根据汉字的字形结构进行编码，如五笔字型输入法；音

形码结合了两者，如自然码输入法。

④ 汉字字形码：又称汉字字模，用于在显示器上或通过打印机输出汉字。汉字字形码通常有点阵和矢量两种表示方式。用点阵表示字形时，汉字字形码指的就是这个汉字字形点阵的代码。根据输出汉字的要求不同，点阵的多少也不同。简易型汉字为16×16点阵，提高型汉字为24×24点阵、32×32点阵、48×48点阵等。点阵规模越大，字形越清晰、美观，所占存储空间越大。

⑤ 汉字地址码：每个汉字字形码在汉字字库中的相对位移地址称为汉字地址码，即汉字字形信息在汉字字模库中存放的首地址。每个汉字在字库中都占有固定大小的连续区域，其首地址即该汉字的地址码。输入汉字时，必须通过地址码，才能在汉字字库中取到所需的字形码，最终在输出设备形成可见的汉字字形。

4. 图像的表示

图像是由输入设备捕捉的实际场景，或以数字化形式存储的任意画面，如照片。随着信息技术的发展，越来越多的图像信息需要用计算机来存储和处理。

照片是由模拟数据组成的模拟图像，其表面的色彩是连续的，且由多种颜色混合而成。数字化图像是将图像按行和列的方式均匀地划分为若干个小格，每个小格称为一个像素，一幅图像的尺寸用像素点来衡量，如图1-21所示。

图1-21 图像的数字化表示

图像中的像素点的个数称为分辨率，用“水平像素点数×垂直像素点数”来表示。图像的分辨率越高，构成像素的像素点越多，能表示的细节越多，图像越清晰；反之，分辨率越低，图像越模糊。

存储图像，本质上就是存储图像中每个像素点的信息。根据色彩信息，将图像分为彩色图像、灰度图像和黑白图像。

(1) 彩色图像。彩色图像的每个像素由红、绿、蓝三色(也称RGB)组成，须用3个矩阵来表示每个彩色分量的亮度值，如图1-22所示。真彩色的颜色深度为24位颜色，即RGB中的每个分量都用8位表示。

(2) 灰度图像。灰度图像的每个像素点只有一个灰度分量，通常用8位表示。灰度共有256

个级别(0～255)，其中，255 是最高灰度级，呈现最亮的像素；0 是最低灰度级，呈现最暗的像素。

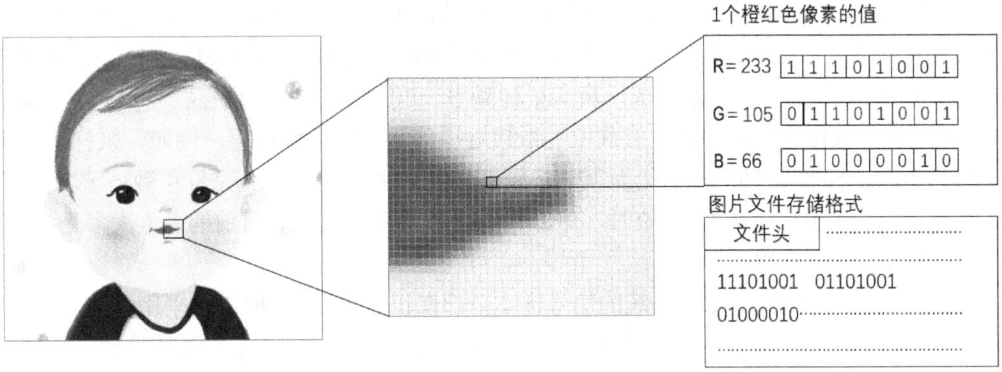

图 1-22　24 位色彩深度图像的编码方式(没有压缩时的编码)

(3) 黑白图像。黑白图像的每个像素只有一个黑色分量，且只用一个二进制位 0 或 1 来表示。0 表示黑，1 表示白。有时为了处理方便，仍然采用每个像素 8 位的方式来存储黑白图像。

5. 音频的表示

在计算机中，声音、图形、视频等信息需要转换成二进制数，才能被计算机存储和处理。将模拟信号转换成二进制数的过程称为数字化处理。

音频信号的数字化过程如图 1-23 所示。

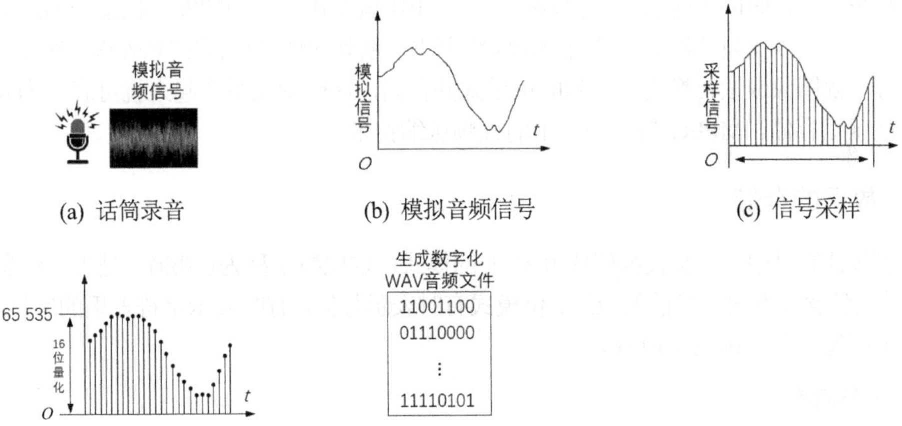

(a) 话筒录音　(b) 模拟音频信号　(c) 信号采样　(d) 信号量化　(e) 信源编码

图 1-23　音频信号的数字化过程

声音是连续变化的模拟量。例如，对着话筒讲话时，话筒根据它周围空气压力的不同变化，输出连续变化的电压值。这种变化的电压值是对声音的模拟，称为模拟音频。要使计算机能存储和处理声音信号，就必须将模拟音频数字化。

(1) 采样。任何连续信号都可以表示成离散值的符号序列，存储在数字系统中。因此，模拟信号转换成数字信号必须经过采样过程。采样过程是在固定的时间间隔内，对模拟信号截取一个振幅值，并用定长的二进制数表示，将连续的模拟音频信号转换成离散的数字音频。截取模拟信号振幅值的过程称为采样，所得到的振幅值为采样值。单位时间内采样次数越多，即采样频率越高，数字信号就越接近原声。

奈奎斯特(Nyquist)采样定理指出：模拟信号离散化采样频率达到信号最高频率的 2 倍时，可以无失真地恢复原信号。人耳听力的频率范围为 20Hz～20kHz，声音采样频率达到 40kHz(每秒采集 4 万个数据)就可以满足要求，声卡采样频率一般为 44.1kHz 或更高。

(2) 量化。量化是将信号样本值截取为最接近原信号的整数值过程，例如，采样值是 16.2 就量化为 16，采样值是 16.7 就量化为 17。音频信号的量化精度(也称为采样位数)一般用二进制数位衡量，如声卡量化位数为 16 位时，有 2^{16}＝65 535 种量化等级。目前的声卡大多为 24 位或 32 位量化精度(采样位数)。

音频信号采样量化时，一些系统的信号样本全部在正值区间，这时编码采用无符号数存储；另外一些系统的样本有正值、0、负值(如正弦曲线)，编码时用样本值最左边的位表示采样区间的正负符号，其余位表示样本绝对值。

(3) 编码。如果每秒钟采样速率为 *S*，量化精度为 *B*，则它们的乘积为位率。例如，采样速率为 40kHz，量化精度为 16 位时，位率＝40 000Hz×16b＝640kb/s。位率是信号采集的重要性能指标，如果位率过低，就会出现数据丢失的情况。

数据采集后得到了一大批原始音频数据，对这些数据进行压缩编码(如 wav、mp3 等)后，再加上音频文件格式的头部，就得到了一个数字音频文件，这项工作由声卡和音频处理软件(如 Adobe Audition)共同完成。

6. 视频的表示

视频是图像在时间上的表示，称为帧。一部电影就是由一系列的帧一帧接一帧地播放而形成的运动图像，即视频是随空间(单个图像)和时间(一系列图像)变化的信息表现。所以，在计算机中将每一幅图像或帧转换为一系列的位模式并存储，这些图像组合起来就可表示为视频。视频通常被压缩存储。MPEG 是一种常用的视频压缩技术。

1.5.4 数据的存储

在现代计算机中，信息被编码成 0 和 1 的模式，这些数字称为位(bit)，是表示信息的唯一符号，其具体含义取决于当前的应用。位模式有时表示数值，有时表示字符表里的字符和标点，有时表示图像，有时则表示声音。

1. 主存储器

为了存储数据，计算机中有大量的电路(如触发器)，每个电路都可以存储一位数据。这种位存储器被称作计算机的主存储器。

(1) 存储器的结构。计算机的主存储器是通过一种名为存储单元(cell)的可管理单位组织起来的，一个典型的存储单元可以存储 8 位(8 位称作 1 个字节，因此一个典型的存储单元有 1 个字节的容量)。家庭设备，如电冰箱、空调中嵌入的小型计算机的主存可能只有几百个存储单元，但是大型计算机的主存储器可能有数十亿个存储单元。

虽然计算机中没有左右的概念，但人们通常会将存储单元中的位想象成是排成一行的。一行的左端称为高位端(high-order end)，右端称为低位端(low-order end)。最左边的一位称为高位或者最高有效位(most significant bit)。采用这种叫法是因为如果把存储单元的内容解释为数值，那么这一位会是这个数值最高位的有效数字。相应地，最右边的一位称为低位或者最低有效位(least significant bit)。因此，可以用图 1-24 所示的形式来表示字节型存储单元。

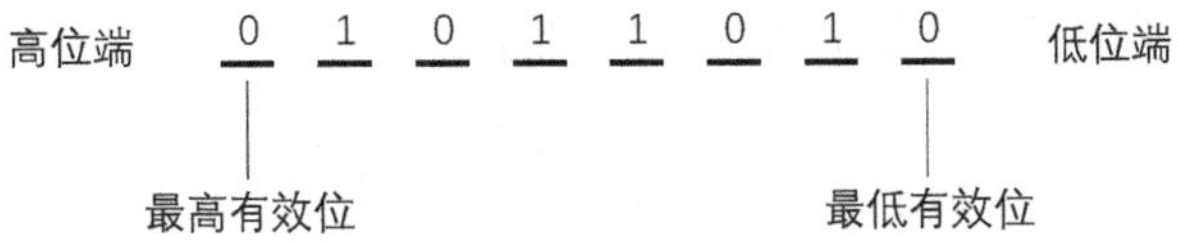

图 1-24　字节型存储单元的结构

为了有效地识别计算机主存中的每个存储单元，每个单元都有一个独一无二的“名字”，也就是地址(address)，类似于在一个城市里通过地址来确定房子的位置，不过存储单元的地址全部由数字组成。更准确地说，如果把所有的存储单元都看成排成一行的，并按照这个顺序从 0 开始编号，这样的地址系统不仅可以让人们单独识别每个存储单元，还赋予存储单元顺序的概念，如图 1-25 所示。

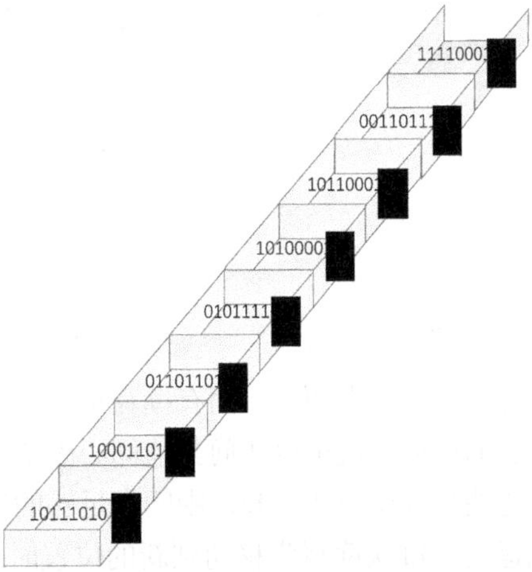

图 1-25　存储单元按地址排列

为存储单元及存储单元中的每一位编码的一个重要的结果是：一台计算机主存储器中的所有的位本质上都可以看成一个有序的长行，因此这个长行的片段就可以存储比单个单元更长的位模式。具体来说，只需要用两个连续的存储单元，就可以存储长度为 16 的位模式。

要实现计算机的主存储器的功能，实际存储位的电路要和其他电路组合在一起，这些电路允许其他电路从存储单元中存取数据。这样，其他电路就可以询问某一地址的内容来获得数据(称为读操作)，或者要求某个位模式被存储到特定地址来记录数据(称为写操作)。

因为计算机主存储器是由单个有地址的存储单元组成，所以这些存储单元可以根据请求被相互独立地访问。为了体现这种存储单元可以采用任何顺序被访问的能力，计算机的主存储器通常叫作随机存取存储器。

(2) 存储器的容量。计算机存储器的容量以字节数来度量，经常使用的度量单位有 KB、MB 和 GB，其中 B 代表字节(byte)。各度量单位可用字节表示如下：

1KB＝2^{10}B＝1024B

1MB＝2^{10}KB＝1024KB

1GB＝2^{10}MB＝1024MB

例如，一台计算机的内存标注为 2GB，则它实际可存储的内存字节数＝2×1024×1024×1024B。

2. 辅助存储器

由于计算机主存储器的不稳定性和容量的有限性，大部分计算机会使用额外的存储设备(辅助存储器)，包括磁盘、光盘等。与主存储器相比，辅助存储器的优点是稳定性高、容量大、价格低，并且在很多情况下可以从计算机中方便地取出，以便归档整理数据。

(1) 磁盘存储器。磁盘存储器在很多年以来一直是主流的计算机辅助存储器，最常见的例子就是现在计算机中仍在使用的硬盘。硬盘由一个个旋转的磁盘盘片组成，每个盘片上有一层用于存储数据的磁介质图层，其结构如图 1-26 所示。

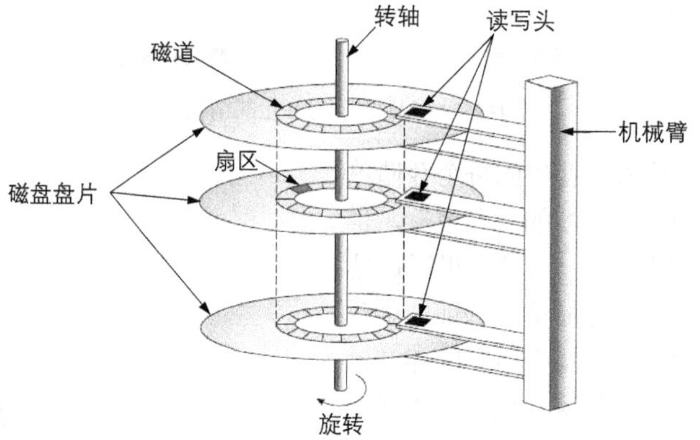

图 1-26　磁盘存储器的结构

磁盘盘片的上面和下面有读写头，当磁盘盘片旋转时，读写头相对于磁道进行运动。调整读写头的位置，就可以访问其他同心磁道。在很多情况下，一个磁盘存储系统包括若干同轴盘片，这些盘片层叠在一起，中间有足够的控件允许读写头滑动。在这种情况下，所有读写头一致地运动，每次读写头移动到新的位置时，就可以访问一组新的磁道。

由于一道磁道包含的信息通常比每次操作的信息多，所以每个磁道都被划分为若干被称为扇区的小弧形，上面以连续的二进制位串形式记录着信息。一个磁盘上所有的扇区都包含相同的位数，典型的容量范围为 512B 到几千字节(KB)，而且最简单的磁盘存储系统中的每个磁道都有相同数目的扇区。因此，靠近磁盘外边缘的磁道上扇区的存储密度比靠近中心的磁道上扇区的存储密度小，因为外缘的扇区比内部的扇区长。相比之下，在大容量磁盘存储系统中，外边缘的磁道比靠近中心的磁道多很多扇区，大容量一般通过一种叫作区位记录的技术得以实现。使用这种技术，几个相邻的磁道被共同称为区，一个典型的盘片包括大约 10 个区。一个区中的磁道有相同数目的扇区，但是相较于靠近中心的区，每个靠近外部的区中每一条磁道都有更多的扇区。利用这种方式可以有效使用整个磁盘表面。一个磁盘存储系统包括大量独立的扇区，每一个扇区又可以作为独立的字符串单独访问。

磁盘存储系统的容量取决于其盘片数量以及盘片上磁道的扇区的密度。容量低的系统可能只有一个盘片，而存储容量高达几吉字节(GB)甚至太字节(TB)的系统可能在一个公共轴上安装了多个盘片。此外，数据既可以存储在每个盘片的上表面，也可以存储在下表面。

以下几个指标可以用来评判一个磁盘存储系统的性能。

① 寻道时间：将读写头从一个磁道移动到另一个磁道所需的时间。

② 旋转延迟或等待时间：磁盘完成一周完整旋转所需时间的一半，这是读写头移动到指定磁道后，等待盘片旋转到存取所需数据位置的平均用时。

③ 存取时间：寻道时间与旋转延迟的时间总和。

④ 传输速率：从磁盘读取或向磁盘写入的速度。

由于磁盘存储系统执行操作时需要物理运动，所以其速度比不上电子电路。电子电路内的延迟时间以纳秒(十亿分之一秒)甚至更小的单位为单位，而磁盘系统的寻道时间、延迟时间和存取时间以毫秒(千分之一秒)为度量单位。因此，与电路所需的等待时间相比，磁盘系统在获取信息时需要的时间相对较长。

还有一些磁存储技术，例如磁带。磁带中的信息存储在很薄的塑料带的磁涂层上，塑料带则缠绕在卷轴上。访问磁带需要极长的寻道时间，但是因为成本低廉、存储容量大，常被用于存档数据备份。

(2) 光盘存储器。光盘(compact disk，CD)盘片直径大约 12cm，由光洁的保护涂层覆盖着反射材料制成，通过在反射层上制造偏差来记录信息，再通过激光束检测旋转的盘片表面不规则的偏差来读取数据。目前，光盘存储器已逐渐退出市场。

3. 微型计算机的多级存储体系

现代计算机体系结构的一个重要的原理，即存储程序原理，计算机中运行的程序都是存储于存储器上，供运算器在需要的时候访问。而计算机的存储系统总希望做到存储容量大而存取速度快、价格低。但容量、速度、价格这三者是矛盾的，例如存储器的速度越快则价格就越高，存储器的容量越大则存储器的速度就越慢，所以仅仅采用一种技术组成单一的存储器是不可能满足这些要求的。随着计算机技术的不断发展，通常是把几种存储技术结合起来构成多级存储体系，即将存储实体由上向下分为 4 层，分别为微处理器存储层、高速缓冲存储器层、主存储器层和外存储器层，如图 1-27 所示。

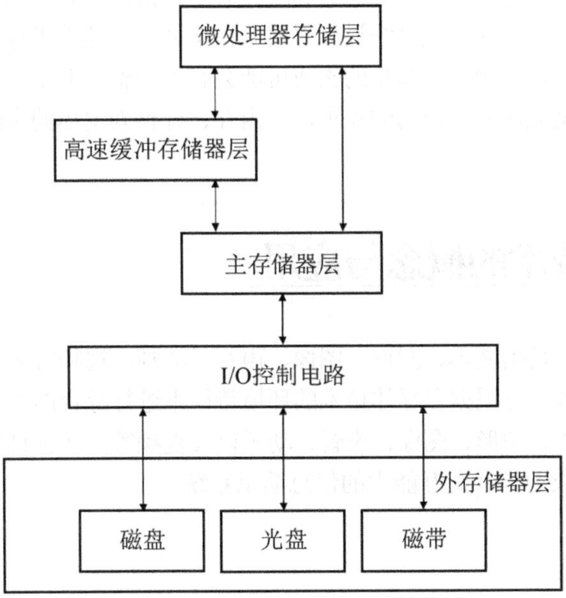

图 1-27　微型计算机的多级存储体系

(1) 微处理器存储层。CPU(运算器、控制器)以及一些需要的电路集成在一个半导体芯片上，称为微处理器。微处理器存储层是多级存储体系的第一层，由 CPU 内部的通用寄存器组、指令与数据缓冲栈来实现。由于寄存器存在于 CPU 内部，速度比磁盘要快百万倍以上。一些运算可以直接在 CPU 的通用寄存器中进行，这样就减少了 CPU 与内存之间的数据交换。但通用寄存器的数量非常有限，一般只有几个到几百个，不可能承担更多的数据存储任务，仅可用于存储使用最频繁的数据。

(2) 高速缓冲存储器层。高速缓冲存储器层是计算机多级存储体系的第二层，设置在微处理器和内存之间。高速缓冲存储器由静态随机存储器组成，通常集成在 CPU 芯片内部，容量比内存小得多，但速度比内存高得多，接近 CPU 的速度。

高速缓冲存储器的使用依据是程序局部性原理：由于正在使用的内存单元邻近的单元将被用到的可能性很大，因此当 CPU 存取内存某一单元时，计算机就自动地将包括该单元在内的那一组单元的内容调入高速缓冲存储器中。CPU 首先从高速缓冲存储器中查找即将存取的数据，如果找到了就不必再访问内存，这样就有效地提高了计算机的工作效率。

(3) 主存储器层。在多级存储器体系中，主存储器(内存)层属于第三层，它是 CPU 可以直接访问的唯一的大容量存储区域。任何程序或数据要为 CPU 所使用，必须先放到内存中，即便是高速缓冲存储器，其中的信息也是来自内存，所以内存的速度在很大程度上决定了系统的运行速度。

(4) 外存储器层。由于内存的容量非常有限，因此必须通过辅助存储设备提供大量的存储空间，这就需要使用存储体系中不可缺少的外存储器。外存储器包括磁盘、光盘、磁带等，具有永久保留信息且容量大的特点。

综上所述，在微型计算机的多级存储体系中，每一种存储器都不是孤立的，而是有机整体的一部分。存储体系整体的速度接近高速缓冲存储器和寄存器，而容量取决于外存储器的容量，是可以扩展的，从而较好地解决了存储器的速度、容量、价格三者之间的矛盾，满足了计算机系统的应用需要，这是微型计算机系统设计思路的精华之一。随着半导体工艺水平的发展和计算机技术的进步，存储器多级存储体系的构成可能会有所调整，但由于系统软件和应用软件的发展，内存的容量总是无法满足应用的需求，以内存、外存为主体的多级存储体系也就会长期存在下去。

1.6 多媒体技术的概念与应用

简单地说，多媒体是指文本、图形、图像、声音、动画、视频等多种媒体的统称。多媒体技术的定义目前有多种，可根据多媒体技术的环境特征来进行综合的描述：计算机综合处理多种媒体信息，包括文本、图形、图像、声音、动画以及视频等，在各种媒体信息之间按某种方式建立逻辑连接，集成为具有交互能力的信息演示系统。

1.6.1 多媒体概述

多媒体技术涉及许多学科，如图像处理系统、声音处理技术、视频处理技术以及三维动画技术等，它是一门跨学科的综合性技术。多媒体技术用计算机把各种不同的电子媒体集成并控制起来，且使整个系统具有交互性，因此多媒体技术又可看成一种界面技术，它使得人机界面更为形象、生动、友好。

多媒体技术以计算机为核心，计算机技术的发展为多媒体技术的应用奠定了坚实的基础。国外有的专家把个人计算机、图形用户界面(GUI)和多媒体称为近年来计算机发展的三大里程碑。

1. 媒体

媒体在计算机领域主要有两种含义：一是指用于存储信息的实体，如磁盘、光盘、U 盘、光盘、半导体存储器等；二是指用于承载信息的载体，如数字、文字、声音、图形、图像、动画等。在计算机领域，媒体一般分为感觉媒体、表示媒体、表现媒体、存储媒体和传输媒体等 5 类。

(1) 感觉媒体指的是能直接作用于人的感官让人产生感觉的媒体，包括人类的语言、文字、音乐，自然界的其他声音，静止或活动的图像、图形和动画等。

(2) 表示媒体是用于传输感觉媒体的手段，其内容上指的是对感觉媒体的各种编码，包括语言编码、文本编码和图像编码等。

(3) 表现媒体是指感觉媒体和计算机的中间界面，即感觉媒体传输的电信号在感觉媒体之间转换所用的媒体。表现媒体又分为输入表现媒体和输出表现媒体。输入表现媒体有键盘、鼠标、光笔、数字化仪、扫描仪、麦克风、摄像机等；输出表现媒体有显示器、打印机、扬声器、投影仪等。

(4) 存储媒体是指用于存储表现媒体的介质，包括内存、硬盘、磁带和光盘等。

(5) 传输媒体是指将表现媒体从一处传送到另一处的物理载体，包括导线、电缆、电磁波等。

2. 多媒体的基本元素

多媒体主要有以下几个基本元素。

(1) 文本。指以 ASCII 码存储的文件，是最常见的媒体形式之一。

(2) 图形。指由计算机绘制的各种几何图形。

(3) 图像。指由摄像机或图形扫描仪等输入设备获取的实际场景的静止画面。

(4) 动画。指借助计算机生成一系列可供动态实习演播的连续图像。

(5) 音频。指数字化的声音，可以是解说、背景音乐及各种声响，可分为音乐音频和话音音频。

(6) 视频。指由摄像机等输入设备获取的活动画面。通过摄像机得到的视频图像是一种模拟视频图像。模拟视频图像输入计算机需经过模数转换，才能进行编辑和存储。

此外，多媒体还具有多样化、交互性、集成性和实时性等特征。

1.6.2　多媒体的关键技术

多媒体的关键技术主要包括数据压缩与解压缩、媒体同步、多媒体网络、超媒体等，其中以视频和音频数据的压缩与解压缩技术最为重要。

视频和音频信号的数据量大，同时要求传输速度高，目前的微机还不能完全满足要求，因此，必须对多媒体数据进行实时的压缩与解压缩。

数据压缩技术又称数据编码技术，有关它的研究已有 50 年的历史。目前，多媒体信息数据的编码技术主要有以下几种。

(1) JPEG 标准。JPEG(joint photographic experts group，联合摄像专家组)是一个专家组，该专家组于 1986 年制定了主要针对静止图像的第一个图像压缩国际标准。JPEG 现在已成为有关技术标准的代名词，该标准制定了有损和无损两种压缩编码方案，JPEG 对单色和彩色图像的压缩比通常分别为 10:1 和 15:1。许多 Web 浏览器都将 JPEG 图像作为一种标准文件格式，以供浏览者浏览网页中的图像。

(2) MPEG 标准。MPEG(moving picture experts group，动态图像专家组)是国际标准化组织和国际电工委员会组成的一个专家组，MPEG 现在已成为有关技术标准的代名词。MPEG 是压缩全动画视频的一种标准方法，可以压缩运动图像，包括三部分：MPEG-Video、MPEG-Audio、MPEG-System(也可用数字编号代替 MPEG 后面对应的单词)。MPEG 平均压缩比为 50:1，常用于硬盘、局域网、有线电视信息压缩。

(3) H.216 标准，又称 P(64)标准。H.216 标准是国际电报电话咨询委员会 CCITT 为可视电话和电视会议制定的标准，是关于视像和声音双向传输的标准。

1.6.3 多媒体技术的应用

借助日益普及的高速信息网络，多媒体技术可以实现计算机的全球联网和信息资源的共享。新技术带来的新感受和新体验在任何时候都是不可想象的。

(1) 数据压缩、图像处理的应用。多媒体计算机技术是针对 3D 图形、环绕声、彩色全屏运动画面的处理技术。然而，数字计算机面临数值、文本、语言、音乐、图形、动画、图像、视频等媒体的问题，这些媒体承载着信息从模拟信号到数字信号的吞吐、存储和传输工作。数字化的视音频信号数量惊人，对内存的存储容量、通信干线的信道传输速率以及计算机的速度都造成了很大的压力。要解决这个问题，单纯地扩大存储容量、提高通信中继的传输速率是不现实的。数据压缩技术为图像、视频和音频信号压缩，文件存储和分布式利用，提高通信干线的传输效率等提供了有效的方法。同时，它使计算机能够实时处理音频和视频信息，以确保能够播放高质量的视频和音频节目。为此，国际标准化协会、国际电子委员会、国际电信协会等国际组织牵头制定了与视频图像压缩编码相关的三项重要国际标准：JPEG 标准、MPEG 标准、H.261 标准。

(2) 语音识别的应用。语音识别一直是人们美好的梦想，让计算机理解人的语音是发展人机语音通信和新一代智能计算机的主要目标。随着计算机的普及，越来越多的人在使用计算机，如何为不熟悉计算机的人提供友好的人机交互手段是一个有趣的问题，语音是最自然的交流手段之一。

目前，语音识别领域的新算法、新思想、新应用系统不断涌现。同时，语音识别领域也处于非常关键的时期，全世界的研究人员都在向语音识别应用的最高水平冲刺——没有特定人、词汇量大、语音连续的听写机系统的研究和使用。也许，人们对语音识别技术的梦想很快就会成为现实。

(3) 文语转换的应用。中、英、日、法、德五种语言的文语转换系统在世界范围内得到了发展，并广泛应用于许多领域。例如，声波文语转换系统是清华大学计算机系基于波形编辑的中文文语转换系统。该系统利用汉语词库进行分词，并根据语音研究的结果建立语音规则来处理汉语中一些常见的语音现象，同时，利用粒子群优化算法修改超音段的语音特征，提高语音输出质量。

(4) 多媒体信息检索技术的应用。多媒体信息检索技术的应用使多媒体信息检索系统、多媒体数据库、可视化信息系统、多媒体信息自动获取和索引系统逐渐成为现实。基于内容的图像检索和文本检索系统是近年来多媒体信息检索领域最活跃的研究课题。基于内容的图像检索是基于图像视觉特征，包括颜色、纹理、形状、位置、运动、大小等，并从图像数据库中检索与需要查询的图像内容相似的图像。使用图像视觉特征索引可以大大提高图像系统的检索能力。

1.7 习题

一、判断题

1. 内存储器是主机的一部分，可与 CPU 直接交换信息，存取时间快，但价格较高，比外存储器存储的信息少。(　　)

2. 运算器只能运算，不能存储信息。(　　)

3. 程序存储和程序控制思想是微型计算机的工作原理，对巨型机和大型机不适用。(　　)

二、选择题

1. 微型计算机完成各种算术运算和逻辑运算的部件称为(　　)。
   A. 控制器　　B. 寄存器　　C. 运算器　　D. 加法器

2. 计算机处理信息的最小单位是(　　)。
   A. 字节　　B. 位　　C. 字　　D. 字长

3. 某编码方案用 10 位二进制数进行编码，最多可编(　　)个码。
   A. 1000　　B. 10　　C. 1024　　D. 256

4. 多媒体的主要特征是(　　)。
   A. 动态性、丰富性　　B. 集成性、交互性
   C. 标准化、娱乐化　　D. 网络化、多样性

5. 按照计算机应用的分类，模式识别属于(　　)。
   A. 科学计算　　B. 人工智能　　C. 实时控制　　D. 数据处理

6. 在微型计算机系统中，基本字符编码是(　　)。
   A. 机内码　　B. ASCII 码　　C. BCD 码　　D. 拼音码

7. 关于基本 ASCII 码在计算机中的表示方法，准确的描述应该是(　　)。
   A. 使用 8 位二进制数，最低位为 1
   B. 使用 8 位二进制数，最高位为 1
   C. 使用 8 位二进制数，最低位为 0
   D. 使用 8 位二进制数，最高位为 0

8. 如果字符 C 的十进制 ASCII 码值是 67，则字符 H 的十进制 ASCII 码值是(　　)。
   A. 77　　B. 75　　C. 73　　D. 72

9. 如果字符 A 的十进制 ASCII 码值是 65，则字符 H 的十六进制 ASCII 码值是(　　)。
   A. 48　　B. 4C　　C. 73　　D. 72

10. 下列描述中，正确的是(　　)。
   A. 1KB=1024×1024B　　B. 1MB=1024×1024B
   C. 1KB=1024MB　　D. 1MB=1024B

三、操作题

1. 查看当前计算机的硬盘空间和内存容量，并写出方法。
2. 列举你所在机房中计算机使用的应用软件。
3. 将二进制数 11011.011 根据按权展开的方法转换成十进制数。
4. 将十进制数 0.5 转换为对应的二进制数。
5. 将二进制数 1101000.0010011 转换为对应的十六进制数。
6. 结合网上搜索的配件参数，根据日常使用计算机的需要，确定一份计算机配件采购清单，并详细标注主要配件的型号和价格(总价在 4500 元以内)。

第 2 章 Windows操作系统

☑ 本章要点

了解操作系统的基本概念、功能、组成及分类。理解 Windows 7 操作系统的基本概念和常用术语，以及文件、文件夹的概念等。掌握 Windows 7 操作系统的基本操作和应用，包括：①桌面外观的设置；②基本的网络配置；③资源管理器的操作与应用；④文件、文件夹属性的查看和设置等；⑤中文输入法的安装、删除和选用；⑥对文件、文件夹和关键字的搜索；⑦Windows 系统工具的使用。

☑ 知识体系

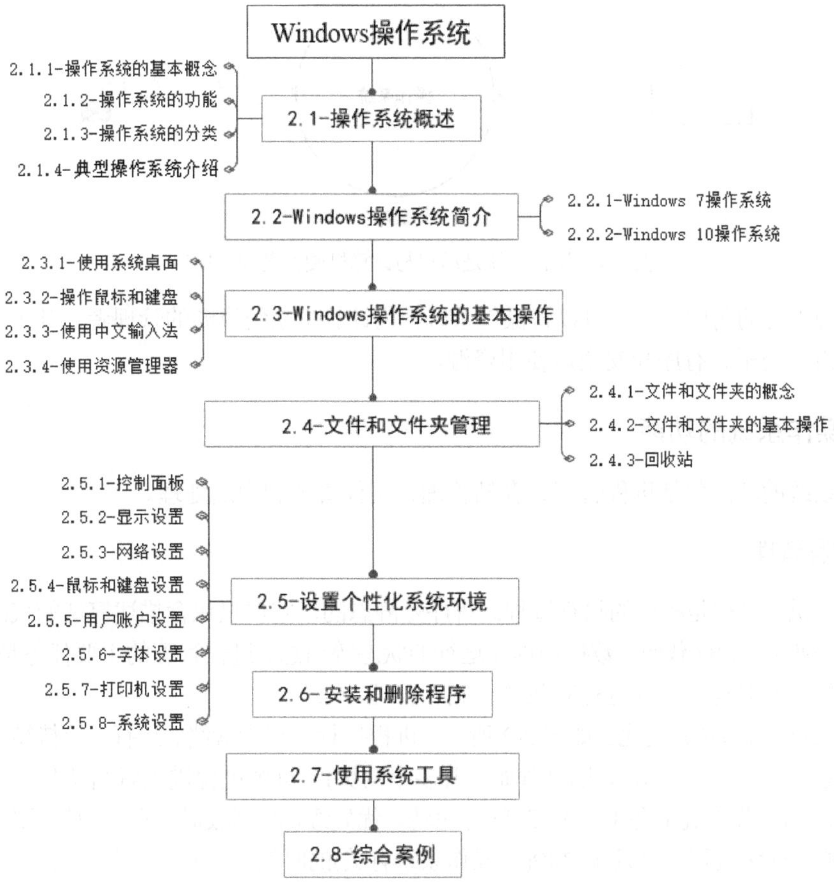

2.1 操作系统概述

计算机只有硬件是无法工作的，还需要软件的支持。从计算思维的角度来看，硬件和软件的结合构成了系统；从应用的角度来看，硬件和软件都存在各自的体系和不断的问题求解过程。其中，软件系统还包括系统软件和应用软件，系统软件负责管理计算机系统中各种独立的硬件，使硬件之间可以协调工作(系统软件使得计算机使用者和其他软件将计算机当作一个整体而不需要顾及底层每个硬件如何工作)；应用软件提供基于操作系统的扩展能力，是为实现某种特定的用途而开发的软件(例如文档处理、网页浏览、视频播放等)。

2.1.1 操作系统的基本概念

在计算机软件系统中，能够与硬件互相交流的是操作系统。操作系统是最底层的软件，它控制所有计算机运行的程序并管理整个计算机的资源，是计算机与应用程序及用户之间的桥梁。操作系统允许用户使用应用软件，允许程序员利用编程语言函数库、系统调用和程序生成工具来开发软件。

操作系统是计算机系统的控制和管理中心，从用户的角度来看，可以将操作系统看作用户与计算机硬件之间的接口，如图 2-1 所示。

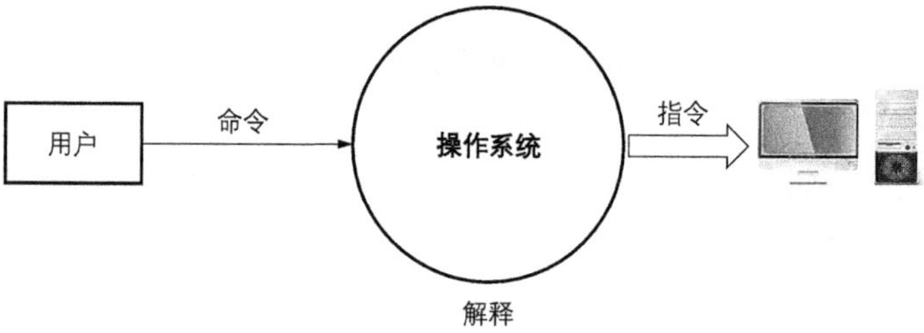

图 2-1 操作系统是用户与计算机硬件之间的接口

从资源管理的角度来看，可以将操作系统视为计算机系统资源的管理者，其主要的目的是简单、高效、公平、有序和安全地使用资源。

2.1.2 操作系统的功能

操作系统的功能包括进程管理、存储管理、文件管理和中断处理。

1. 进程管理

简单地说，进程是程序的执行过程。程序是静态的，它仅仅包含描述算法的代码；进程是动态的，它包含了程序代码、数据和程序运行的状态等信息。进程管理的主要任务是对 CPU 资源进行分配，并对程序运行进行有效的控制和管理。

(1) 进程的状态及其变化。如图 2-2 所示，进程执行过程为就绪、运行、等待循环进行的状态。操作系统有多个进程请求执行时(如打开多个网页)，每个进程进入就绪队列，操作系统按进程调度算法(如先来先服务 FIFO、时间片轮转、优先级调度等)选择下一个马上要执行的就绪进程，分配给就绪进程一个几十毫秒(与操作系统有关)的时间片，并为它分配内存空间等资源。

上一个运行进程退出后，就绪进程进入运行状态。目前，CPU 的工作频率为 GHz 级，1ns 最少可执行 1～4 条指令(与 CPU 频率、内核数量等有关)，在十多毫秒的时间里，CPU 可以执行数万条机器指令。CPU 通过内部硬件中断信号来指示时间片的结束，时间片到点后，进程将控制权交还操作系统，进程必须暂时退出运行状态，进入就绪队列或等待、完成状态，这时操作系统分配下一个就绪进程进入运行状态。以上过程称为进程切换。进程结束时(如关闭某个程序)，操作系统会立即撤销该进程，并及时回收该进程占用的软件资源(如程序控制块、动态链接库)和硬件资源(如 CPU、内存等)。

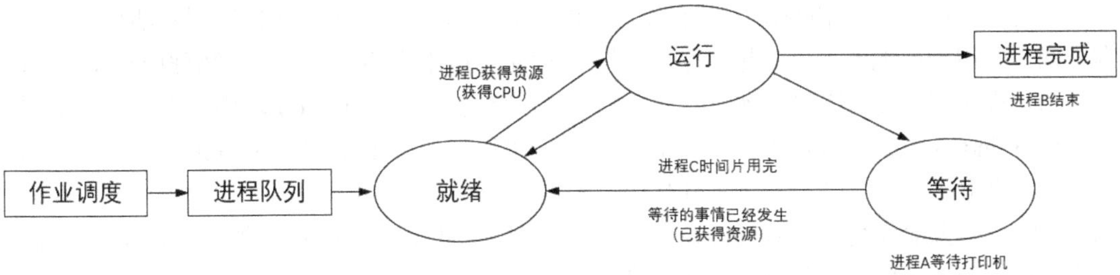

图 2-2 进程运行的不同状态

(2) 进程同步。进程不允许同时访问共享资源，这称为进程互斥，以互斥关系使用的共享资源称为临界资源。为了保证进程能够有序执行，就必须进行进程同步。进程同步有以下两种方式。

① 进程互斥方式，即进程对临界资源进行访问时，互斥机制为临界资源设置一把“锁”：锁打开时，进程可以对临界资源进行访问；锁关闭时，禁止进程访问该临界资源。

② 空闲让进，忙则等待，即临界资源没有进程使用时，可让进程申请进入临界区；如果已有进程进入临界区，其他试图进入临界区的进程都必须等待。

(3) Windows 进程管理。为了跟踪所有进程，Windows 在内存中建立了一个进程表。每当有程序请求执行时，操作系统就在进程表中添加一个新的表项，这个表项称为 PCB(程序控制块)，其中包含了进程的描述信息和控制信息。进程结束后，系统收回 PCB，该进程便消亡。在 Windows 系统中，每个进程都由程序段、数据段、PCB 三部分组成。

2. 存储管理

(1) 存储空间的组织。操作系统中，每个任务都有独立的内存空间，从而避免任务之间产生不必要的干扰。将物理内存划分成独立的内存空间，典型的做法是采用段式内存寻址和页式存储。页式存储解决了存储空间的碎片问题，但是也造成程序分散存储在不连续的空间。x86 体系结构支持段式寻址和虚拟内存映射，x86 机器上运行的操作系统采用了以虚拟内存映射为基础的页式存储方式，Windows 和 Linux 就是典型的例子。

(2) 存储管理的主要工作。存储管理的主要工作：一是为每个应用程序分配内存和回收内存空间；二是地址映射，就是将程序使用的逻辑地址映射成内存空间的物理地址；三是内存保护，当内存中有多个进程运行时，保证进程之间不会相互干扰，以免影响系统的稳定性；四是当某个程序的运行导致系统内存不足时，如何给用户提供虚拟内存(硬盘空间)，使程序顺利执行，或者采用内存覆盖技术、内存交换技术运行程序。

(3) 虚拟内存技术。虚拟内存就是将硬盘空间作为内存使用，硬盘空间比内存大许多，有足够的空间作为虚拟内存。但是硬盘的运行速度(毫秒级)大大低于内存(纳秒计)，所以虚拟内存的运行效率很低。这也反映了计算思维的一个基本原则，即以时间换空间。

虚拟存储的理论依据是程序局部性原理：程序在运行过程中，在时间上，经常运行相同的指令和数据(如循环指令)；在存储空间上，经常运行某一局部空间的指令和数据(如窗口显示)。虚拟存储技术是将程序所需的存储空间分成若干页，然后将常用页放在内存中，暂时不用的页放在外存中。当需要用到外存中的页时，再把它们调入内存。

(4) Windows 虚拟地址空间。以 32 位 Windows 系统为例，其虚拟地址空间为 4GB，这是一个线性地址的虚拟内存空间(即大于实际物理内存的空间)，用户看到和接触到的都是该虚拟内存空间。利用虚拟地址不但能起到保护操作系统的效果(用户不能直接访问物理内存)，更重要的是用户程序可以使用比实际物理内存更大的内存空间。用户在 Windows 中双击一个应用程序的图标，Windows 系统就为该应用程序创建了一个进程，并且分配每个进程 2GB(内存范围为 0～2GB)的虚拟地址空间，用于存放程序代码、数据、堆栈、自由存储区；另外 2GB 的(内存范围为 3～4GB)虚拟地址空间由 Windows 系统控制使用。由于虚拟内存大于物理内存，因此它们之间需要进行内存页面映射和地址空间转换。

3. 文件管理

文件管理是一组相关信息的集合。在计算机系统中，所有程序和数据都以文件的形式存放在计算机外部存储器(如硬盘、U 盘)上。例如，一个 C 源程序、一个 Excel 文件、一张图片、一段视频、各种程序等都是文件。

(1) Windows 文件系统。操作系统中负责管理和存取文件的程序称为文件系统。Windows 的文件系统有 NTFS、FAT32 等。在文件系统的管理下，用户可以按照文件名查找文件和访问文件(打开、执行、删除等)，而不必考虑文件如何存储、存储空间如何分配、文件目录如何建立、文件如何调入内存等问题。文件系统为用户提供了一个简单、统一的文件管理方法。

文件名是文件管理的依据，文件名分为文件主名和扩展名两部分。文件主名由程序员或用户命名。文件主名一般用有意义的英文或中文词汇命名，以便识别。不同操作系统的文件命名规则有所不同。例如，Windows 操作系统不区分文件名的大小写，所有文件名在操作系统执行时，都会转换为大写字符；而有些操作系统区分文件名的大小写，如 Linux 操作系统中，test.text、Test.txt、TEST.TXT 被认为是 3 个不同文件。

文件的扩展名表示文件的类型，不同类型的文件处理方法不同。例如，在 Windows 操作系统中，扩展名.exe 表示可执行文件。用户不能随意更改文件扩展名，否则将导致文件不能执行或不能打开。在不同操作系统中，表示文件类型的扩展名并不相同。

文件内部属性的操作(如文件建立、内容修改等)需要专门的软件，如建立电子表格文档需要 Excel 软件，打开图片文件需要 ACDSee 软件，编辑网页需要 Dreamweaver 软件等。文件外部属性的操作(如执行、复制、改名、删除等)可在操作系统下实现。

目录(文件夹)由文件和子目录组成，目录也是一种文件。如图 2-3 所示，Windows 操作系统将目录按树状结构管理，用户可以将文件分门别类地存放在不同目录中。这种目录结构像一颗倒置的树，树根为根目录，树中每一个分支为子目录，树叶为文件。Windows 操作系统中，每个硬盘分区(如 C、D、E 盘等)建立一个独立的目录树，有几个分区就有几个目录树(与 Linux 操作系统不同)。

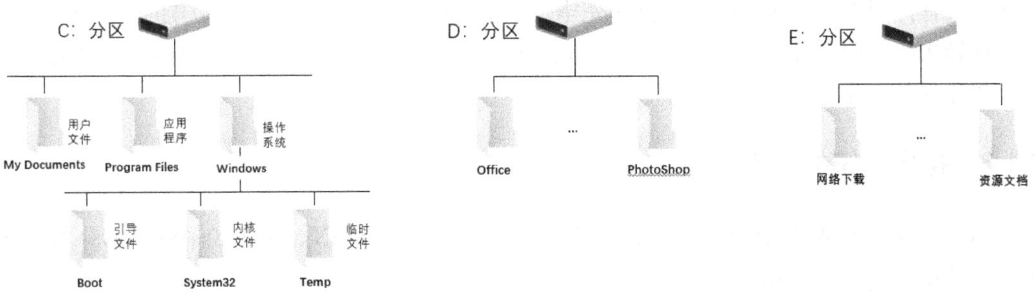

图 2-3　Windows 操作系统的树状目录结构

(2) Linux 文件系统。如图 2-4 所示，Linux 文件系统是树状目录结构，它只有一个根目录(与 Windows 操作系统不同)，可以将另一个文件系统或硬件设备通过“挂载”操作，挂装到某个目录上，从而让不同的文件系统结合成为一个整体。

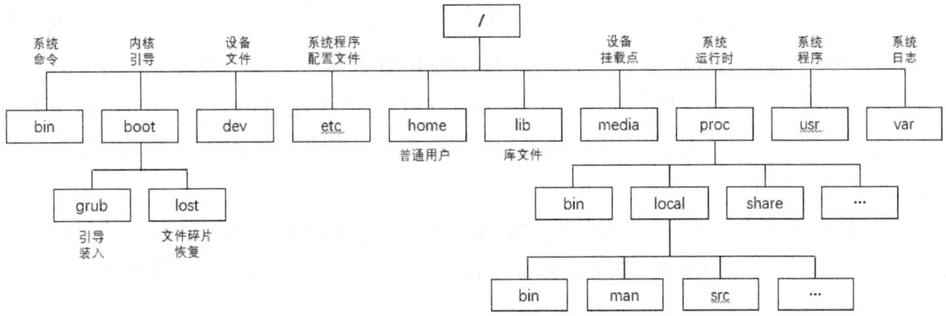

图 2-4　Linux 文件系统的树状目录结构

Linux 系统的文件类型有文本文件(有不同编码，如 UTF-8)、二进制文件(Linux 下的可执行文件)、数据格式文件、目录文件、连接文件(类似 Windows 的快捷方式)、设备文件(分为块设备文件和字符设备文件)、套接字文件(Sockets，用于网络连接)、管道文件(用于解决多个程序同时存取一个文件造成的错误)等。

大部分 Linux 使用 Ext2 文件系统，但也支持 FAT、VFAT、FAT32 等文件系统。Linux 将不同类型的文件系统组织成统一的虚拟文件系统(VFS)。Linux 通过 VFS 可以方便地与其他文件系统交换数据，虚拟文件系统隐藏了不同文件系统的具体细节，为所有文件提供了统一的接口。用户和进程不需要知道文件所属的文件系统类型，只需要像使用 Ext2 文件系统中的文件一样使用它们。

4. 中断处理

中断是指 CPU 暂停当前执行的任务，转而去执行另一段子程序。中断可以由程序控制或由硬件电路自动控制完成程序的跳转。外部设备通过信号线向 CPU 提出中断请求信号，CPU 响应中断后，暂停当前程序的执行，转而执行中断处理程序，中断处理程序执行完毕后，返回主程序的中断处，继续按原顺序执行。

例如，计算机打印输出时，CPU 传送数据的速度很高，而打印机打印的速度很低，如果不采用中断技术，CPU 将经常处于等待状态，效率极低。而采用中断方式后，CPU 可以处理其他工作，只有打印机缓冲区中的数据打印完毕发出中断请求之后，CPU 才予以响应，暂时中断当前工作转去执行向缓冲区传送数据，传送完成后又返回执行原来的程序，这样就大大地提高了计算机系统的效率。

2.1.3 操作系统的分类

微型计算机上常见的操作系统有 DOS、OS/2、UNIX、XENIX、LINUX、Windows、Netware 等，大致可分为 6 种类型。

(1) 批处理操作系统：批处理是指用户将一批作业提交给操作系统后就不再干预，由操作系统控制它们自动运行。这种采用批量处理作业技术的操作系统称为批处理操作系统。批处理操作系统分为单道批处理系统和多道批处理系统。批处理操作系统不具有交互性，它是为了提高 CPU 的利用率而提出的一种操作系统。

(2) 分时操作系统：分时操作系统是利用分时技术的一种联机的多用户交互式操作系统，每个用户可以通过自己的终端向系统发出各种操作控制命令，完成作业的运行。分时是指把处理机的运行时间分成很短的时间片，按时间片轮流把处理机分配给各联机作业使用。

(3) 实时操作系统：实时操作系统是为实时计算机系统配置的操作系统，其主要特点是资源的分配和调度首先要考虑实时性然后才考虑效率。此外，实时操作系统拥有较强的容错能力。

(4) 网络操作系统：网络操作系统是为计算机网络配置的操作系统。在网络操作系统的支持下，网络中的各台计算机能互相通信和共享资源，其主要特点是依靠网络和硬件相结合来完成网络的通信任务。

(5) 分布操作系统：分布操作系统用于分布计算机系统中，分布计算机系统是由多个分散的计算机经互联网络构成的统一计算机系统。其中各个物理的和逻辑的资源元件既相互配合又高度自治，能在全系统范围内实现资源管理，动态地实现任务分配或功能分配，且能并行地运行分布式程序。

(6) 通用操作系统：通用操作系统是同时兼有多道批处理、分时、实时处理的功能，或者其中两种以上功能的操作系统。

2.1.4 典型操作系统介绍

操作系统是管理计算机硬件和软件的程序，所有软件都是基于操作系统程序来开发和运行的。虽然目前操作系统的种类有很多，不过常用的只有几种，下面将分别介绍。

(1) Windows 操作系统：Windows 是目前被广泛应用的一种操作系统，是由微软公司开发的，常见的有 Windows XP、Windows 7 和 Windows 10 等。

(2) UNIX 操作系统：UNIX 操作系统是一个强大的多用户、多任务操作系统，支持多种处理器架构，按照操作系统的分类，属于分时操作系统，如 AIX、HP-UX、Solaris 等。

(3) Linux 操作系统：Linux 是一套免费使用和自由传播的类 Unix 操作系统，是一个基于 POSIX 和 UNIX 的多用户、多任务、支持多线程和多 CPU 的操作系统。它能运行主要的 UNIX 工具软件、应用程序和网络协议，如 RedHat Linux、CentOS、Ubuntu 等。

2.2 Windows 操作系统简介

Windows 操作系统是微软公司开发的一款多任务操作系统，采用图形窗口界面。通过 Windows 操作系统，用户对计算机的各种操作只需要使用鼠标和键盘就可以实现。随着计算机硬件系统和应用软件的不断升级，Windows 操作系统也在不断升级，从早期的 16 位、32 位架构升级到现在主流的 64 位架构，系统版本也从最初的 Windows 1.0 发展到现在人们熟知的 Windows 7、Windows 10。

2.2.1 Windows 7 操作系统

Windows 7 是在 Windows Vista 基础上进行改进和增强的操作系统，在性能、易用性、可靠性、安全性及兼容性等方面都有很大的提高。

目前，Windows 7 操作系统包含 6 个版本，分别为 Windows 7 Starter(简易版)、Windows 7 Home Basic(家庭普通版)、Windows 7 Home Premium(家庭高级版)、Windows 7 Professional(专业版)、Windows 7 EnterPrise(企业版)及 Windows 7 Ultimate(旗舰版)。

Window 7 操作系统具有强大的功能及各种更新的技术，其要求的硬件环境如下。

- CPU：32 位≥1GHz(建议 64 位双核及以上等级的处理器)。
- 内存：内存容量≥1GB(建议≥2GB)。
- 硬盘：硬盘空间≥16GB(建议≥32GB)。
- 显卡：支持 DirectX 9，显存容量≥128MB。
- 显示器：分辨率在 1023 像素×768 像素及以上或可支持触摸技术的显示设备。

一般计算机预装家庭版或专业版 Windows 7 操作系统，有些用户青睐更高级的旗舰版 Windows 7 操作系统。家庭版 Windows 7 操作系统针对个人及家庭用户设计，新增高级窗口导航，以及改进的媒体格式支持、媒体中心和媒体流增强(包括 Play To)功能，实现了多点触摸，可以更好地进行手写识别等；专业版 Windows 7 操作系统在此基础上加强了网络的功能、高级备份功能、位置感知打印、脱机文件夹、演示模式。旗舰版 Windows 7 操作系统拥有家庭高级版和专业版的所有功能，其对计算机硬件的要求也是所有版本的 Windows 7 操作系统中最高的。

2.2.2 Windows 10 操作系统

Windows 10 操作系统是 Windows 操作系统的登峰之作，拥有全新的触控界面，可以为用户呈现全新的使用体验。Windows 10 操作系统可以运行在计算机、手机、平板电脑以及 Xbox One 等设备中，并能够跨设备搜索、购买和升级。

目前，Windows 10 操作系统有 Windows 10 Home(家庭版)、Windows 10 Professional(专业版)、Windows 10 Enterprise(企业版)、Windows 10 Education(教育版)、Windows 10 Mobile(移动版)、Windows 10 Mobile Enterprise(企业移动版)、Windows 10 loT Core(物联网版)等多个版本。

目前，大部分的计算机在出厂时都预装有 Windows 10 操作系统，Windows 10 是全新一代的跨平台操作系统，其对计算机硬件要求不高，一般能够安装 Windows 7 操作系统的计算机都可以安装 Windows 10 操作系统，其最低硬件环境要求如下。

- 处理器：1 GHz 或更快的处理器，或者 SoC。
- 内容：内存容量≥1 GB(32 位)或≥2 GB(64 位)。
- 硬盘：硬盘空间≥16 GB(32 位)OS 或 20 GB(64 位)OS。
- 显卡：支持 DirectX 9 或更高版本。
- 显示器：分辨率在 800 像素×600 像素及以上或可支持触摸技术的显示设备。

2.3 Windows 操作系统的基本操作

在计算机中安装 Windows 7/10 操作系统以后，用户就可以进入 Windows 操作系统的操作界面了。Windows 7/10 操作系统具有类似的人机交互界面，本节将以 Windows 7 操作系统为例，介绍 Windows 操作系统的基本操作。

2.3.1 使用系统桌面

在计算机中安装并启动 Windows 7 后，出现在整个屏幕上的区域称为桌面，如图 2-5 所示，Windows 7 操作系统的大部分操作都是通过桌面完成的。桌面主要由桌面图标、任务栏、【开始】菜单等元素构成。

图 2-5 Windows 7 操作系统的桌面

1. 操作桌面图标

桌面图标是指整齐排列在桌面上的小图片，由图标图片和图标名称组成。双击图标可以快速启动对应的程序或窗口。桌面图标主要分为系统图标和快捷图标两种，系统图标是桌面上的默认图标，它的特征是图标左下角没有↗标志。

(1) 添加桌面图标。Windows 7 操作系统安装完成后，系统默认只有一个【回收站】图标，用户可以选择添加【计算机】【网络】等系统图标，下面先介绍添加系统图标的方法。

【例 2-1】在 Windows 7 桌面上添加【计算机】和【网络】两个系统图标。

① 在 Windows 7 桌面空白处右击，在弹出的快捷菜单中选择【个性化】命令。

② 在打开的【个性化】窗口中单击【更改桌面图标】链接，如图 2-6 所示，打开【桌面图标设置】对话框。

③ 选中【计算机】和【网络】两个复选框，然后单击【确定】按钮，如图 2-7 所示。此时，将在系统桌面上添加【计算机】和【网络】两个图标。

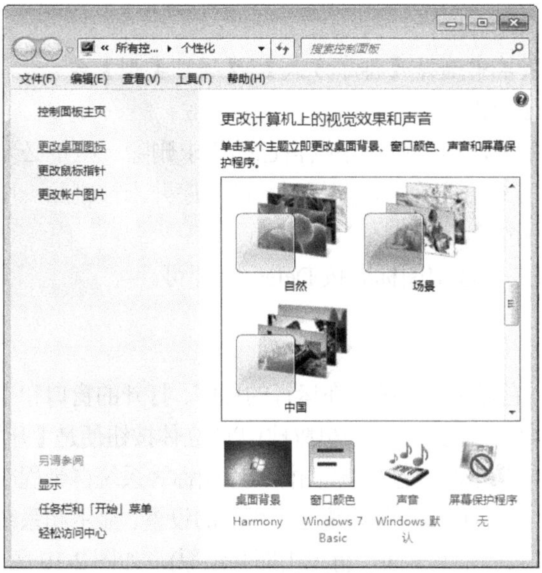

图 2-6　【个性化】窗口

图 2-7　【桌面图标设置】对话框

快捷图标是指应用程序的快捷启动方式，双击快捷方式图标可以快速启动相应的应用程序。下面介绍在桌面上添加快捷图标的方法。

【例 2-2】在 Windows 7 桌面上添加【画图】程序的快捷图标。

① 单击【开始】按钮，打开【开始】菜单，单击【所有程序】选项，在弹出的下拉列表中选择【附件】选项，找到其中的【画图】程序，如图 2-8 所示。

② 右击【画图】程序，在弹出的快捷菜单中选择【发送到】命令，从显示的子菜单中选择【桌面快捷方式】命令，如图 2-9 所示。

③ 此时，Windows 7 桌面上出现【画图】程序的快捷图标。

图 2-8　【开始】菜单

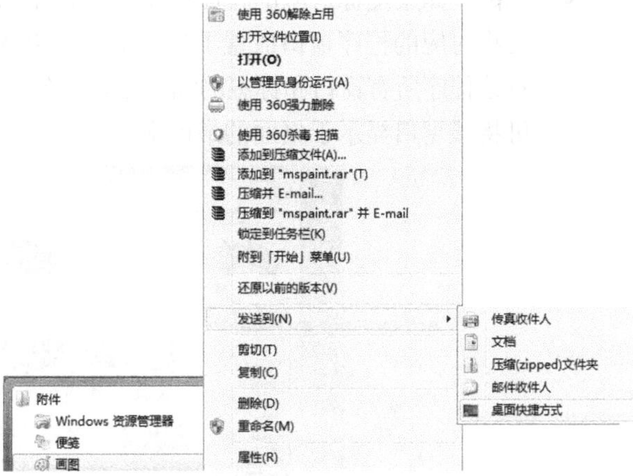

图 2-9　选择【桌面快捷方式】命令

(2) 排列桌面图标。用户安装了新的程序后，桌面也添加了更多的快捷方式图标。为了让用户更方便、快捷地使用图标，可以按照自己要求的顺序排列图标。排列图标时，用户可以用鼠标拖拽图标随意安放，也可以按照名称、大小、类型和修改日期来排列。

【例 2-3】将桌面图标按照类型进行排列。

① 在桌面空白处右击，在弹出的快捷菜单中选择【排序方式】|【项目类型】命令。

② 此时，桌面上的图标即可按照类型进行排列。

(3) 删除桌面图标。如果桌面上的图标太多，用户可以根据自己的需求删除一些不必要放在桌面上的图标。删除了图标，只是把快捷方式给删除了，图标对应的程序并未被删除，用户可以在安装路径或【开始】菜单里运行该程序。

要删除 Windows 7 桌面上的图标，只需要在选中图标后按 Delete 键即可。

2. 使用桌面任务栏

任务栏是位于桌面下方的一个条形区域，它显示了系统正在运行的程序、打开的窗口和当前时间等内容，用户通过任务栏可以完成许多操作。任务栏最左边圆(球)状的立体按钮便是【开始】菜单按钮，【开始】菜单按钮的右边依次是快速启动区(包含 IE 图标、库图标等系统自带程序、当前打开的窗口和程序等)、语言栏(输入法语言)、通知区域(系统运行程序的设置、显示和系统日期、时间)、【显示桌面】按钮(单击按钮即可显示完整桌面，再单击即会还原)，如图 2-10 所示。

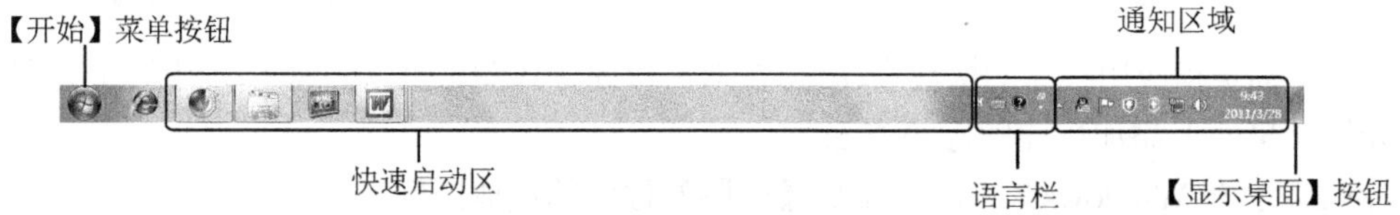

图 2-10　Windows 7 的任务栏

(1) 使用任务栏按钮。Windows 7 的任务栏可以将计算机中运行的同一程序的不同文档集中在同一个图标上，如果是尚未运行的程序，单击相应图标可以启动对应的程序；如果是运行中的程序，单击图标则会将此程序放在最前端。在任务栏上，用户可以通过鼠标的各种按键操作来实现不同的功能。

- 单击：如果图标对应的程序尚未运行，单击即可启动该程序；如果已经运行，单击则会将对应的程序窗口放置于最前端。如果该程序打开了多个窗口和标签，单击可以查看该程序所有窗口和标签的缩略图，如图2-11所示。再次单击缩略图中的某个窗口，即可将该窗口显示于桌面的最前端。

图 2-11　显示程序缩略图

- 中键单击：中键单击程序的图标后，会新建该程序的一个窗口。如果鼠标上没有中键，也可以单击滚轮实现中键单击的效果。
- 右击：右击一个图标，打开跳转列表，如图 2-12 所示，可以查看该程序历史记录和解锁任务栏以及关闭程序。

图 2-12　打开跳转列表

任务栏快速启动区的图标可以用鼠标左键拖拽移动，来改变它们的顺序。对于已经启动的程序的任务栏按钮，Windows 7 还有一些特别的视觉效果。例如某个程序已经启动，那么该程序的按钮周围就会添加边框；在将光标移动至按钮上时，还会发生颜色的变化。如果某程序同时打开了多个窗口，则按钮周围的边框的个数与窗口数相符；光标在多个此类图标上滑动时，对应程序的缩略图还会出现动态的切换效果。

(2) 使用任务栏通知区域。通知区域位于任务栏的右侧，用于显示在后台运行的程序或者其他通知。老版本 Windows 的任务栏中会默认显示所有图标，但在 Windows 7 中，默认情况下任务栏中只会显示最基本的系统图标，分别为操作中心、电源选项(只针对笔记本电脑)、网络连接和音量图标。其他被隐藏的图标，需要单击上三角箭头才可以看到，如图 2-13 所示。

用户也可以使隐藏的图标在通知区域显示出来：单击上三角箭头，单击【自定义】文字链接，打开如图 2-14 所示的【通知区域图标】窗口，这里列出了在通知区域中显示过的程序图标，打开【行为】下拉列表框，可以设置程序图标的显示方式。

图 2-13　上三角箭头

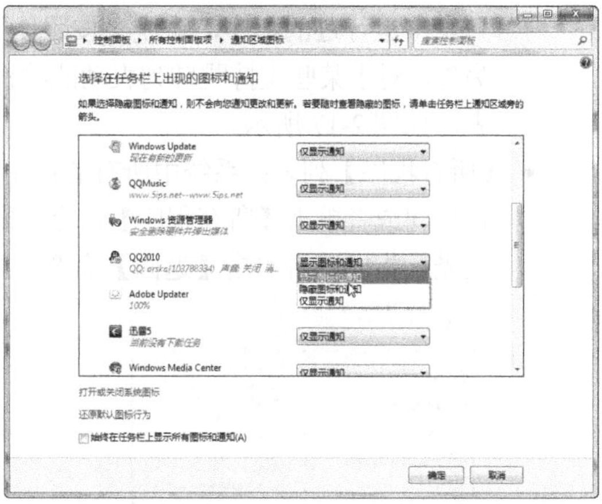

图 2-14　【通知区域图标】窗口

(3) 设置系统时间。系统时间位于通知区域的右侧，和以前的 Windows 版本相比，Windows 7 的任务栏比较高，可以同时显示日期和时间，单击该区域会弹出菜单显示日历和表盘，如图 2-15 所示。

单击【更改日期和时间设置】文字链接，还可以打开【日期和时间】对话框，如图 2-16 所示。在该对话框中，用户可以更改时间和日期，还可以设置在表盘上显示多个附加时钟(最多 3 个)，为了确保时间准确无误，还可以设置时间与 Internet 同步。

(4) 使用【显示桌面】按钮。【显示桌面】按钮位于任务栏的最右端，将光标移动至该按钮上，会将系统中所有打开的窗口都隐藏起来，只显示窗口的边框；移开光标后，会恢复原本的窗口。

如果单击【显示桌面】按钮，则所有打开的窗口都会被最小化，不会显示窗口边框，只会显示完整桌面。再次单击【显示桌面】按钮，原先打开的窗口则会被恢复显示。

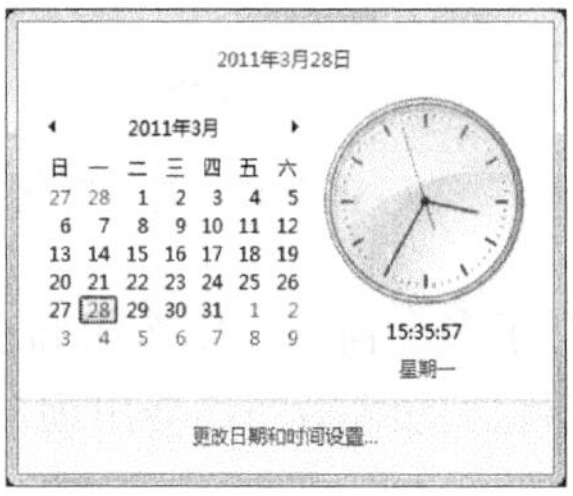

图 2-15 设置系统时间

图 2-16 【日期和时间】对话框

3. 使用【开始】菜单

【开始】菜单指的是单击任务栏中的【开始】按钮所打开的菜单。通过该菜单，用户可以访问硬盘上的文件或者运行安装好的程序。Windows 7 的【开始】菜单和以前的 Windows 系统没有太大变化，主要分成 5 个部分：常用程序列表、【所有程序】列表、常用位置列表、搜索框、【关机】按钮组。

- 常用程序列表：该列表列出了最近频繁使用的程序快捷方式，只要是从【所有程序】列表中运行过的程序，系统会按照使用频率的高低自动将其排列在常用程序列表上。另外，对于某些支持跳转列表功能的程序(右侧会带有箭头)，也可以在这里显示跳转列表，如图 2-17 所示。
- 【所有程序】列表：系统中所有的程序都能在【所有程序】列表里找到。用户只须将光标指向或者单击【所有程序】命令，即可显示【所有程序】菜单，如图 2-18 所示。如果光标指向或者单击【返回】命令，则恢复常用程序列表状态。

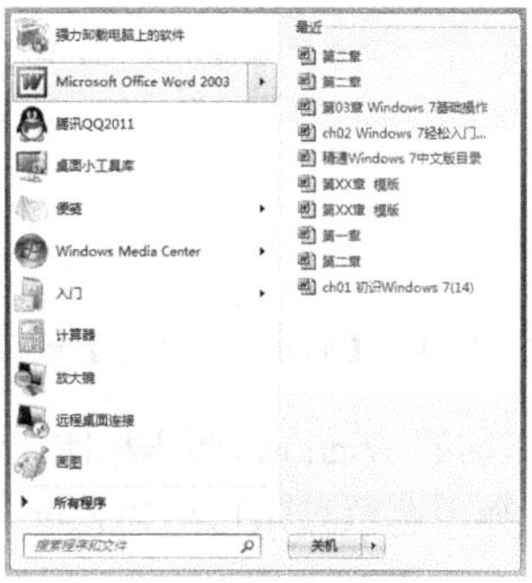

图 2-17 常用程序列表

图 2-18 【所有程序】列表

- 搜索框：在搜索框中输入关键字，即可搜索本机安装的程序或文档。
- 常用位置列表：该列表列出了硬盘上的一些常用位置，使用户能快速进入常用文件夹或系统设置，如【计算机】【控制面板】【设备和打印机】等常用程序及设备。

- 【关机】按钮组：由【关机】按钮和旁边的下拉菜单组成，包含【关机】【睡眠】【休眠】【锁定】【注销】【切换用户】【重新启动】等系统命令。

2.3.2　操作鼠标和键盘

1. 鼠标及鼠标的基本操作

在 Windows 系统中，利用鼠标可以方便地指定光标在屏幕上的位置，并针对菜单和对话框进行操作，这使对计算机的操作变得非常容易、高效。

(1) 鼠标的基本操作。Windows系统中，鼠标的基本操作包括指向、单击、双击、拖动和右击，具体如下。

- 指向：移动鼠标，将鼠标指针移动到操作对象上。
- 单击：快速按下并释放鼠标左键。单击一般用于选定一个操作对象。
- 双击：连续两次快速按下并释放鼠标左键。双击一般用于打开窗口、启动应用程序。
- 拖动：按下鼠标左键，移动鼠标到指定位置，再释放按键。拖动一般用于选择多个操作对象、复制或移动对象等。
- 右击：快速按下并释放鼠标右键。右击一般用于打开一个与操作相关的菜单。

(2) 鼠标指针的状态。鼠标指针的形状通常是一个小箭头，但在一些特殊场合和状态下，鼠标指针形状会发生变化。鼠标指针的形状及其含义如表 2-1 所示。

表 2-1　鼠标指针的形状及其含义

形状	含义	形状	含义	形状	含义	形状	含义
	正常选择		精确定位		垂直调整		移动
	帮助选择		选定文本		水平调整		候选
	后台运行		手写		沿对角线调整1		链接选择
	忙		不可用		沿对角线调整2		

2. 键盘操作常用的快捷键

键盘是计算机外设中最常用的输入设备，键盘的主要功能是把文字信息和控制信息输入计算机中，利用键盘可以实现 Windows 提供的一切操作功能，利用快捷键可以大大提高工作效率。Windows 系统中键盘操作常用的快捷键及其功能说明如表 2-2 所示。

表 2-2　Windows 系统中键盘操作常用的快捷键及其功能说明

快捷键	功　能
Ctrl+Z、Ctrl+Y	撤销、恢复当前的操作步骤
Ctrl + A	选定全部内容
Ctrl + C	复制被选定的内容到剪贴板
Ctrl + X	剪切被选定的内容到剪贴板
Ctrl + V	粘贴剪贴板中的内容到当前位置

(续表)

快捷键	功　能
Alt + Tab	在多个屏幕之间进行切换，进行多任务处理
Ctrl + Alt + Delete	启动任务管理器
Alt + F4	关闭当前应用程序
Ctrl + N	打开一个新文件或一个窗口
Win + L	锁定屏幕
Win + D	显示系统桌面
Win + Tab	切换任务视图
Win + PrtScn	保存屏幕截图
Win + I	打开 Windows 的设置窗口
Win + S	打开 Windows 搜索栏
Win+↓、Win+↑	窗口最小化、最大化切换
Win+空格	切换输入法
Ctrl+Shift+N	快速创建文件夹
Shift+Del	永久删除当前选择的文件或文件夹
Shift+Ctrl+Esc	打开任务管理器
Alt+Tab	快速切换窗口

2.3.3　使用中文输入法

Windows操作系统中，常用的中文输入法总体上来说可以分为两大类：拼音输入法和五笔字型输入法。

- 拼音输入法：拼音输入法是以汉语拼音为基础的输入法，用户只要会用汉语拼音，就可以使用拼音输入法轻松地输入中文。目前常用的拼音输入法有智能 ABC 输入法、微软拼音输入法、搜狗拼音输入法等。
- 五笔字型输入法：五笔字型输入法是一种以汉字的构字结构为基础的输入法。它将汉字拆分成一些基本结构，并称其为字根，每个字根都与键盘上的某个字母键相对应。若要在计算机上输入汉字，就要先找到构成这个汉字的基本字根，然后按相应的按键即可输入。目前常用的五笔字型输入法有智能五笔输入法、万能五笔输入法和极品五笔输入法等。

拼音输入法上手容易，只要会用汉语拼音就能使用拼音输入法输入汉字。但是，由于汉字的同音字比较多，因此使用拼音输入法输入汉字时，重码率会比较高。

五笔字型输入法是根据汉字结构来输入的，因此重码率比较低，汉字输入速度比较快。但是要想熟练地使用五笔字型输入法，必须花大量的时间来记忆烦琐的字根和键位分布，还要学习汉字的拆分方法，因此这种输入法一般供专业打字工作者使用，对于普通用户来说稍有难度。

1. 添加中文输入法

Windows 操作系统自带了几种输入法供用户选用，如果用户想要使用其他类型的输入法，可使用添加输入法的功能，将所需的输入法添加到输入法循环列表中。

【例 2-4】以 Windows 7 系统为例，在输入法列表中添加【简体中文全拼】输入法。

① 在任务栏的语言栏上右击，在弹出的快捷菜单中选择【设置】命令，如图 2-19 所示。

② 打开【文本服务和输入语言】对话框，如图 2-20 所示。单击【已安装的服务】选项组中的【添加】按钮，打开【添加输入语言】对话框。

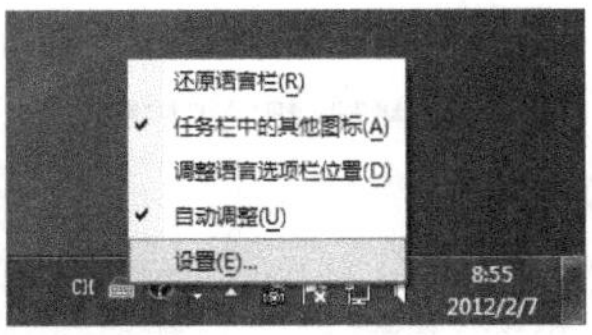

图 2-19　在任务栏的语言栏上右击

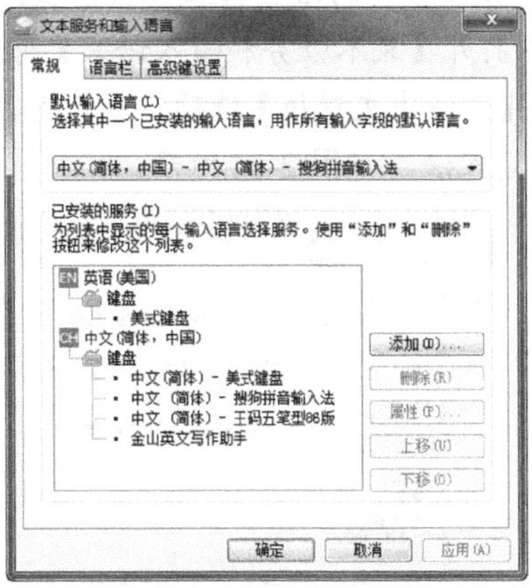

图 2-20　【文本服务和输入语言】对话框

③ 在【添加输入语言】对话框中选中【简体中文全拼】复选框，如图 2-21 所示。

④ 设置完成后，单击【确定】按钮，返回【文本服务和输入语言】对话框，此时可在【已安装的服务】选项组中的输入法列表框中看到刚刚添加的输入法，如图 2-22 所示。

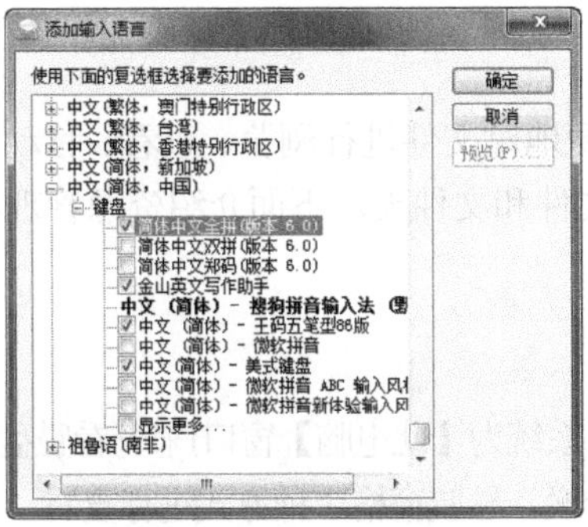

图 2-21　选择要添加的输入法

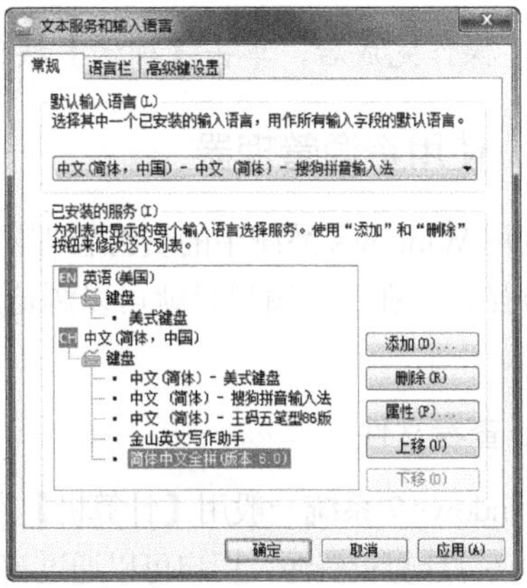

图 2-22　输入法添加完成

⑤ 单击【确定】按钮，关闭该对话框，完成输入法的添加。

2. 选择输入法

在 Windows 操作系统中，默认状态下，用户可以使用 Ctrl+空格快捷键在中文输入法和英文输入法之间进行切换，使用 Ctrl+Shift 快捷键来切换输入法。使用 Ctrl+Shift 快捷键时，可以采用循环切换的形式，在各个输入法之间依次转换。

在Windows 的任务栏中，单击代表输入法的图标，在弹出的输入法列表中单击要使用的输入法也可完成输入法的选择。

3. 删除输入法

用户如果习惯使用某种输入法，可将其他输入法全部删除，这样可避免在多种输入法之间来回切换的麻烦。

【例 2-5】以 Windows 7 系统为例，从输入法列表中删除【简体中文双拼】输入法。

① 在任务栏的语言栏上右击，在弹出的快捷菜单中选择【设置】命令。

② 打开【文本服务和输入语言】对话框，在【常规】选项卡中选择【已安装的服务】选项组中的【简体中文双拼】选项，如图 2-23 所示，然后单击【删除】按钮，即可删除【简体中文双拼】输入法，如图 2-24 所示。

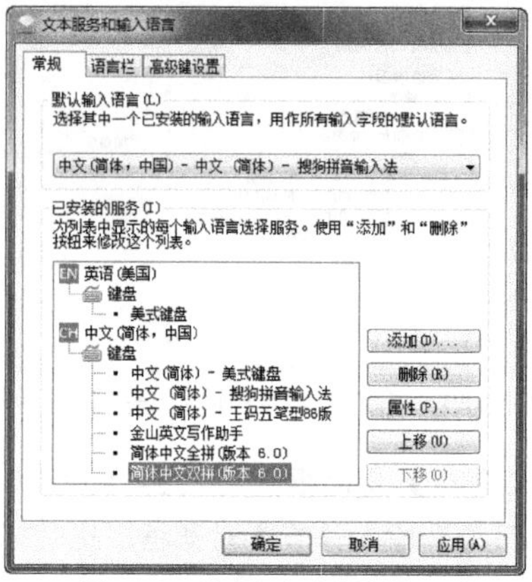

图 2-23 选择要删除的输入法

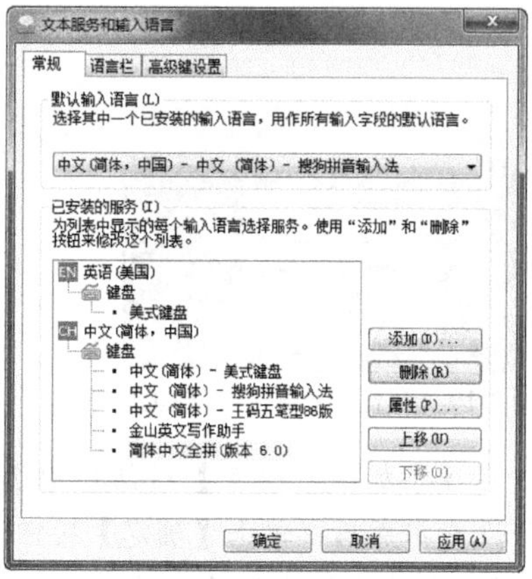

图 2-24 删除输入法

③ 操作完成后，单击【确定】按钮，完成输入法的删除操作。

2.3.4 使用资源管理器

利用 Windows 系统中的资源管理器，用户可以方便地对文件进行浏览、查看、移动、复制等各种操作，在一个窗口里就可以浏览所有的磁盘、文件和文件夹。下面介绍资源管理器的使用方法。

1. 查看文件

Windows 7 系统一般用【计算机】窗口(Windows 10 系统为【此电脑】窗口)来查看磁盘、文件和文件夹等计算机资源，用户可以通过窗口工作区、地址栏、导航窗格 3 种方式进行查看。

(1) 通过窗口工作区查看文件。窗口工作区是窗口的最主要的组成部分，通过窗口工作区查看计算机中的资源是最直观、最常用的文件查看方法，下面举例介绍如何在窗口工作区内查看文件。

【例 2-6】在 Windows 7 系统中通过窗口工作区查看 E 盘中【作业】文件夹中【课件】文件夹的“第一章”文件。

① 选择【开始】|【计算机】命令，或者双击桌面上的【计算机】图标，打开【计算机】窗口。

② 在该窗口工作区内双击【本地磁盘(E:)】，打开 E 盘窗口，如图 2-25 所示，找到并双击【作业】文件夹，打开【作业】文件夹。

③ 在该文件夹内找到并双击【课件】文件夹，打开【课件】文件夹，如图 2-26 所示。

④ 在该文件夹内找到“第一章”文件，双击打开“第一章”文件。

⑤ “第一章”文件为 PPT 文档，由 PowerPoint 软件制作，双击该文件后将启动 PowerPoint 显示文件内容。

(2) 通过地址栏查看文件。Windows 7 的窗口地址栏用按钮的形式取代了传统的纯文本方式，并且在地址栏周围取消了【向上】按钮，而仅有【前进】和【后退】按钮。通过地址栏，用户可以轻松跳转与切换磁盘和文件夹目录，地址栏中只能显示文件夹和磁盘目录，不能显示文件。

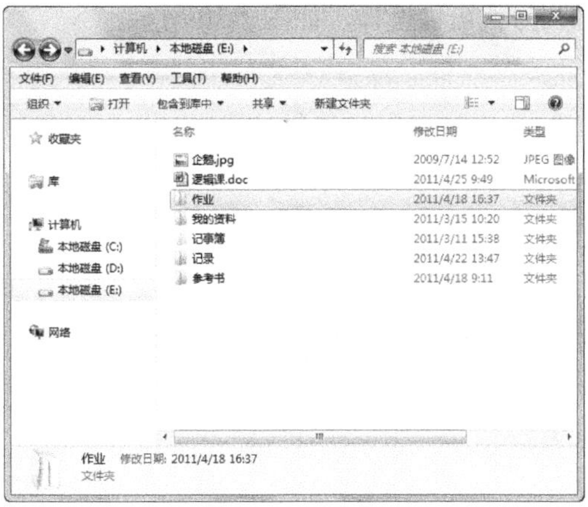

图 2-25　E 盘窗口

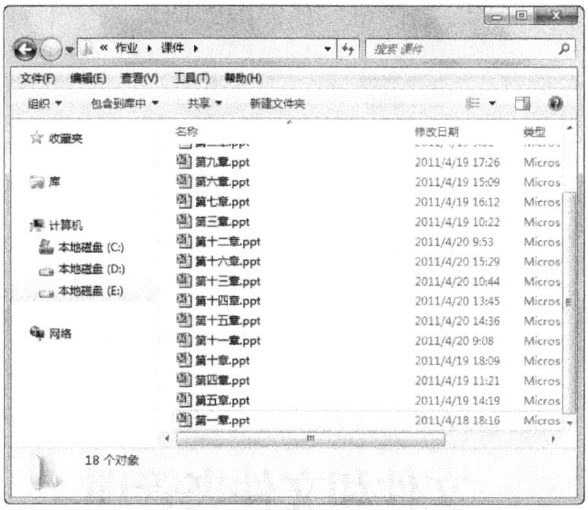

图 2-26　【课件】文件夹

双击桌面【计算机】图标，打开资源管理器，单击窗口地址栏中【计算机】文本后的▸按钮，在弹出的下拉列表中选择所需的磁盘盘符，如选择 E 盘，如图 2-27 所示。此时，地址栏中已自动显示“本地磁盘(E:)”文本和其后的▸按钮，单击该按钮，在弹出的下拉菜单中选择【作业】文件夹，如图 2-28 所示。用户若想返回原来的文件夹，可以单击地址栏左侧的按钮。

图 2-27　选择 E 盘

图 2-28　选择【作业】文件夹

如果需要再次查看当前【计算机】窗口中已经查看过的某个文件夹，用户可以单击地址栏最右侧的▾按钮或者【前进】【后退】按钮左侧的▾按钮，在弹出的下拉列表里选择该文件夹即可以快速打开。

2. 文件和文件夹排序

在窗口空白处右击，在弹出的快捷菜单中选择【排序方式】子菜单里某个选项即可对文件和文件夹排序。排序方式有按照【名称】【修改日期】【类型】【大小】等几种，Windows 7 还提供【更多...】的选项让用户选择，其中【递增】和【递减】选项是指确定排序方式后再以增减顺序排列，如图 2-29 所示。

3. 设置文件和文件夹显示方式

在资源管理器窗口中查看文件和文件夹时，系统提供了多种显示方式。用户可以单击工具栏右侧的 按钮，在弹出的快捷菜单中有 8 种排列方式可供选择，如图 2-30 所示。

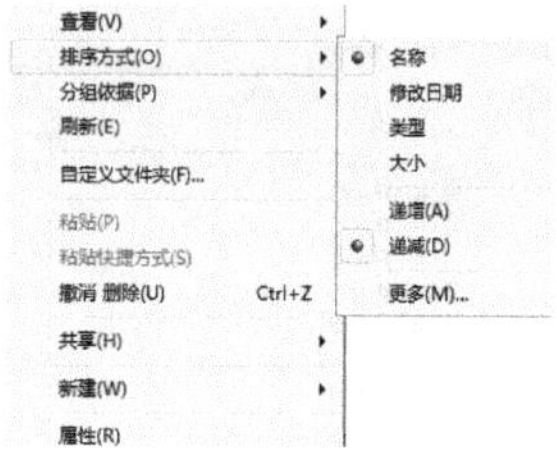

图 2-29　文件和文件夹排序方式

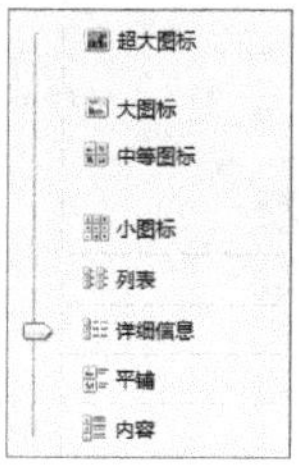

图 2-30　文件和文件夹显示方式

2.4 文件和文件夹管理

在使用计算机的过程中，用户在 Windows 操作系统的帮助下管理系统中的各种资源。这些资源包括各种文件和文件夹资料，文件和文件夹的关系如同现实生活中的书和书柜的关系。在 Windows 系统中，几乎所有的日常操作都与文件和文件夹有关联。

2.4.1 文件和文件夹的概念

文件是储存在计算机磁盘内的一系列数据的集合，而文件夹则是文件的集合，用来存放单个或多个文件。

1. 文件

文件是 Windows 中最基本的存储单位，它包含文本、图像及数值数据等信息。不同的信息种类保存在不同的文件类型中，文件名的格式为“文件名.扩展名”。文件主要由文件名、文件扩展名、分隔点、文件图标及文件描述信息等部分组成，如图 2-31 所示。

图 2-31　文件

文件的各组成部分作用如下。

(1) 文件名：标注当前文件的名称，用户可以根据需求来自定义文件的名称。

(2) 文件扩展名：标注当前文件的系统格式，例如，图 2-31 所示文件扩展名为 doc，表示这个文件是一个 Word 文档文件。

(3) 分隔点：用来分隔文件名和文件扩展名。

(4) 文件图标：用图例表示当前文件的类型，是由系统里相应的应用程序关联建立的。

(5) 文件描述信息：用来显示当前文件的大小和类型等系统信息。

Windows 中常用的文件扩展名及其表示的文件类型如表 2-3 所示。

表 2-3 Windows 中常用的文件扩展名及其表示的文件类型

扩展名	文件类型	扩展名	文件类型
avi	视频文件	bmp	位图文件
bak	备份文件	exe	可执行文件
bat	批处理文件	dat	数据文件
dcx	传真文件	drv	驱动程序文件
dll	动态链接库	fon	字体文件
doc	Word 文件	hlp	帮助文件
inf	信息文件	rtf	文本格式文件
mid	乐器数字接口文件	scr	屏幕文件
mmf	mail 文件	ttf	TrueType 字体文件
txt	文本文件	wav	声音文件

2. 文件夹

文件夹用于存放计算机中的文件，是为了更好地管理文件而设计的。通过将不同的文件保存在相应的文件夹中，可以让用户方便、快捷地找到想找的文件。

文件夹的外观由文件夹图标和文件夹名称组成，如图 2-32 所示。文件和文件夹都是存放在计算机的磁盘中的。文件夹中可以包含文件和子文件夹，子文件夹中又可以包含文件和子文件夹。

当打开某个文件夹时，在资源管理器的地址栏中即可看到该文件夹的路径，包括磁盘名称、文件夹名称。

图 2-32 文件夹

2.4.2 文件和文件夹的基本操作

要将计算机中的资源管理得井然有序，首先要掌握文件和文件夹的基本操作方法。文件和文件夹的基本操作主要包括文件和文件夹的新建、选择、重命名、移动、复制、删除等。

1. 新建文件和文件夹

在使用计算机时，用户新建文件是为了存储数据或者满足使用应用程序的需要。下面举例介绍新建文件和文件夹的步骤。

【例 2-7】新建一个文本文件和文件夹。

① 打开【计算机】窗口，然后双击【本地磁盘(E:)】盘符，打开 E 盘，在窗口空白处右击，在弹出的快捷菜单中选择【新建】|【文本文档】命令。

② 此时窗口出现“新建文本文档.txt”文件，并且文件名“新建文本文档”呈可编辑状态。用户输入“看电影”，则变为“看电影”文件。

③ 右击窗口空白处，从弹出的菜单中选择【新建】|【文件夹】命令。

④ 显示【新建文件夹】文件夹，由于文件夹名呈可编辑状态，可直接输入“娱乐休闲”，则变成【娱乐休闲】文件夹。

2. 选择文件和文件夹

为了便于用户快速选择文件和文件夹，Windows 系统提供了多种文件和文件夹的选择方法，分别介绍如下(以 Windows 7 系统为例)。

- 选择单个文件或文件夹：单击文件或文件夹图标即可将其选中。
- 选择多个不相邻的文件或文件夹：选择第一个文件或文件夹后，按住Ctrl键，逐一单击要选择的文件或文件夹即可选择多个不相邻的文件或文件夹，如图 2-33 所示。
- 选择所有的文件或文件夹：按 Ctrl+A 快捷键即可选中当前窗口中所有的文件或文件夹。
- 选择某一区域的文件和文件夹：在需要选择的文件或文件夹起始位置处按住鼠标左键进行拖动，此时在窗口中出现一个蓝色的矩形框，当该矩形框包含了需要选择的文件或文件夹后松开鼠标，即可完成选择，如图 2-34 所示。

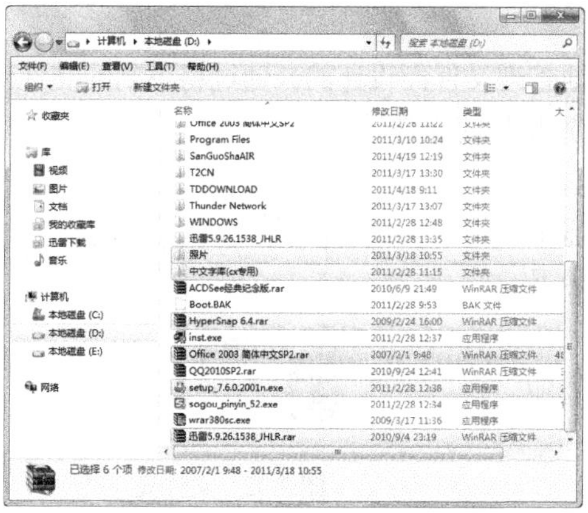

图 2-33　选择多个不相邻的文件或文件夹

图 2-34　选择某一区域的文件或文件夹

3. 重命名文件和文件夹

一般情况下，用户新建文件和文件夹后，已经给文件和文件夹命名了，不过在实际操作过程中，为了方便用户管理与查找文件和文件夹，可能随时需要对其进行重新命名。

用户只须右击该文件或文件夹，在弹出的快捷菜单中选择【重命名】命令，如图 2-35 所示，则文件名变为可编辑状态，此时输入要命名的名称即可重命名文件或文件夹，如图 2-36 所示。

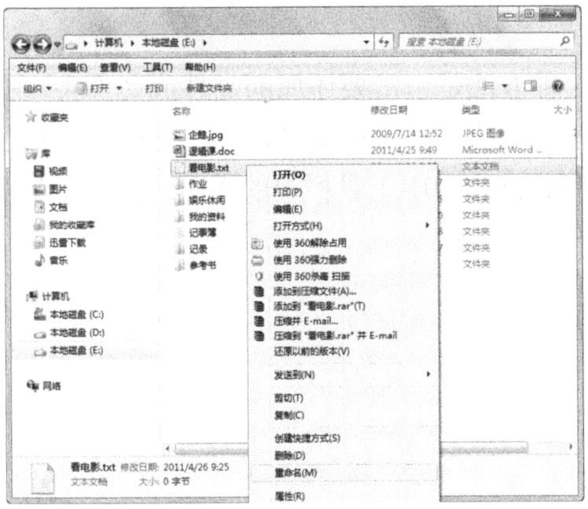

图 2-35　重命名文件夹

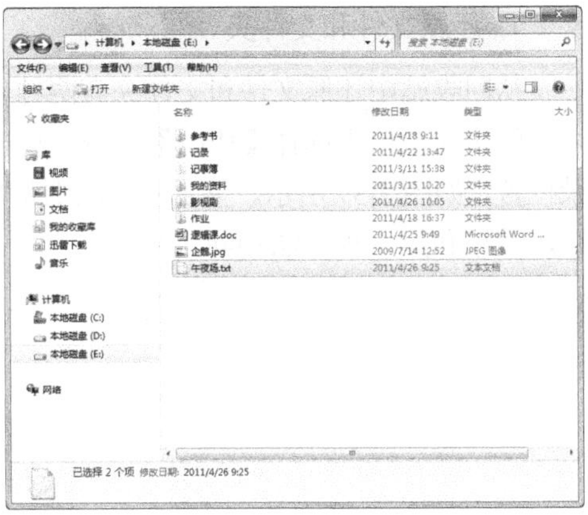

图 2-36　输入文件夹名称

4. 移动、复制文件和文件夹

移动文件和文件夹是指将文件和文件夹从原先的位置移动至其他位置，移动文件和文件夹的同时，会删除原先位置下的文件和文件夹。在 Windows 7 系统中，用户可以使用鼠标拖动的方法，或者使用快捷菜单中的【剪切】和【粘贴】命令，对文件或文件夹进行移动操作。

复制文件和文件夹是指将文件或文件夹复制到硬盘的其他位置，源文件依旧存放在原先位置。用户可以选择用快捷菜单中的【复制】和【粘贴】命令，对文件或文件夹进行复制操作。

此外，使用拖动文件的方法也可以进行移动和复制的操作。将文件和文件夹在不同磁盘分区之间进行拖动时，Windows 的默认操作是复制。在同一分区中拖动时，Windows 的默认操作是移动。如果要在同一分区中从一个文件夹复制文件到另一个文件夹，必须在拖动文件时按住 Ctrl 键，否则将会移动文件。同样，若要在不同的磁盘分区之间移动文件，则必须要在拖动文件的同时按 Shift 键。

5. 删除文件和文件夹

为了保持计算机中文件系统的整洁、有条理，同时也为了节省磁盘空间，用户经常需要删除一些已经没有用的或被损坏的文件和文件夹，删除方法有以下几种。

(1) 右击要删除的文件或文件夹(可以是选中的多个文件或文件夹)，然后在弹出的快捷菜单中选择【删除】命令。

(2) 在【Windows 资源管理器】窗口中选中要删除的文件或文件夹，然后选择【组织】|【删除】命令。

(3) 选中想要删除的文件或文件夹，然后按键盘上的 Delete 键。

(4) 将要删除的文件或文件夹直接拖动到桌面的【回收站】图标上。

2.4.3　回收站

回收站是 Windows 系统用来存储被删除文件的场所。在管理文件和文件夹的过程中，系统将被删除的文件自动移动到回收站中，可以根据需要，选择将回收站中的文件彻底删除或者恢复到原来的位置，这样可以保证数据的安全性和可恢复性。

1. 还原文件和文件夹

从回收站中还原文件和文件夹有两种方法，第一种方法是右击要还原的文件或文件夹，在弹出的快捷菜单中选择【还原】命令，这样即可将该文件或文件夹还原到被删除之前的磁盘目录位置，如图 2-37 所示。第二种方法则是直接单击回收站窗口中工具栏上的【还原此项目】按钮，效果和第一种方法相同。

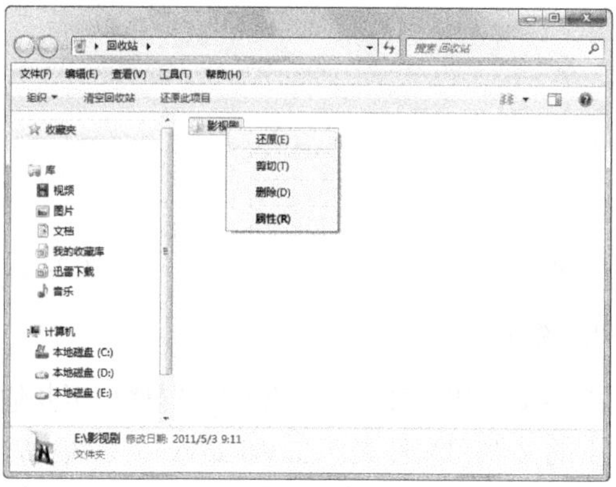

图 2-37　还原文件

2. 删除回收站文件

在回收站中删除文件和文件夹是永久删除，方法是：右击要删除的文件，在弹出的快捷菜单中选择【删除】命令，然后在弹出的提示对话框中单击【是】按钮，如图 2-38 所示。

图 2-38　删除回收站中的文件

3. 清空回收站

清空回收站是将回收站里的所有文件和文件夹全部永久删除，此时用户就不必逐一选择要删除的文件，可以直接右击桌面【回收站】图标，在弹出的快捷菜单中选择【清空回收站】命令，在弹出的提示对话框中单击【是】按钮即可清空回收站。清空后，回收站里就一无所有了。

2.5 设置个性化系统环境

在 Windows 系统中，系统环境或设备在安装时一般都已经有一个默认设置，但在使用过程中，也可以根据某些特殊要求进行调整和设置。在 Windows 7 系统中，这些设置是在控制面板中操作，如图 2-39 所示；在 Windows 10 系统中，这些设置则是在 Windows 设置中操作，如图 2-40 所示，其功能与控制面板类似。在控制面板中，可以对 20 多种设备进行参考设置和调整，如键盘、鼠标、显示器、网络、打印机、日期与时间、声音等。

图 2-39　Windows 7 的控制面板

图 2-40　Windows 10 的 Windows 设置

下面以 Windows 7 系统为例介绍设置个性化操作系统工作环境的方法。

2.5.1　控制面板

控制面板是 Windows 7 系统中系统管理与设置的界面。选择【开始】|【控制面板】命令，即可打开【控制面板】窗口。在该窗口中单击【小图标】选项，可以打开【所有控制面板项】窗口，显示所有控制面板项，单击其中要调整或设置的图标或链接，可以打开相应的对话框或窗口，设置项目的系统项，如图 2-41 所示。

图 2-41　【所有控制面板项】窗口

2.5.2　显示设置

1. 设置桌面背景

Windows 7 系统采用的是默认的桌面背景，用户要更改背景，可以右击桌面空白处，在弹出的快捷菜单中选择【个性化】命令，打开【个性化】窗口，如图 2-42 所示。单击【桌面背景】链接，打开【桌面背景】窗口，如图 2-43 所示，然后在该窗口中选择背景图片文件，单击【保存修改】按钮即可。

图 2-42　【个性化】窗口

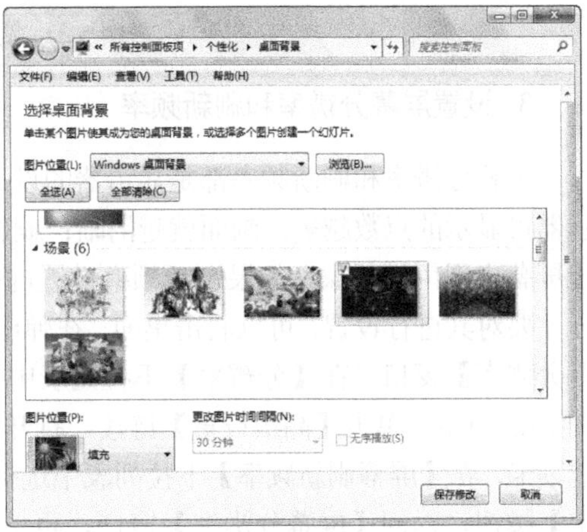

图 2-43　设置桌面背景

2. 设置屏幕保护程序

屏幕保护程序简称屏保，是用于保护计算机屏幕的程序，当用户暂时停止使用计算机时，它能让显示器处于节能状态。

Windows 7 提供了多种样式的屏保，用户可以设置屏保等待时间，在这段时间内如果没有对计算机进行任何操作，显示器就进入屏保状态；当用户重新开始操作计算机时，只需移动一下鼠标或按键盘上的任意键，即可退出屏保。如果屏保设置了密码，则需要输入密码才可以退出屏保。若用户不想使用屏保，可以将屏保设置为【无】。

【例 2-8】在 Windows 7 系统中设置屏幕保护程序。

① 在系统桌面上右击，在弹出的快捷菜单中选择【个性化】命令，打开【个性化】窗口。

② 单击【屏幕保护程序】链接，打开【屏幕保护程序设置】对话框。

③ 选择【屏幕保护程序】下拉列表框中的【三维文字】选项，在【等待】微调框内设置时间为 5 分钟，选中【在恢复时显示登录屏幕】复选框，如图 2-44 所示。此 3 项操作分别表示：屏保样式为【三维文字】；在不操作 5 分钟后启动屏保；如果设置登录密码，则退出屏保时需要输入密码。

④ 设置完成后，单击【确定】按钮，返回【屏幕保护程序设置】对话框，然后单击【确定】按钮即可。

图 2-44　设置屏幕保护程序

3. 设置屏幕分辨率和刷新频率

屏幕分辨率和刷新频率都是显示器的设置，屏幕分辨率是指显示器所能显示点的数量，显示器可显示的点数越多，画面就越清晰；刷新频率是指图像在屏幕上更新的速度，主要用来防止屏幕出现闪烁现象，如果刷新频率设置过低会对肉眼造成伤害。

要对其进行设置，可以右击桌面，在弹出的快捷菜单中选择【屏幕分辨率】命令，打开【屏幕分辨率】窗口。在【分辨率】下拉列表中拖动滑块设置分辨率的大小为【1280×1024】，如图 2-45 所示。单击【高级设置】链接，打开【通用即插即用显示器】对话框，单击【监视器】选项卡，在【屏幕刷新频率】下拉列表中选择【75 赫兹】选项，如图 2-46 所示。然后单击【确定】按钮，返回【屏幕分辨率】窗口，再单击【确定】按钮，完成屏幕分辨率和刷新频率的设置。

图 2-45　设置屏幕分辨率

图 2-46　设置刷新频率

4. 调整屏幕字体大小

在默认情况下，Windows 系统窗口中的菜单及文字都是 9 号字体，用户可以根据需求自定义其显示的字体及大小，方法如下。

(1) 在系统桌面上右击，在弹出的菜单中选择【个性化】命令，打开【外观和个性化】窗口，然后单击该窗口中的【显示】链接，打开【显示】窗口。

(2) 在【显示】窗口中选中【较小】【中等】【较大】等单选按钮，然后单击【应用】按钮即可。

5. 添加桌面小工具

Windows 7 操作系统提供了很多桌面小工具，它们是一组便捷的小程序，用户可以参考以下方法将其添加到桌面上。

(1) 在桌面上右击，在弹出的快捷菜单中选择【小工具】命令，即可打开桌面小工具窗口，默认状态下系统共提供 9 种桌面小工具，如图 2-47 所示。

(2) 双击需要添加的小工具的图标，例如双击【日历】和【时钟】的图标，则桌面右侧显示【日历】和【时钟】两个小工具。

图 2-47　桌面小工具窗口

2.5.3　网络设置

在 Windows 7 的【控制面板】窗口中单击【网络和共享中心】图标，将打开【网络和共享中心】窗口，在该窗口中用户可以设置系统的网络设置，例如设置新的网络连接、本地计算机 IP 地址、网络位置等，如图 2-48 所示。

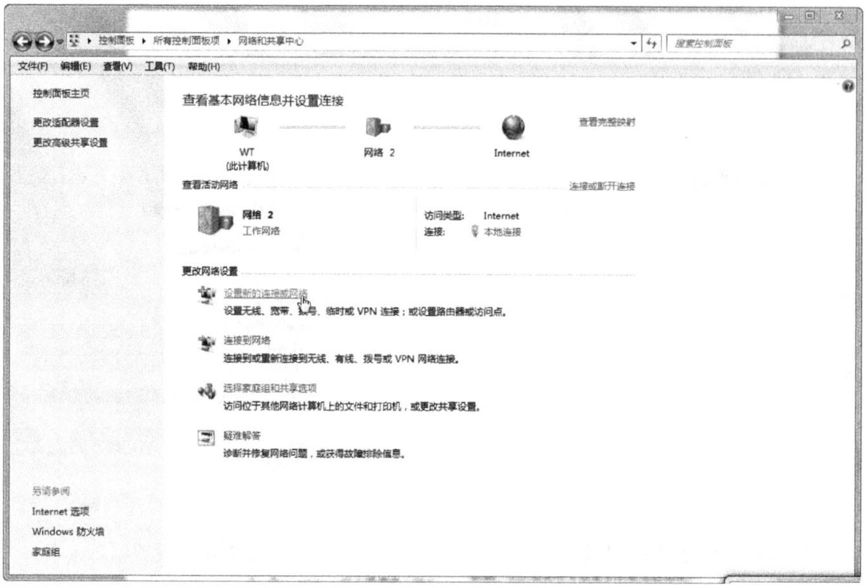

图 2-48 【网络和共享中心】窗口

【例 2-9】在 Windows 7 系统中设置无线上网。

① 选择【开始】|【控制面板】命令，打开【控制面板】窗口，单击其中的【网络和共享中心】链接。

② 打开【网络和共享中心】窗口，单击【设置新的连接或网络】链接。

③ 在【设置连接或网络】对话框中选择【连接到 Internet】选项，然后单击【下一步】按钮，如图 2-49 所示。在【连接到 Internet】对话框中单击【无线】链接，如图 2-50 所示。

图 2-49 选择【连接到 Internet】选项

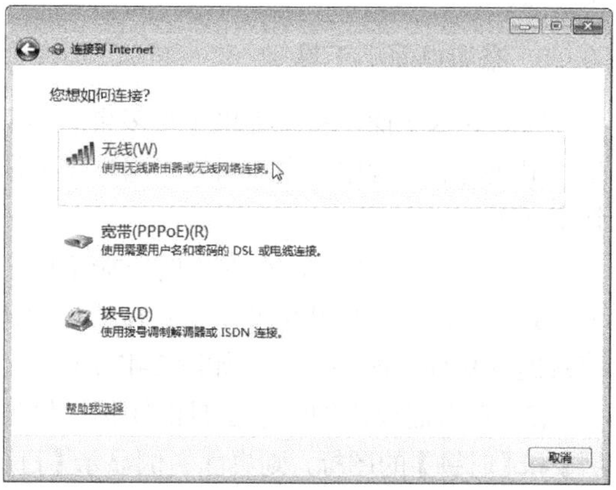

图 2-50 单击【无线】链接

④ 此时，桌面的右下角会自动弹出一个窗口，窗口中显示所有可用的无线网络信号，并按照信号强度从高到低的方式排列，这里单击 qhwknj 链接，然后单击【连接】按钮，如图 2-51 所示。

⑤ 如果无线网络设置了密码，则会打开【连接到网络】对话框，用户需要在【安全密钥】文本框中输入密码，然后单击【确定】按钮进行连接，如图 2-52 所示。

图 2-51 选择无线网络连接

图 2-52 输入密码

⑥ 此时，开始连接到当前的无线网络，连接成功后，在【网络和共享中心】窗口中可查看网络的连接状态。

【例 2-10】在 Windows 7 系统中配置计算机的 IP 地址。

① 打开【网络和共享中心】窗口，单击【本地连接】链接，打开【本地连接 状态】对话框。

② 在【本地连接 状态】对话框中单击【属性】按钮，如图 2-53 所示。打开【本地连接 属性】对话框，然后双击其中的【Internet 协议版本 4(TCP/IPv4)】选项，如图 2-54 所示，打开【Internet 协议版本 4(TCP/IPv4)属性】对话框。

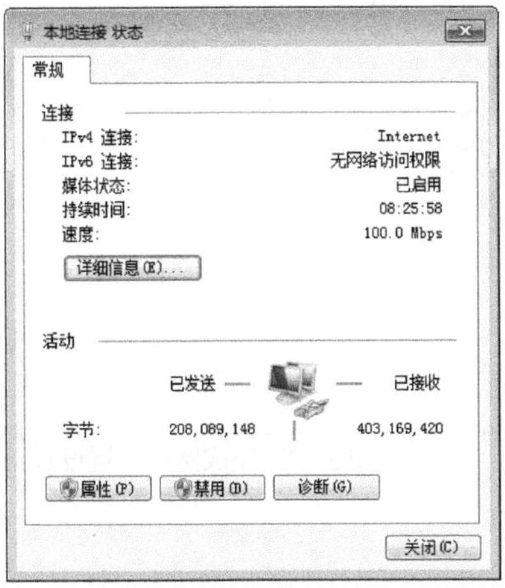

图 2-53 【本地连接 状态】对话框

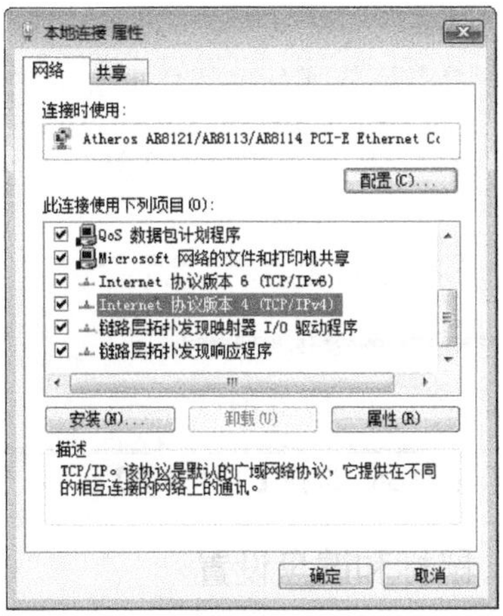

图 2-54 【本地连接 属性】对话框

③ 在【IP 地址】文本框中输入本机的 IP 地址，按 Tab 键会自动填写子网掩码，分别在【默认网关】【首选 DNS 服务器】和【备用 DNS 服务器】中设置相应的地址，如图 2-55 所示。

④ 设置完成后，单击【确定】按钮，返回【本地连接 属性】对话框，单击【确定】按钮，完成 IP 地址的设置。

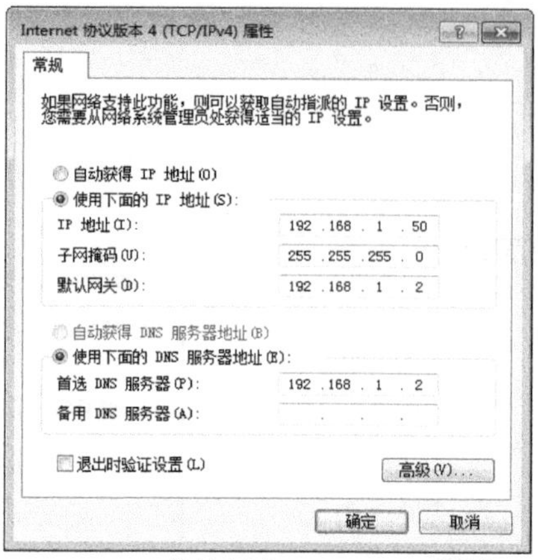

图 2-55　Internet 协议版本 4(TCP/IPv4)属性对话框

【例 2-11】在 Windows 7 系统中选择计算机所处的网络位置。

① 打开【网络和共享中心】窗口，单击【工作网络】链接，打开【设置网络位置】对话框。

② 在【设置网络位置】对话框中设置计算机所处的网络，有【家庭网络】【工作网络】【公用网络】等选项可以选择，这里选择【工作网络】选项，如图 2-56 所示。

③ 打开的对话框中显示现在正处于工作网络中，单击【关闭】按钮，即可完成网络位置设置，如图 2-57 所示。

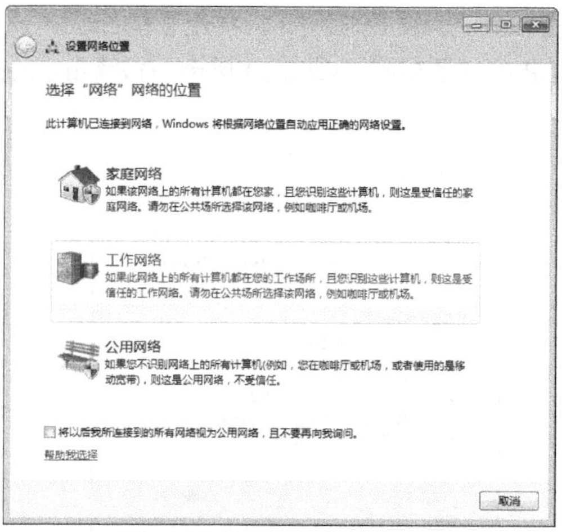

图 2-56　选择【工作网络】

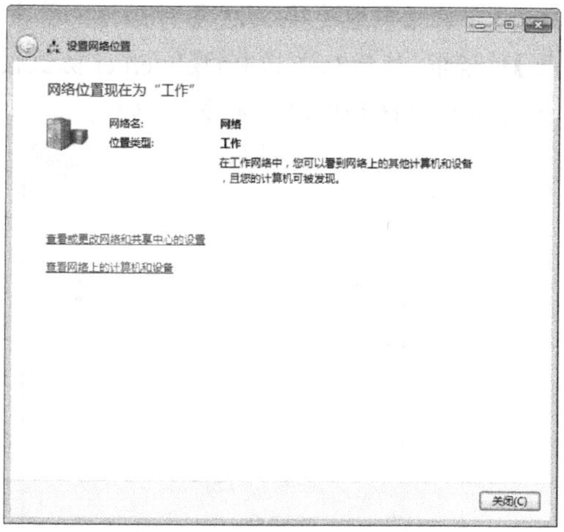

图 2-57　完成网络位置设置

2.5.4　鼠标和键盘设置

鼠标和键盘是计算机最常用的输入工具，在 Windows 系统中对鼠标和键盘进行适当的设置可以方便用户使用。

1. 设置鼠标

用户可以更改鼠标的某些功能和鼠标指针的外观与行为。右击桌面空白处，选择快捷菜单中的【个性化】命令，打开【个性化】窗口，然后单击【更改鼠标设置】链接即可进行鼠标属性的设置。

(1) 更改鼠标形状。在默认情况下，Windows 7 操作系统中的鼠标指针的外形为。此外，系统也自带了很多鼠标形状，用户可以根据自己的喜好，更改鼠标指针外形。

在【个性化】窗口中单击【更改鼠标指针】链接，打开【鼠标 属性】对话框，在【方案】下拉列表框内选择【Windows Aero(特大)(系统方案)】选项，如图 2-58 所示，鼠标即变为特大鼠标样式。

在【自定义】列表中选中【正常选择】选项，单击【浏览】按钮，打开【浏览】对话框，选择想要的样式，如图 2-59 所示，单击【打开】按钮，返回至【鼠标 属性】对话框，再次单击【确定】按钮，则鼠标样式改变成想要的形状。

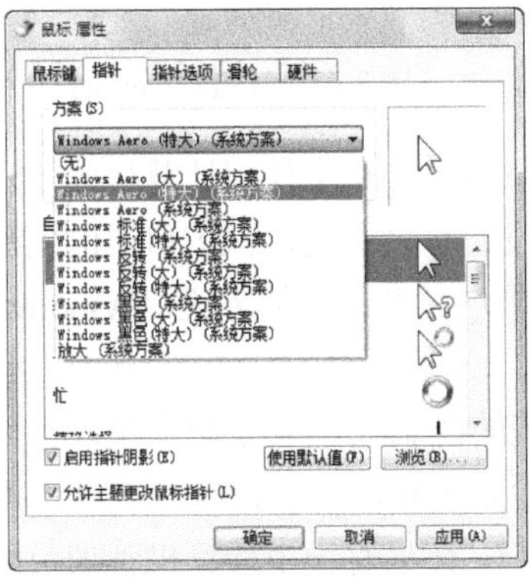

图 2-58　更改鼠标大小

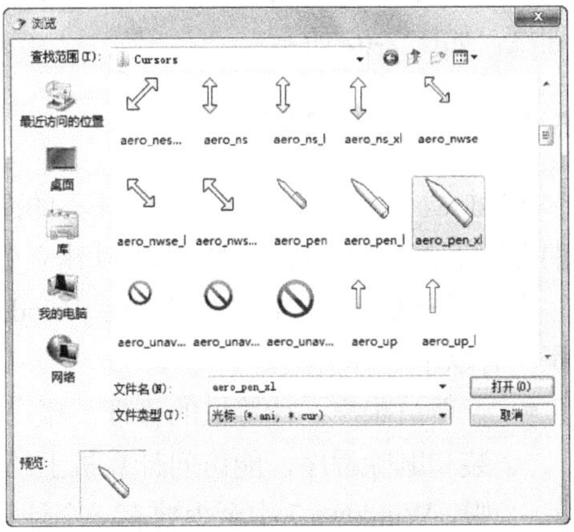

图 2-59　选择鼠标样式

(2) 更改鼠标属性。在【鼠标 属性】对话框中选择【鼠标键】选项卡，如图 2-60 所示，该选项卡内的几个选项的功能如下。

- 鼠标键配置：选中【切换主要和次要的按钮】复选框，即可将鼠标的左右键功能互换。
- 双击速度：用鼠标左右拖动【速度】滑块，可以调整鼠标双击速度的快慢。
- 单击锁定：选中【启用单击锁定】复选框，则用户单击就可以高亮显示或拖曳。单击鼠标进入锁定状态，再次单击可以解除锁定。

另外，用户还可以在【鼠标 属性】对话框中选择【指针选项】选项卡，在【移动】区域里拖动滑块，可以设置鼠标移动的灵敏度，如图 2-61 所示。

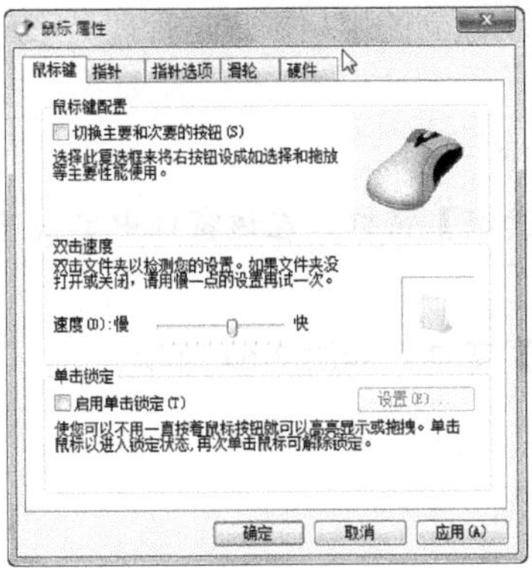

图 2-60　【鼠标键】选项卡

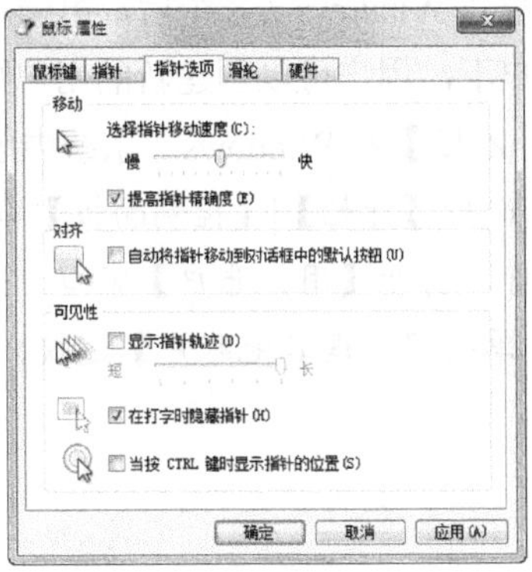

图 2-61　【指针选项】选项卡

2. 设置键盘

Windows 7 系统中进行键盘设置主要是调整键盘的字符重复和光标闪烁速度。用户可以选择【开始】|【控制面板】命令，打开【控制面板】窗口，然后双击【键盘】图标，打开【键盘 属性】对话框。在该对话框中选择【速度】选项卡后，在【字符重复】选项区域拖动【重复延迟】滑块，可以更改键盘重复输入一个字符的延迟时间；拖动【重复速度】滑块，可以改变重复输入字符的速度，如图 2-62 所示。

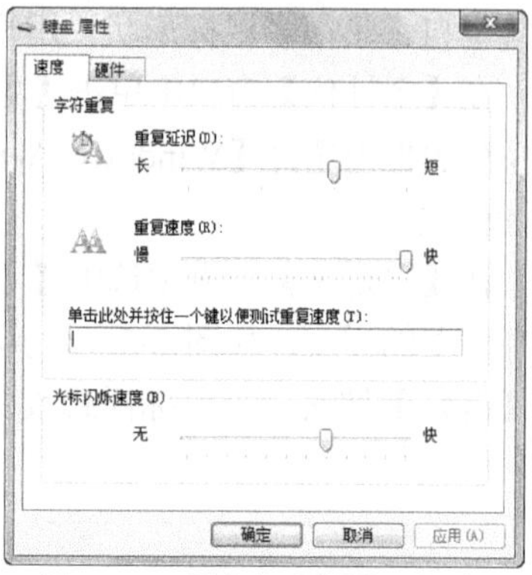

图 2-62 【键盘 属性】对话框

2.5.5 用户账户设置

Windows 7 是一个多用户、多任务的操作系统，该系统允许每个使用计算机的用户建立自己的专用工作环境。每个用户都可以建立个人账户，并设置登录密码，保护自己的信息安全。

设置用户账户之前需要先弄清楚 Windows 7 有几种账户类型。一般来说，Windows 7 的用户账户有以下 3 种类型。

- 管理员账户：计算机的管理员账户拥有对全系统的控制权，能改变系统设置，可以安装和删除程序，能访问计算机上所有的文件。除此之外，它还拥有控制其他用户的权限。Windows 7 中至少要有一个计算机管理员账户。在只有一个计算机管理员账户的情况下，该账户不能将自己改成受限制账户。
- 标准用户账户：标准用户账户是受到一定限制的账户，在系统中可以创建多个此类账户，也可以改变其账户类型。该账户可以访问已经安装在计算机上的程序，可以设置自己账户的图片、密码等，但无权更改计算机的大多数设置。
- 来宾账户：来宾账户是给那些在计算机上没有用户账户的人使用，只是一个临时账户，主要供远程登录的网上用户访问计算机系统。来宾账户仅有最低的权限，没有密码，无法对系统做任何修改，只能查看计算机中的资料。

1. 创建新账户

安装完 Windows 7 系统后，第一次启动时，系统自动建立的用户账户是管理员账户，在管理员账户下，用户可以创建新的用户账户。

【例 2-12】在 Windows 7 系统中创建一个新的用户账户。

① 选择【开始】|【控制面板】命令，打开【控制面板】窗口。在该窗口中单击【用户账户】图标，打开【用户账户】窗口，如图 2-63 所示。

② 单击【管理其他账户】链接，打开【管理账户】窗口，如图 2-64 所示。

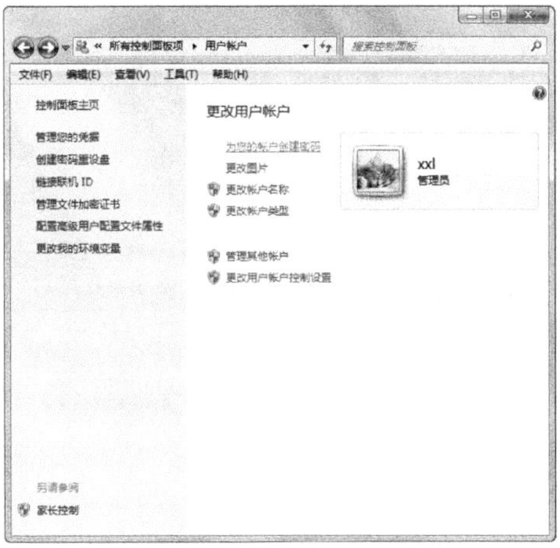

图 2-63　【用户账户】窗口

图 2-64 【管理账户】窗口

③ 单击【创建一个新账户】链接，打开【创建新账户】窗口，输入新用户的名称“孙立”。如果是创建标准账户，则选中【标准用户】单选按钮；如果是创建管理员账户，则选中【管理员】单选按钮。此例选中【管理员】单选按钮，如图 2-65 所示。

④ 单击【创建账户】按钮，即可创建用户名为“孙立”的管理员账户，如图 2-66 所示。

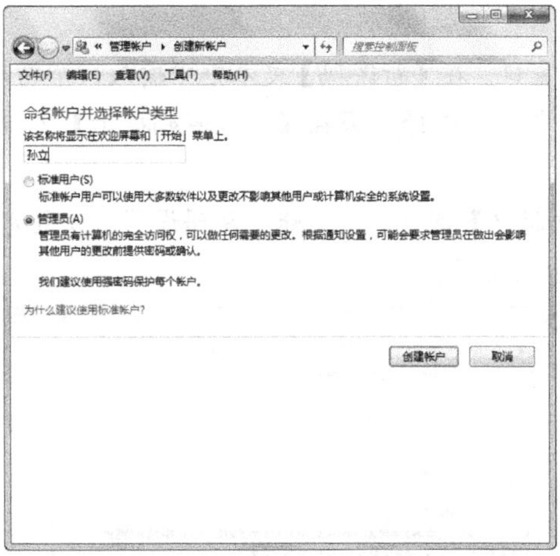

图 2-65　【创建新账户】窗口

图 2-66　创建管理员账户

2. 更改账户设置

成功创建新账户以后，用户可以根据实际应用和操作来更改账户的类型，改变该用户账户的操作权限。账户类型确定以后，也可以修改账户的设置，如账户的名称、密码、图片等。

【例 2-13】将管理员账户改为标准用户账户，修改其头像图片并设置密码。

① 在【管理账户】窗口中单击【孙立】图标，打开【更改账户】窗口，单击【更改账户类型】链接，如图 2-67 所示。

② 打开【更改账户类型】窗口，选中【标准用户】单选按钮，然后单击【更改账户类型】按钮，如图 2-68 所示。

图 2-67 【更改账户】窗口

图 2-68 【更改账户类型】窗口

③ 返回【更改账户】窗口，【孙立】账户名称下的字样已经变为【标准用户】。

④ 单击【更改图片】链接，打开【选择图片】窗口，如图 2-69 所示，该窗口中有很多图片可供用户选择，也可以单击【浏览更多图片】链接，在硬盘里选择其他图片。

⑤ 本例选择一张足球的图片，单击【更改图片】按钮，完成对账户头像图片的更改并返回【更改账户】窗口。

⑥ 单击【创建密码】链接，打开【创建密码】窗口。在【新密码】文本框中输入一个密码，在其下方的文本框中再次输入密码，然后根据用户需要，选择是否在【输入密码提示】文本框中输入相关提示信息，如图 2-70 所示。

⑦ 最后，单击【创建密码】按钮，返回【更改账户】窗口，完成账户密码设置。设置完成后，再开机时如果要进入【孙立】账户，则必须输入密码。

图 2-69 选择账户头像图片

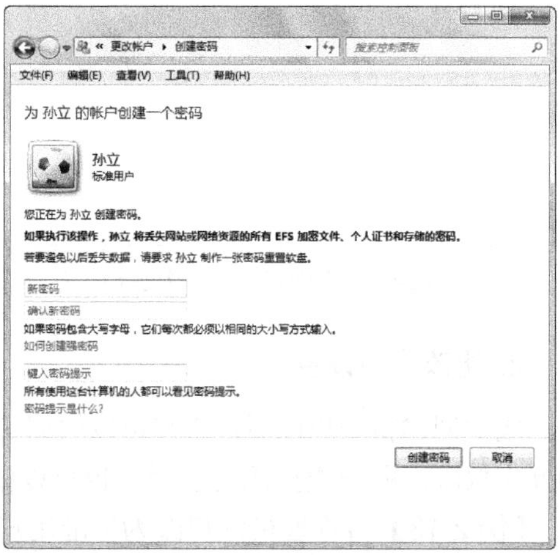

图 2-70 设置账户密码

3. 删除账户

用户可以删除多余的账户，但是在删除账户之前，必须先登录管理员账户，并且所要删除的账户并不是当前的登录账户才能删除。

【例 2-14】删除一个标准用户账户。

① 选择【开始】|【控制面板】命令，打开【控制面板】窗口，单击【用户账户】图标，打开【用户账户】窗口。

② 单击【管理其他账户】链接，打开【管理账户】窗口，单击【孙立标准用户】图标，打开【更改账户】窗口，然后在该窗口中单击【删除账户】链接。

③ 打开【删除账户】窗口，选择是否保留该账户的文件，如果保留则单击【保留文件】按钮，不保留则单击【删除文件】按钮，如图 2-71 所示。

④ 打开【确认删除】窗口，单击【删除账户】按钮，即可删除【孙立】标准用户账户。

图 2-71　删除用户文件

2.5.6　字体设置

Windows 7 操作系统中安装了许多字体，用户既可以在系统中添加字体，也可以删除不需要的字体。

1. 打开【字体】窗口

在【控制面板】窗口中单击【字体】选项，将打开【字体】窗口，如图 2-72 所示。

在【字体】窗口中双击字体图标，系统将显示一个样例窗口，其中列出了字体名称、版本信息及各种大小的字体。

在【字体】窗口中选择【文件】|【属性】命令，打开【字体属性】对话框，该对话框中将显示字体所具有的属性。

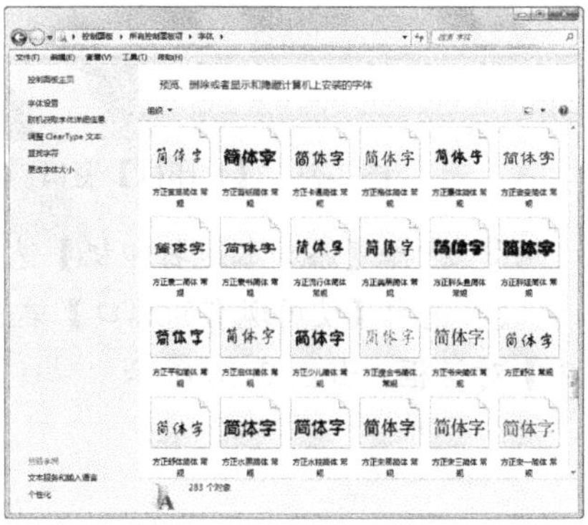
图 2-72　【字体】窗口

2. 安装新字体

Windows 7 提供已安装的各种字体，通常在 Windows 目录下的 Fonts 文件夹中。用户如果要安装其他字体，必须先下载字体，然后选择并右击该字体，从弹出的菜单中选择【安装】命令。

3. 删除字体

在 Windows 7 中删除字体的方法如下。

(1) 在【控制面板】窗口中单击【字体】选项，打开【字体】窗口。

(2) 在【字体】窗口中选中要删除的字体，在弹出的菜单中选择【删除】命令，然后在打开的对话框中单击【是】按钮即可。

2.5.7　打印机设置

打印机是计算机经常使用的外部设备，属于基本输出设备，其作用是将计算机的文本、图像等信息输出并打印在纸张和胶片等介质上，以便用户传递和使用信息。目前，日常工作和生活中最常用的是喷墨打印机和激光打印机。

在 Windows 7 系统下安装打印机，可以使用控制面板中的添加打印机向导，指引用户按照步骤来安装适合的打印机。要使用打印机还需要安装驱动程序，用户可以通过安装光盘和联网下载获得驱动程序。此外，用户还可以选择 Windows 7 系统自带的相应型号打印机驱动程序来安装打印机。下面举例介绍使用系统自带驱动程序的方式来安装打印机。

【例 2-15】在 Windows 7 中安装打印机。

① 启动计算机，打开【控制面板】窗口，单击【设备和打印机】选项，打开【打印机】窗口，如图 2-73 所示。

② 单击【添加打印机】按钮，打开【添加打印机】对话框，如图 2-74 所示。

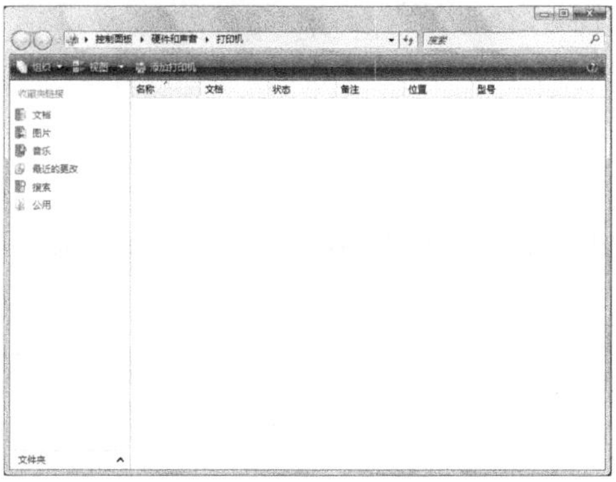

图 2-73 【打印机】窗口

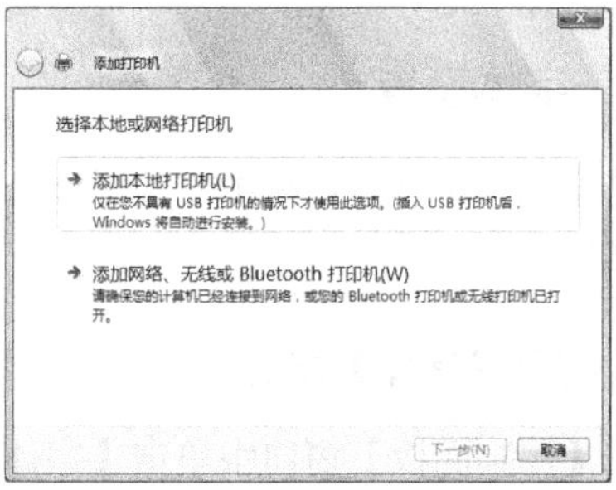

图 2-74 【添加打印机】对话框

③ 选择【添加本地打印机】选项，打开【选择打印机端口】对话框，如图 2-75 所示。

④ 选中【使用现有的端口】单选按钮后，单击【下一步】按钮，打开【安装打印机驱动程序】对话框，如图 2-76 所示。

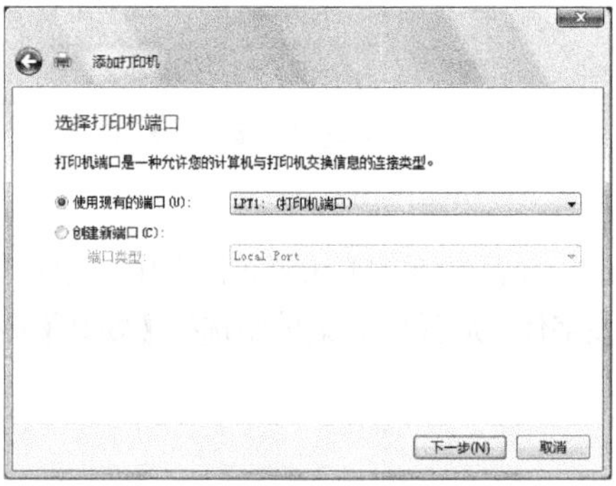

图 2-75 【选择打印机端口】对话框

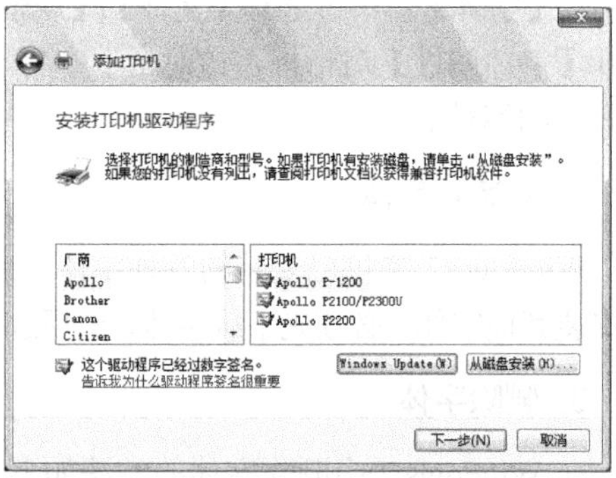

图 2-76 【安装打印机驱动程序】对话框

⑤ 选择打印机的正确型号，这里为“HP Desk jet 9800 Printer”型号，单击【下一步】按钮，打开【键入打印机名称】对话框。

⑥ 输入打印机的名称后，单击【下一步】按钮，开始安装打印机驱动程序。

⑦ 驱动程序安装完毕后，Windows 7 系统将自动打开成功添加打印机向导的对话框，单击【完成】按钮即可添加打印机，此时【打印机】窗口中将显示刚刚添加的打印机图标。

2.5.8　系统设置

在【控制面板】窗口中单击【系统】选项，打开【系统】窗口，如图 2-77 所示。通过该窗口，用户能够了解当前系统的基本信息，同时可以对计算机名和硬件等配置进行调整。

(1) 单击【高级系统设置】链接，打开【系统属性】对话框，如图 2-78 所示，可对计算机的名称进行设定。

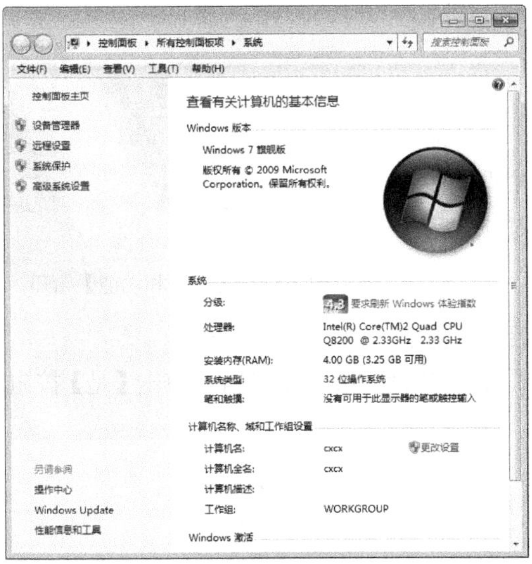

图 2-77　【系统】窗口

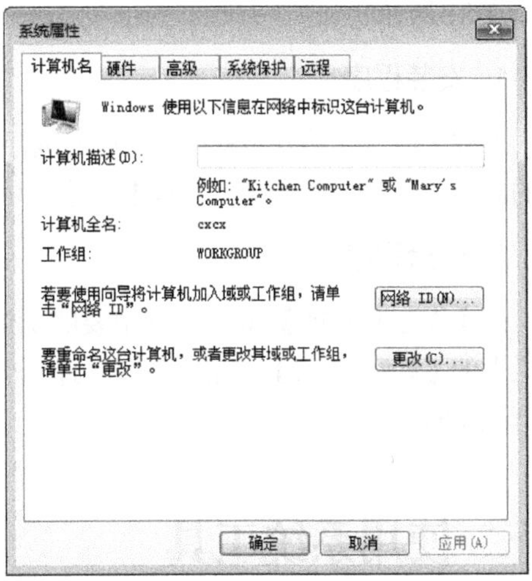

图 2-78　【系统属性】对话框

(2) 在【系统属性】对话框中选择【硬件】选项卡，然后单击【设备管理器】按钮，可以打开【设备管理器】对话框，如图 2-79 所示，对计算机硬件设备进行管理。例如，右击要管理的设备项目，在弹出的菜单中选择【更新驱动程序软件】命令，在打开的对话框中单击【自动搜索更新的驱动程序软件】命令，可以更新硬件驱动程序，如图 2-80 所示，

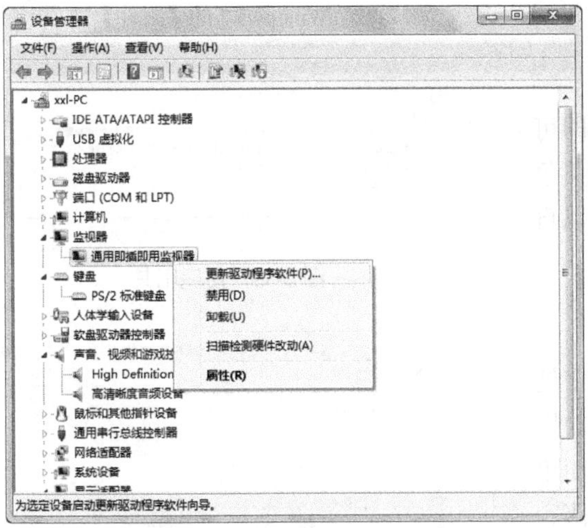

图 2-79　【设备管理器】对话框

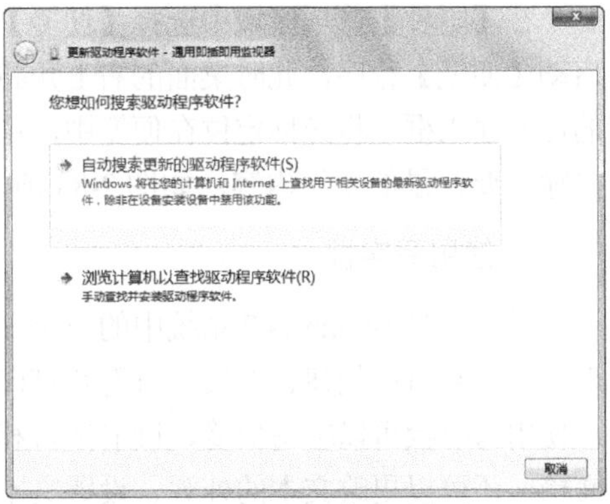

图 2-80　更新硬件驱动程序

2.6 安装和删除程序

用户通过计算机系统对应用程序进行管理，可以给计算机添加必要的应用软件和删除无用的应用软件。以 Windows 7 系统为例，在【控制面板】窗口中单击【程序】|【程序和功能】选项，即可打开【程序和功能】窗口安装和删除程序，如图 2-81 所示。

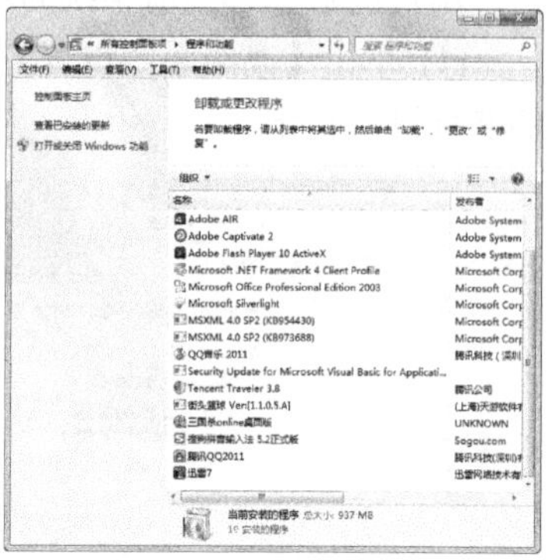

图 2-81 【程序和功能】窗口

1. 安装程序

下载应用程序的安装程序后，双击执行文件，根据软件提供的向导一步一步单击【下一步】按钮即可完成软件的安装。

2. 删除程序

在【程序和功能】窗口中选中要删除的程序后，单击工具栏上的【卸载/更改】按钮，系统将弹出一个卸载向导询问是否删除该程序，单击【是】按钮，即可删除程序。

2.7 使用系统工具

Windows 系统为广大用户提供了功能强大的系统工具，如便签、画图、计算器、写字板等。以 Windows 7 系统为例，单击系统桌面上的【开始】按钮，在弹出的菜单中展开【附件】选项，在展开的区域中单击工具图标即可启动相应的系统工具，如图 2-82 所示。

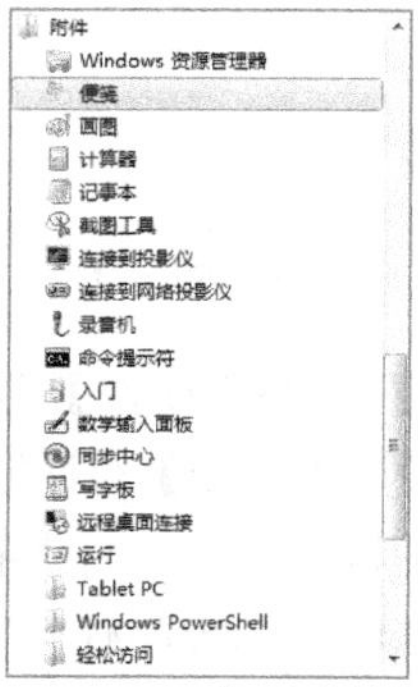

图 2-82 Windows 7 的【附件】选项区域

1. 使用便笺

在【附件】选项区域中选择【便笺】选项即可启动【便笺】程序，此时桌面的右上角将出现黄色的便笺输入框，将光标定位在便笺中，用户可以直接输入要记录的便签内容，如图 2-83 所示。

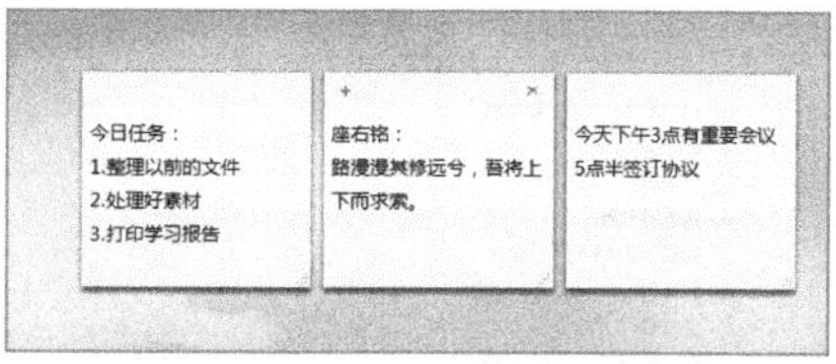

图 2-83 便笺工具

2. 使用写字板

写字板是 Windows 7 系统中的一个基本文字处理程序，它可以创建、编辑、查看和打印文档。用户使用写字板可以编写信笺、读书报告和其他简单文档，还可以更改文本的外观、设置文本的段落、在段落以及文档内部和文档之间复制并粘贴文本。

在【开始】菜单的【附件】选项区域中选择【写字板】选项，将启动图 2-84 所示的写字板操作界面。

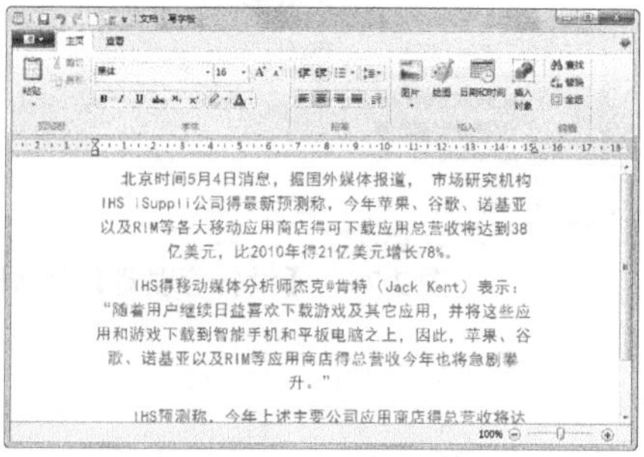

图 2-84 写字板工具

在该界面中，用户可以创建文档，并在文档中输入文本(或者插入图片)，然后将文本与图片以文件的形式保存在计算机中。

3. 使用计算器

计算器是 Windows 7 系统中的一个数学计算工具，它的功能和日常生活中看到的小型计算器类似。计算器程序具有【标准型】和【科学型】等多种模式，用户进行计算时可根据需要选择特定的模式。

在【开始】菜单的【附件】选项区域中选择【计算器】选项，即可启动计算器程序。第一次打开计算器程序时，计算器在标准型模式下工作，这个模式可以满足用户大部分日常简单计算的要求，如图 2-85 所示。

当用户需要计算比较复杂的数学公式时，可以将标准型计算器转换为科学型计算器。转换的方法就是单击计算器【查看】按钮，弹出下拉菜单，选择其中的【科学型】命令即可，如图 2-86 所示。

图 2-85　标准计算器

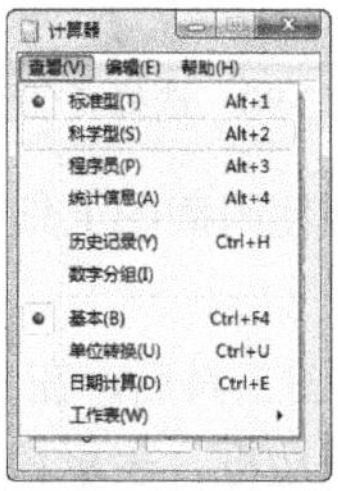

图 2-86　【查看】按钮的下拉菜单

以计算 145°角的余弦值为例，用户可以在科学型计算器中依次单击 1、4、5 等按钮，即为输入 145°，如图 2-87 所示。然后单击计算余弦函数的按钮 cos，即可计算出 145°角的余弦值，并显示在文本框内，如图 2-88 所示。

图 2-87　输入 145

图 2-88　145°角的余弦值

4. 使用画图工具

在【开始】菜单的【附件】选项区域中选择【画图】选项，即可启动画图工具。画图工具的操作界面如图 2-89 所示。使用该工具提供的各种绘图功能，可以方便地对图像进行编辑处理。

此外，画图工具还提供了多种实现特殊效果的实用命令，可以使绘制的图像更美观。通过画图工具的剪切和粘贴等操作，用户可以将创作的图像添加到 Word、PowerPoint 或 Excel 等其他类型的文档中。

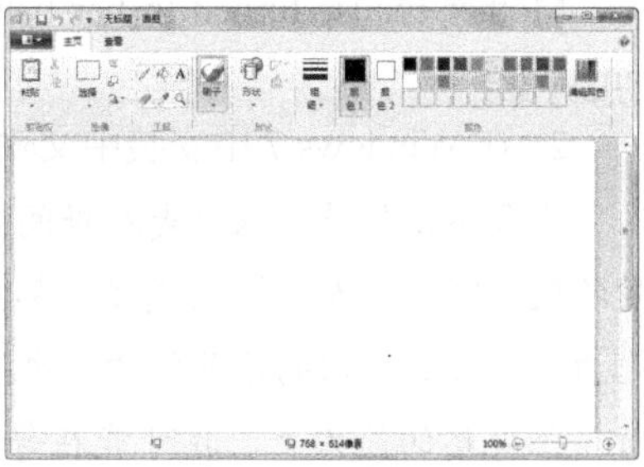

图 2-89　画图工具

5. 使用截图工具

截图工具是 Windows 7 系统新增的附件工具，它能够方便、快捷地帮助用户截取计算机屏幕上显示的任意画面，包括任意格式截图、矩形截图、窗口截图和全屏幕截图等多种截图方式。

在【开始】菜单的【附件】选项区域中选择【截图工具】选项，即可启动截图工具。在该工具中单击【新建】旁的▾按钮，在下拉菜单中选择【任意格式截图】命令，如图 2-90 所示。此时，屏幕画面变成蒙上一层白色的样式，鼠标指针变为剪刀形状，然后在屏幕上按住鼠标左键拖动，鼠标轨迹为红线状态，如图 2-91 所示。当释放鼠标时，即可将红线内部分截取到截图工具中。

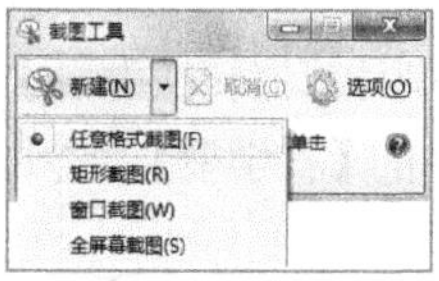

图 2-90　选择【任意格式截图】命令

图 2-91　使用截图工具

如果用户要使用截图工具的窗口截图功能截取所有打开窗口中某个窗口的内容画面，可以参考以下方法。

(1) 打开截图工具后，在【新建】命令的下拉菜单中选择【窗口截图】命令，此时当前窗口周围出现红色边框，表示该窗口为截图窗口。

(2) 单击窗口后，打开【截图工具】编辑窗口，该窗口内所有内容画面都被截取下来。

全屏幕截图和窗口截图的操作类似，打开截图工具后选择【全屏幕截图】命令，程序会立刻将当前屏幕所有内容画面存放到【截图工具】编辑窗口中。

2.8 综合案例

1. 在写字板工具中输入以下文本。

Second language

A mother mouse was out for a stroll with her babies when she spotted a cat crouched behind a bush. She watched the cat, and the cat watched the mice.

Mother mouse barked fiercely: “Woof, woof, woof!” The cat was so terrified that it ran for it’s life.

Mother mouse turned to her babies and said: “Now, do you understand the value of a second language?”

2. 在 Windows 7 中安装中文输入法后，在写字板工具中输入以下文本。

生命不仅仅是一张行走在世间的通行证，它还要闪光。或许你会经历失败，但失败也是一种收获。宽容别人或被人宽容，都是一种幸福。人生的悲哀不在于时间的短暂，而在于少年的无为。我没有突出的理解能力，也没有过人的机智，只是在觉察那些稍纵即逝的事物并对其进行精细观察的能力上，我可能在普通人之上。

书籍是全世界的营养品，生活里没有书籍，就好像大地没有阳光；智慧里没有书籍，就好像鸟儿没有翅膀。

2.9　习题

一、判断题

1. 利用回收站可以恢复被删除的文件，但须在回收站没有清空以前。(　　)

2. 在Windows中，可以利用控制面板或桌面任务栏最右边的时间指示器来设置系统的日期和时间。(　　)

3. 安装 Windows 操作系统时，不管选用何种安装方式，智能 ABC 和五笔字型输入法均是系统自动安装的。(　　)

二、选择题

1. 如果要彻底删除系统中已安装的应用软件，正确的方法是(　　)。

A. 直接找到该文件或文件夹进行删除操作
B. 利用控制面板中的【添加/删除程序】选项进行操作
C. 删除该文件及快捷图标
D. 对磁盘进行碎片整理操作

2. 在资源管理器中，如果要同时选中相邻的一组文件，可使用(　　)键。

A. Shift　　B. Alt　　C. Ctrl　　D. F8

3. 在Windows中打开【资源管理器】窗口后，要改变文件或文件夹的显示方式，应选择(　　)。

A.【文件】菜单　　B.【编辑】菜单　　C.【查看】菜单　　D.【帮助】菜单

4. 在 Windows 的【资源管理器】窗口右部选择所有文件，如果要取消其中几个文件的选择，应进行的操作是(　　)。

A. 依次单击各个要取消选择的文件
B. 按住 Ctrl 键再依次单击各个要取消选择的文件
C. 按住 Shift 键再依次单击各个要取消选择的文件
D. 依次右击各个要取消选择的文件

5. 在 Windows 操作系统中，以下说法正确的是(　　)。

A. 在根目录下建立多个同名的文件或文件夹
B. 在同一文件夹中建立两个同名的文件或文件夹
C. 不允许在不同的文件夹中建立两个同名的文件或文件夹
D. 不允许在同一文件夹中建立两个同名的文件或文件夹

6. 如果要彻底删除系统中已安装的应用软件，正确的方法是(　　)。

A. 直接找到该文件或文件夹进行删除操作
B. 利用控制面板中的【添加/删除程序】选项进行操作
C. 删除该文件及快捷图标
D. 对磁盘进行碎片整理操作

7. 在 Windows 操作系统中删除文件的同时按(　　)键，删除的文件将不送入回收站而直接从硬盘删除。

A. Ctrl　　B. Alt　　C. Shift　　D. F1

8. 在 Windows 中退出应用程序的方法中，错误的是(　　)。

A. 双击控制菜单按钮　　B. 单击【关闭】按钮

C. 单击【最小化】按钮　　D. 按 Alt+F4 快捷键

三、操作题

1. 启动 Windows 7 系统自带的写字板工具，输入以下文本。

9 月，在英国伯明翰的 Sussex 大学召开的 INWG 会议上，Cerf 和 Kahn 提出了 Internet 的基本概念。RFC 454: File Transfer specification 网络声音协议规范及其实现使通过 ARPAnet 召开会议成为可能。SRI(NIC)在 3 月开始出版 ARPAnet 新闻。估计 ARPAnet 用户有 2000 人。ARPA 研究显示，ARPAnet 的通信量中，E-mail 占了 75%。

2. 在 Windows 7 操作系统中进行下列操作。

(1) 在 Exam 目录下建立考生目录 1052005001。

(2) 以“张海”为文件名，分别建立 Word、Excel、PowerPoint 文件，保存到考生目录 1052005001 中。

3. 在 Windows 7 操作系统中进行下列操作。

(1) 将文本文件“s.txt”改名为“d.txt”。

(2) 将其剪贴到文件夹 s 中。

(3) 将文件夹 s 的属性改为【隐藏】(应用于子文件夹和文件)。

第 3 章
Word 2016的基本操作

☑ 本章要点

了解 Word 2016 的基本概念。熟悉 Word 2016 的基本功能、运行环境，以及启动和退出操作。掌握 Word 文档的创建、打开、输入、保存、关闭等基本操作。掌握文本的选定、插入与删除、复制与移动、查找与替换等基本编辑操作。掌握多窗口和多文档的编辑方法。

☑ 知识体系

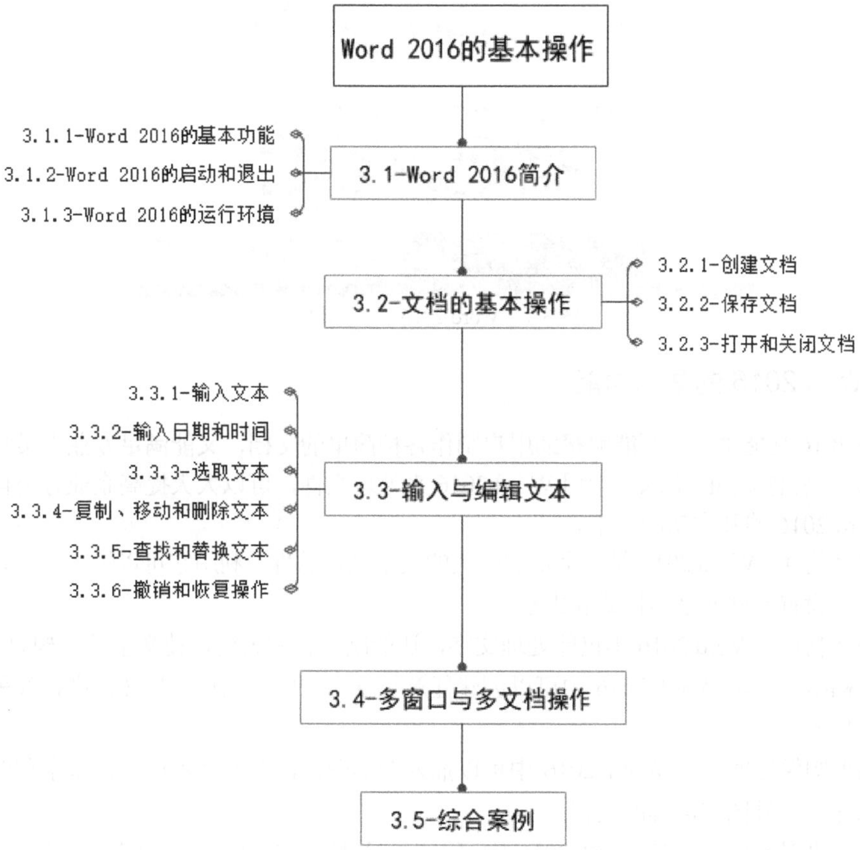

3.1 Word 2016 简介

Office 2016 也称作 Office 16，是人们日常处理办公文件最常用的软件。使用该软件中的 3 个主要组件——Word、Excel、PowerPoint，用户不仅可以轻松制作各种工作文档，例如合同、通知、函件、表格、报告等，还可以将文档通过网络发送给同事，或打印出来呈交领导。

Word 2016 是 Office 2016 的重要组件之一，是目前文字处理软件中最受欢迎、用户最多的一款软件。它能够帮助用户快速地完成报告、合同等文档的编写，其强大的图文混排功能可以帮助用户制作出图文并茂且效果精美的文档，如图 3-1 所示。

图 3-1　Word 2016 文档示例

3.1.1　Word 2016 的基本功能

Word 2016 功能强大，既能够帮助用户制作各种简单的文档，又能满足专业人员制作用于印刷的版式复杂的文档的需求。使用 Word 2016 来处理文件，可以大大提高企业办公自动化的效率。Word 2016 的基本功能如下。

- 文字处理。Word 2016 是一个功能强大的文字处理软件，利用它可以输入文字，并可为文字设置不同的字体样式和大小。
- 表格制作。Word 2016 不仅能处理文字，还能制作各种表格，使文字的结构更加清晰。
- 文档组织。在 Word 2016 中可以创建任意长度的文档，能够对长文档进行各种编辑与处理操作。
- 图形图像处理。在 Word 2016 中可以插入图形图像，例如文本框、艺术字和图表等，制作出各种图文混排的文档。
- 页面设置及打印。在 Word 2016 中可以设置各种版式，以满足不同用户的需求，并可轻松地将电子文本输出到纸上。

3.1.2 Word 2016 的启动和退出

在 Windows 操作系统中安装 Word 2016 后，可以通过以下几种方法启动软件。

- 方法一：在开始菜单中选择【开始】|【所有程序】| Microsoft Office | Microsoft Office Word 2016 命令。
- 方法二：双击系统桌面上的 Word 2016 快捷图标。
- 方法三：双击 Word 文档(扩展名为.doc 或.docx 的文件)。

如果用户要退出 Word 2016，可以单击软件界面右上角的【关闭】按钮×。

3.1.3 Word 2016 的运行环境

启动 Word 2016 后，软件的工作界面与视图模式共同构成了其运行环境。

1. 工作界面

Word 2016 的工作界面主要由标题栏、快速访问工具栏、功能区、导航窗格、文档编辑区状态栏和视图栏组成，如图 3-2 所示。

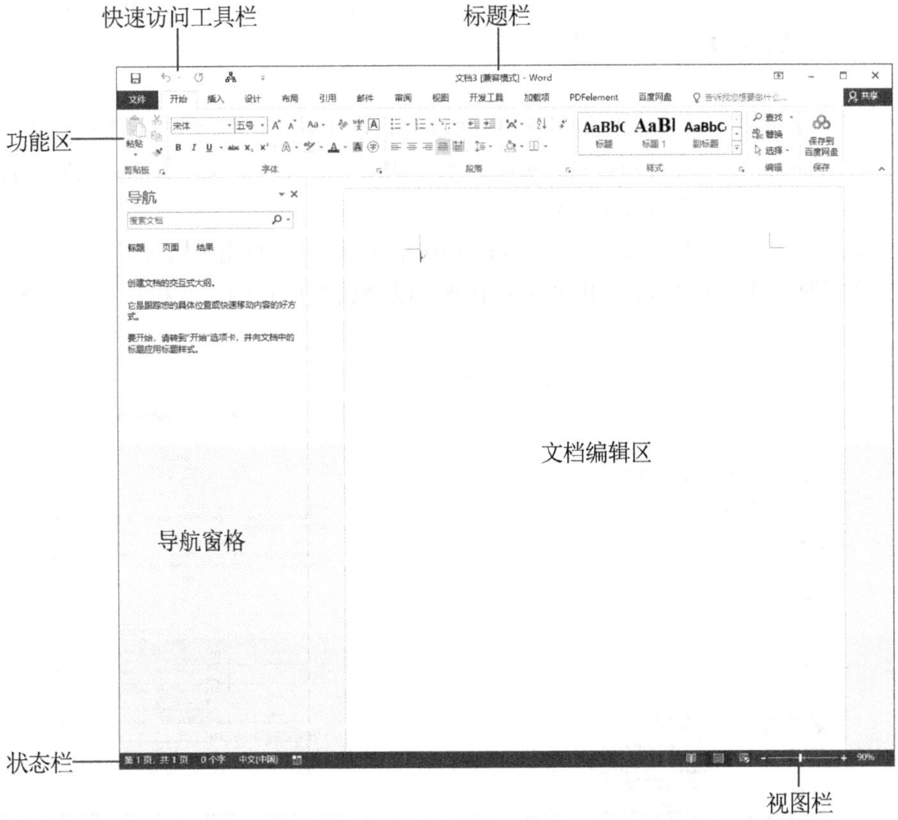

图 3-2 Word 2016 的工作界面

(1) 标题栏：位于窗口的顶端，用于显示当前正在运行的文件的名称等信息。标题栏最右端有 3 个按钮，分别用于控制窗口的最小化、最大化和关闭。

(2) 快速访问工具栏：其中包含常用操作的快捷按钮，方便用户使用。在默认状态下，有 3 个快捷按钮，分别为【保存】按钮、【撤销】按钮和【恢复】按钮。

(3) 功能区：完成文本格式操作的主要区域。在默认状态下，有【文件】【开始】【插入】【设计】【布局】【引用】【邮件】【审阅】【视图】等 9 个基本选项卡。

(4) 导航窗格：主要显示文档的标题级文字，以方便用户快速查看文档，单击其中的标题，即可快速跳转到相应的位置。

(5) 文档编辑区：输入文本、添加图形和图像，以及编辑文档的区域，用户对文本进行操作的结果都在该区域显示。

(6) 状态栏和视图栏：位于 Word 窗口的底部，显示当前文档的信息，如当前显示的文档是第几页、第几节和当前文档的字数等。状态栏还可以显示一些特定命令的工作状态，如录制宏、当前使用的语言等。当这些命令的按钮为高亮时，表示目前正处于工作状态；若变为灰色，则表示未处于工作状态。用户还可以通过双击这些按钮来设定对应的工作状态。另外，在视图栏中通过拖动【显示比例】滑块，可以直观地改变文档编辑区的大小。

2. 视图模式

Word 2016 为用户提供了多种浏览文档的方式，包括页面视图、阅读视图、Web 版式视图、大纲视图和草稿。在【视图】选项卡的【文档视图】区域中，单击相应的按钮，即可切换至相应的视图模式。

(1) 页面视图。页面视图是 Word 2016 默认的视图模式。该视图中显示的效果和打印的效果完全一致。在页面视图中，可看到页眉、页脚、水印和图形等各种对象在页面中的实际打印位置，便于用户对页面中的各种元素进行编辑，如图 3-3 所示。

(2) 阅读视图。为了方便用户阅读文章，Word 2016 设置了阅读视图模式。该视图模式适合阅读比较长的文档时使用，用户可以滑动鼠标中键，以翻页的形式浏览文档内容，如图 3-4 所示。

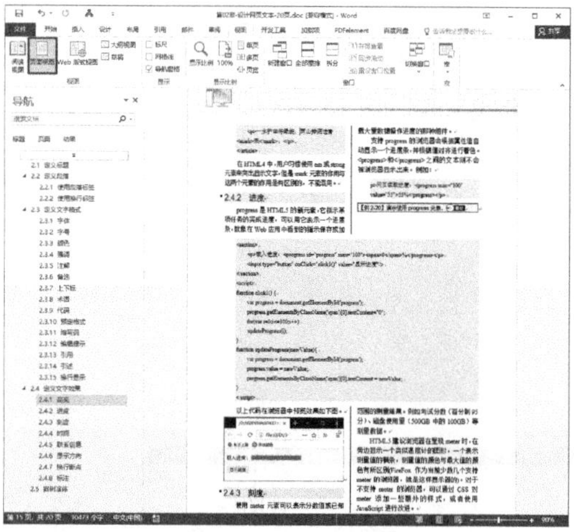

图 3-3 页面视图

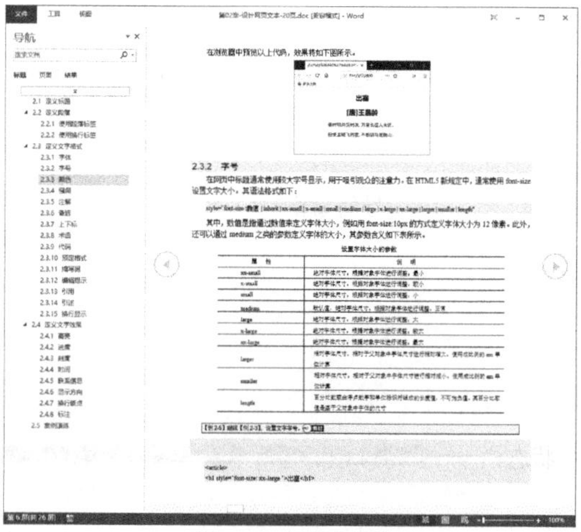

图 3-4 阅读视图

(3) Web 版式视图。Web 版式视图是几种视图模式中唯一按照窗口的大小来显示文本的视图。使用这种视图模式查看文档时，无须拖动水平滚动条就可以查看整行文字，如图 3-5 所示。

(4) 大纲视图。对于一个具有多重标题的文档来说，用户可以使用大纲视图来查看该文档。因为大纲视图是按照文档中标题的层次来显示文档的，用户可将文档折叠起来只看主标题，也可将文档展开查看整个文档的内容，如图 3-6 所示。

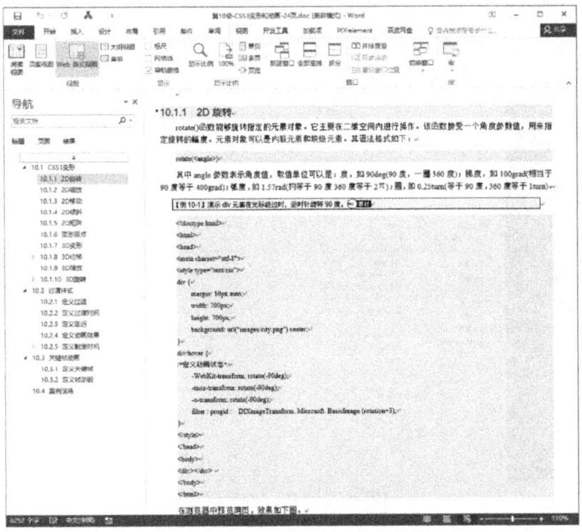

图 3-5　Web 版式视图

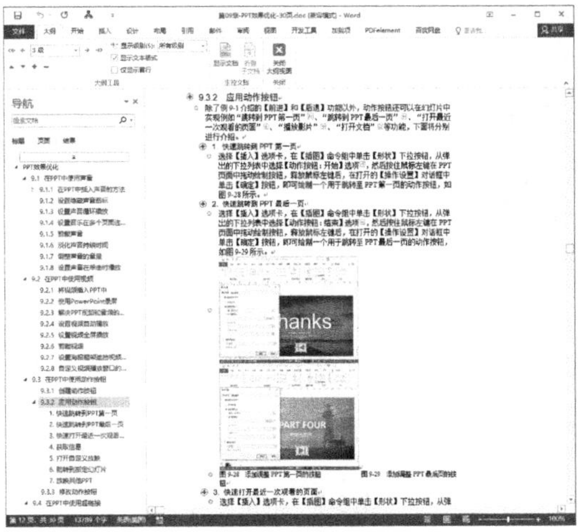

图 3-6　大纲视图

(5) 草稿。草稿是 Word 中最简化的视图模式。在该视图中，不显示页边距、页眉和页脚、背景、图形，并且没有设置为【嵌入型】环绕方式的图片。因此，这种视图模式仅适合编辑内容和格式都比较简单的文档。

3.2 文档的基本操作

要使用 Word 2016 编辑文档，必须先创建文档。本节主要介绍文档的基本操作，包括创建、保存、打开和关闭文档等。

3.2.1 创建文档

在 Word 2016 中可以创建空白文档，也可以根据现有的内容创建文档。

创建空白文档是最常使用的文档创建操作。要创建空白文档，可单击【文件】选项卡，在弹出的菜单中选择【新建】命令，打开【新建文档】页面，在【新建】界面中选择【空白文档】选项，如图 3-7 所示。

3.2.2 保存文档

正在编辑某个文档时，如果出现了计算机突然死机、停电等情况导致文档非正常关闭，则文档中的信息就可能丢失。为了保护劳动成果，做好文档的保存工作是十分重要的。

1. 保存新建的文档

如果要对新建的文档进行保存，可单击【文件】选项卡，在弹出的菜单中选择【保存】命令，或单击快速访问工具栏上的【保存】按钮，打开【另存为】对话框，设置保存路径、名称及保存格式(保存新建的文档时，如果文档中已输入了一些内容，Word 2016 会自动将输入的第一行内容作为文件名)，如图 3-8 所示。

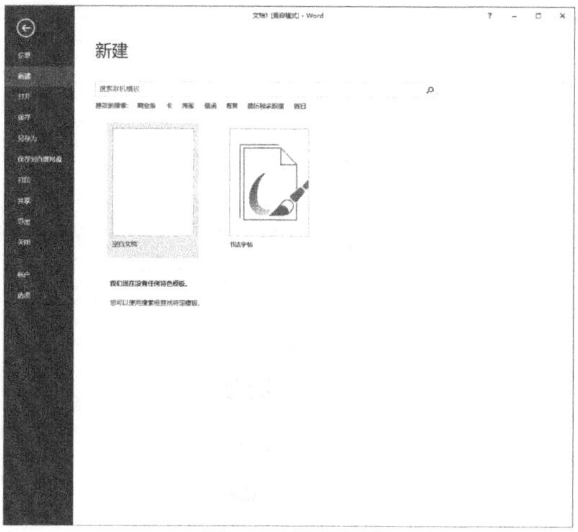

图 3-7　新建文档

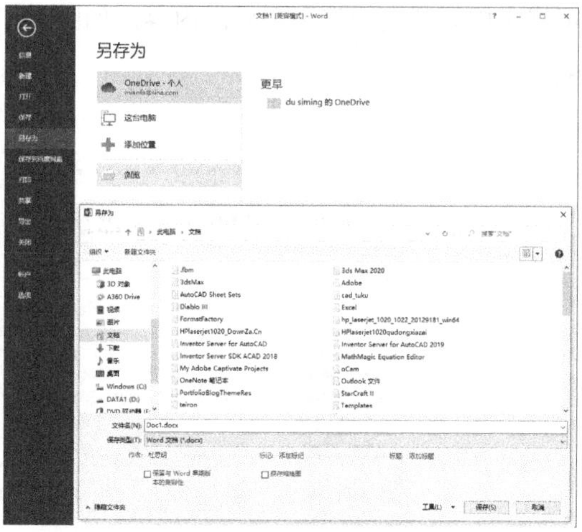

图 3-8　保存文档

2. 保存已保存过的文档

若要对已保存过的文档进行保存，可单击【文件】选项卡，在弹出的菜单中选择【保存】命令，或单击快速访问工具栏上的【保存】按钮，就可以按照原有的路径、名称及格式进行保存。

3. 另存为其他文档

如果文档已保存过，但又进行了一些编辑操作，需要再将其保存下来，并且希望不改动以前的文档，这时就需要对文档进行【另存为】操作。若要将当前文档另存为其他文档，可单击【文件】选项卡，在弹出的菜单中选择【另存为】命令，打开【另存为】对话框，在其中设置保存路径、名称及保存格式，然后单击【保存】按钮即可。

3.2.3　打开和关闭文档

打开文档是Word的一项基本操作。对于任何文档来说，都需要先将其打开，然后才能对其进行编辑。编辑完成后，可将文档关闭。

1. 打开文档

用户可以参考以下方法打开 Word 文档。

(1) 对于已经存在的 Word 文档，只须双击该文档的图标即可打开该文档。

(2) 已打开一个文档，需要打开另外一个文档，可单击【文件】选项卡，在弹出的菜单中选择【打开】命令，打开【打开】对话框，在其中选择需要打开的文件，然后单击【打开】按钮即可。用户可单击【打开】按钮右侧的小三角按钮，在弹出的下拉菜单中选择文档的打开方式，如【以只读方式打开】【以副本方式打开】等，如图 3-9 所示。

2. 关闭文档

对文档完成所有操作后，要关闭文档时，可单击【文件】选项卡，在弹出的菜单中选择【关闭】命令，或单击窗口右上角的【关闭】按钮☒。

关闭文档前，如果没有对文档进行编辑、修改操作，可直接关闭；如果对文档做了修改，但还没有保存，系统将会打开一个提示对话框，询问用户是否保存对文档所做的修改。此外，执行文档关闭操作只能关闭当前打开的 Word 文档，不能关闭 Word 软件，当 Word 软件中打开的所有文档被关闭后，Word 2016 将显示图 3-10 所示的界面。

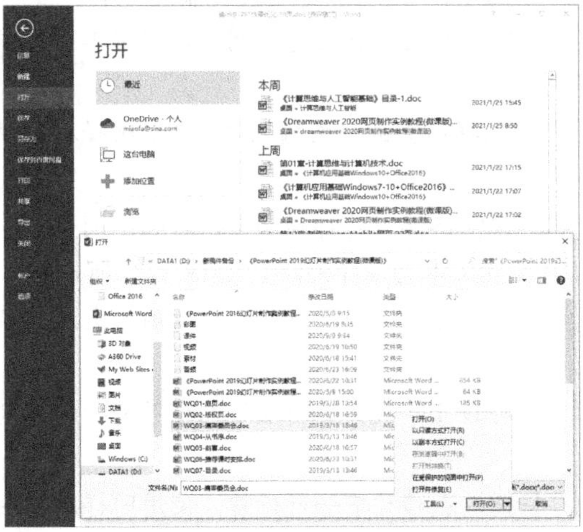

图 3-9　选择 Word 文档的打开方式

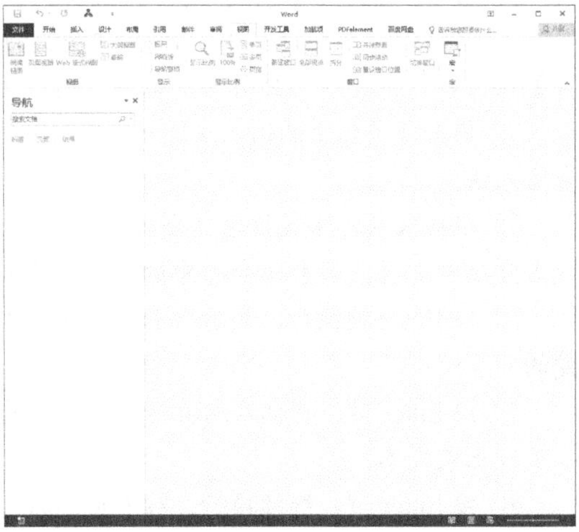

图 3-10　关闭 Word 中所有文档后显示的界面

3.3　输入与编辑文本

在 Word 2016 中，文字是组成段落的最基本内容，任何一个文档都是从文本开始进行编辑。本节主要介绍输入文本，输入日期和时间，选取文本，移动、复制和删除文本，查找和替换文本，撤销和恢复等操作，这是整个文档编辑的基础操作。只有掌握了这些基础操作，才能更好地处理文档。

3.3.1　输入文本

新建一个 Word 文档后，文档的开始位置将出现一个闪烁的光标，称为插入点。在 Word 中输入的任何文本都会在插入点处出现。定位了插入点的位置后，选择一种输入法即可开始输入文本。

1. 输入英文、数字及标点符号

在英文状态下，可以通过键盘直接输入英文、数字及标点符号，输入时需要注意以下几点。

(1) 按 Caps Lock 键可输入大写英文字母，再次按该键则切换为输入小写英文字母。

(2) 按住 Shift 键的同时按双字符键，将输入上档字符；按住 Shift 键的同时按字母键，输入大写英文字母。

(3) 按 Enter 键，插入点自动移到下一行行首。

(4) 按空格键，在插入点的左侧插入一个空格符号。

2. 输入中文

一般情况下，Windows 系统自带的中文输入法都是通用的，用户可以使用默认的输入法切换方式进行输入法的切换，如打开/关闭输入法控制条(Ctrl+空格快捷键)、切换输入法(Shift+Ctrl 快捷键)等。选择一种中文输入法后，即可开始在插入点处输入中文文本。

【例 3-1】新建一个名为“公司培训调查问卷”的文档，使用中文输入法输入文本。

① 启动 Word 2016，按 Ctrl+N 快捷键新建一个空白文档，在快速访问工具栏中单击【保存】按钮，将其以“公司培训调查问卷”为名进行保存。

② 单击任务栏上的输入法图标，在弹出的菜单中选择所需的中文输入法，这里选择搜狗拼音输入法。

③ 在插入点处输入标题“公司培训调查问卷”，按空格键，将标题移至该行的中间位置，或者直接单击【段落】命令组中的【居中】按钮设置文本为居中对齐，如图 3-11 所示。

④ 按 Enter 键换行，然后按 Backspace 键，将插入点移至下一行行首，继续输入文本“亲爱的同事:”。

⑤ 按 Enter 键，将插入点跳转至下一行的行首，再按 Tab 键，首行缩进两个字符，继续输入多段正文文本。

⑥ 按 Enter 键，继续换行，按 Backspace 键，将插入点移至下一行行首，使用同样的方法继续输入所有文本内容，如图 3-12 所示。

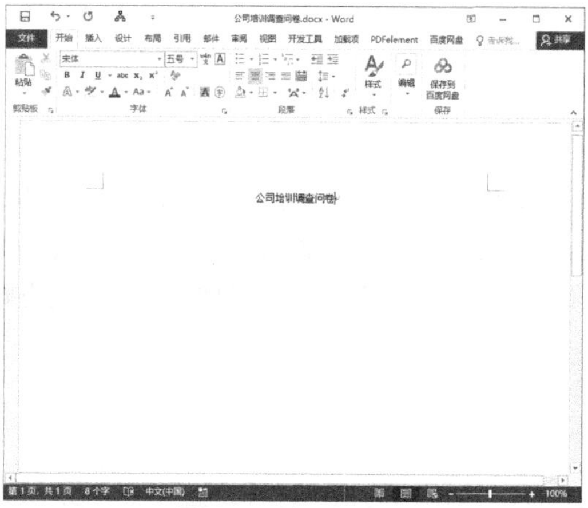

图 3-11　输入标题文本

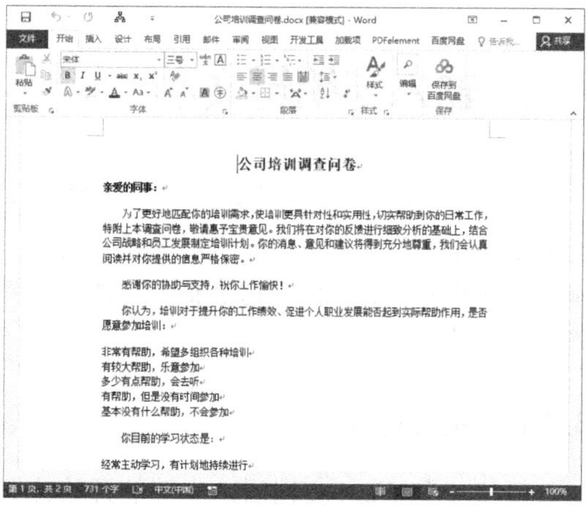

图 3-12　输入内容文本

3. 输入符号

在输入文本的过程中，有时需要插入一些特殊符号，如希腊字母、商标符号、图形符号等，而这些特殊符号是无法通过键盘输入的。这时，可以通过 Word 2016 提供的插入符号功能来实现符号的输入。

若要在文档中插入符号，可先将插入点定位在要插入符号的位置，打开【插入】选项卡，在【符号】命令组中单击【符号】下拉按钮，在弹出的下拉菜单中选择相应的符号即可，如图 3-13 所示。

在【符号】下拉菜单中选择【其他符号】命令，即可打开【符号】对话框，在其中选择要插入的符号，单击【插入】按钮，同样也可以插入符号，如图 3-14 所示。

图 3-13 【符号】下拉菜单

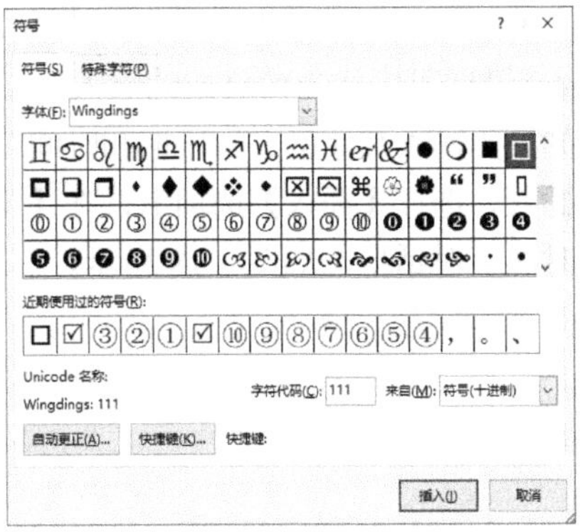

图 3-14 【符号】对话框

【符号】对话框的【符号】选项卡中，各选项的功能介绍如下。

(1) 【字体】列表框：可以从中选择不同的字体集，以输入不同的字符。

(2) 【子集】列表框：显示各种不同的符号。

(3) 【近期使用过的符号】列表框：显示了最近使用过的 16 个符号，以便用户快速查找符号。

(4) 【字符代码】下拉列表框：显示所选符号的代码。

(5) 【来自】下拉列表框：显示符号的进制，如【符号(十进制)】。

(6) 【自动更正】按钮：单击该按钮，可打开【自动更正】对话框，可以对一些经常使用的符号使用自动更正功能。

(7) 【快捷键】按钮：单击该按钮，打开【自定义键盘】对话框，将光标置于【请按新快捷键】文本框中，输入用户设置的快捷键，单击【指定】按钮就可以将快捷键指定给该符号。这样就可以在不打开【符号】对话框的情况下，直接按快捷键插入符号。

另外，打开【特殊字符】选项卡，在其中可以选择 ® 注册符以及 ™ 商标符等特殊字符，如图 3-15 所示。单击【快捷键】按钮，可为特殊字符设置快捷键，如图 3-16 所示。

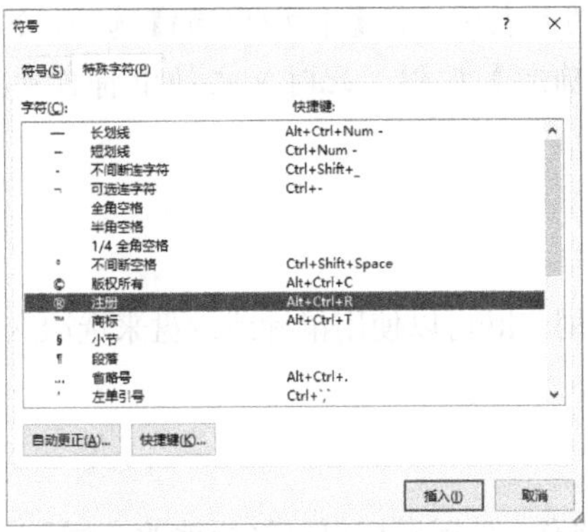

图 3-15　选择特殊字符

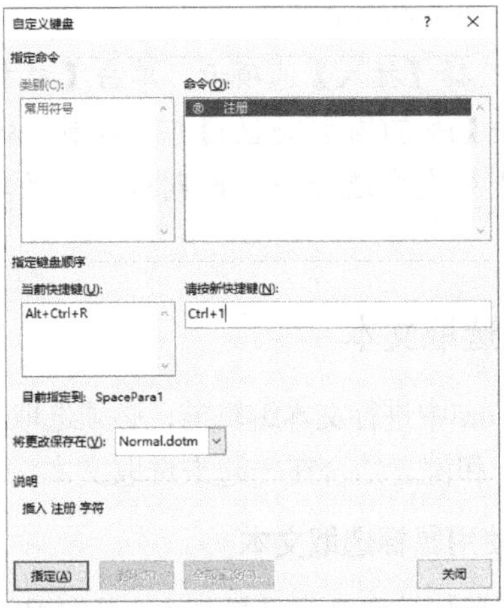

图 3-16　为常用的特殊字符设置快捷键

3.3.2　输入日期和时间

编辑 Word 文档时，可以使用插入日期和时间功能来输入当前日期和时间。

在 Word 2016 中输入日期类格式的文本时，Word 2016 会自动显示默认格式的当前日期，按 Enter 键即可完成当前日期的输入，如图 3-17 所示。

如果要输入其他格式的日期和时间，除了手动输入外，还可以通过【日期和时间】对话框进行插入。选择【插入】选项卡，在【文本】命令组中单击【日期和时间】按钮，打开【日期和时间】对话框，如图 3-18 所示。

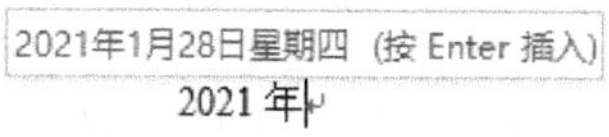

图 3-17　输入日期

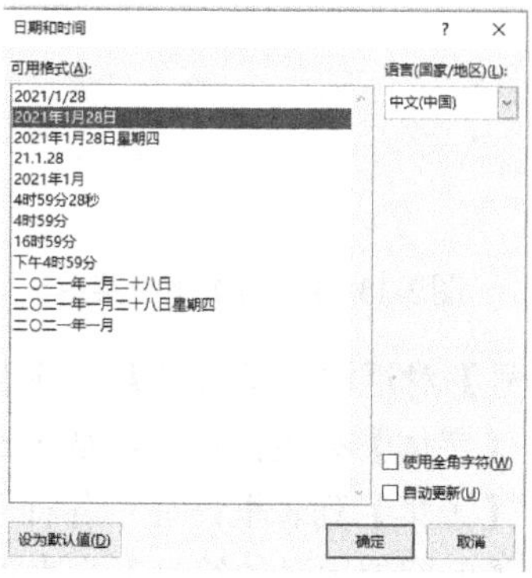

图 3-18　【日期和时间】对话框

【日期和时间】对话框中各选项的功能介绍如下。

(1) 【可用格式】列表框：选择日期和时间的显示格式。

(2) 【语言】下拉列表框：选择日期和时间应用的语言，如中文或英文。

(3) 【使用全角字符】复选框：选中该复选框可以用全角方式显示插入的日期和时间。

(4) 【自动更新】复选框：选中该复选框可对插入的日期和时间进行自动更新。

(5) 【设为默认值】按钮：单击该按钮可将当前设置的日期和时间格式保存为默认的格式。

【例 3-2】 在“公司培训调查问卷”文档的结尾插入日期。

① 继续例 3-1 的操作，将鼠标指针放置到文档的结尾，按 Enter 键另起一行输入任意日期，然后选中输入的日期。

② 选择【插入】选项卡，单击【文本】命令组中的【日期和时间】按钮，在打开的对话框中单击【语言(国家/地区)】下拉按钮，从弹出的列表中选择【中文(中国)】选项，然后在【可用格式】列表中选择一种日期格式，并单击【确定】按钮。此时，文档中将自动插入当前日期。

3.3.3　选取文本

在Word中进行文本编辑前，必须选取文本。用户既可以使用鼠标或键盘来选取文本，还可以将鼠标和键盘结合在一起来选取文本。

1. 使用鼠标选取文本

使用鼠标选取文本是最基本、最常用的文本操作，使用鼠标可以轻松地改变插入点的位置。

(1) 拖动选取：将光标定位在起始位置，按住左键不放，向目的位置拖动鼠标以选择文本。

(2) 双击选取：将光标定位到文本编辑区左侧，当光标变成形状时，双击即可选择该段文本；将光标定位到词组中间或左侧，双击即可选择该单字或词。

(3) 三击选取：将光标定位到要选择的段落，三击选中该段的所有文本；将光标定位到文档左侧空白处，当光标变成↗形状时，三击选中整篇文档。

2. 使用快捷键选取文本

使用键盘选择文本时，需先将插入点移动到要选择的文本的开始位置，然后按相应的快捷键即可。使用快捷键可以达到快速选取文本的目的。选取文本内容的快捷键及功能如表 3-1 所示。

表 3-1　选取文本内容的快捷键及功能

快　捷　键	功　　能
Shift+→	选取光标右侧的一个字符
Shift+←	选取光标左侧的一个字符
Shift+ ↑	选取光标位置至上一行相同位置之间的文本
Shift+ ↓	选取光标位置至下一行相同位置之间的文本
Shift+Home	选取光标位置至行首
Shift+End	选取光标位置至行尾
Shift+PageDown	选取光标位置至下一屏之间的文本
Shift+PageUp	选取光标位置至上一屏之间的文本
Shift+Ctrl+Home	选取光标位置至文档开始之间的文本
Shift+Ctrl+End	选取光标位置至文档结尾之间的文本
Ctrl+A	选取整篇文档

Word 中，F8 键可以扩展选择功能，使用方法如下。

(1) 按 1 下 F8 键，可以设置选取的起点。

(2) 连续按 2 下 F8 键，可以选取一个字或词。

(3) 连续按 3 下 F8 键，可以选取一个句子。

(4) 连续按 4 下 F8 键，可以选取一段文本。

(5) 连续按 6 下 F8 键，可以选取当前节，如果文档没有分节则选中全文。

(6) 连续按 7 下 F8 键，可以选取全文。

(7) 按 Shift+F8 快捷键，可以缩小选中范围，相当于(1)～(6)的逆操作。

3. 鼠标和键盘结合使用选取文本

除了使用鼠标或键盘选取文本外，还可以将鼠标和键盘结合使用来选取文本，这样不仅可以选取连续的文本，也可以选取不连续的文本。

(1) 选取连续的较长文本：将插入点定位到要选取区域的开始位置，按住 Shift 键不放，再移动光标至要选取区域的结尾处，单击即可选取该区域的所有文本内容。

(2) 选取不连续的文本：选取任意一段文本，按住 Ctrl 键，再拖动鼠标选取其他文本，即可同时选取多段不连续的文本。

(3) 选取整篇文档：按住 Ctrl 键不放，将光标定位到文本编辑区左侧空白处，当光标变成形状时，单击即可选取整篇文档。

(4) 选取矩形文本：将插入点定位到开始位置，按住 Alt 键并拖动鼠标，即可选取矩形区域的文本。

还可以使用命令操作选中与光标处文本格式类似的所有文本，具体方法为：将光标定位在目标格式下任意文本处，打开【开始】选项卡，在【编辑】命令组中单击【选择】按钮，在弹出的菜单中选择【选择格式相似的文本】命令即可。

3.3.4 复制、移动和删除文本

在编辑文本时，若需要重复输入文本，则可以使用移动或复制文本的方法进行操作。此外，还经常需要对多余或错误的文本进行删除操作，从而加快文档的输入和编辑速度。

1. 复制文本

复制文本是指将需要复制的文本移动到其他位置，而源文本仍然保留在原来的位置。复制文本的方法如下。

(1) 选择需要复制的文本，按 Ctrl+C 快捷键，将插入点移动到目标位置，再按 Ctrl+V 快捷键。

(2) 选择需要复制的文本，在【开始】选项卡的【剪贴板】命令组中，单击【复制】按钮，将插入点定位到目标位置处，单击【粘贴】按钮。

(3) 选择需要复制的文本，按住右键拖动到目标位置，释放鼠标右键会弹出一个快捷菜单，选择【复制到此位置】命令。

(4) 选择需要复制的文本，右击，在弹出的快捷菜单中选择【复制】命令，把插入点定位到目标位置，右击并在弹出的快捷菜单中选择【粘贴选项】命令。

2. 移动文本

移动文本是指将当前位置的文本移动到另外的位置，在移动的同时，会删除原位置上的文本。移动文本后，原位置的文本消失。移动文本有以下几种方法。

(1) 选择需要移动的文本，按 Ctrl+X 快捷键，再在目标位置处按 Ctrl+V 快捷键。

(2) 选择需要移动的文本，打开【开始】选项卡，单击【剪贴板】命令组的【剪切】按钮，再在目标位置处单击【粘贴】按钮。

(3) 选择需要移动的文本，按住右键拖动至目标位置，释放鼠标后弹出一个快捷菜单，选择【移动到此位置】命令。

(4) 选择需要移动的文本后，右击，在弹出的快捷菜单中选择【剪切】命令，再在目标位置处右击，在弹出的快捷菜单中选择【粘贴选项】命令。

(5) 选择需要移动的文本后，按住左键不放，此时光标变为形状，并出现一条虚线，移动光标，当虚线移动到目标位置时，释放鼠标。

(6) 选择需要移动的文本，按 F2 键，再在目标位置处按 Enter 键即可移动文本。

3. 删除文本

在编辑文档的过程中，经常需要删除一些不需要的文本。删除文本的操作方法如下。

(1) 按 Backspace 键，删除光标左侧的文本；按 Delete 键，删除光标右侧的文本。

(2) 选中要删除的文本，打开【开始】选项卡，单击【剪贴板】命令组的【剪切】按钮。

(3) 选中文本，按 Backspace 键或 Delete 键均可删除所选文本。

3.3.5　查找和替换文本

在篇幅比较长的文档中，使用 Word 2016 提供的查找与替换功能可以快速地找到文档中某个文本或更正文档中多次出现的某个词语，从而无须反复地查找文本，使操作变得较为简单，节约办公时间，提高工作效率。

1. 查找文本

实际操作时，可以在【导航】窗格中查找文本，也可以使用 Word 2016 的高级查找功能查找文本。

(1) 在【导航】窗格中查找文本：【导航】窗格中，上方就是搜索框，用于搜索文档中的内容，如图 3-19 所示。在下方的列表框中可以浏览文档中的标题、页面和搜索结果。

(2) 使用高级查找功能查找文本：使用高级查找功能不仅可以在文档中查找普通文本，还可以对特殊格式的文本、符号等进行查找。打开【开始】选项卡，在【编辑】命令组中单击【查找】下拉按钮，在弹出的下拉菜单中选择【高级查找】命令，打开【查找和替换】对话框中的【查找】选项卡，如图 3-20 所示。在【查找内容】文本框中输入要查找的内容，单击【查找下一处】按钮，即可将光标定位在文档中第一个查找目标处。多次单击【查找下一处】按钮，可依次查找文档中对应的内容。

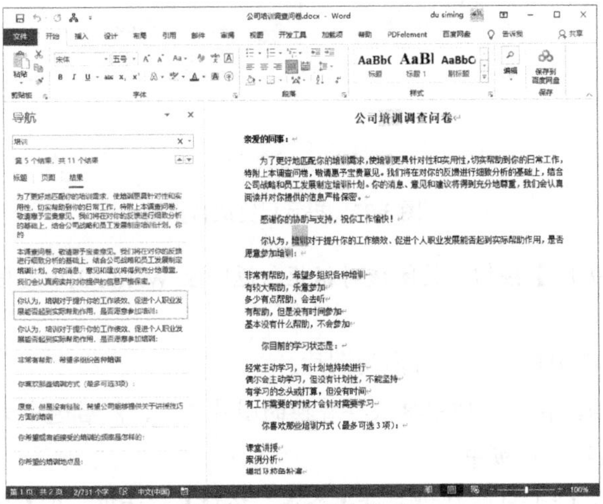

图 3-19　【导航】窗格

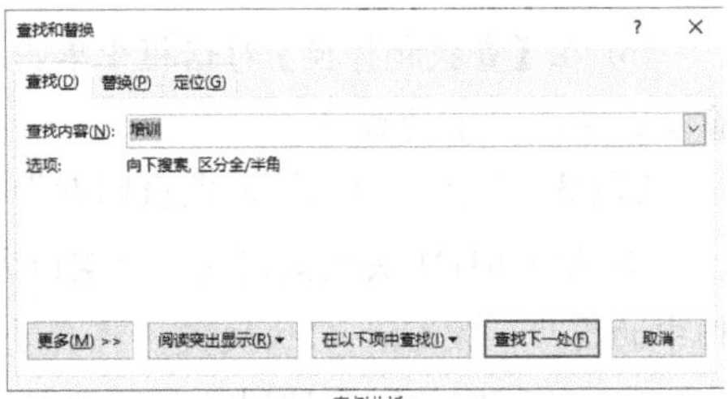

图 3-20　【查找和替换】对话框

在【查找】选项卡中单击【更多】按钮，可展开该对话框的高级设置界面，可在该界面中设置更精确的查找条件。

2. 替换文本

想要在多页文档中找到或找全所需操作的字符，比如要修改某些错误的文字，如果由用户逐个寻找并修改，既费事，效率又不高，还可能会发生错漏现象。遇到这种情况时，就需要使用查找和替换操作来解决。替换和查找的不同之处在于，替换不仅要完成查找，而且要用新的文档覆盖原有内容。准确地说，查找到文档中特定的内容之后，才可以对其进行统一替换。

打开【开始】选项卡，在【编辑】命令组中单击【替换】按钮(或者按 Ctrl+H 快捷键)，打开【查找和替换】对话框的【替换】选项卡，在【查找内容】文本框中输入要查找的内容，在【替换为】文本框中输入要替换的内容，多次单击【替换】按钮，依次替换文档中指定的内容。

【例 3-3】在“公司培训调查问卷”文档中将“？”替换为“：”。

① 继续例 3-2 的操作，在“公司培训调查问卷”文档中按 Ctrl+H 快捷键打开【查找和替换】对话框，在【查找内容】文本框中输入“？”，在【替换为】文本框中输入“:”，如图 3-21 所示。

② 单击【替换】按钮，完成第一处内容的替换，此时自动跳转到第二处符合条件的内容(符号“？”)处。

③ 单击【替换】按钮，查找到的文本就被替换，然后继续查找。如果不想替换，可以单击【查找下一处】按钮，则将继续查找下一处符合条件的内容。

④ 单击【全部替换】按钮，文档中所有的符号“？”都将被替换成“:”，并弹出如图 3-22 所示的提示框，单击【确定】按钮。

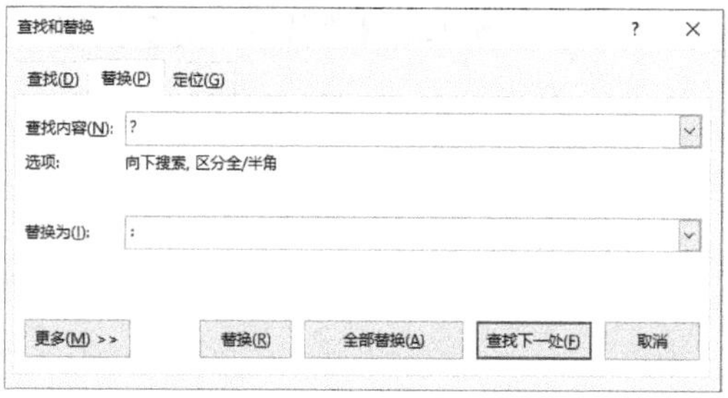

图 3-21 【替换】选项卡

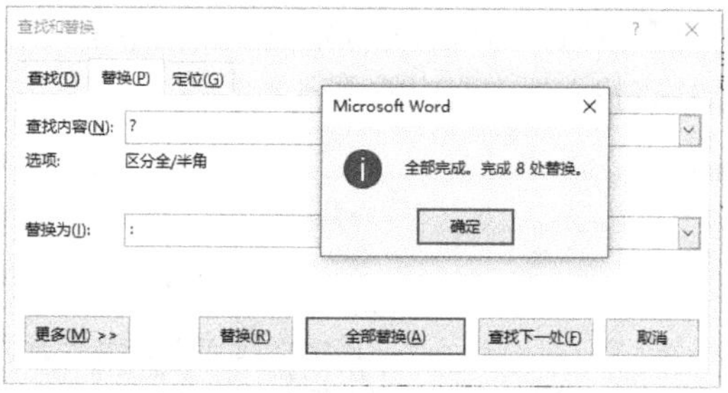

图 3-22 提示已完成替换操作

⑤ 在【查找和替换】对话框中单击【关闭】按钮，关闭该对话框，返回至 Word 2016 文档窗口，完成文本的替换。

【例 3-4】在“公司培训调查问卷”文档中将“？”替换为图片。

① 按 Ctrl+N 快捷键创建一个空白文档，在该文档中插入要替换的图片文件，然后选中文档中的图片，按 Ctrl+C 快捷键，将其复制到剪贴板中。

② 打开“公司培训调查问卷”文档，按 Ctrl+H 快捷键打开【查找和替换】对话框，在【查找内容】文本框中输入“？”，在【替换为】文本框中输入“^c”，如图 3-23 所示。

③ 在【查找和替换】对话框中单击【关闭】按钮，关闭该对话框，返回至 Word 2016 文档窗口，完成文本的替换，效果如图 3-24 所示。

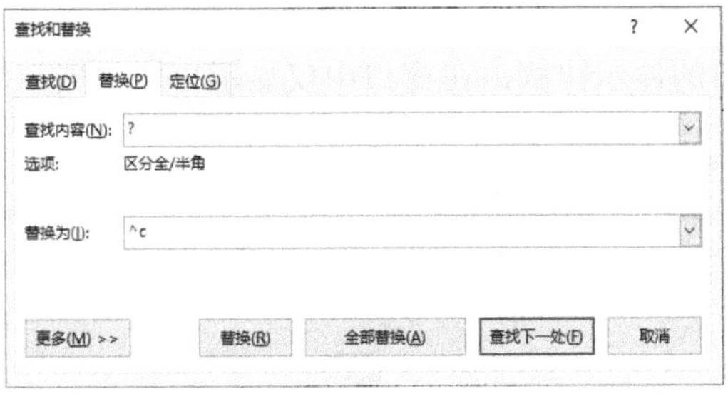

图 3-23　设置将符号替换为图片

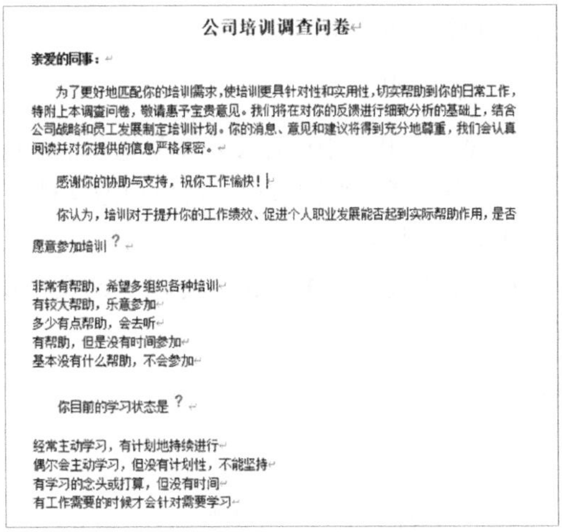

图 3-24　图片替换效果

3.3.6　撤销和恢复操作

编辑文档时，Word 2016 会自动记录最近执行的操作，因此当操作错误时，可以通过撤销功能将错误操作撤销。如果误撤销了某些操作，还可以使用恢复操作将其恢复。

1. 撤销操作

编辑文档时，使用 Word 2016 提供的撤销功能，可以轻而易举地将编辑过的文档恢复到原来的状态。

常用的撤销操作主要有以下两种。

(1) 在快速访问工具栏中单击【撤销】按钮，撤销上一次的操作。单击按钮右侧的下拉按钮，在弹出的列表中选择要撤销的操作，可以撤销最近执行的多次操作。

(2) 按 Ctrl+Z 快捷键，可撤销最近的操作。

2 恢复操作

恢复操作用来还原撤销操作，恢复撤销以前的文档。

常用的恢复操作主要有以下两种。

(1) 在快速访问工具栏中单击【恢复】按钮，恢复操作。

(2) 按 Ctrl+Y 快捷键，恢复最近的撤销操作，这是 Ctrl+Z 快捷键的逆操作。

恢复不能像撤销那样一次性还原多个操作，所以在【恢复】按钮右侧也没有可展开列表的下三角按钮。当一次性撤销多个操作后，再单击【恢复】按钮时，最先恢复的是第一次撤销的操作。

3.4　多窗口与多文档操作

使用 Word 2016 时，选择【视图】选项卡中的选项，可以将文档窗口拆分为两个窗口，以便文档的阅读和编辑。Word 允许同时打开多个文档进行编辑，每个文档对应一个窗口，多个文档可以快速进行切换。

1. 缩放窗口

在 Word 2016 中选择【视图】选项卡，选择【缩放】选项组中的命令可以快速缩放窗口。

(1) 单击【多页】按钮，可以更改文档窗口的显示比例，可在窗口中同时查看两个以上文档页面，如图 3-25 所示。

(2) 单击【单页】按钮，可以更改文档窗口的显示比例，在窗口中仅显示一页文档，如图 3-26 所示。

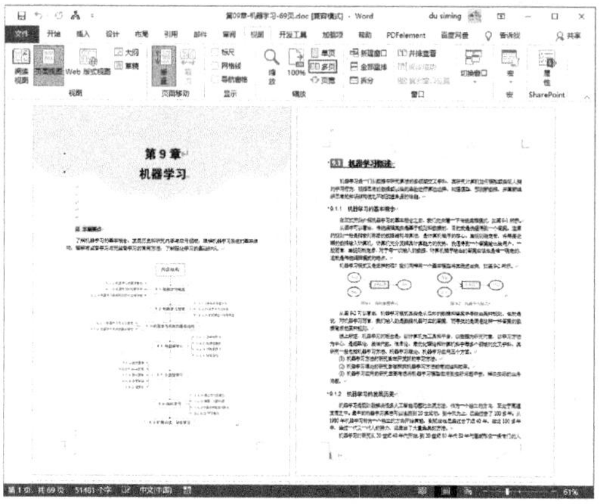

图 3-25　在窗口中显示多个文档页面

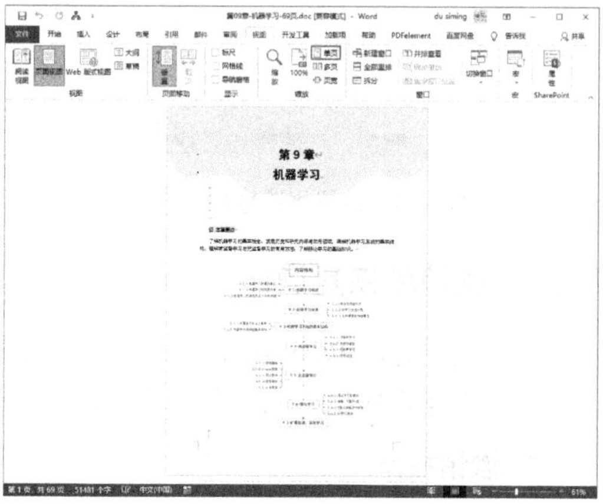

图 3-26　在窗口中显示单页文档

(3) 单击【页宽】按钮，可以使 Word 2016 的窗口宽度与页面宽度一致，如图 3-27 所示。

(4) 单击【100%】按钮，可以将文档调整至 100%显示。

(5) 单击【缩放】按钮，可以打开图 3-28 所示的【缩放】对话框，在该对话框中用户可以根据需要自定义调整 Word 窗口的显示比例。

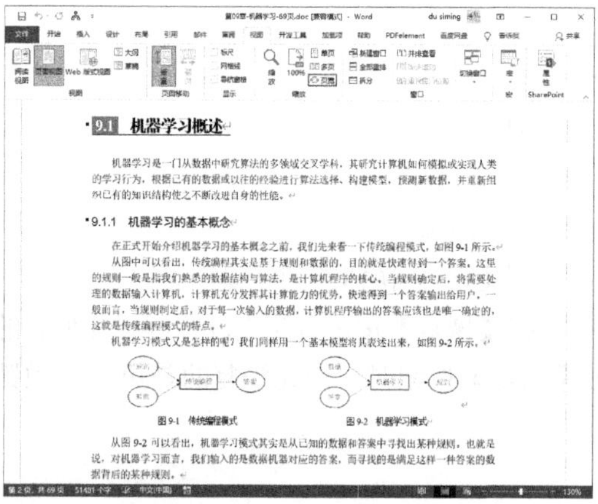

图 3-27　快速设置文档页面宽度

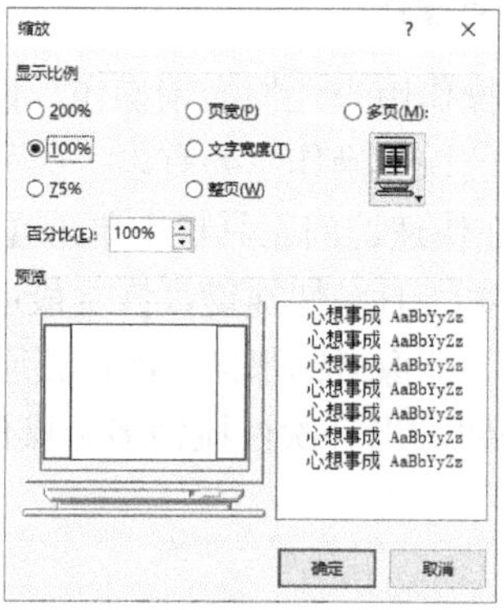

图 3-28　【缩放】对话框

2. 拆分窗口

在 Word 2016 中选择【视图】选项卡，选择【窗口】选项组中的命令可以设置将文档窗口拆分为多个区域或窗口。

(1) 单击【新建窗口】按钮，将为当前文档创建另一个窗口，用户可以同时在一个文档的不同位置对文档进行编辑(编辑其中一个文档的内容，两个窗口将同步执行编辑操作。同时，关闭新建的文档，Word 将不会提示用户保存文档)。

(2) 单击【新建窗口】按钮，可以以堆叠方式查看当前所有打开的 Word 窗口，如图 3-29 所示。

(3) 单击【拆分】按钮，可以将当前窗口拆分为上下两个区域，用户可以在两个区域中同时查看或编辑文档的两个节，如图 3-30 所示。

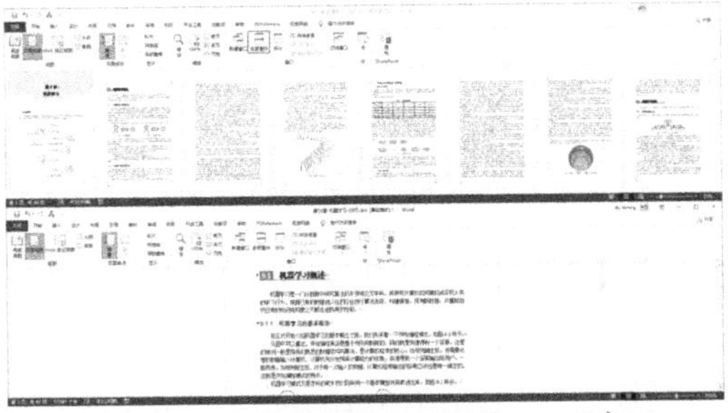

图 3-29　查看当前所有打开的 Word 窗口

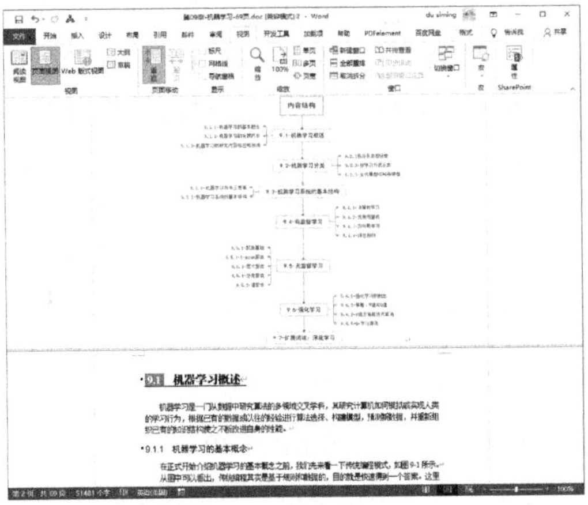

图 3-30　拆分窗口

(4) 单击【并排查看】按钮，可以并排查看同时打开的两个窗口，如图 3-31 所示。若当前打开的窗口数量大于 2 个，将打开图 3-32 所示的【并排比较】对话框，用户可以在该对话框中选择需要并排查看的文档。选择【窗口】选项组中的【同步滚动】选项可以控制并排显示窗口中的文档是否同步滚动显示，取消该选项的激活状态，并排显示的两个窗口将不会同步滚动显示内容。

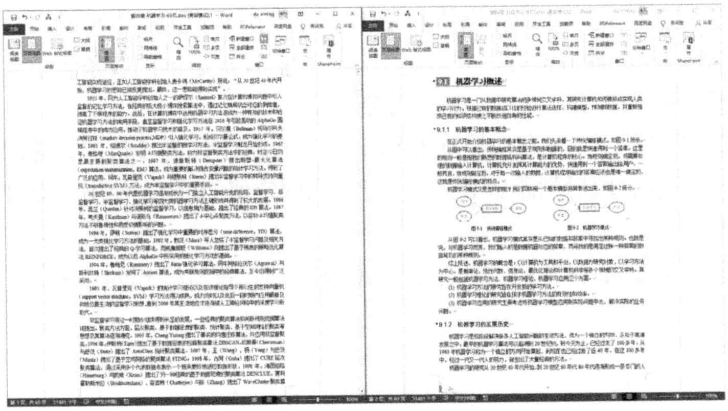

图 3-31　并排查看文档

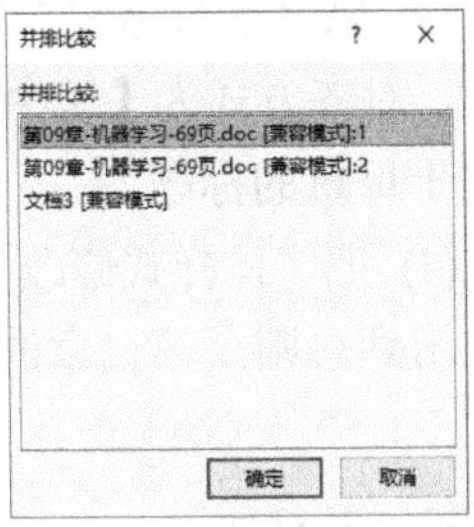

图 3-32　【并排比较】对话框

(5) 单击【切换窗口】下拉按钮，弹出的列表中将显示当前打开的所有 Word 文档名称(其中，当前显示的窗口前显示“✓”符号)，用户可以通过在该列表中选择文档名称，切换当前显示的文档。

3.5 综合案例

1. 使用 Word 2016 制作“班级公约”文档，完成以下操作。

(1) 打开素材文件中的“班级公约.docx”文档。

(2) 新建一个 Word 文档，将其命名为“学号后两位”+“姓名”(例如，01 张三)，并把“班级公约.docx”的内容复制过来，然后关闭“班级公约.docx”文档。

(3) 将“班级公约”文档中的“××班”替换成自己所在班级名称。

(4) 在快捷工具栏中添加【打印预览】命令。

(5) 将 Word 的自动保存时间修改为 5 分钟。

(6) 将 Word 文档设置为【不允许任何更改】，设置密码为 rw2-1。

2. 美化“班级公约”文档，完成以下操作。

(1) 打开素材文件中的“班级公约.docx”文档。

(2) 将文章标题“班级公约”设置为【黑体】【初号】，字符间距加宽 5 磅，对齐方式为【居中对齐】。

(3) 将“总则”等章节标题的字体设置为【仿宋】【四号】【居中对齐】，段前、段后间距各 0.5 行，行距为固定值 30 磅。

(4) 为第一章、第二章的正文添加“ • ”项目符号；为第三章至第五章的正文设置编号。

(5) 为“班级公约”设置边框，线条颜色为深蓝色，粗细为 2.25 磅，并设置浅黄色(RGB：255，255，153)底纹。

(6) 以“学号后两位”+“姓名”的方式另存一个新文档。

3. 将“班级公约”文档制作成模板，完成以下操作。

(1) 打开素材文件中的“班级公约.docx”文档。

(2) 新建“文章标题”样式。设置样式字体为【黑体】【初号】，字符间距加宽 5 磅，对齐方式为【居中对齐】，段前、段后间距各 0.5 行，并应用于第一行；设置边框的线条颜色为深蓝色，粗细为 2.25 磅，并设置浅黄色(RGB：255，255，153)底纹。

(3) 以“章节标题”为名称，录制新宏。设置快捷键为 Ctrl + F，设置字体为【仿宋】【四号】，对齐方式为【居中对齐】，段前、段后间距各 0.5 行，行距为固定值 30 磅。使用快捷键应用于每章的标题。

(4) 把字体样式修改为【华文仿宋】【小四】，固定行距 20 磅，项目符号样式为“ • ”，并应用到总则至第二章的正文。

3.6 习题

一、判断题

1. 在 Word 中，大多数快捷键使用 Shift 键。(　　)

2. 在对 Word 文档进行编辑时，如果操作错误，则单击【工具】菜单里的【自动更正】命令，以便恢复原样。(　　)

3. Word 文档的默认扩展名是.dot。( )

二、选择题

1. Word 2016 属于( )。

   A. 高级语言 B. 操作系统 C. 语言处理软件 D. 应用软件

2. 在 Word 编辑状态下，不能选定整篇文档的操作是( )。

   A. 将鼠标指针移到文本选定区，三击鼠标左键

   B. 使用 Ctrl+A 快捷键

   C. 将鼠标指针移到文本选定区，按住 Ctrl 键的同时单击

   D. 将鼠标指针移到文本的编辑区，三击鼠标左键

3. 下列描述中，错误的是( )。

   A. 页眉位于页面的顶部

   B. 奇偶页可以设置不同的页眉页脚

   C. 页眉可与文件的内容同时编辑

   D. 页脚不能与文件的内容同时编辑

4. 下列有关格式刷的叙述中，正确的是( )。

   A. 格式刷只能设置纯文本的内容

   B. 格式刷只能设置字体格式

   C. 格式刷只能设置段落格式

   D. 格式刷既可以设置字体格式，也可以设置段落格式

5. 下列关于 Word 的功能的说法中，错误的是( )。

   A. Word 可以进行拼写和语法检查

   B. Word 在查找和替换字符串时，可以区分大小写，但不能区分全角和半角

   C. 在 Word 中，能以不同的比例显示文档

   D. Word 可以自动保存文件，间隔时间由用户设定

三、操作题

1. 在 Word 2016 中输入以下文本。

US Robotics 公司看到了 Palm Computing 公司的发展潜力，将其收购。在 US Robotics 的资金支持下，第一部 PalmPilot 掌上电脑 Pilot 1000 问世了，它使用的是 Hawkins 和 Dubinsky 自己开发的 Palm OS 1.0 操作系统。在开始的 5 个月时间里，PalmPilot 销量平平，然而很快，人们就发现这个小玩意儿使用简单，能与个人计算机同步数据，而且价格还十分便宜。

2. 在打开的 Word 文档中进行下列操作，完成操作后，保存文档并关闭 Word。

(1) 将标题“你不能施舍给我翅膀”的格式设置为【华文行楷】【一号】【倾斜】，加下画线(下画线为直线)，字体颜色为红色。

(2) 将正文各段落的格式设置为首行缩进 2 字符，段前 0.5 行，段后 0.5 行，1.5 倍行距。

(3) 将第一段文字的格式设置成【蓝色】【加粗】。

(4) 插入页眉，页眉内容为“大学计算机基础考试”。

(5) 将文档的纸张大小设置为A4，页边距设置为左、右边距为3 厘米，上、下边距为2 厘米。

(6) 将正文所有段落分成三栏。

(7) 在第三栏末尾的空白区域插入艺术字，内容为“飞翔”，环绕方式为【四周型】。

3. 在打开的 Word 文档中进行下列操作，完成操作后，保存文档并关闭 Word。

(1) 所有正文字体设为【宋体】，字号设置为【四号】。

(2) 标题“可穿在身上的电脑”设置为【标题 1】样式，字体为黑体，居中对齐。

(3) 为各段设置段落格式：首行缩进 2 字符，行距为固定值 22 磅。

(4) 设第一段首字下沉 2 行，首字字体设为【隶书】，距正文距离为 0.1 厘米。

(5) 设置样章所示的页面边框。

(6) 将正文第四段分两栏排列，栏宽相等，加分隔线。

(7) 设置文档背景色为浅绿色。

4. 在打开的 Word 文档中进行下列操作，完成操作后，保存文档并关闭 Word。

(1) 设置标题“人生路上取与舍”的格式为【华文彩云】【一号】【加粗】，居中对齐。

(2) 将正文中所有段落的格式设置为段前 0.5 行，段后 0.5 行，1.5 倍行距，首行缩进 2 字符。

(3) 设置第二段的字形为【加粗】，第三～第五段的字体颜色为红色。

(4) 在第一段开头插入特殊符号★，给第二段添加文字底纹，底纹图案样式为 15%。

(5) 在文档的合适位置插入任意一张图片，设置图片大小为高 4.2 厘米、宽 3.8 厘米，环绕方式为【四周型】，如样章所示。

(6) 插入页眉，页眉内容为“大学计算机基础考试”。

(7) 将文档的纸张大小设置为 16 开(18.4 厘米×26 厘米)，页边距设置为左、右边距为 2 厘米，上、下边距为 2.51 厘米。

(8) 将第二段分成两栏。

第 4 章

文档的格式化与排版

☑ 本章要点

熟练掌握一种汉字输入方法(使用键盘)。掌握 Word 中字体格式设置、文本效果修饰、段落格式设置、文档页面设置、文档背景设置和文档分栏等基本排版技术。掌握 Word 中表格的创建、修改和修饰方法，表格中数据的输入与编辑技巧，以及表格中数据的排序和计算方法。掌握在 Word 中插入图形和图片的方法，掌握图形的绘制和编辑技巧，以及文本框、艺术字的使用和编辑方法。

☑ 知识体系

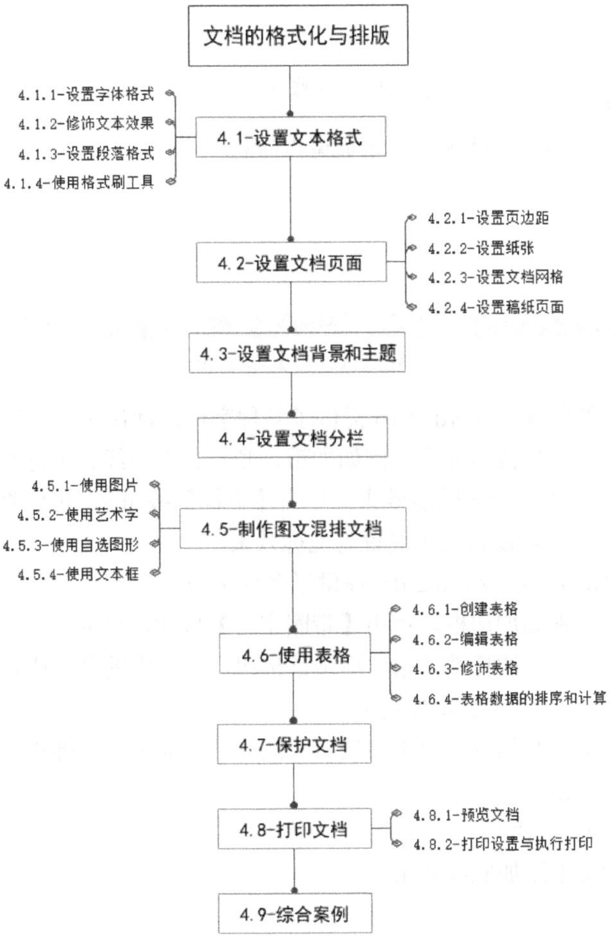

4.1 设置文本格式

在Word文档中输入的文本默认字体为宋体，字号为五号，为了使文档更加美观、条理更加清晰，通常需要对文本进行格式化操作。

4.1.1 设置字体格式

在 Word 2016 中，用户可以采用以下几种方法设置文本的字体格式。

1. 使用【字体】命令组进行设置

打开【开始】选项卡，使用【字体】命令组中提供的按钮即可设置文本格式，如图 4-1 所示，如文本的字体、字号、颜色、字形等。

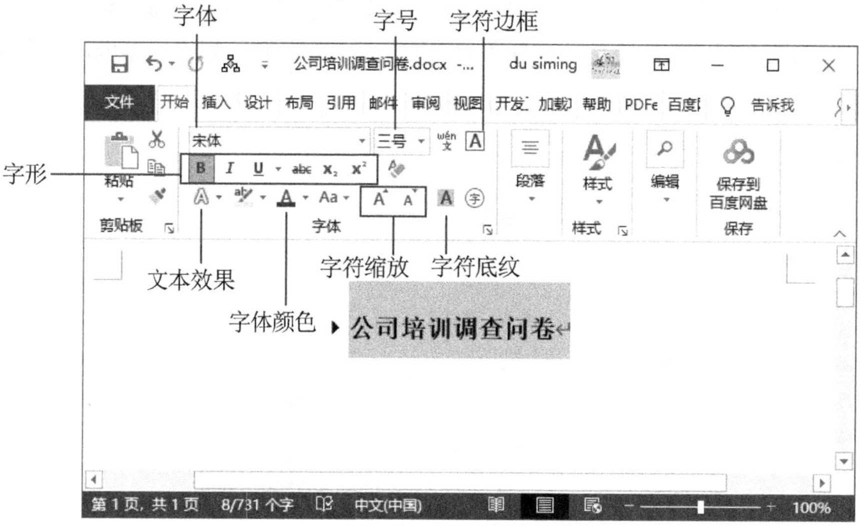

图 4-1 【字体】命令组

(1) 字体：指文字的外观。Word 2016 提供了多种字体，默认字体为宋体。

(2) 字形：指文字的一些特殊外观，例如加粗、倾斜、下画线、上标和下标等。单击【删除线】按钮，可以为文本添加删除线效果；单击【下标】按钮，可以将文本设置为下标效果；单击【上标】按钮，可以将文本设置为上标效果。

(3) 字号：指文字的大小。Word 2016 提供了多种字号。

(4) 字符边框：为文本添加边框。单击【带圈字符】按钮，可为字符添加圆圈效果。

(5) 文本效果：为文本添加特殊效果。单击该按钮，在弹出的菜单中选择相应的命令可以为文本设置轮廓、阴影、映像和发光等效果。

(6) 字体颜色：指文字的颜色。单击该按钮右侧的下拉箭头，在弹出的菜单中选择需要的颜色即可设置文字的颜色。

(7) 字符缩放：增大或者缩小字符。

(8) 字符底纹：为文本添加底纹效果。

2. 使用浮动工具栏设置

选中要设置格式的文本，此时选中文本区域的右上角将出现浮动工具栏，如图 4-2 所示，使用浮动工具栏提供的命令按钮也可以进行文本格式的设置。

浮动工具栏中的按钮功能与【字体】命令组对应按钮的功能类似，此处不再重复介绍。

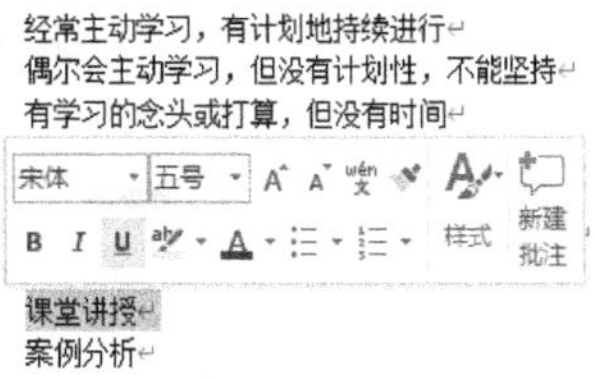

图 4-2　浮动工具栏

3. 使用【字体】对话框设置

利用【字体】对话框，不仅可以实现【字体】命令组中所有字体设置功能，而且还能为文本添加其他特殊效果和设置字符间距等。

打开【开始】选项卡，单击【字体】对话框启动器，打开【字体】对话框的【字体】选项卡，如图 4-3 所示。在该选项卡中可对文本的字体、字形、字号、颜色、下画线等属性进行设置。打开【字体】对话框的【高级】选项卡，如图 4-4 所示，在其中可以设置文字的缩放比例、文字间距和相对位置等参数。

图 4-3　【字体】选项卡

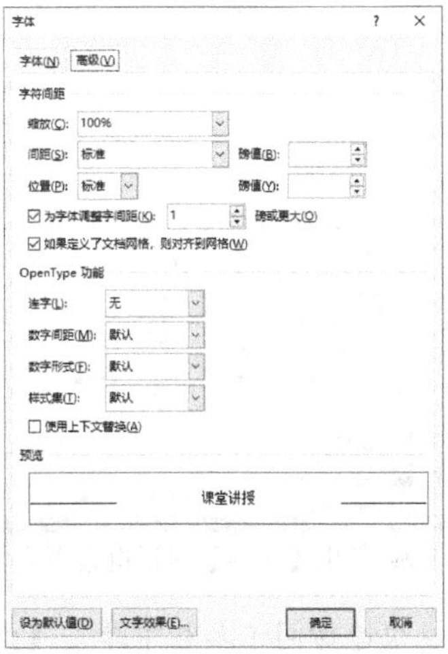

图 4-4　【高级】选项卡

【例 4-1】为“公司培训调查问卷”文档中的文本设置格式。

① 打开本书第 3 章制作的“公司培训调查问卷”文档，选中标题文本，在【开始】选项卡的【字体】命令组中单击【字体】下拉按钮，在弹出的下拉列表中选择【汉真广标】选项，如图 4-5 所示。

② 在【字体】命令组中单击【字号】下拉按钮，在弹出的下拉列表中选择【二号】选项，如图 4-6 所示。

③ 在【字体】命令组中单击【字体颜色】按钮右侧的三角按钮，在弹出的调色板中选择橙色色块。

④ 选中正文文本，在【开始】选项卡中单击【字体】对话框启动器，打开【字体】对话框，选择【字体】选项卡，单击【中文字体】下拉按钮，在弹出的下拉列表中选择【楷体】选项；在【字体颜色】下拉面板中选择深蓝色块，如图 4-7 所示。

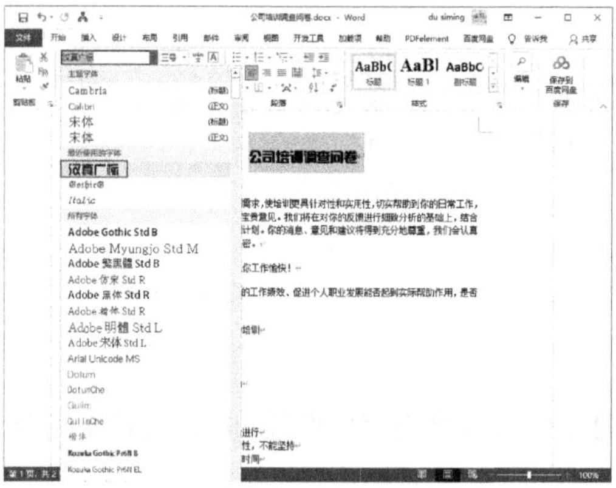

图 4-5　设置字体

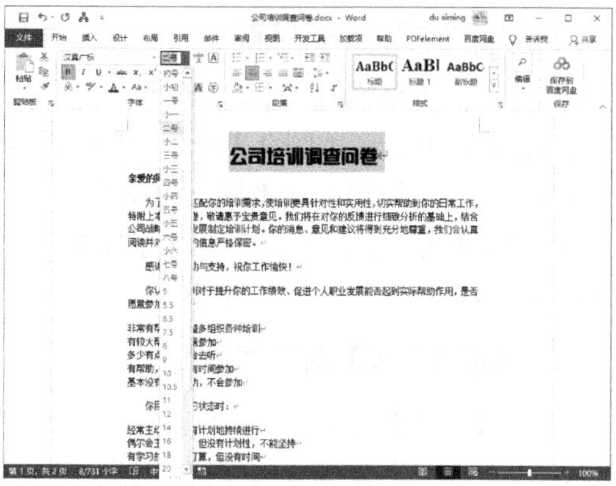

图 4-6　设置字号

⑤ 单击【确定】按钮，完成设置，显示设置的文本效果。

⑥ 按住 Ctrl 键，同时选中图 4-8 所示的三段文本，在【开始】选项卡的【字体】命令组中单击【加粗】按钮 **B**，为文本设置加粗效果。

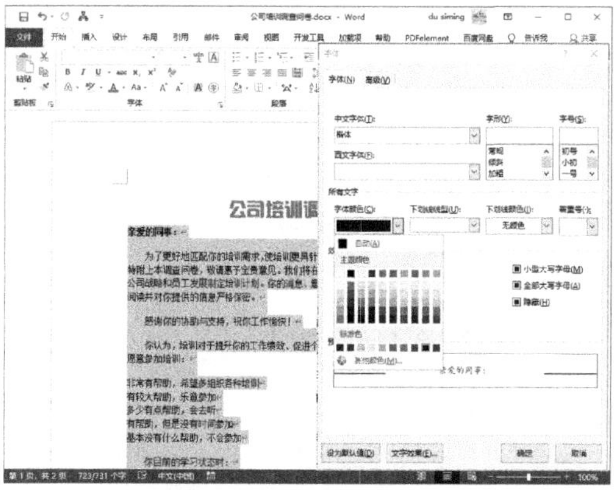

图 4-7　使用【字体】对话框设置字体格式

图 4-8　设置加粗效果

⑦ 在快速访问工具栏中单击【保存】按钮，保存文档。

4.1.2　修饰文本效果

在 Word 文档中选中文本后，按 Ctrl+D 快捷键，打开【字体】对话框，选择【字体】选项卡，选择【效果】命令组中的相应命令可以为文本设置加粗、倾斜、下画线、删除线、双删除线、上标、下标、字母大小写及隐藏等效果。

此外，单击【字体】对话框左下角的【文字效果】按钮，在打开的【设置文本效果格式】对话框中，可以为文本设置各类填充、轮廓、发光、阴影、映像、发光等特殊效果。

【例 4-2】 为“公司培训调查问卷”文档中的标题文本设置轮廓和发光效果。

① 打开“公司培训调查问卷”文档；选中标题文本，按 Ctrl+D 快捷键，打开【字体】对话框，单击【文字效果】按钮，在打开的【设置文本效果格式】对话框中展开【文本轮廓】选项组，单击【轮廓颜色】下拉按钮，在打开的列表中选择一种颜色作为文本的轮廓颜色，如图 4-9 所示。

② 在【字体】对话框中选择【文字效果】选项卡，展开【发光】选项区域，设置【大小】

为 3 磅，【透明度】为 80%，然后单击【确定】按钮返回文档，标题文本的发光效果如图 4-10 所示。

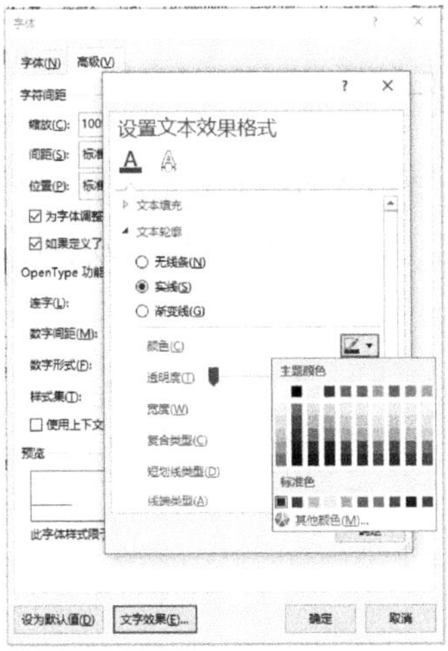

图 4-9　设置标题文本的轮廓效果

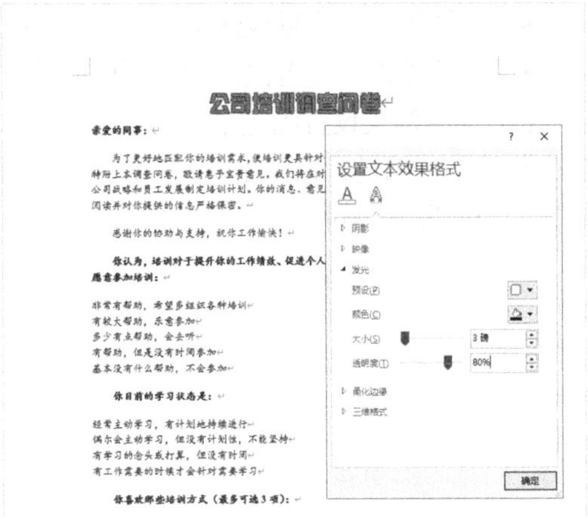

图 4-10　设置标题文本的发光效果

4.1.3　设置段落格式

段落是构成整个文档的骨架，一般由正文、图表和图形等加上一个段落标记构成。为了使文档的结构更清晰、层次更分明，Word 2016 提供了段落格式设置功能，包括段落对齐方式、段落缩进、段落间距等。

1. 设置段落对齐方式

段落对齐指文档边缘的对齐方式，包括两端对齐、居中对齐、左对齐、右对齐和分散对齐。

(1) 两端对齐：段落对齐方式的默认设置。两端对齐时，文本左右两端均对齐，但是段落最后不满一行的文字右边是不对齐的。

(2) 居中对齐：文本居中排列。

(3) 左对齐：文本的左边对齐，右边参差不齐。

(4) 右对齐：文本的右边对齐，左边参差不齐。

(5) 分散对齐：文本左右两边均对齐，而且每个段落的最后一行不满一行时，将拉开字符间距使该行均匀分布。

设置段落对齐方式时，先选定要对齐的段落，然后可以通过在【开始】选项卡中单击【段落】命令组(或浮动工具栏)中的相应按钮来实现，也可以通过【段落】对话框来实现。使用【段落】命令组是最快捷、最方便的，也是最常使用的。

按 Ctrl+E 快捷键，可以设置段落居中对齐；按 Ctrl+Shift+J 快捷键，可以设置段落分散对齐；按 Ctrl+L 快捷键，可以设置段落左对齐；按 Ctrl+R 快捷键，可以设置段落右对齐；按 Ctrl+J 快捷键，可以设置段落两端对齐。

2. 设置段落缩进

段落缩进是指设置段落中的文本与页边距之间的距离。Word 2016 提供了以下 4 种段落缩进的方式。

- 左缩进：设置整个段落左边界的缩进位置。
- 右缩进：设置整个段落右边界的缩进位置。
- 悬挂缩进：设置段落中除首行以外的其他行的起始位置。
- 首行缩进：设置段落中首行的起始位置。

(1) 使用标尺设置缩进量。通过水平标尺可以快速设置段落的缩进方式及缩进量。水平标尺中包括首行缩进、悬挂缩进、左缩进和右缩进 4 个标记，如图 4-11 所示。拖动各标记就可以设置相应的段落缩进方式。

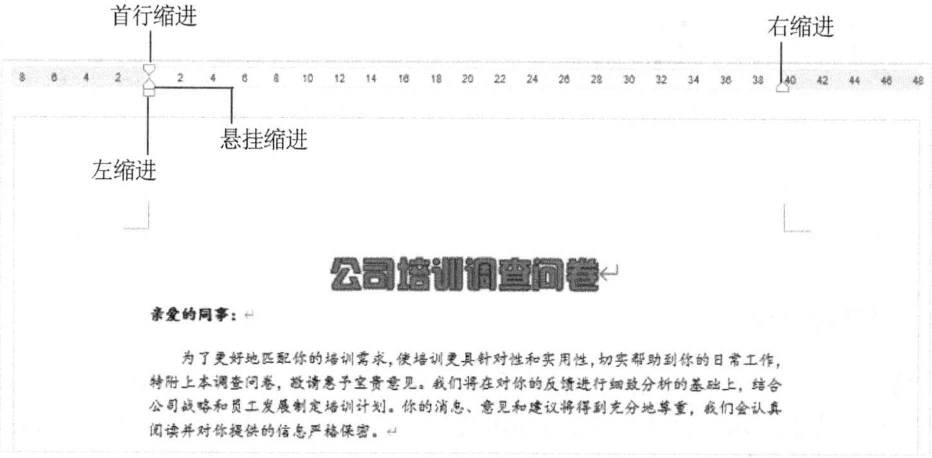

图 4-11　水平标尺

使用标尺设置段落缩进时，在文档中选择要改变缩进方式的段落，然后拖动缩进标记到缩进位置，可以使某些行缩进。拖动鼠标时，整个页面上会出现一条垂直虚线，以显示新边界的位置。

使用水平标尺格式化段落时，按住 Alt 键不放，使用鼠标拖动标记，水平标尺上将显示具体的度量值。拖动首行缩进标记到缩进位置，将以左边界为基准缩进第一行。拖动左缩进标记至缩进位置，可以设置除首行外的所有行的缩进。拖动悬挂缩进标记至缩进位置，可以使所有行均左缩进。

(2) 使用【段落】对话框设置缩进量。使用【段落】对话框可以准确地设置缩进尺寸。打开【开始】选项卡，单击【段落】命令组对话框启动器，打开【段落】对话框的【缩进和间距】选项卡，在该选项卡中进行相关设置即可设置段落缩进。

【例 4-3】在“公司培训调查问卷”文档中，设置部分段落的首行缩进 2 个字符。

① 继续例 4-1 的操作，选中文档中需要设置首行缩进的段落，选择【视图】选项卡，在【显示】命令组中选中【标尺】复选框，设置在编辑窗口中显示标尺。

② 向右拖动首行缩进标记，将其拖动到标尺 2 处，释放鼠标，即可将第一段文本设置为首行缩进 2 个字符，如图 4-12 所示。

③ 选取文档中的另外几段文本，打开【开始】选项卡，在【段落】命令组中单击对话框启动器，打开【段落】对话框。

④ 打开【段落】对话框的【缩进和间距】选项卡，在【缩进】选项区域的【特殊格式】下拉列表中选择【首行】选项，设置【磅值】为【2 字符】，如图 4-13 所示，然后单击【确定】按钮即可完成设置。

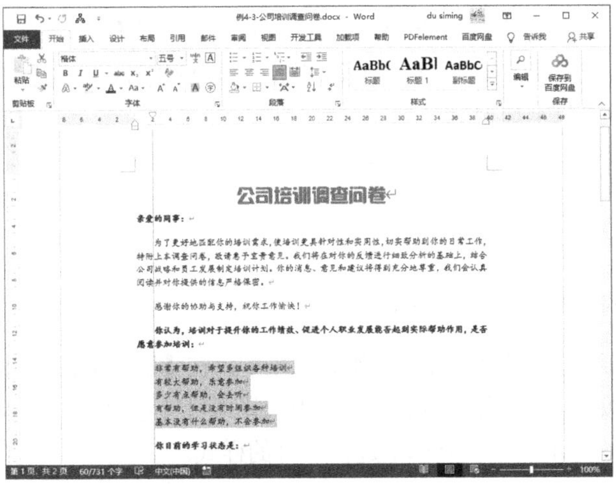

图 4-12　使用标尺设置段落缩进

图 4-13　【段落】对话框

3. 设置段落间距

段落间距的设置包括文档行间距与段间距的设置。所谓行间距，是指段落中行与行之间的距离；所谓段间距，是指前后相邻的段落之间的距离。

(1) 设置行间距。行间距决定段落中各行文本之间的垂直距离。Word 默认的行间距值是单倍行距，用户可以根据需要重新对其进行设置。在【段落】对话框中，打开【缩进和间距】选项卡，在【行距】下拉列表框中选择相应选项，并在【设置值】微调框中输入数值即可。

(2) 设置段间距。段间距决定段落前后空白距离的大小。在【段落】对话框中，打开【缩进和间距】选项卡，在【段前】和【段后】微调框中输入数值，就可以设置段间距。

【例 4-4】 在“公司培训调查问卷”文档中，设置一段文字行距为固定值 18 磅，另一段文字的段落间距为段前 18 磅，段后 18 磅。

① 继续例 4-3 的操作，按住 Ctrl 键选取一段文本，打开【开始】选项卡，在【段落】命令组中单击对话框启动器，打开【段落】对话框。

② 打开【缩进和间距】选项卡，在【行距】下拉列表框中选择【固定值】选项，在【设置值】微调框中输入【18 磅】，单击【确定】按钮。

③ 选取正文中的一段文本，选择【开始】选项卡，在【段落】命令组中单击对话框启动器，打开【段落】对话框。

④ 打开【缩进和间距】选项卡，在【间距】选项区域中的【段前】和【段后】微调框中分别输入【18 磅】。单击【确定】按钮，完成段落间距的设置。

4. 使用项目符号和编号列表

使用项目符号和编号列表，可以对文档中并列的项目进行组织，或者将内容的顺序进行编号，使这些项目的层次结构更加清晰、更有条理。Word 2016 提供了 7 种标准的项目符号和编号，并且允许用户自定义项目符号和编号。

(1) 添加项目符号和编号。Word 2016 提供了自动添加项目符号和编号的功能。在以“1.”“(1)”“a”等字符开始的段落末尾按 Enter 键，下一段开始将会自动出现“2.”“(2)”“b”等字符。

用户也可以在输入文本之后，选中要添加项目符号或编号的段落，打开【开始】选项卡，在【段落】命令组中单击【项目符号】按钮，系统将自动在每段前面添加项目符号；单击【编号】按钮将以 1.、2.、3.的形式编号，如图 4-14 所示。

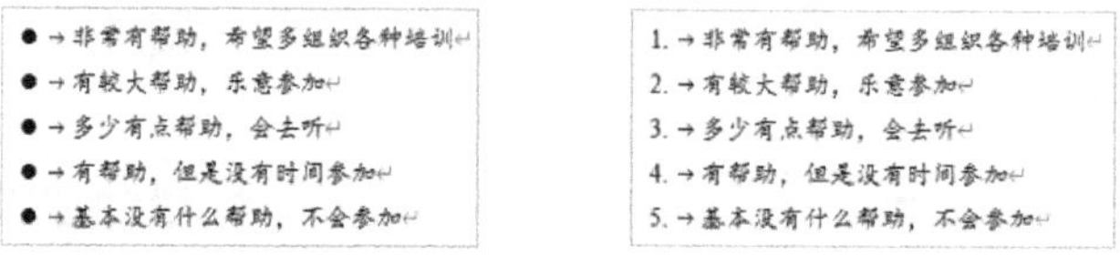
● → 非常有帮助，希望多组织各种培训
● → 有较大帮助，乐意参加
● → 多少有点帮助，会去听
● → 有帮助，但是没有时间参加
● → 基本没有什么帮助，不会参加

1. → 非常有帮助，希望多组织各种培训
2. → 有较大帮助，乐意参加
3. → 多少有点帮助，会去听
4. → 有帮助，但是没有时间参加
5. → 基本没有什么帮助，不会参加

图 4-14　自动添加项目符号和编号

若用户要添加其他样式的项目符号和编号，可以打开【开始】选项卡，在【段落】命令组中单击【项目符号】下拉按钮，在弹出的如图 4-15 所示的下拉菜单中选择项目符号的样式；单击【编号】下拉按钮，在弹出的如图 4-16 所示的下拉菜单中选择编号的样式。

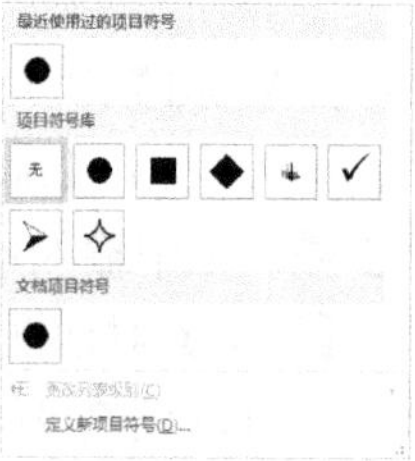

图 4-15　项目符号样式

图 4-16　编号样式

(2) 自定义项目符号和编号。在使用项目符号和编号功能时，用户除了可以使用系统自带的项目符号和编号样式外，还可以对项目符号和编号进行自定义设置。

选取项目符号段落，打开【开始】选项卡，在【段落】命令组中单击【项目符号】下拉按钮，在弹出的下拉菜单中选择【定义新项目符号】命令，打开【定义新项目符号】对话框，在其中自定义一种项目符号即可，如图 4-17 所示。其中单击【符号】按钮，打开【符号】对话框，可从中选择合适的符号作为项目符号，如图 4-18 所示。

选取编号段落，打开【开始】选项卡，在【段落】命令组中单击【编号】下拉按钮，在弹出的下拉菜单中选择【定义新编号格式】命令，打开【定义新编号格式】对话框，如图 4-19 所示。在【编号样式】下拉列表中选择其他编号的样式，并在【编号格式】文本框中输入起始编号；单击【字体】按钮，可以在打开的对话框中设置项目编号的字体；在【对齐方式】下拉列表中选择编号的对齐方式。

另外，在【开始】选项卡的【段落】命令组中单击【编号】按钮，在弹出的下拉菜单中选择【设置编号值】命令，打开【起始编号】对话框，如图 4-20 所示，在其中可以自定义编号的起始数值。

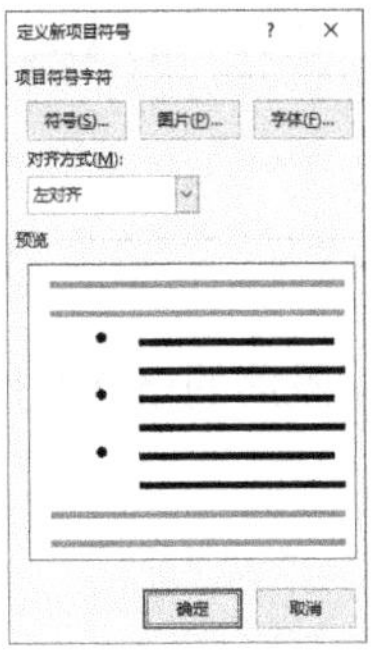

图 4-17 【定义新项目符号】对话框

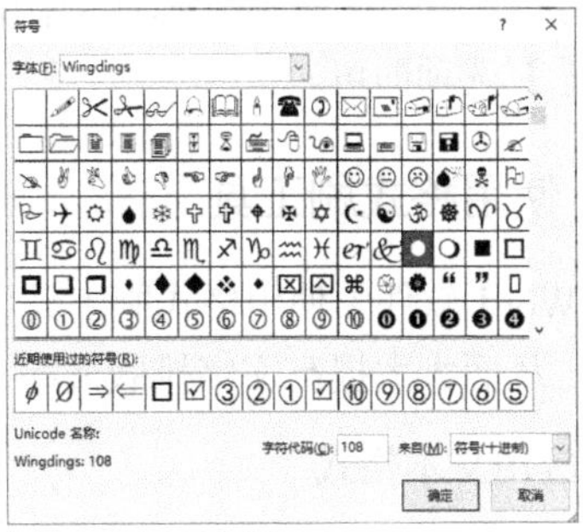

图 4-18 【符号】对话框

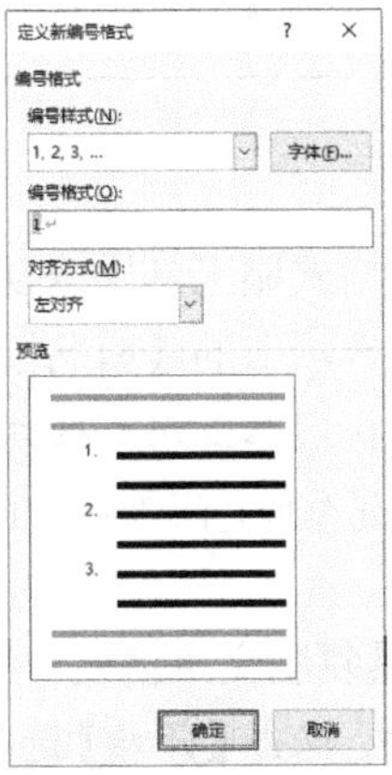

图 4-19 【定义新编号格式】对话框

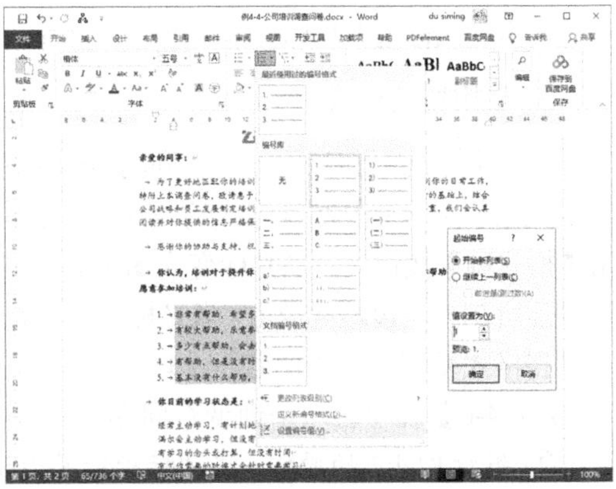

图 4-20 【起始编号】对话框

在【段落】命令组中单击【多级列表】下拉按钮，可以应用多级列表样式，也可以自定义多级符号，从而使文档的条理更分明。

【例 4-5】在“公司培训调查问卷”文档中添加项目符号和编号。

① 继续例 4-4 的操作，选取需要设置项目符号的段落，在【开始】选项卡的【段落】命令组中单击【项目符号】下拉按钮，在弹出的列表框中选择一种项目符号样式(例如✧)，此时选中的段落将自动添加项目符号，如图 4-21 所示。

② 选取文档中需要设置编号的段落，在【开始】选项卡的【段落】命令组中单击【编号】下拉按钮，从弹出的列表中选择一种编号样式，选中的段落将自动添加编号，如图 4-22 所示。

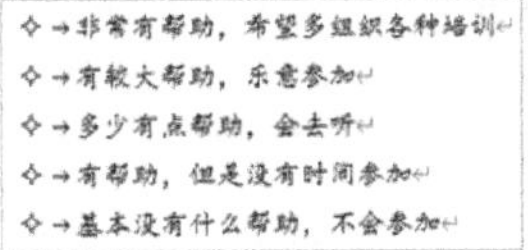

✧→非常有帮助，希望多组织各种培训
✧→有较大帮助，乐意参加
✧→多少有点帮助，会去听
✧→有帮助，但是没有时间参加
✧→基本没有什么帮助，不会参加

图 4-21　自动添加项目符号

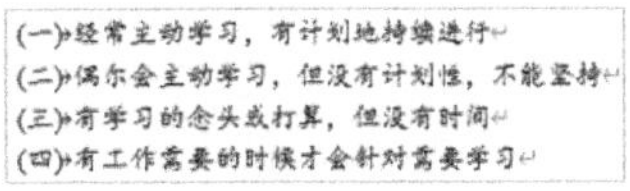

(一)→经常主动学习，有计划地持续进行
(二)→偶尔会主动学习，但没有计划性，不能坚持
(三)→有学习的念头或打算，但没有时间
(四)→有工作需要的时候才会针对需要学习

图 4-22　自动添加编号

在创建了项目符号或编号的段落后，按 Enter 键可以自动生成项目符号或编号。若要结束自动创建项目符号或编号，可以连续按两次 Enter 键，也可以按 Backspace 键删除新创建的项目

符号或编号。

(3) 删除项目符号和编号。要删除项目符号，可以在【开始】选项卡中单击【段落】命令组中的【项目符号】下拉按钮，在弹出的【项目符号库】列表框中选择【无】选项即可；要删除编号，可以在【开始】选项卡中单击【编号】下拉按钮，在弹出的【编号库】列表框中选择【无】选项即可。

4.1.4 使用格式刷工具

在 Word 软件中使用格式刷工具可以快速地将指定的文本、段落的格式复制到目标文本、段落上，从而大大提高文字排版效率。

1. 应用文本格式

要在文档的不同位置应用相同的文本格式，可以使用格式刷工具快速复制格式。选中要复制其格式的文本，在【开始】选项卡的【剪贴板】命令组中单击【格式刷】按钮，当光标变为形状时，拖动鼠标选中目标文本即可。

2. 应用段落格式

要在文档的不同位置应用相同的段落格式，同样可以使用格式刷工具快速复制格式。将光标定位在某个将要复制其格式的段落的任意位置，在【开始】选项卡的【剪贴板】命令组中单击【格式刷】按钮，当光标变为形状时，拖动鼠标选中目标段落即可。移动鼠标光标到目标段落所在的左边距区域内，当光标变成形状时按住鼠标左键不放，在垂直方向上进行拖动，即可将格式复制给选中的若干个段落。

【例 4-6】在“公司培训调查问卷”文档中使用格式刷工具复制文本格式。

① 继续例 4-4 的操作，将鼠标指针置于设置加粗的段落中，双击【开始】选项卡【剪贴板】命令组中的【格式刷】按钮，当光标变为形状时拖动鼠标选中目标文本。

② 按 Esc 键关闭格式刷工具的复制状态。

③ 将鼠标指针置入文档中设置了项目符号的段落内，使用与步骤①相同的方法，双击【格式刷】按钮，将项目符号的格式应用到文档的其他段落中，完成后的文档效果如图 4-23 所示。

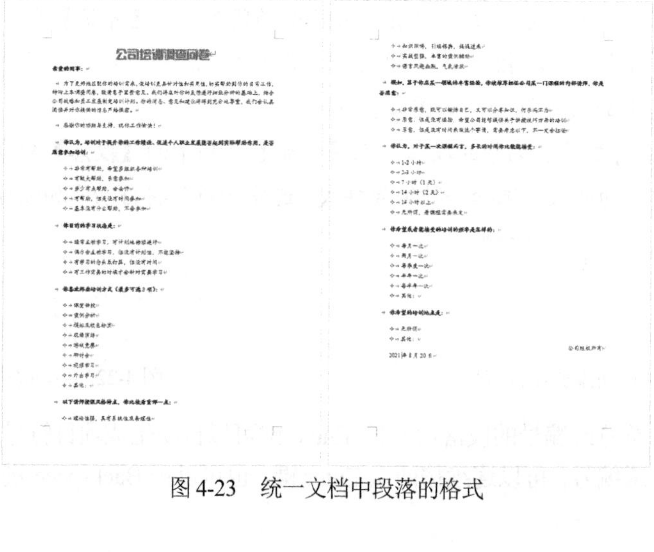

图 4-23　统一文档中段落的格式

单击【格式刷】按钮复制一次格式后，系统会自动退出复制状态。如果是双击而不是单击时，则可以多次复制格式。要退出格式复制状态，可以再次单击【格式刷】按钮或按 Esc 键。另外，复制格式的快捷键是 Ctrl+Shift+C，即格式刷工具的快捷键；粘贴格式的快捷键是 Ctrl+Shift+V。

4.2 设置文档页面

Word 文档的设置是指文档打印前对页面元素的设置，包括设置文档的页边距、纸张、文档网格、稿纸页面等内容。

4.2.1 设置页边距

页边距就是页面上打印区域中的空白处。设置页边距包括调整上、下、左、右边距，调整装订线的距离和纸张的方向。

选择【页面布局】选项卡，在【页面设置】命令组中单击【页边距】按钮，在弹出的下拉列表框中选择页边距样式，即可快速为页面应用该页边距样式。若选择【自定义边距】命令，打开【页面设置】对话框的【页边距】选项卡，在其中可以精确设置页面边距和装订线距离。

【例 4-7】为“公司培训调查问卷”文档设置纸张方向、页边距和装订线位置。

① 继续例 4-6 的操作，打开【布局】选项卡，在【页面设置】命令组中单击【页边距】按钮，在弹出的下拉列表中选择【自定义边距】命令，打开【页面设置】对话框。

② 选择【页边距】选项卡，在【纸张方向】选项区域中选择【纵向】选项，在【页边距】的【上】微调框中输入【2 厘米】，在【下】微调框中输入【1.5 厘米】，在【左】微调框中输入【3 厘米】，在【右】微调框中输入【3 厘米】，在【装订线】微调框中输入【0.5 厘米】，在【装订线位置】下拉列表框中选择【靠上】选项，如图 4-24 所示。

③ 单击【确定】按钮，为文档应用所设置的页边距样式。

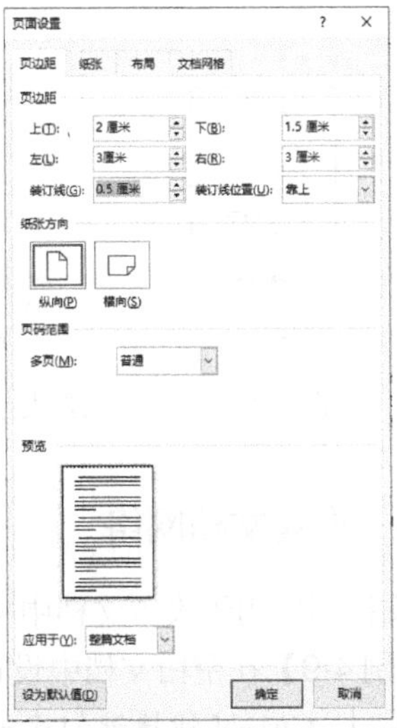

图 4-24　设置文档纸张方向、页边距和装订线位置

4.2.2 设置纸张

纸张的设置决定了要打印的效果，默认情况下，Word 2016 文档的纸张大小为 A4。在制作某些特殊文档(如明信片、名片或贺卡)时，可以根据需要调整纸张的大小，从而使文档更具特色。

日常使用的纸张大小一般有 A4、16 开、32 开和 B5 等几种类型。不同的文档可以设置不同的页面大小，即选择要使用的纸型，每一种纸型的高度与宽度都有标准，但也可以根据需要进行修改。在【页面设置】命令组中单击【纸张大小】按钮，在弹出的下拉列表中选择设定的规格选项即可快速设置纸张大小。

【例 4-8】在“公司培训调查问卷”文档中设置纸张大小。

① 继续例 4-7 的操作，选择【布局】选项卡，在【页面设置】命令组中单击【纸张大小】按钮，从弹出的下拉列表中选择【其他页面大小】命令。

② 打开【纸张】选项卡，在【纸张大小】下拉列表框中选择【自定义大小】选项，在【宽度】和【高度】微调框中输入【32 厘米】，如图 4-25 所示，然后单击【确定】按钮。

③ 此时，将为文档应用所设置的纸张大小，效果如图 4-26 所示。

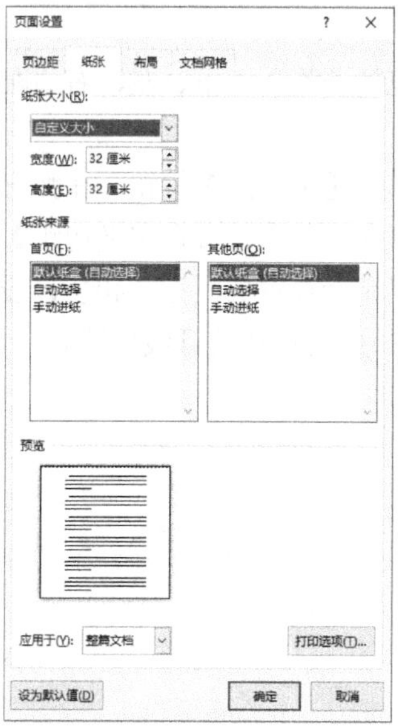

图 4-25　自定义纸张大小

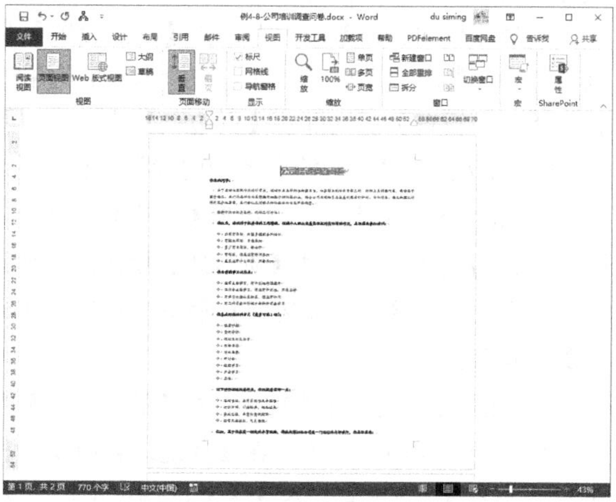

图 4-26　为文档设置纸张大小的效果

4.2.3　设置文档网络

文档网格用于设置文档中文字排列的方向、每页的行数、每行的字数等内容。

【例 4-9】在空白文档中设置文档网格。

① 按 Ctrl+N 快捷键创建一个空白文档，选择【布局】选项卡，单击【页面设置】对话框启动器，打开【页面设置】对话框。

② 打开【文档网格】选项卡，设置文档网格参数，例如在【文字排列方向】选项区域中选中【水平】单选按钮；在【网格】选项区域中选中【指定行和字符网格】单选按钮；在【字符数】的【每行】微调框中输入 16；在【行】选项区域的【每页】微调框中输入 18，单击【绘图网格】按钮，如图 4-27 所示。

③ 打开【绘图网格】对话框，设置具体参数，如图 4-28 所示，然后单击【确定】按钮，此时即可为文档应用所设置的文档网格。

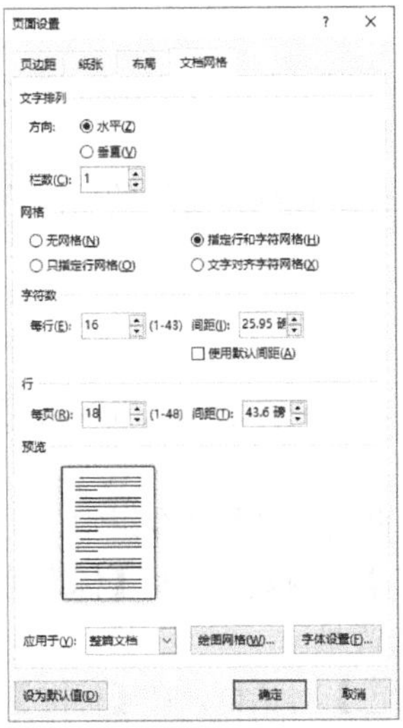

图 4-27　【文档网格】选项卡

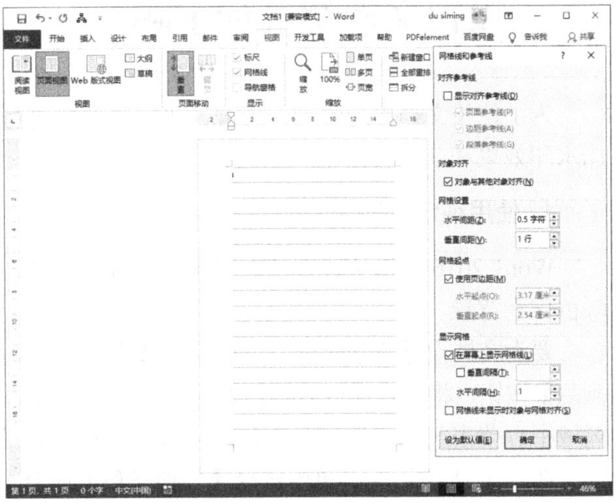

图 4-28　设置在屏幕中显示网格线

4.2.4　设置稿纸页面

Word 2016 提供了稿纸页面设置的功能，该功能可以生成空白的稿纸样式文档，或快速将稿纸网格应用于现成的 Word 文档中。

打开一个空白的 Word 文档后，使用 Word 2016 自带的稿纸，可以快速为用户创建方格式、行线式和外框式稿纸页面。

【例 4-10】在空白文档中创建行线式稿纸页面。

① 按 Ctrl+N 快捷键新建一个空白文档。选择【布局】选项卡，在【稿纸】命令组中单击【稿纸设置】按钮，打开【稿纸设置】对话框。

② 在【格式】下拉列表框中选择【行线式稿纸】选项，在【行数 × 列数】下拉列表框中选择 15 × 20 选项，在【网格颜色】下拉面板中选择红色，如图 4-29 所示，单击【确定】按钮即完成稿纸设置，效果如图 4-30 所示。

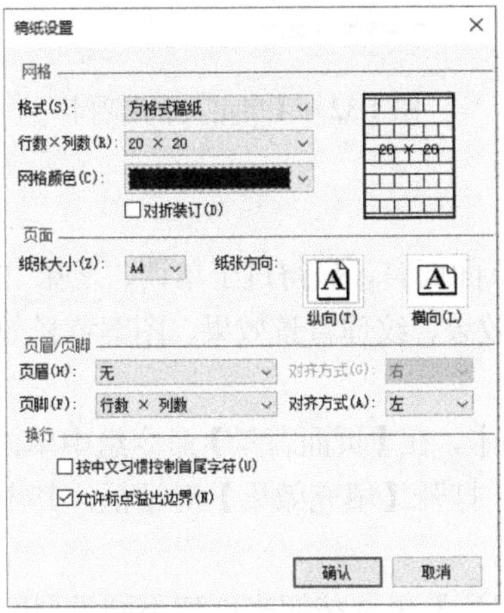

图 4-29　设置方格式稿纸

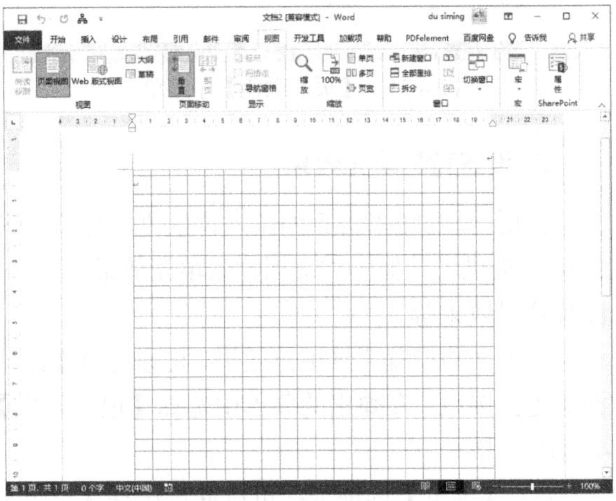

图 4-30　稿纸设置效果

4.3 设置文档背景和主题

为了使长文档更为生动、美观，可以对页面进行多元化设计，包括在文档的页面背景中添加水印效果和其他背景色，以及为文档设置主题。

1. 使用纯色背景

Word 2016 提供了数十种内置颜色，可以选择这些颜色作为文档背景，也可以自定义其他颜色作为背景。

要为文档设置背景颜色，可以打开【设计】选项卡，在【页面背景】命令组中单击【页面颜色】按钮，将打开【页面颜色】子菜单，如图 4-31 所示。在【主题颜色】和【标准色】选项区域中，单击其中的任何一个色块，就可以把选择的颜色作为背景。

在图 4-31 所示的菜单中选择【其他颜色】命令，打开【颜色】对话框，在【标准】选项卡中选择六边形中的任意色块，可以自定义颜色作为页面背景。另外，还可以打开【自定义】选项卡，拖动鼠标在【颜色】选项区域中选择所需的背景色，或者在【颜色模式】选项区域中通过设置颜色的具体数值来选择所需的颜色，如图 4-32 所示。

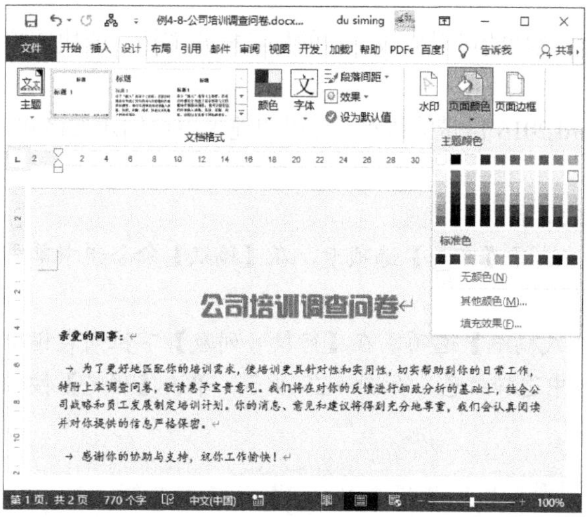

图 4-31 【页面颜色】子菜单

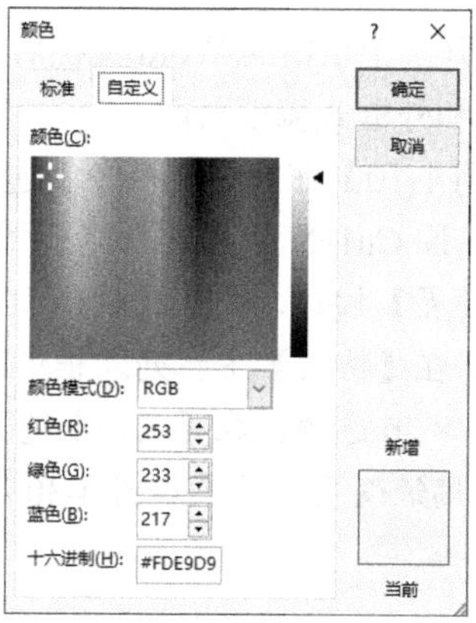

图 4-32 【自定义】选项卡

2. 设置背景填充效果

使用一种颜色(即纯色)作为背景色，对于一些 Web 页面而言，显得过于单调、乏味。Word 2016 还提供了其他多种文档背景填充效果，如渐变背景效果、纹理背景效果、图案背景效果及图片背景效果等。

要为文档设置背景填充效果，可以打开【设计】选项卡，在【页面背景】命令组中单击【页面颜色】按钮，在弹出的菜单中选择【填充效果】命令，打开【填充效果】对话框，其中包括 4 个选项卡。

(1) 【渐变】选项卡：可以通过选择【单色】或【双色】单选按钮来创建不同类型的渐变效果，在【底纹样式】选项区域中选择渐变的样式，如图 4-33(a)所示。

(2) 【纹理】选项卡：可以在【纹理】选项区域中选择一种纹理作为文档的页面背景，如图 4-33(b)所示。单击【其他纹理】按钮，可以添加自定义的纹理作为文档的页面背景。

(3) 【图案】选项卡：可以在【图案】选项区域中选择一种基准图案，并在【前景】和【背景】下拉列表框中选择图案的前景和背景颜色，如图 4-33(c)所示。

(4) 【图片】选项卡：可以单击【选择图片】按钮，在打开的【选择图片】对话框中选择一个图片作为文档的背景，如图 4-33(d)所示。

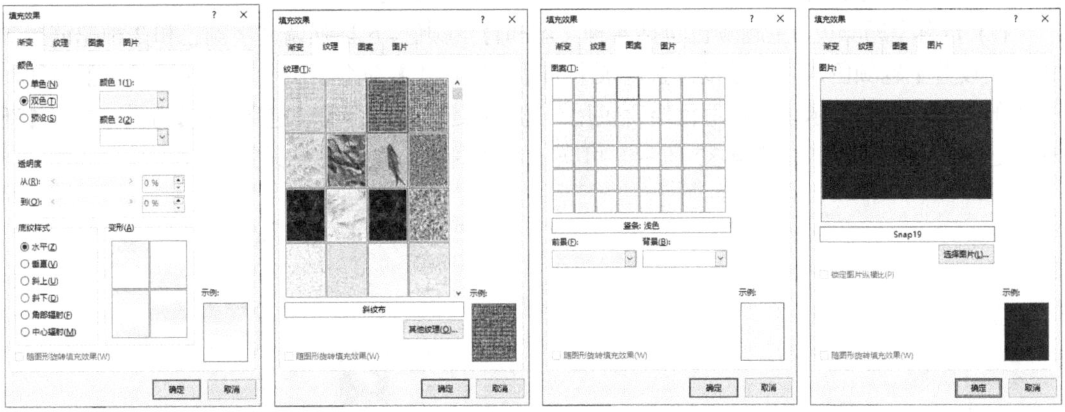

(a) 【渐变】选项卡　　(b) 【纹理】选项卡　　(c) 【图案】选项卡　　(d) 【图片】选项卡

图 4-33　【填充效果】对话框

3. 添加背景水印

所谓水印，是指印在页面上的一种透明的花纹。水印可以是一幅图画、一个图表或一种艺术字体。当用户在页面上创建水印以后，它在页面上是以灰色显示的，作为正文的背景，起到美化文档的作用。

在 Word 2016 中，不仅可以从水印文本库中插入内置的水印样式，也可以插入一个自定义的水印。打开【设计】选项卡，在【页面背景】命令组中单击【水印】按钮，在弹出的水印样式列表框中选择内置的水印，如图 4-34 所示。若选择【自定义水印】命令，打开【水印】对话框，可以自定义水印样式，如图片水印、文字水印等，如图 4-35 所示。

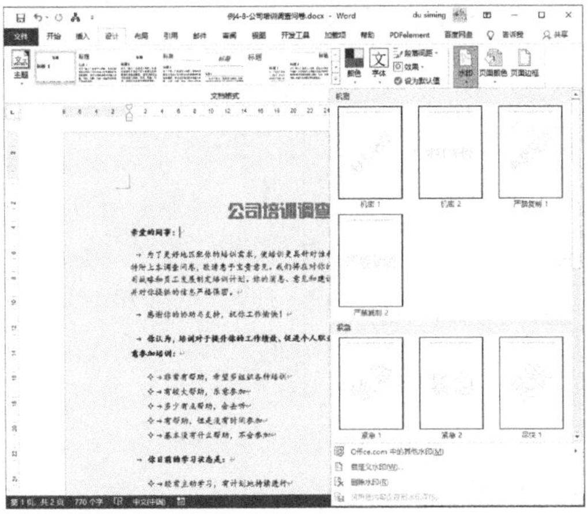

图 4-34　内置水印样式列表框

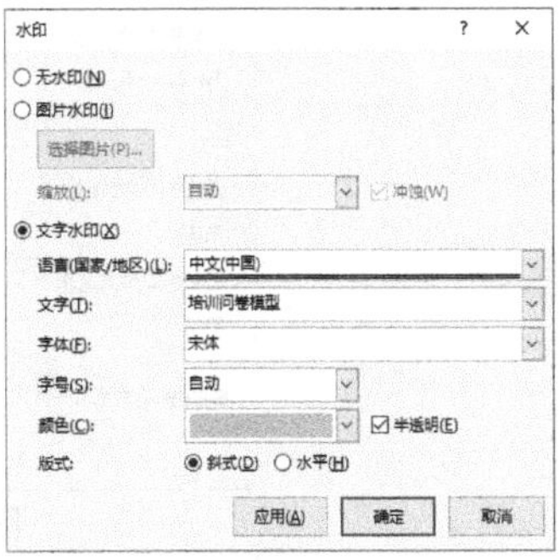

图 4-35　【水印】对话框

4. 设置主题

主题是一套统一的元素和颜色设计方案，为文档提供一套完整的格式集合。利用主题，用户可以轻松地创建具有专业水准的、设计精美的文档。在 Word 2016 中，除了使用内置主题样式外，还可以通过设置主题的颜色、字体或效果来自定义文档主题。

打开【设计】选项卡，在【文档格式】命令组中单击【主题】按钮，弹出如图 4-36 所示的内置主题列表，选择适当的文档主题样式即可快速设置主题。

(1) 设置主题颜色。主题颜色包括 4 种文本和背景颜色、6 种强调文字颜色和 2 种超链接颜色。要设置主题颜色，可在【设计】选项卡的【文档格式】命令组中单击【主题颜色】按钮，弹出的内置列表中显示了多种颜色组合供用户选择；还可以选择【自定义颜色】命令，打开【新建主题颜色】对话框，如图 4-37 所示，可在该对话框中自定义主题颜色。

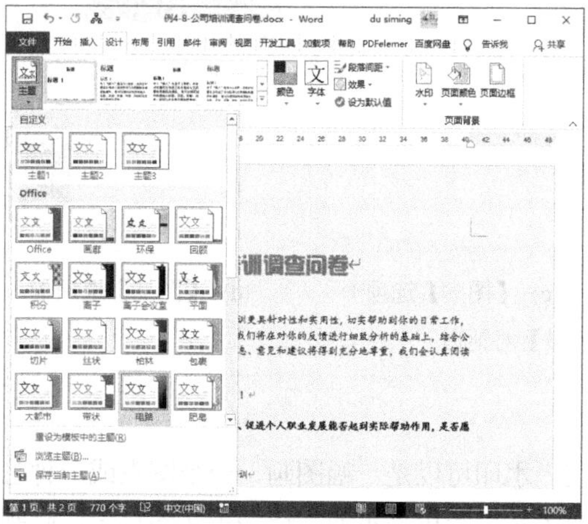

图 4-36　内置主题列表

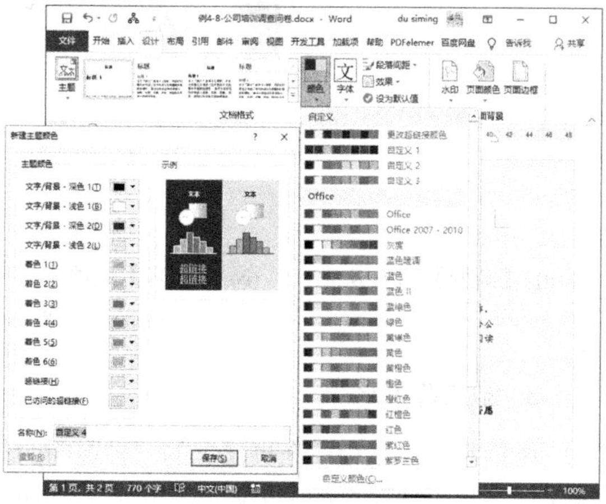

图 4-37　自定义主题颜色

(2) 设置主题字体。主题字体包括标题字体和正文字体。要设置主题字体，可在【设计】选项卡的【文档格式】命令组中单击【字体】按钮，弹出的内置列表中显示了多种主题字体供用户选择；还可以选择【自定义字体】命令，打开【新建主题字体】对话框，如图 4-38 所示，可在该对话框中自定义主题字体。

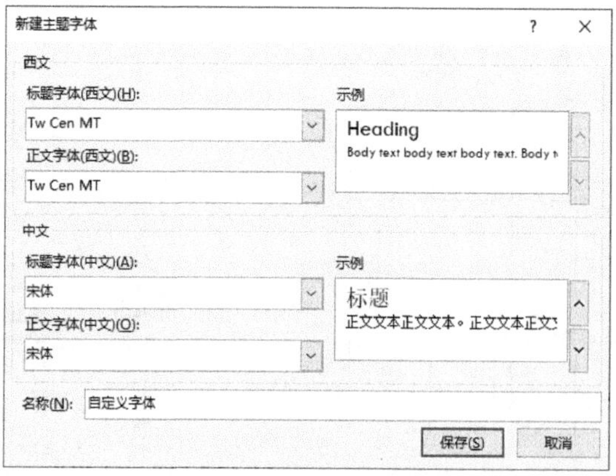

图 4-38　自定义主题字体

(3) 设置主题效果。主题效果包括线条和填充效果。要设置主题效果，可在【页面设置】

选项卡的【主题】命令组中单击【主题效果】按钮，弹出的内置列表中显示了可供用户选择的主题效果。

4.4　设置文档分栏

分栏是指按实际排版需求将文本分成若干个条块，使版面更加简洁、整齐。在阅读报纸、杂志时，常常会有许多页面被分成多个栏目，这些栏目有的是等宽的，有的是不等宽的，分栏的目的是使整个页面布局显得错落有致，易于读者阅读。

Word 2016 具有分栏功能，可以把每一栏都视为一节，这样就可以对每一栏的文本内容单独进行格式化和版面设计。要为文档设置分栏，可打开【布局】选项卡，在【页面设置】命令组中单击【栏】按钮，在弹出的菜单中选择【更多栏】命令，打开【栏】对话框，如图 4-39 所示，进行相关分栏设置，如设置栏数、宽度、间距和分割线等，分栏效果如图 4-40 所示。

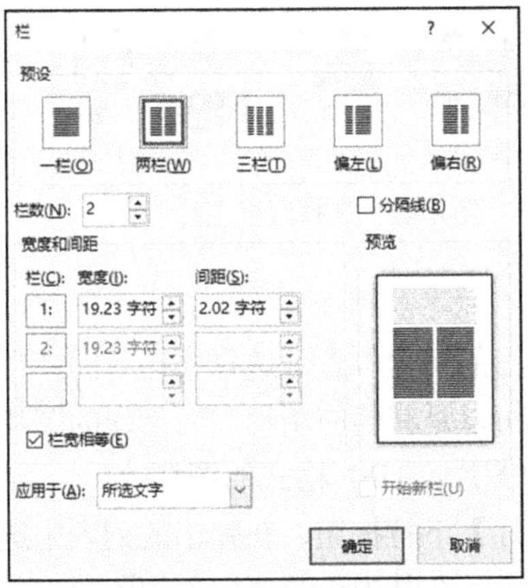

图 4-39　【栏】对话框

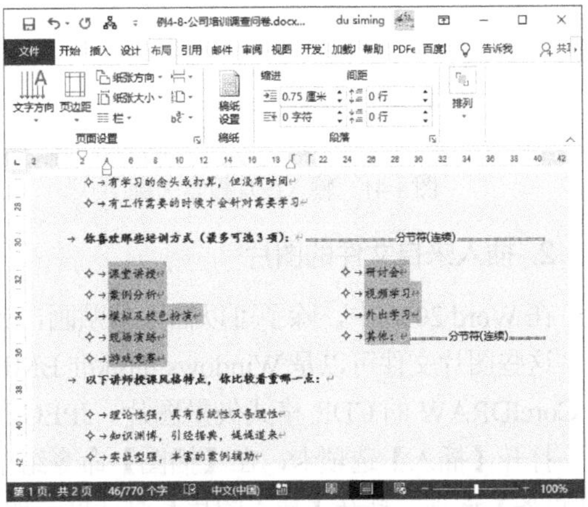

图 4-40　分栏效果

4.5　制作图文混排文档

在 Word 文档中适当地插入一些图形、图片，不仅会使文档显得生动、有趣，还能帮助用户更直观地理解文档中所要表现的内容。

4.5.1　使用图片

为使文档更加美观、生动，用户可以插入图片。在 Word 2016 中，不仅可以利用软件提供的联机图片功能插入图片，还可以从其他程序中或其他位置处导入图片，或者使用屏幕截图功能直接从屏幕中截取画面并以图片形式插入文档。

1. 插入联机图片

下面通过实例来介绍在 Word 2016 文档中插入联机图片的方法。

【例 4-11】在“公司培训调查问卷”文档中插入联机图片。

① 打开“公司培训调查问卷”文档，将鼠标指针置于合适的位置，打开【插入】选项卡，在【插图】命令组中单击【图片】下拉按钮，从弹出的列表中选择【联机图片】选项，打开【插入图片】对话框，在【必应图像搜索】搜索栏中输入图片搜索关键字(例如 LOGO)，然后按 Enter 键，如图 4-41 所示。

② 在打开的搜索结果列表中选择一个联机图片，如图 4-42 所示，单击【插入】按钮即可。

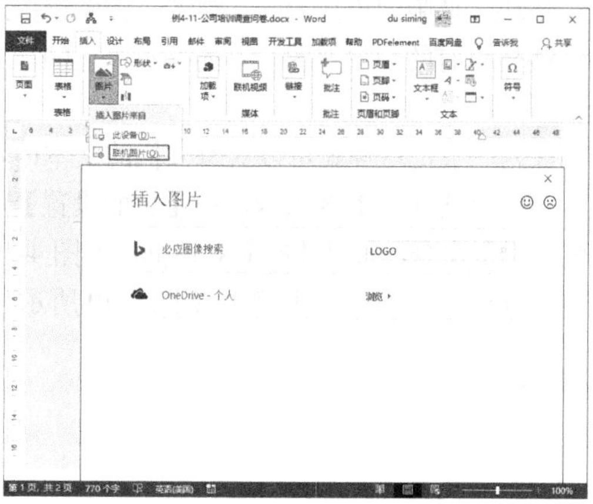

图 4-41　输入图片搜索关键字

图 4-42　选择联机图片

2. 插入来自文件的图片

在 Word 2016 中，除了可以插入剪贴画，还可以从磁盘的其他位置处选择要插入的图片文件。这些图片文件可以是 Windows 的标准 BMP 位图，也可以是其他应用程序所创建的图片，如 CorelDRAW 的 CDR 格式矢量图片、JPEG 压缩格式的图片、TIFF 格式的图片等。

打开【插入】选项卡，在【插图】命令组中单击【图片】下拉按钮，在弹出的列表中选择【此设备】选项，打开【插入图片】对话框，如图 4-43 所示，在其中选择要插入的图片，单击【插入】按钮，即可将图片插入文档中，如图 4-44 所示。

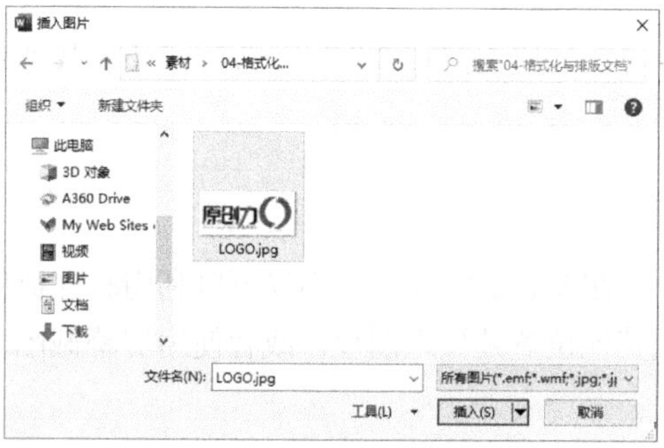

图 4-43　【插入图片】对话框

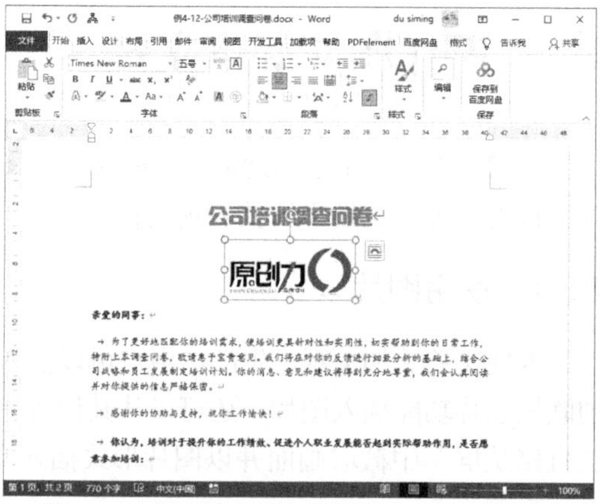

图 4-44　在文档中插入计算机中保存的图片文件

3. 插入屏幕截图

如果需要在 Word 文档中使用当前正在编辑的窗口中或网页中的某个图片，则可以使用

Word 2016 提供的屏幕截图功能来实现。打开【插入】选项卡，在【插图】命令组中单击【屏幕截图】下拉按钮，如图 4-45 所示，在弹出的列表中选择【屏幕剪辑】选项，进入屏幕截图状态，拖动鼠标截取图片区域即可，效果如图 4-46 所示。

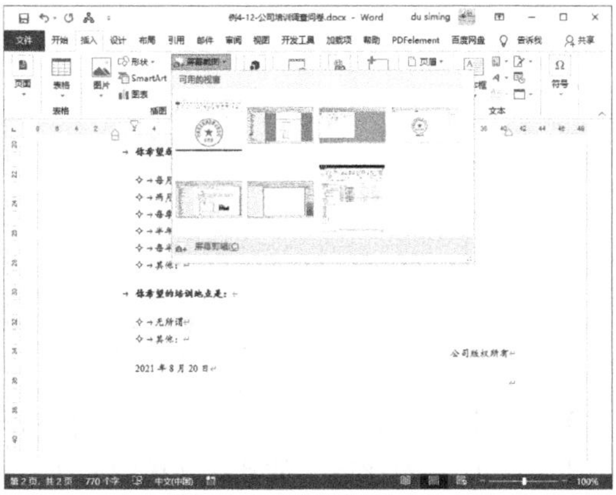

图 4-45　屏幕截图列表

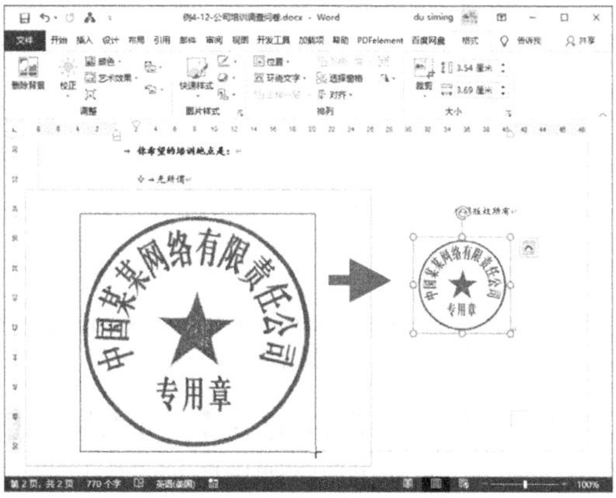

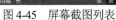

图 4-46　使用屏幕截图功能截取图片

4. 调整文档中的图片

在文档中插入图片后，Word 会自动打开【图片工具】的【格式】选项卡，选择相应功能工具按钮，可以调整图片的颜色、大小、版式和样式等，让图片看起来更美观。

【例 4-12】在“公司培训调查问卷”文档中调整图片。

① 打开“公司培训调查问卷”文档，选中文档中的图片，选择【图片工具】|【格式】选项卡，在【大小】命令组中的【形状高度】微调框中输入【3.8 厘米】，按 Enter 键即可自动调整图片的宽度和高度，如图 4-47 所示。

② 在【图片样式】组中单击【快速样式】按钮，在弹出的下拉样式表中选择【简单框架，白色】样式，如图 4-48 所示。

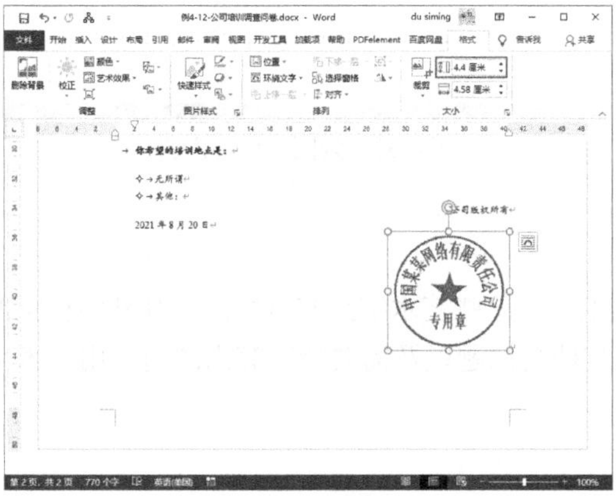

图 4-47　调整图片大小

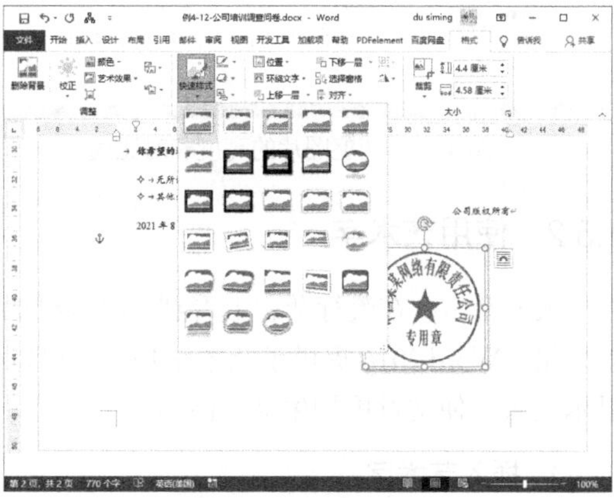

图 4-48　设置图片样式

③ 在【排列】命令组中单击【环绕文字】下拉按钮，在弹出的下拉列表中选择【四周型】选项，设置图片的环绕方式，如图 4-49 所示。

④ 将光标移至图片上，待光标变为形状时，按住鼠标左键不放，将图片拖动到文档的合适位置，如图 4-50 所示。

图 4-49　设置图片的环绕方式

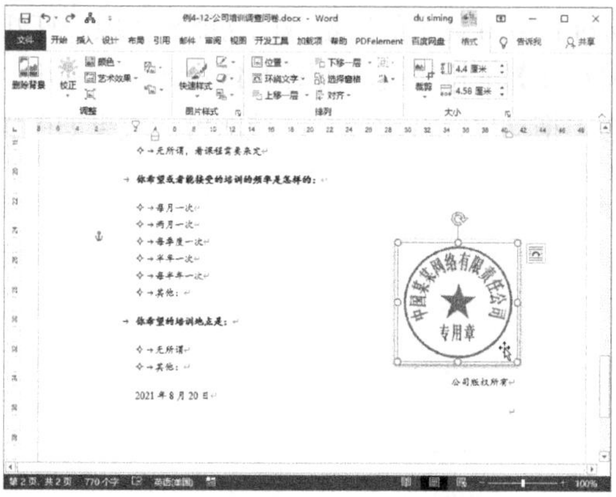

图 4-50　调整图片在文档中的位置

选中文档中的图片，选择【图片工具】|【格式】选项卡，在【调整】命令组中单击【校正】下拉按钮，用户还可以在弹出的列表中设置增强图片的亮度和对比度，使其在文档中的效果更清晰，如图 4-51 所示。

此外，在【调整】命令组中单击【颜色】下拉按钮，在弹出的列表中选择颜色饱和度和色调，如图 4-52 所示，可以为图片设置色调。

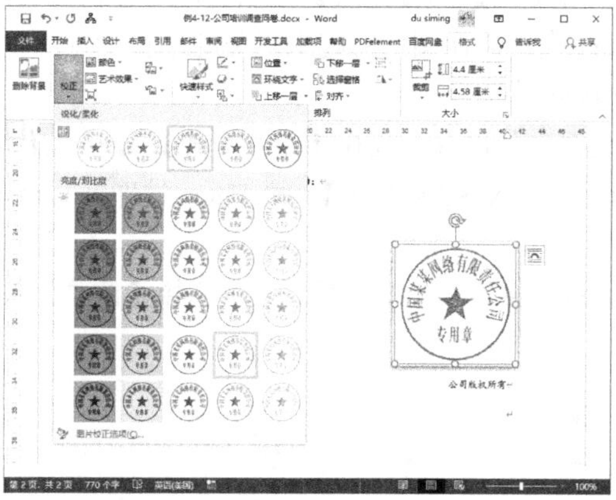

图 4-51　调整图片的亮度和对比度

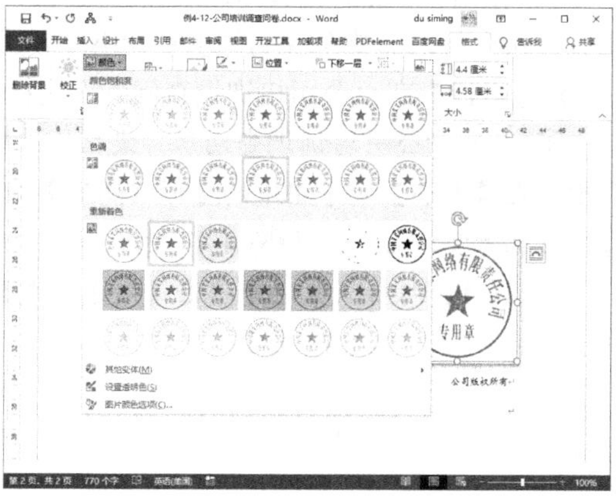

图 4-52　为图片设置色调

4.5.2　使用艺术字

人们常常会在流行杂志上看到各种各样的艺术字，这些艺术字给文章增添了强烈的视觉冲击效果。Word 2016 提供了艺术字功能，可以把文档的标题以及需要特别突出的内容用艺术字显示出来，使文章更加生动、醒目。

1. 插入艺术字

在 Word 2016 中，可以按预定义的形状来创建艺术字，打开【插入】选项卡，在【文本】命令组中单击【艺术字】按钮，在艺术字列表中选择样式即可。

【例 4-13】在“公司培训调查问卷” 文档中插入艺术字。

① 打开“公司培训调查问卷”文档，将插入点定位在标题栏下的空行中。选择【插入】选项卡，在【文本】命令组中单击【艺术字】按钮，在艺术字列表中选择一种艺术字样式，即可

在文档中插入该样式的艺术字，如图 4-53 所示。

② 将鼠标指针插入艺术字文本框中，输入相应的文本后选中艺术字文本框，在【开始】选项卡的【字体】命令组中将艺术字的大小设置为【小三】，并调整艺术字在页面中的位置，如图 4-54 所示。

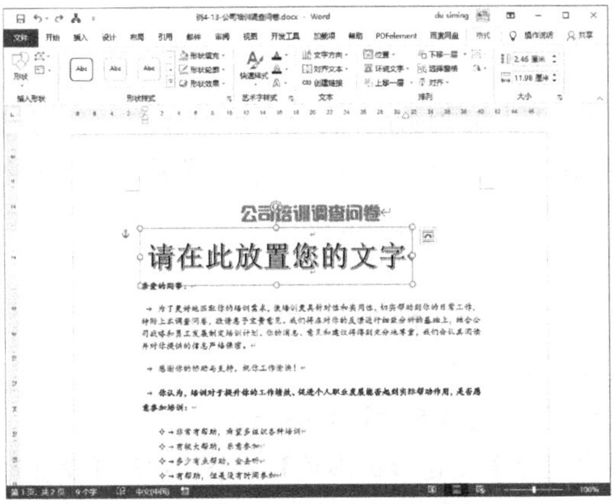

图 4-53　在文档中插入艺术字

图 4-54　设置艺术字的大小和位置

2. 编辑艺术字

选中艺术字，系统自动打开【格式】选项卡，选择该选项卡中的相应功能按钮，可以设置艺术字的样式、填充效果等属性，还可以对艺术字进行大小调整、旋转或添加阴影、设置三维效果等操作。

【例 4-14】在“公司培训调查问卷”文档中设置艺术字的阴影效果和填充颜色。

① 继续例 4-13 的操作，选择【格式】选项卡，在【艺术字样式】命令组中单击【文本效果】按钮，在弹出的菜单中选择【阴影】|【偏移：下】选项，为艺术字设置阴影效果，效果如图 4-55 所示。

② 在【艺术字样式】命令组中单击【文本填充】下拉按钮，在弹出的菜单中选择一种颜色，修改艺术字的文本颜色，如图 4-56 所示。

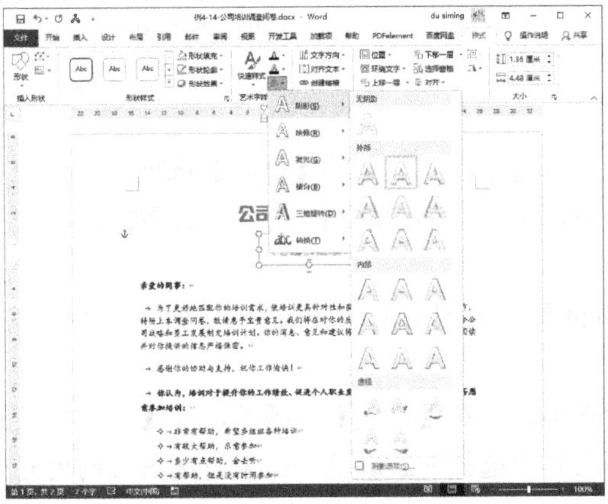

图 4-55　设置艺术字的阴影效果

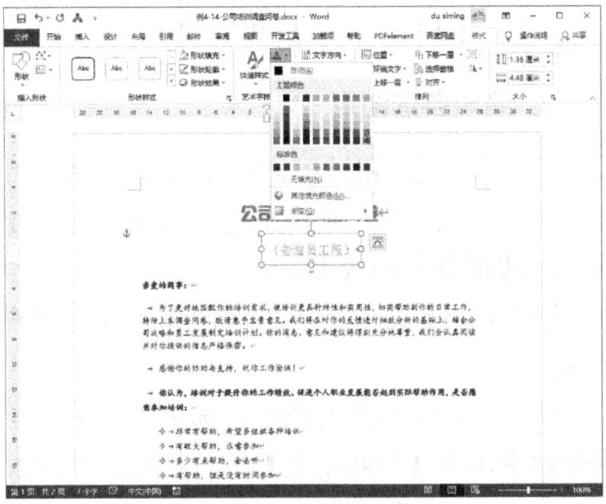

图 4-56　设置艺术字的文本颜色

4.5.3 使用自选图形

Word 2016 提供了一套可用的自选图形，包括直线、箭头、流程图、星与旗帜、标注等。用户可以使用这些形状灵活地绘制出各种图形，并通过编辑操作使图形达到更匹配当前文档内容的效果。

1. 绘制自选图形

使用 Word 2016 所提供的功能强大的绘图工具，可以方便地制作各种图形及标志。打开【插入】选项卡，在【插图】命令组中单击【形状】按钮，在弹出的下拉列表中选择需要绘制的图形，当光标变为十字形状时，按住鼠标左键拖动，即可绘制出相应的形状。

【例 4-15】在“公司培训调查问卷”文档中绘制一个自选图形。

① 继续例 4-14 的操作，选择【插入】选项卡，在【插图】命令组中单击【形状】下拉按钮，在弹出的列表框【基本形状】区域中选择【矩形】选项□。

② 将光标移至文档中，按住左键并拖动鼠标绘制如图 4-57 所示的矩形。

③ 选中自选图形并右击，在弹出的快捷菜单中选择【设置形状格式】命令，打开【设置形状格式】窗格，在【透明度】文本框中输入 95%，在【线条】选项组中选中【无线条】单选按钮，效果如图 4-58 所示。

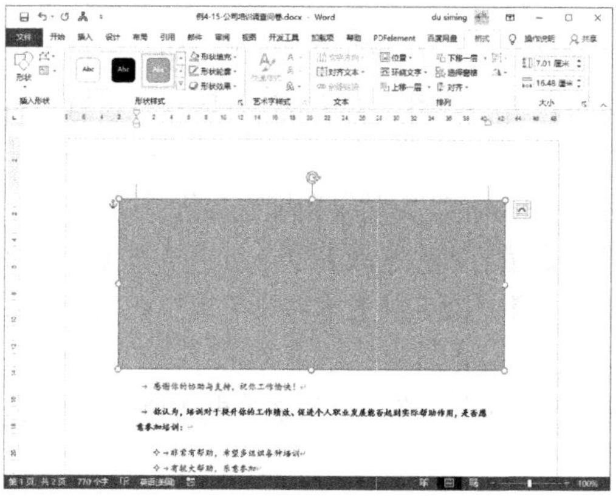

图 4-57　在文档中绘制矩形

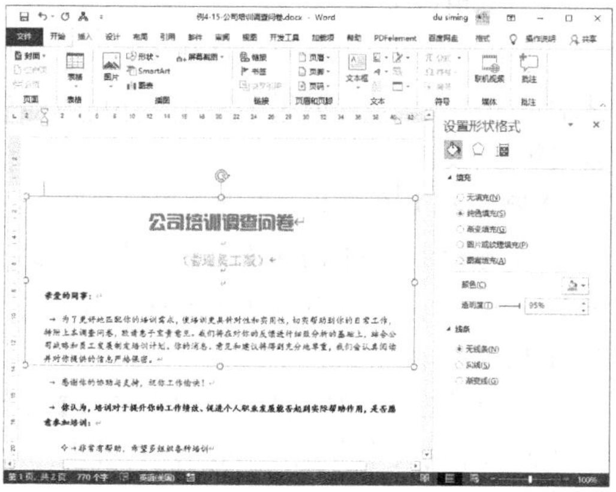

图 4-58　设置自选图形的透明度和边框线条

2. 编辑自选图形

为了使自选图形与文档内容更加协调，可以选择【绘图工具】的【格式】选项卡中相应功能的工具按钮，对自选图形进行编辑操作，如调整图形在页面中的图层位置，设置图形的填充颜色、边框颜色和效果等。

【例 4-16】在“公司培训调查问卷”文档中设置矩形图形的填充颜色、边框颜色和对齐效果。

① 继续例 4-15 的操作，选中文档中的矩形图形，选择【格式】选项卡，在【形状样式】命令组中单击【形状填充】下拉按钮，从弹出的菜单中选择一种颜色，设置自选图形的填充颜色，如图 4-59 所示。

② 单击【形状轮廓】下拉按钮，从弹出的菜单中选择一种颜色，可以为选中的形状设置边框颜色，如图 4-60 所示。

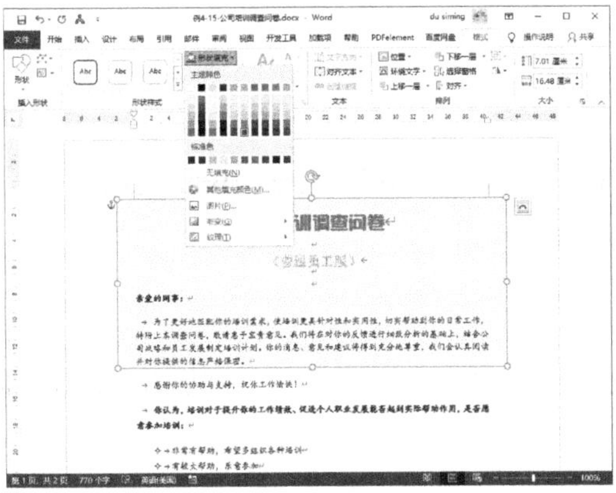

图 4-59　设置图形的填充颜色

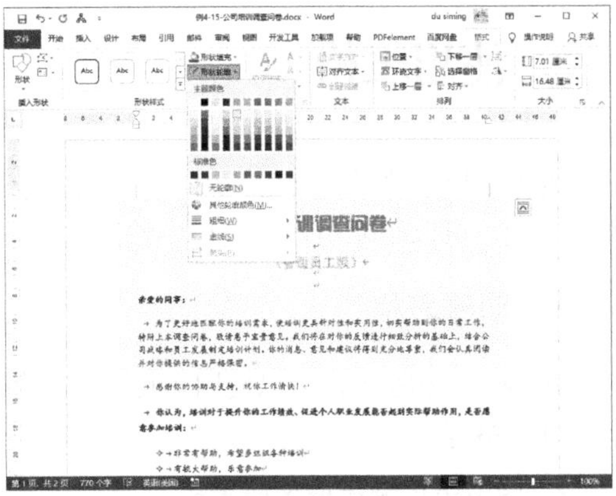

图 4-60　设置图形的边框颜色

③ 在【排列】命令组中单击【下移一层】下拉按钮，从弹出的列表中选择【置于底层】选项，将图形置于文字之下。

④ 在【排列】命令组中单击【对齐】下拉按钮，从弹出的列表中先选中【对齐页面】选项，再选择【水平居中】选项，设置图形在页面中居中显示。

4.5.4　使用文本框

Word 中的文本框是一种比较特殊的对象，它可以被置于页面中的任何位置，并且能够在文本框中输入文本、插入图片和艺术字等对象，其本身的格式也可以进行设置。使用文本框，用户可以按照自己的意愿在文档页面中任意位置处放置文本，这对于有特殊效果的文档排版十分有用。

1. 插入文本框

选择【插入】选项卡，然后单击【文本】命令组中的【文本框】下拉按钮，从弹出的列表中选择【绘制横排文本框】(或【绘制竖排文本框】)选项，然后在文档中按住鼠标左键不放并拖动，绘出文本框范围后释放鼠标即可创建一个文本框，如图 4-61 所示。

文本框绘制成功后，将鼠标指针置入文本框内，用户可在其中输入文本或插入图片、图像、艺术字等，如图 4-62 所示。

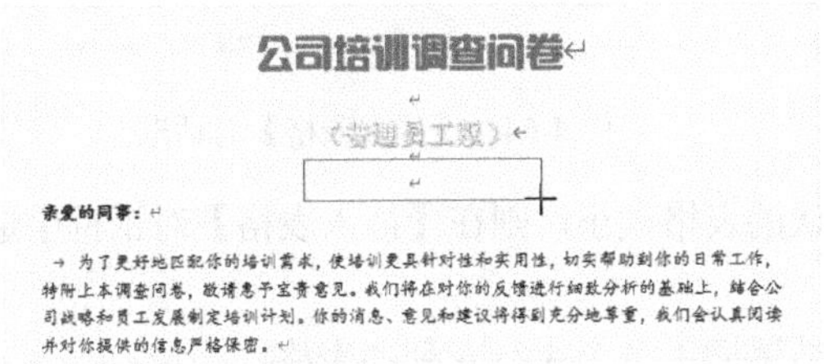

图 4-61　在文本框中创建横排文本框

图 4-62　在文本框中输入内容

2. 编辑文本框

选中文档中插入的文本框，选择【格式】选项卡，在该选项卡中，用户可以对文本框中的样式、大小、排列等进行设置，具体操作方法此处不再赘述。

4.6 使用表格

为了更形象地说明问题，用户常常需要在文档中制作各种各样的表格。Word 2016 提供了表格功能，可以帮助用户在文档中快速创建与编辑表格。

4.6.1 创建表格

在 Word 2016 中，可以使用多种方法来创建表格，例如按照指定的行、列插入表格和绘制不规则表格等。

1. 使用表格网格框创建表格

利用表格网格框可以直接在文档中插入表格，这是最快捷的创建表格的方法。

将光标定位在需要插入表格的位置，然后打开【插入】选项卡，单击【表格】命令组中的【表格】按钮，弹出的下拉菜单中会出现一个网格框。在其中拖动鼠标确定要创建表格的行数和列数，然后单击就可以完成一个规则表格的创建，如图 4-63 所示。

2. 使用对话框创建表格

使用【插入表格】对话框创建表格时，可以在建立表格的同时设置表格的大小。

选择【插入】选项卡，在【表格】命令组中单击【表格】按钮，在弹出的下拉菜单中选择【插入表格】命令，打开【插入表格】对话框。可以在【列数】和【行数】微调框中设置表格的列数和行数，在【“自动调整”操作】选项区域中根据内容或者窗口调整表格，如图 4-64 所示。

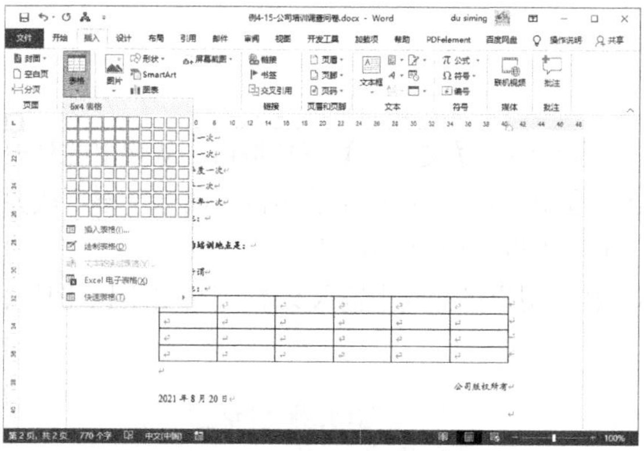

图 4-63　使用表格网格框创建表格

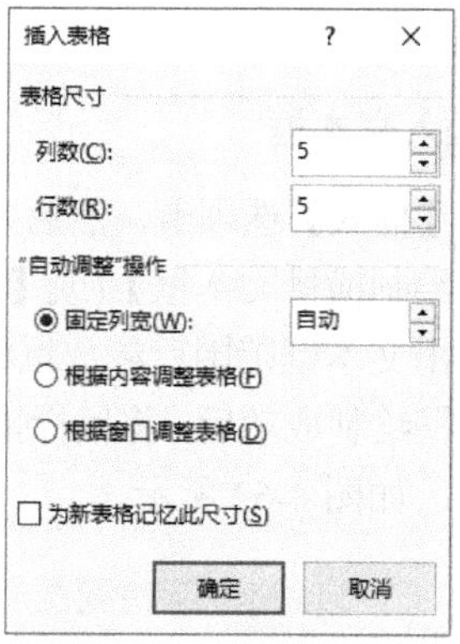

图 4-64　【插入表格】对话框

如果需要将某个设置好的表格尺寸设置为默认的表格大小，则在【插入表格】对话框中选中【为新表格记忆此尺寸】复选框即可。

【例 4-17】在“公司培训调查问卷”文档的结尾插入一个 3 行 6 列的表格。

① 继续例 4-16 的操作，在文档的结尾按 Enter 键另起一行，然后输入表格标题“问卷调查反馈表”并设置其文本格式。

② 将插入点定位在标题的下一行，打开【插入】选项卡，在【表格】命令组中单击【表格】按钮，在弹出的下拉菜单中选择【插入表格】命令，打开【插入表格】对话框，在【列数】和

【行数】微调框中分别输入 6 和 3，然后选中【固定列宽】单选按钮，在其后的微调框中选择【自动】选项，如图 4-65 所示。

③ 单击【确定】按钮关闭对话框，在文档中插入一个 3 行 6 列的规则表格。

④ 此时将插入点定位到第一个单元格中，输入文本“姓名”。

⑤ 使用同样方法，依次在单元格中输入文本，效果如图 4-66 所示。

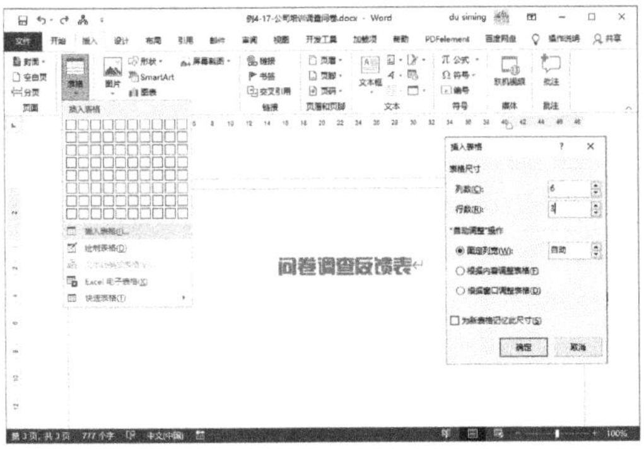

图 4-65　在文档中插入表格

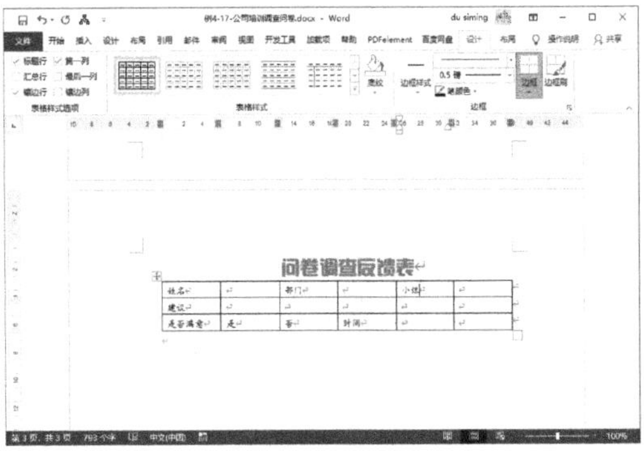

图 4-66　在表格中输入文本

3. 绘制不规则表格

在很多情况下，需要创建各种栏宽、行高都不等的不规则表格，这时通过 Word 2016 中的绘制表格功能可以创建不规则的表格。

打开【插入】选项卡，在【表格】命令组中单击【表格】按钮，在弹出的下拉菜单中选择【绘制表格】命令，此时鼠标光标变为✎形状，按住鼠标左键不放并拖动鼠标，会出现一个表格的虚框，待到合适大小后，释放鼠标即可生成表格的边框，如图 4-67 所示。

在表格边框任意位置单击选择一个起点，按住鼠标左键不放向右(或向下)拖动绘制出表格中的横线(或竖线、斜线)，如图 4-68 所示。

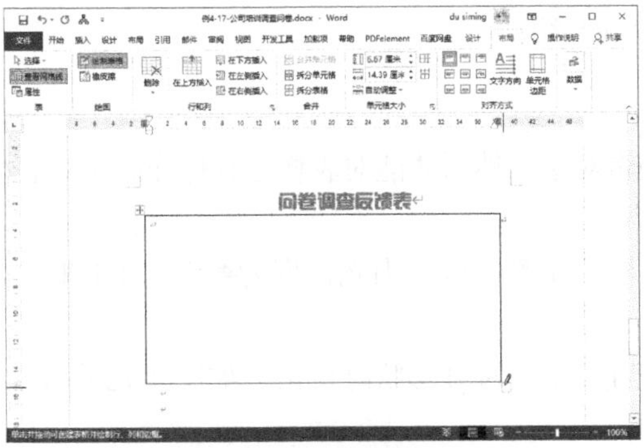

图 4-67　绘制表格边框

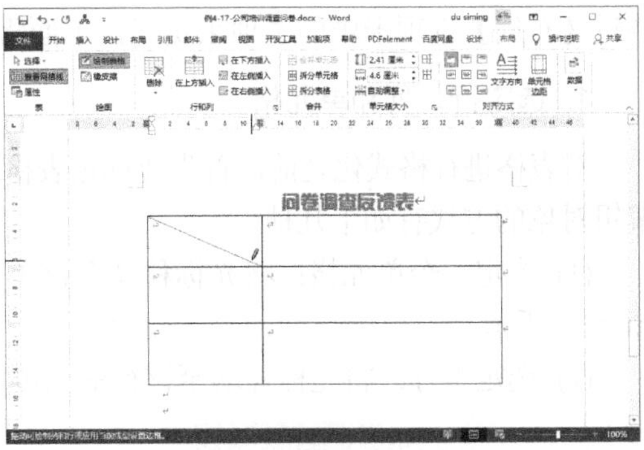

图 4-68　绘制表格内的线

如果在绘制过程中出现错误，可以打开【布局】选项卡，在【绘图】命令组中单击【橡皮擦】按钮，此时鼠标光标将变成橡皮形状，单击要删除的表格线段，按照线段的方向拖动鼠标，该线会呈高亮显示，释放鼠标，此时该线段将被删除，如图 4-69 所示。

4. 快速插入表格

为了快速制作出美观的表格，Word 2016 提供了一些内置表格，可以快速地插入内置表格并输入数据。打开【插入】选项卡，在【表格】命令组中单击【表格】按钮，在弹出的下拉菜单中选择【快速表格】子命令，从弹出的列表中选择一个合适的表格样式，即可在文档中快速创建表格，如图 4-70 所示。

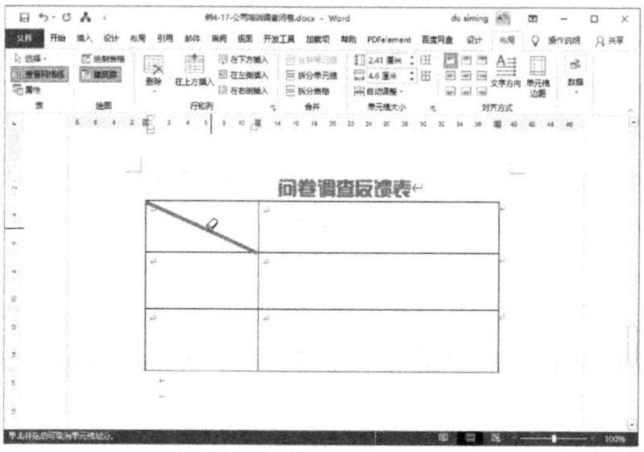

图 4-69　删除表格内的线

图 4-70　在文档中快速创建表格

4.6.2　编辑表格

在文档中创建表格后，通常需要对表格进行编辑处理，例如行高、列宽的调整，行与列的插入和删除，单元格的合并与拆分等，来满足用户的特定要求。这些功能在 Word 2016 中主要通过【布局】选项卡中的选项来实现，下面将分别介绍。

1. 选定行、列和单元格

对表格进行格式化之前，首先要选定表格编辑对象，然后才能对表格进行操作。选定表格编辑对象的方式有如下几种。

(1) 选定一个单元格：将光标移动至该单元格的左侧区域，当光标变为➚形状时单击，如图 4-71 所示。

(2) 选定整行：将光标移动至该行的左侧，当光标变为↗形状时单击，如图 4-72 所示。

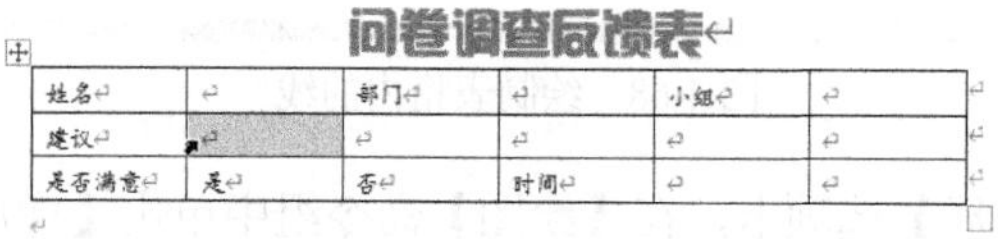

图 4-71　选定一个单元格

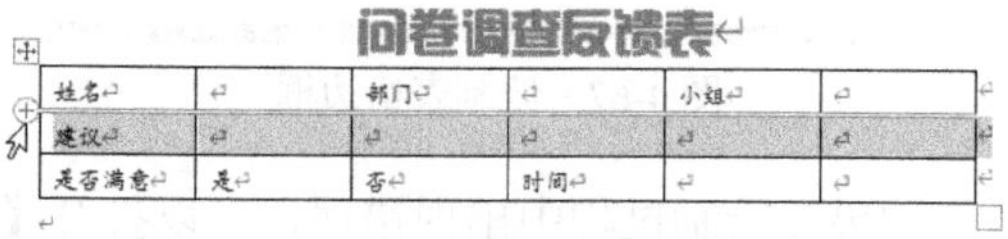

图 4-72　选定整行

(3) 选定整列：将光标移动至该列的上方，当光标变为⬇形状时单击，如图 4-73 所示。

(4) 选定多个连续单元格：沿被选区域左上角向右下拖动鼠标。

(5) 选定多个不连续单元格：选取第一个单元格后，按住 Ctrl 键不放，再分别选取其他单元格，如图 4-74 所示。

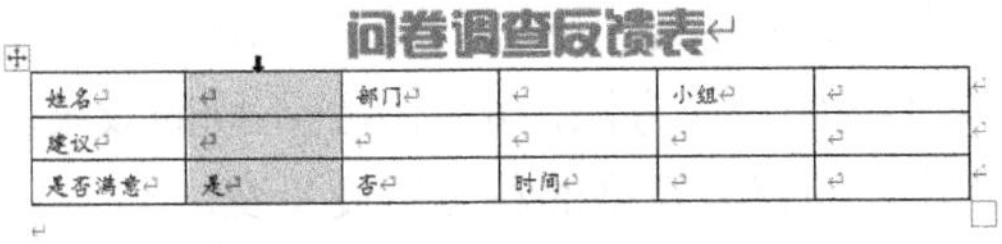

图 4-73　选定整列

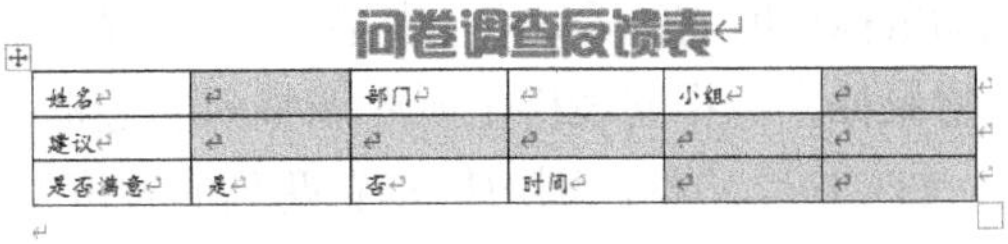

图 4-74　选定多个不连续单元格

(6) 选定整个表格：将光标移动到表格左上角图标⊞时单击。

2. 插入和删除行、列

若要向表格中添加行，应先在表格中选定与需要插入行的位置相邻的行，然后打开【表格工具】的【布局】选项卡，在【行和列】命令组中单击【在上方插入】或【在下方插入】按钮即可，如图 4-75 所示。插入列的操作与插入行基本类似。

另外，单击【行和列】区域的对话框启动器按钮，打开【插入单元格】对话框，选择【整行插入】或【整列插入】单选按钮可以插入行或列，如图 4-76 所示。

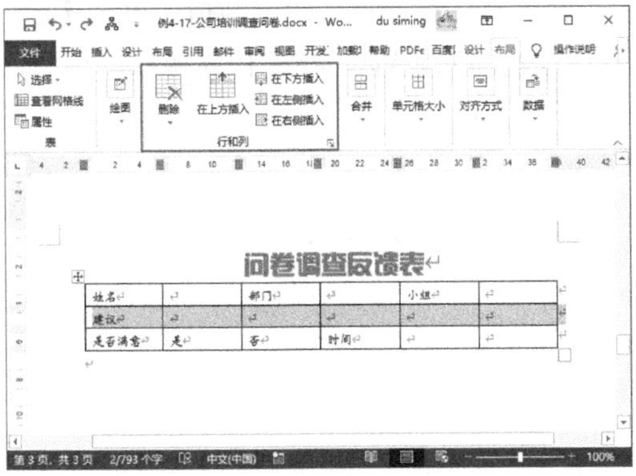

图 4-75　【行和列】命令组

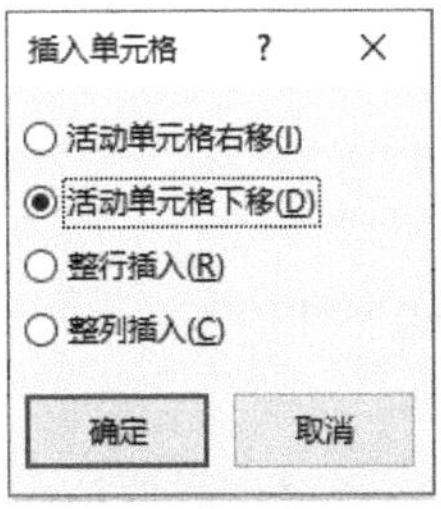

图 4-76　【插入单元格】对话框

当插入的行或列过多时，就需要删除多余的行或列。选定需要删除的行，或将插入点放置在该行的任意单元格中，在【行和列】选项区域中，单击【删除】按钮，在打开的下拉菜单中选择【删除行】命令即可。删除列的操作与删除行基本类似。

3. 合并和拆分单元格

选取要合并的单元格，打开【表格工具】的【布局】选项卡，在【合并】命令组中单击【合并单元格】按钮；或右击，在弹出的快捷菜单中选择【合并单元格】命令。此时，Word 就会删除所选单元格之间的边界，建立一个新的单元格，并将原来单元格的列宽和行高合并为当前单元格的列宽和行高。

选取要拆分的单元格，打开【表格工具】的【布局】选项卡，在【合并】命令组中单击【拆分单元格】按钮；或右击，在弹出的快捷菜单中选择【拆分单元格】命令。打开【拆分单元格】对话框，在【列数】和【行数】文本框中分别输入需要拆分的列数和行数即可。

4. 调整行高和列宽

创建表格时，表格的行高和列宽都是默认值，而在实际工作中常常需要随时调整表格的行高和列宽。

使用鼠标可以快速调整表格的行高和列宽。先将鼠标光标指向需调整的行的下边框，然后拖动鼠标至所需位置，整个表格的高度会随着行高的改变而改变。在使用鼠标拖动调整列宽时，先将鼠标光标指向表格中所要调整列的边框，使用不同的操作方法，可以达到不同的效果。

(1) 拖动边框，则边框左右两列的宽度发生变化，而整个表格的总体宽度不变。

(2) 按住 Shift 键，然后拖动边框，则边框左边一列的宽度发生改变，整个表格的总体宽度随之改变。

(3) 按住 Ctrl 键，然后拖动边框，则边框左边一列的宽度发生改变，边框右边各列也发生均匀的变化，而整个表格的总体宽度不变。

如果表格尺寸要求的精确度较高，可以使用对话框，以输入数值的方式精确地调整行高与列宽。将插入点定位在表格需要设置的行中，打开【布局】选项卡，在【单元格大小】命令组中单击【对话框启动器】按钮，打开【表格属性】对话框的【行】选项卡，选中【指定高度】复选框，在其后的数值微调框中输入数值。单击【下一行】按钮，将鼠标光标定位在表格的下一行，进行相同的设置即可，如图 4-77 所示。

打开【列】选项卡，选中【指定宽度】复选框，在其后的微调框中输入数值。单击【后一列】按钮，将鼠标光标定位在表格的下一列，可以进行相同的设置，如图 4-78 所示。

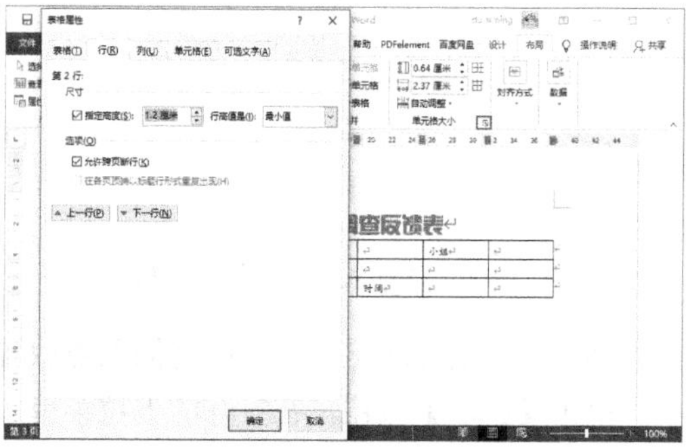

图 4-77　设置表格行高

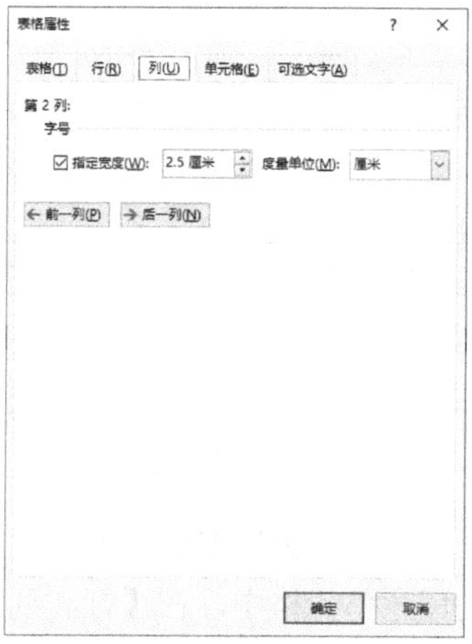

图 4-78　【列】选项卡

将光标定位在表格内，打开【表格工具】的【布局】选项卡，在【单元格大小】命令组中单击【自动调整】按钮，在弹出的下拉菜单中选择相应的命令，可以十分便捷地调整表格的行高和列宽。

【例 4-18】将“公司培训调查问卷”文本中表格的第 2 行的行高设置为 5 厘米，将第 1～5 列的列宽设置为 2 厘米，将第 6 列的列宽设置为 4.8 厘米，将第 2 行合并为一个单元格。

① 继续例 4-17 的操作，选定表格的第 2 行。打开【布局】选项卡，在【单元格大小】命令组中单击【对话框启动器】按钮，打开【表格属性】对话框。

② 选择【行】选项卡，在【尺寸】选项区域中选中【指定高度】复选框，在其右侧的微调框中输入“5 厘米”，单击【确定】按钮，完成行高的设置，如图 4-79 所示。

③ 选定表格的第 1～5 列，打开【表格属性】对话框的【列】选项卡。选中【指定宽度】复选框，在其右侧的微调框中输入“2 厘米”，单击【确定】按钮，完成列宽的设置。

④ 使用同样的方法，在【表格属性】对话框的【列】文本框中将表格第 6 列的宽度设置为 4.8 厘米，表格效果如图 4-80 所示。

图 4-79　设置表格行高为 3 厘米

图 4-80　设置第 6 列列宽为 4.8 厘米

⑤ 选中表格第 2 行，如图 4-81 所示，单击【布局】选项卡【合并】命令组中的【合并单元格】选项，合并单元格，效果如图 4-82 所示。

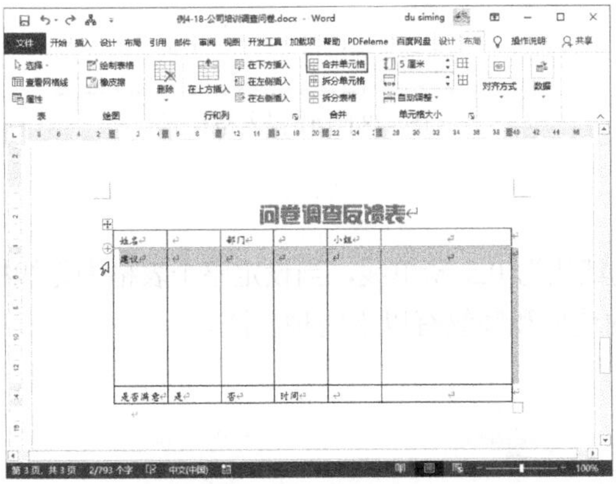

图 4-81　选中表格第 2 行

图 4-82　合并单元格效果

4.6.3　修饰表格

在制作表格时，可以通过【设计】和【局部】选项卡中的命令对表格进行修饰，例如设置表格边框和底纹、设置表格的对齐方式等，使表格的结构更为合理、外观更为美观。

1. 设置单元格对齐方式

一般在某个表格的单元格中进行文本输入时，该文本都将按照一定的方式显示在表格的单元格中。Word 2016 在【布局】选项卡的【对齐方式】命令组中提供了 9 种单元格内文本的对齐方式，分别是靠上左对齐、靠上居中、靠上右对齐、中部左对齐、中部居中、中部右对齐、靠下左对齐、靠下居中、靠下右对齐。

2. 设置表格样式

Word 2016 内置了多种表格样式，用户可以通过【设计】选项卡【表格样式】命令组中的表格样式快速修饰表格效果。

【例 4-19】在“公司培训调查问卷”文档中，设置表格单元格的对齐方式以及表格的样式。

① 继续例 4-18 的操作，选定表格的第 1 行，选择【布局】选项卡，在【对齐方式】命令组中单击【水平居中】按钮，设置表格第 1 行内容水平居中，如图 4-83 所示。

② 选中整个表格，选择【设计】选项卡，在【表格样式】命令组中单击【其他】按钮，在弹出的列表框中选择一个表格样式，如图 4-84 所示，将其应用在表格之上。

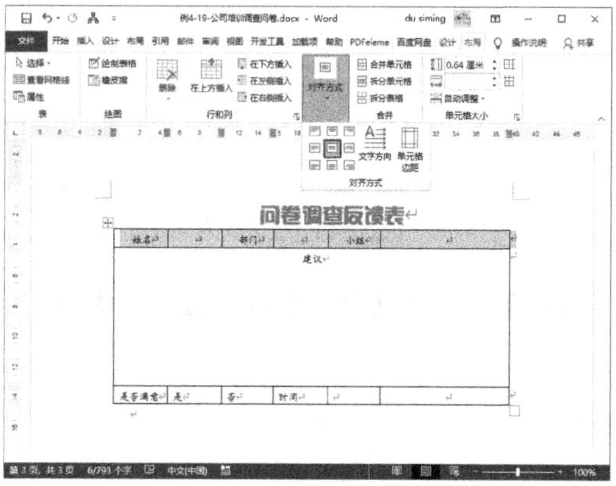

图 4-83　设置表格内容水平居中

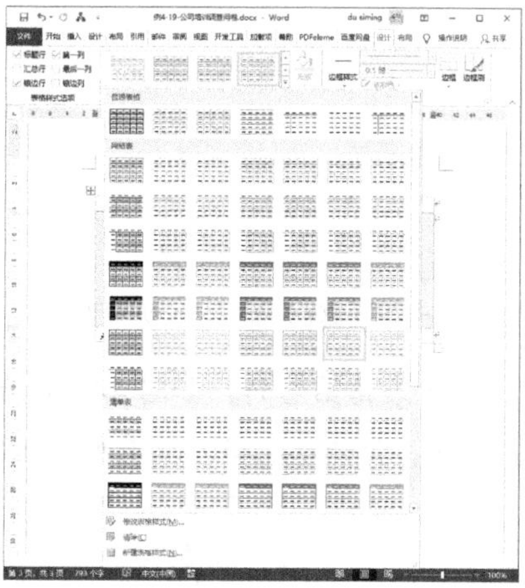
图 4-84　设置表格样式

3. 设置边框和底纹

利用 Word 的插入功能生成的表格，边框线默认为 0.5 磅单线，当设定整个表格为无线框时，实际上还可以看到表格的虚框。设置表格的边框和底纹有以下两种方法。

(1) 利用【边框】和【底纹】下拉列表框。选择【设计】选项卡，单击【边框】命令组中的【边框】下拉按钮，从弹出的列表中选择一种边框样式，如图 4-85 所示；单击【表格样式】命令组中的【底纹】下拉按钮，从弹出的列表中选择所需的底纹颜色，如图 4-86 所示。

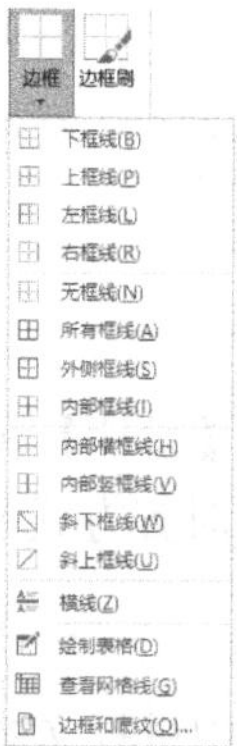

图 4-85　设置表格边框样式

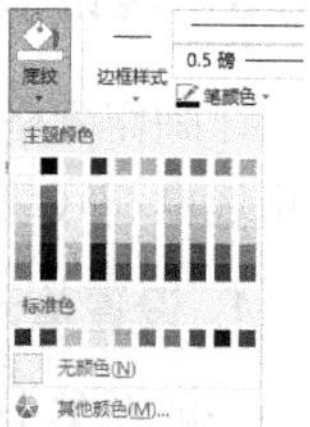

图 4-86　设置底纹颜色

(2) 利用【边框和底纹】对话框。右击表格，在弹出的菜单中选择【表格属性】命令，在【表格属性】对话框的【表格】选项卡中单击【边框和底纹】按钮，如图 4-87 所示，或者在【设计】选项卡的【边框】命令组中单击【对话框启动器】按钮，打开【边框和底纹】对话框。

在图 4-88 所示的【边框和底纹】对话框中，用户既可以设置单元格的边框和底纹，也可以设置整个页面边框的样式，包括艺术型样式。

图 4-87　【表格属性】对话框

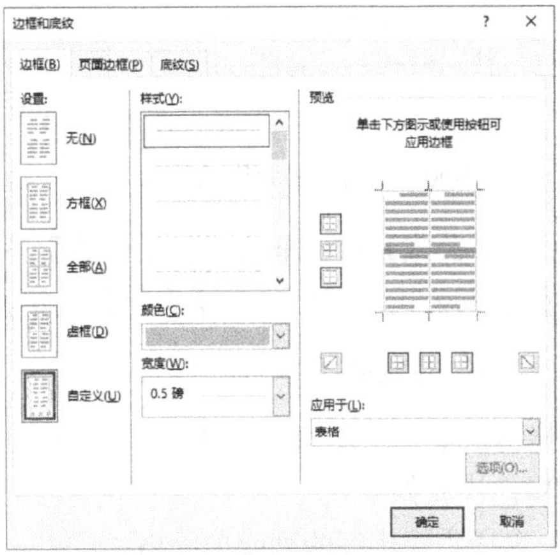

图 4-88　【边框和底纹】对话框

4. 设置文字方向

表格中文本的格式与文档中文本的格式相同，同时也可以设置文字的方向。设置表格文字方向的操作步骤如下。

(1) 选定需要设置文字方向的表格单元格。

(2) 单击【布局】选项卡中【对齐方式】命令组中的【文字方向】按钮，可以直接设置文字的横向和竖向排列，或者右击单元格，从弹出的菜单中选择【文字方向】命令，打开【文字方向】对话框，如图 4-89 所示。

(3) 在【文字方向】对话框的【方向】选项区域中选择需要的文字方向，然后单击【确定】按钮即可。

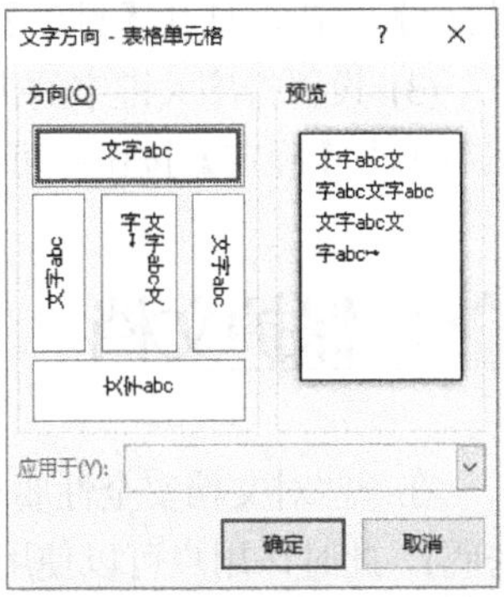

图 4-89　【文字方向】对话框

4.6.4　表格数据的排序和计算

Word 提供了可以在表格中进行计算的函数，但只能进行求和、求平均值等比较简单的操作，要解决较为复杂的表格数据计算和统计方面的问题，可以使用 Excel 软件(本书后面的章节将详细介绍)。

表格中的列依次用 A、B、C、D 等字母表示，行依次用 1、2、3、4、5 等数字表示，用列、行坐标表示单元格，如 A1、B2 等，如图 4-90 所示。

1. 表格中的数据计算

表格中数据计算的操作步骤如下。

(1) 将光标定位在要放置计算结构的单元格。

(2) 选择【布局】选项卡，单击【数据】命令组中的【公式】按钮，打开如图 4-91 所示的【公式】对话框。

A1	B1	C1	D1	E1	……
A2	B2	C2	D2	E2	……
A3	B3	C3	D3	E3	……
A4	B4	C4	D4	E4	……
A5	B5	C5	D5	E5	……
……	……	……	……	……	……

图 4-90　表格中单元格的表示

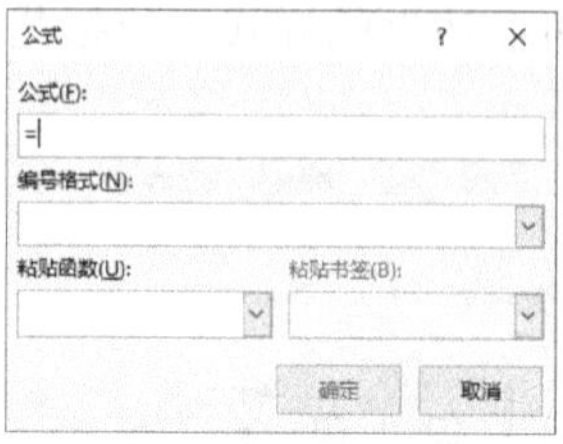

图 4-91　【公式】对话框

(3) 在【公式】对话框的【粘贴函数】下拉列表中选择需要的函数，或者在【公式】文本框中直接输入公式，然后单击【确定】按钮。

2. 表格中的数据排序

表格可以根据某几列内容进行升序和降序重新排列，其具体操作步骤如下。

(1) 选择需要排序的列或单元格。

(2) 选择【布局】选项卡，单击【数据】命令组中的【排序】按钮，打开【排序】对话框，如图 4-92 所示。

(3) 设置排序关键字的优先次序、类型、排序方式等，然后单击【确定】按钮即可。

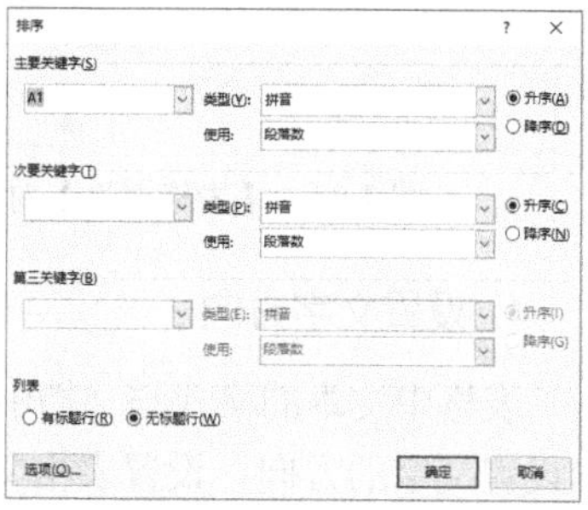

图 4-92　【排序】对话框

4.7 保护文档

在一些对文档安全性要求较高的场合，用户可能需要每个新建的文档都带有密码(例如打开密码)。此时，用户可以使用 Word 的保护文档功能进行设置，具体操作步骤如下。

(1) 选择【文件】选项卡，在弹出的菜单中选择【信息】命令，在显示的选项区域中单击【保护文档】下拉按钮，在弹出的下拉列表中选择【用密码进行加密】选项，如图 4-93 所示。

(2) 打开【加密文档】对话框，在【密码】文本框中输入密码后单击【确定】按钮，如图 4-94 所示。

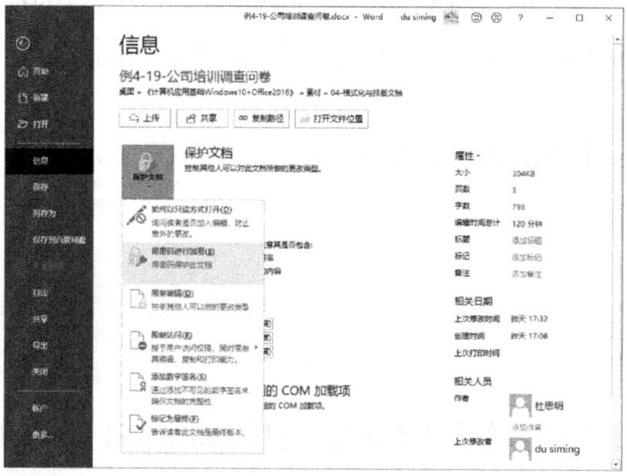

图 4-93　用密码加密文档

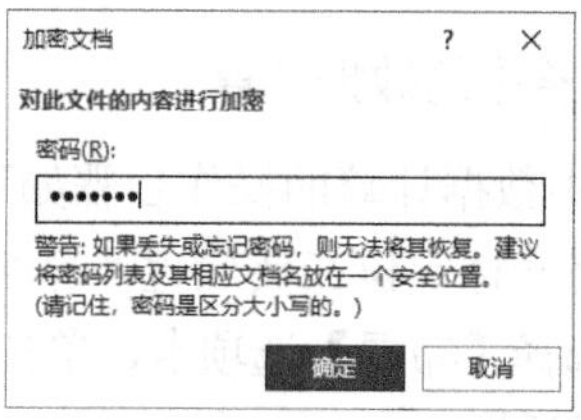

图 4-94　【加密文档】对话框

(3) 在打开的对话框中再次输入密码，单击【确定】按钮即可。

4.8 打印文档

完成文档的制作后，必须先对其进行打印预览，按照用户的不同需求进行修改和调整，对打印文档的页面范围、打印份数和纸张大小等参数进行设置，最后将文档打印出来。

4.8.1 预览文档

在打印文档之前，如果想预览打印效果，可以使用打印预览功能，利用该功能查看文档效果，以便及时纠正错误。

在 Word 2016 窗口中，单击【文件】按钮，在弹出的菜单中选择【打印】命令，在右侧的预览窗格中可以预览打印效果，如图 4-95 所示。

图 4-95　预览打印效果

如果看不清楚预览的文档，可以多次单击预览窗格下方的缩放比例工具右侧的+按钮，在合适的缩放比例下进行查看。多次单击−按钮，可以将文档缩小至合适大小，以多页方式查看文档效果。单击【缩放到页面】按钮，可以将文档自动调整到合适的大小以方便显示。

4.8.2 打印设置与执行打印

如果一台打印机与计算机已正常连接，并且安装了所需的驱动程序，就可以在 Word 中将所需的文档直接打印出来。

在 Word 2016 文档中，单击【文件】按钮，在弹出的菜单中选择【打印】命令，打开 Microsoft Office Backstage 视图，在其中部的【打印】窗格中可以设置打印份数、打印机属性、打印页数和双页打印等内容。

【例 4-20】 设置“公司培训调查问卷”文档的打印份数与打印范围，然后打印该文档。

① 继续例 4-19 的操作，单击【文件】按钮，在弹出的菜单中选择【打印】命令，在打开的预览窗格中单击【下一页】按钮▸，预览文档的打印效果。

② 在【打印】窗格的【份数】微调框中输入 3，【打印机】列表框中自动显示默认的打印机。

③ 在【设置】选项区域的【打印所有页】下拉列表框中选择【打印自定义范围】选项，在其下的文本框中输入打印范围，如图 4-96 所示。

④ 单击【单面打印】下拉按钮，在弹出的下拉菜单中选择【手动双面打印】选项，如图 4-97 所示。

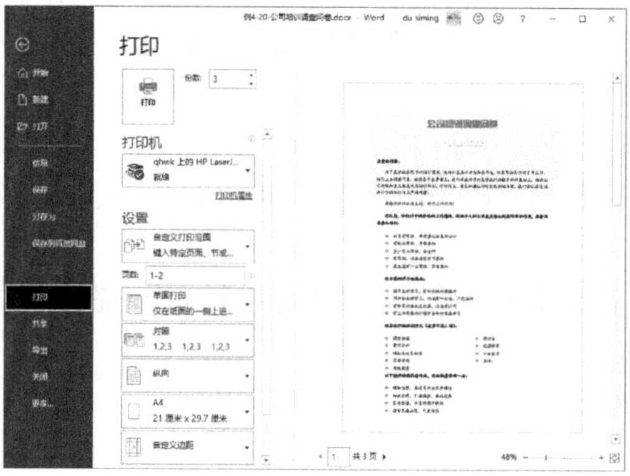

图 4-96　设置文档打印范围和份数

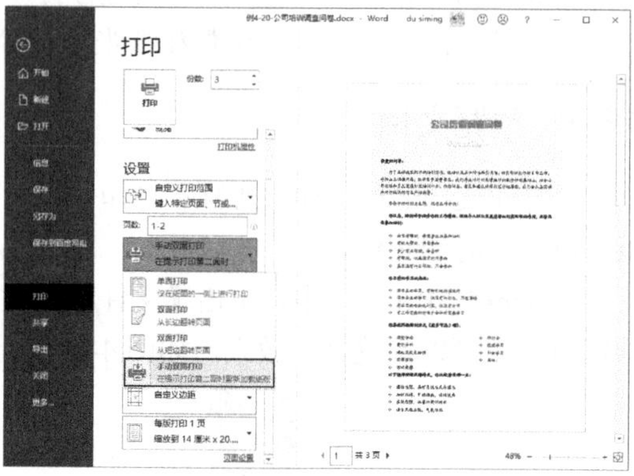

图 4-97　设置文档双面打印

⑤ 完成以上打印参数设置后，单击【打印】按钮，即可开始打印文档。

4.9 综合案例

1. 使用 Word 2016 制作“入职通知”文档，完成以下操作。

(1) 使用 Word 2016 新建一个空白文档，将其命名为“入职通知”并保存。

(2) 在“入职通知”文档中使用中文输入法输入文本，在合适的位置添加特殊符号①、②、③。

(3) 在“入职通知”文档结尾输入日期，并设置日期的格式为“××××年××月××日”。

(4) 在文档中将文本“工资”替换为“薪资”。

(5) 在文档中设置标题和段落的文本格式。

(6) 在文档中设置标题文本居中对齐，设置部分段落文本首行缩进 2 个字符。

(7) 在文档中设置标题文本的段间距(段前和段后)为 12 磅。

(8) 应用格式刷工具，调整“入职通知”文档中所有文本的格式。

2. 使用 Word 2016 制作“公司考勤制度”文档，完成以下操作。

(1) 根据上题创建的“入职通知”文档创建新文档。

(2) 利用【选择性粘贴】功能将文本复制到“公司考勤制度”文档。

(3) 在文档中应用项目符号和编号。

(4) 在文档的末尾绘制一个 6 行 6 列的表格。

(5) 在文档中使用【插入表格】对话框，创建一个 5 行 6 列的表格。

(6) 在文档中将输入的文本转换为表格。

(7) 在文档中单独调整单元格列宽，对表格进行调整。

(8) 在文档中根据文档制作需要，合并表格中的单元格。

(9) 将表格内的一个单元格拆分成两个单元格。

(10) 在表格中快速设置行高和列宽值。

(11) 在文档中设置表格中文本对齐方式为中部两端对齐。

(12) 在文档中为表格设置边框和底纹效果。

(13) 为“公司考勤制度”文档设置页眉和页脚。

3. 使用 Word 2016 制作一个“入场券”文档，要求如下。

(1) 入场券的【形状高度】设置为 63.62 毫米，【形状宽度】设置为 175 毫米。

(2) 设置“入场券”的字体为微软雅黑，字号为小二，字体颜色为金色。

(3) 完成“入场券”文档的制作后，按住 Shift 键选中文档中的所有对象，右击，在弹出的菜单中选择【组合】|【组合】命令，将文档中的所有对象组合在一起。

4.10 习题

一、判断题

1. Word 是一个字表处理软件，文档中不能有图片。(　　)

2. Word 中可以更改快速样式集中的颜色或字体。(　　)

3. Word 中，只有处于页面视图中才能查看或自定义文档中的水印。(　　)

4. 若要在 Word 中浏览文档，必须按向下键以从上向下浏览文档。(　　)

二、选择题

1. 在 Word 中，如果要选定较长的文档内容，可先将光标定位于其起始位置，再按住(　　)键，单击其结束位置即可。

A. Ins　　B. Shift　　C. Ctrl　　D. Alt

2. 在 Word 中，图文混排操作一般应在(　　)视图中进行。

A. 普通　　B. 页面　　C. 大纲　　D. Web 版式

3. 在 Word 2016 中，段落格式的设置包括(　　)。

A. 首行缩进　　B. 居中对齐　　C. 行间距　　D. 以上都对

4. 在 Word 中，要打印一篇文档的第 1、3、5、6、7 和 20 页，需要在【打印】对话框的【页码范围】文本框中输入(　　)。

A. 1-3,5-7,20　　B. 1-3,5,6,7-20　　C. 1,3-5,6-7,20　　D. 1,3,5-7,20

5. 在 Word 编辑状态下，不能选定整篇文档的操作是(　　)。

A. 将鼠标指针移到文本选定区，三击鼠标左键

B. 使用快捷键 Ctrl+A

C. 鼠标指针移到文本选定区，按住 Ctrl 键的同时单击

D. 将鼠标指针移到文本的编辑区，三击鼠标左键

6. 在 Word 中，下述关于分栏操作的说法中，正确的是(　　)。

A. 只能对整篇文档进行分栏

B. 只有在打印预览和页面视图下才可看到分栏效果

C. 设置的各栏宽度和间距与页面宽度无关

D. 栏与栏之间不可以设置分隔线

三、操作题

1. 在打开的Word文档中进行下列操作。

(1) 将页面设置为A4纸，上、下页边距为3厘米，左、右页边距为2厘米，每页38行，每行40个字符。

(2) 设置各段均为1.5倍行距，第四段首字下沉2行，首字字体为隶书、绿色，其余各段首行缩进2字符。

(3) 参考样章，在正文适当位置插入内容为“世界进入粮食短缺时代”的竖排文本框，设置其字体格式为隶书、三号字、红色，环绕方式为四周型，填充色为橙色。

(4) 参考样章，为页面添加3磅绿色方框边框。

(5) 设置页眉为“粮食短缺”，页脚为“粮价上涨”，均居中对齐。

(6) 参考样章，在正文第三段适当位置插入艺术字“粮食危机”，要求采用第三行第四列式样，设置艺术字字体为华文行楷、44号，环绕方式为衬于文字下方。

(7) 将正文最后一段分成等宽的三栏，加分隔线。

2. 在打开的Word文档中进行下列操作。

(1) 设置标题文字“可口可乐……易拉罐传向世界”字体为华文彩云，字号为三号，字形为加粗、倾斜，颜色为红色，对齐方式为居中。

(2) 设置正文第一段“鲁大卫是可口可乐……策略的个人风格。”首行缩进42磅。

(3) 设置正文第二段“鲁大卫认为……”首字下沉，行数为2行，距离正文为8.5磅，字体为华文中宋。

(4) 设置正文第三段“不管怎样……时间继续忙碌着。”的边框为阴影，线型为实线，宽度为0.5磅，底纹填充色为绿色，应用于文字。

(5) 设置正文最后一段分栏，栏数为2栏，栏间加分隔线，字体效果为双删除线。

(6) 插入任意一幅剪贴画，环绕方式为四周型。

3. 在打开的Word文档中进行下列操作。

(1) 设置上、下、左、右边距均为80磅，每页38行。

(2) 设置标题文字“全球儿童……孩子的故事”的字体为黑体，字形为加粗，字号为20号。

(3) 设置正文所有段落首行缩进21磅。

(4) 设置正文第三～第五段分栏，栏数为3，栏宽相等。

(5) 插入2行2列艺术字，设置文字内容为“全球儿童”，字体为华文行楷，字号为24号，竖排显示，环绕方式为四周型，插入位置参照样章图片。

(6) 设置正文第一段的最后一句“我们祝愿孩子们都能拥有幸福的童年和美好的未来。”字体为华文行楷，颜色为红色，加着重号。

(7) 在文档中插入一个8行2列的表格，并设置表格的行高为1.3厘米，列宽为7.5厘米。

(8) 合并表格的第一行，并在该行中输入文本“故事精选”。

(9) 设置表格的样式、边框、底纹(用户可自定义其效果)。

第 5 章
Excel 2016的基本操作

☑ 本章要点

了解电子表格和 Excel 2016 的基本功能。掌握工作簿和工作表的基本概念及基本操作，包括工作簿和工作表的建立、保存和退出，数据的输入和编辑，工作表和单元格的选定、插入、删除、复制、移动，工作表的重命名和工作表窗口的拆分和冻结。掌握工作表的页面设置、打印预览和打印方法。掌握工作表中链接的建立方法。掌握保护和隐藏 Excel 工作簿、工作表的方法。

☑ 知识体系

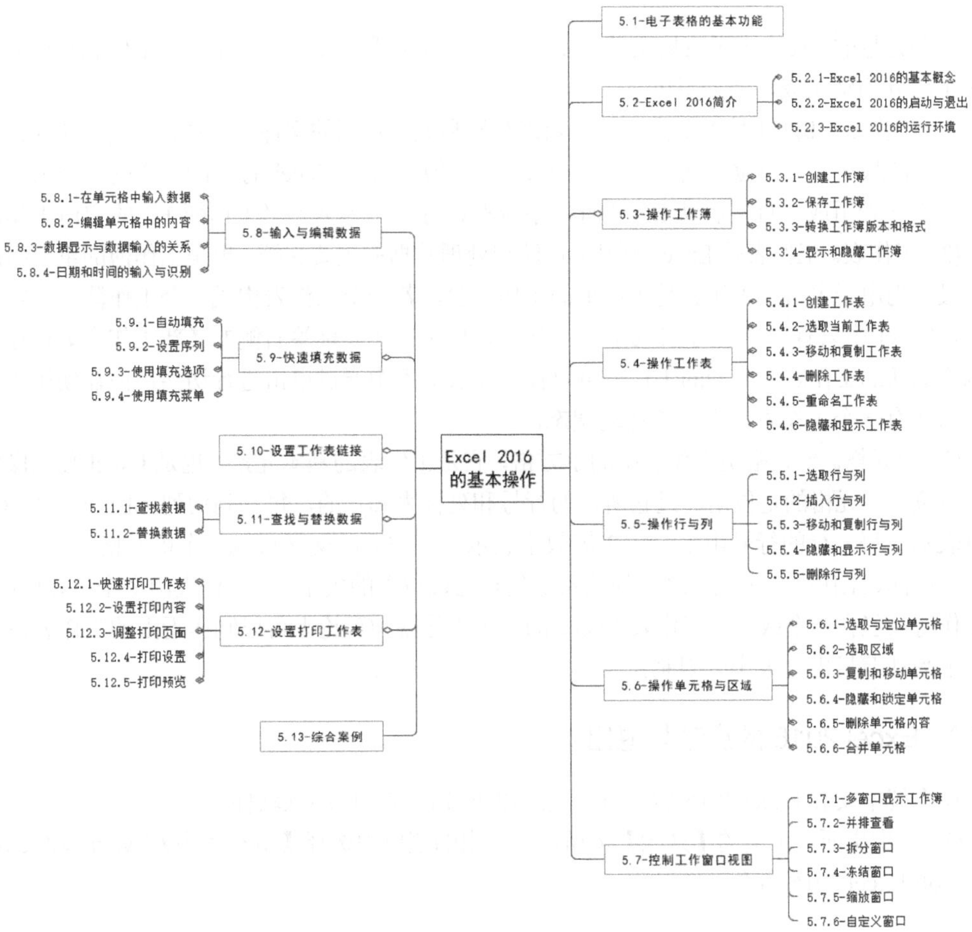

5.1 电子表格的基本功能

电子表格是一种模拟纸上计算表格的计算机程序，它由行与列构成，其单元格内可以存放数值、公式或文本。电子表格可帮助用户制作各种复杂的表格文档，并对文档中的数据进行计算、排序、筛选、分析，还能形象地将海量数据转换为各种直观的图表呈现出来，极大地增强了数据的可视性。

从本章开始，我们将通过目前最常用的 Excel 2016，介绍电子表格的操作方法与应用常识。

5.2 Excel 2016 简介

Excel 2016 是美国微软公司开发的一款电子表格软件，其功能强大，不仅可以帮助用户完成数据的输入、计算和分析等诸多工作，而且还能够方便、快速地完成图表的创建，直观地展现表格中数据之间的关联。

5.2.1 Excel 2016 的基本概念

一个完整的 Excel 电子表格文档主要由 3 个部分组成，分别是工作簿、工作表和单元格，这 3 个部分相辅相成，缺一不可。

(1) 工作簿。Excel 是以工作簿为单元来存储和处理数据的文件。工作簿文件是 Excel 存储在磁盘上的最小独立单位，其扩展名为.xlsx。工作簿窗口是 Excel 打开的工作簿文档窗口，它由多个工作表组成。直接启动 Excel 时，系统默认打开一个名为“工作簿 1”的空白工作簿。

(2) 工作表。工作表是 Excel 中用于存储和处理数据的主要文档，也是工作簿的重要组成部分，又称为电子表格。工作表是 Excel 的工作平台，若干个工作表构成一个工作簿。在默认情况下，Excel 中只有一个名为 Sheet1 的工作表，单击工作表标签右侧的【新工作表】按钮⊕，可以添加新的工作表。不同的工作表可以在工作表标签中通过单击进行切换，但在使用工作表时，只能有一个工作表处于当前活动状态。

(3) 单元格。单元格是工作表中的小方格，它是工作表的基本元素，也是 Excel 独立操作的最小单位。单元格的定位是通过它所在的行号和列标来确定的，每一列的列标由 A、B、C 等字母表示；每一行的行号由 1、2、3 等数字表示，行与列的交叉形成一个单元格。

工作簿、工作表与单元格之间的关系是包含与被包含的关系，即工作表由多个单元格组成，而工作簿又包含一个或多个工作表(Excel 的一个工作簿中理论上可以制作无限的工作表，不过实际上受计算机内存大小的限制)。

5.2.2 Excel 2016 的启动与退出

在系统中安装 Excel 2016 后，可以通过以下几种方法启动该软件。

(1) 单击桌面左下角的【开始】按钮，在弹出的菜单中选择【所有程序】| Microsoft Office | Microsoft Excel 2016 命令。

(2) 双击系统桌面上的 Microsoft Excel 2016 快捷方式。

(3) 双击已经存在的 Excel 工作簿文件(例如“考勤表.xlsx”)。

若要退出正在运行的 Excel 2016 软件，可以采用以下两种方法。

(1) 单击 Excel 2016 软件界面右上角的【关闭】按钮×。

(2) 按 Alt+F4 快捷键。

5.2.3 Excel 2016 的运行环境

启动 Excel 2016 后，其工作界面如图 5-1 所示。

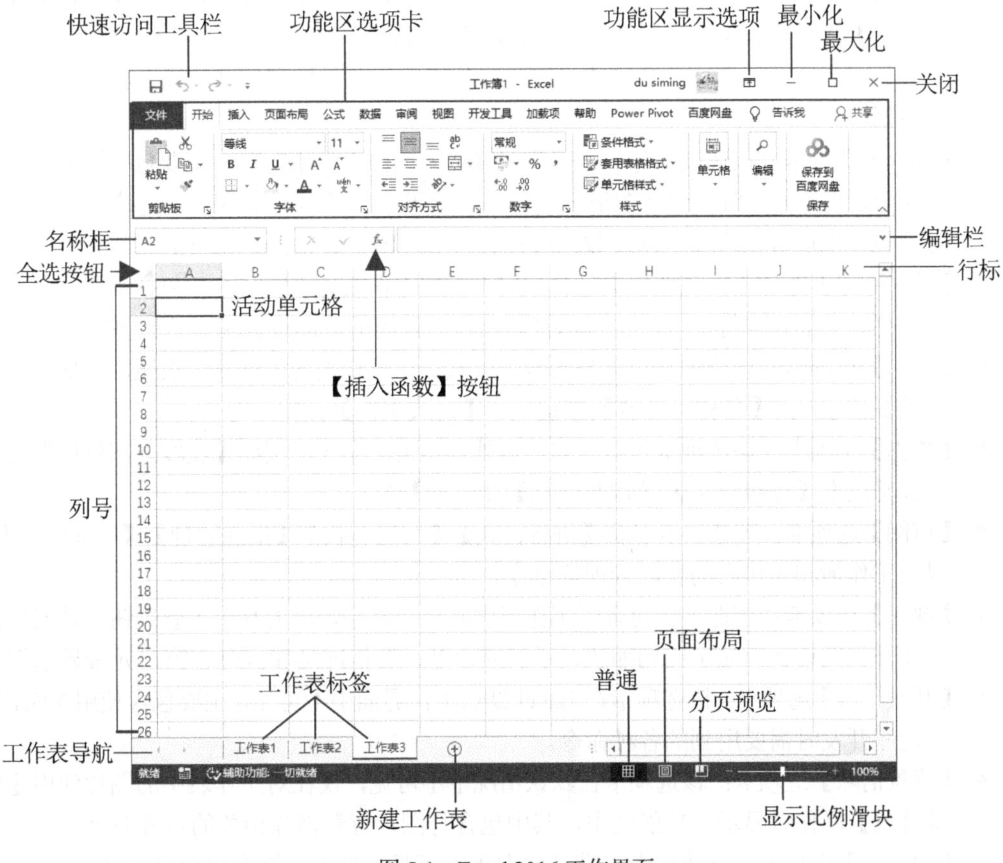

图 5-1　Excel 2016 工作界面

Excel 2016 工作界面中设置了一些便捷的工具栏和按钮，如功能区选项卡、快速访问工具栏、分页预览按钮和显示比例滑块等，其中比较重要部分的功能说明如下。

1. 功能区选项卡

功能区是 Excel 工作界面中的重要元素，通常位于标题栏的下方。功能区由一组选项卡面板组成，单击选项卡标签可以切换到不同的选项卡功能区。

(1) 功能区选项卡的结构。当前选中的选项卡也称为活动选项卡，每个选项卡中包含了多个命令组，每个命令组通常由一些相关命令组成。

以【开始】选项卡为例，其中包含了【剪贴板】【字体】和【对齐方式】等命令组，而其中的【字体】命令组则包含了多个设置字体属性的命令。

单击功能区右上角的【功能区显示选项】按钮，在弹出的列表中，可以设置在 Excel 工作界面中自动隐藏功能区、仅显示选项卡名称或显示选项卡和命令组。

(2) 功能区选项卡的作用。Excel 中主要选项卡的功能说明如下。

- 【文件】选项卡：该选项卡是一个比较特殊的功能区选项卡，由一组命令列表及其相关的选项区域组成，包含【信息】【新建】【打开】【保存】【另存为】【历史记录】等命令。
- 【开始】选项卡：该选项卡包含 Excel 中最常用的命令，例如【剪贴板】【字体】【对齐方式】【数字】【样式】【单元格】和【编辑】等命令组，用于基本的字体格式化、单元格对齐、单元格格式和样式设置、条件格式、单元格和行列的插入删除，以及数据编辑。
- 【插入】选项卡：该选项卡包含了所有可以插入工作表中的对象，主要包括图表、图片和图形、剪贴画、SmartArt 图形、迷你图、艺术字、符号、文本框、链接、三维地图等，也可以通过该选项卡创建数据透视表、切片器、数学公式和表格。
- 【页面布局】选项卡：该选项卡包含了用于设置工作表外观的命令，包括主题、图形对象排列、页面设置等，同时也包括打印表格所使用的页面设置和缩放比例等。
- 【公式】选项卡：该选项卡包含与函数、公式、计算相关的各种命令按钮，例如【插入函数】按钮*fx*、【名称管理器】按钮、【公式求值】按钮等。
- 【数据】选项卡：该选项卡包含了与数据处理相关的命令，例如【获取外部数据】【排序和筛选】【分级显示】【合并计算】【分列】等。
- 【审阅】选项卡：该选项卡包含【拼音检查】【智能查找】【批注管理】【繁简转换】，以及工作簿和工作表的权限管理等命令。
- 【视图】选项卡：该选项卡包含了工作界面底部状态栏附近的几个主要按钮，功能包括工作簿视图切换、显示比例缩放、录制宏命令、窗格冻结和拆分、窗口元素显示等。
- 【开发工具】选项卡：该选项卡在 Excel 默认工作界面中不可见，主要包含使用 VBA 进行程序开发时需要用到的各种命令。
- 【背景消除】选项卡：该选项卡在默认情况下不可见，仅在对工作表中的图片使用【删除背景】操作时显示在功能区中，其中包含与图片背景消除相关的各种命令。
- 【加载项】选项卡：该选项卡在默认情况下不可见，当工作簿中包含自定义菜单命令、自定义工具栏及第三方软件安装的加载项时会显示在功能区中。

2. 工具选项卡

除了软件默认显示和自定义添加的功能区选项卡外，Excel 还包含许多附加选项卡。这些选项卡只在进行特定操作时显示，因此也被称为工具选项卡，例如【SmartArt 工具】选项卡、【图表工具】选项卡、【图片工具】选项卡、【页眉和页脚工具】选项卡、【迷你图工具】选项卡、【数据透视表工具】选项卡、【数据透视图工具】选项卡等。

3. 快速访问工具栏

Excel 2016 工作界面中的快速访问工具栏位于工作界面的左上角，它包含一组常用的快捷命令按钮，并支持自定义其中的命令，用户可以根据工作需要添加或删除其所包含的命令按钮。

快速访问工具栏默认包含【保存】按钮、【撤销】按钮、【恢复】按钮 3 个快捷命令按钮。单击工具栏右侧的【自定义快速访问工具栏】按钮，可以在弹出的列表中显示更多的内置命令按钮，例如【快速打印】【拼写检查】和【新建】等。

5.3 操作工作簿

在 Excel 中，用于存储并处理工作数据的文件被称为工作簿，它是用户使用 Excel 进行操作的主要对象和载体。熟练掌握工作簿的相关操作，不仅可以保障工作中的表格数据被正确地创建、打开、保存和关闭，还能够在出现特殊情况时帮助用户快速恢复数据。

5.3.1 创建工作簿

在任何版本的 Excel 中，按 Ctrl+N 快捷键都可以新建一个空白工作簿。除此之外，选择【文件】选项卡，在弹出的菜单中选择【新建】命令，并在展开的工作簿列表中双击【空白工作簿】图标或任意一种工作簿模板，也可以创建新的工作簿。

5.3.2 保存工作簿

当用户需要将工作簿保存在计算机硬盘中时，可以参考以下几种方法。

(1) 在功能区中选择【文件】选项卡，在打开的菜单中选择【保存】或【另存为】命令，如图 5-2 所示。

(2) 单击窗口左上角快速访问工具栏中的【保存】按钮。

(3) 按 Ctrl+S 快捷键或按 Shift+F12 快捷键。

此外，经过编辑修改却未经过保存的工作簿在被关闭时，将自动弹出一个警告对话框，询问用户是否需要保存工作簿，单击其中的【保存】按钮，也可以保存当前工作簿。

1. 保存和另存为的区别

Excel 中有两个和保存功能相关的命令，分别是【保存】和【另存为】，这两个命令有以下区别。

- 执行【保存】命令不会打开【另存为】对话框，而是直接将编辑修改后的数据保存到当前工作簿中。执行【保存】命令后，工作簿的文件名、存放路径不会发生任何改变。
- 执行【另存为】命令后，将打开【另存为】对话框，允许用户重新设置工作簿的存放路径、文件名并设置保存选项。

在对新建工作簿进行一次保存时，或者使用【另存为】命令保存工作簿时，将打开如图 5-3 所示的【另存为】对话框。在该对话框左侧列表框中可以选择具体的文件存放路径，如果需要将工作簿保存在新建的文件夹中，可以单击对话框左上角的【新建文件夹】按钮。

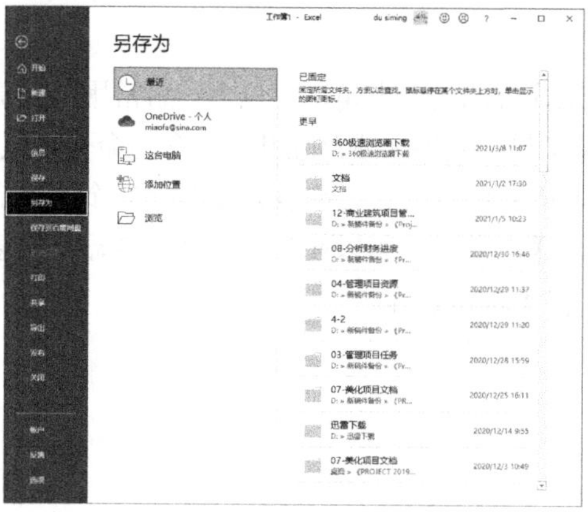

图 5-2　保存工作簿

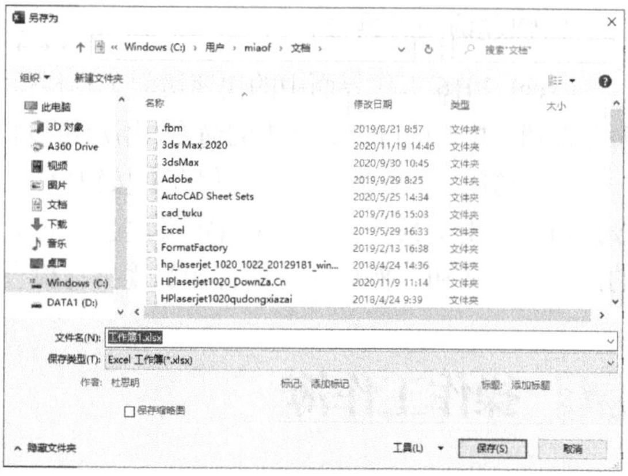

图 5-3　【另存为】对话框

2. 工作簿的更多保存选项

保存工作簿时，在打开的【另存为】对话框底部单击【工具】下拉按钮，如图 5-4 所示，从弹出的列表中选择【常规选项】选项，将打开如图 5-5 所示的【常规选项】对话框。

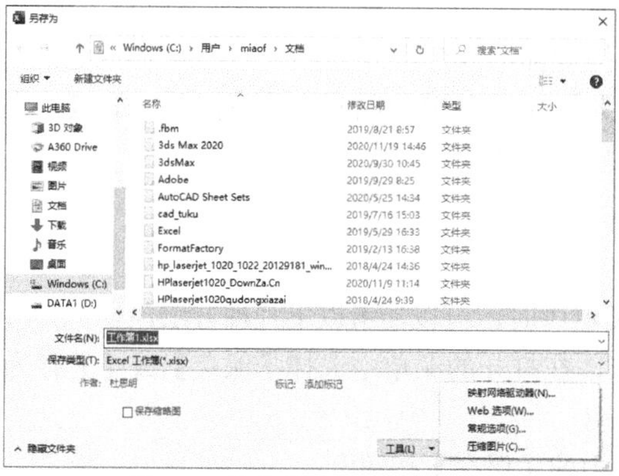

图 5-4　单击【工具】下拉按钮

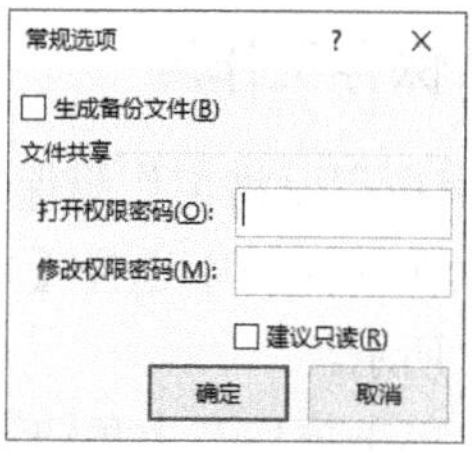

图 5-5　【常规选项】对话框

在【常规选项】对话框中，可以使用多种不同的方式保存工作簿，例如：

- 设置在保存工作簿时生成备份文件。
- 在保存工作簿时设置打开权限密码。
- 设置以“只读”方式保存工作簿。

5.3.3　转换工作簿版本和格式

用户可以在图 5-3 所示【另存为】对话框的【文件名】文本框中为工作簿命名，新建工作簿的默认名称为“工作簿 1.xlsx”，文件保存类型一般为“Excel 工作簿(*.xlsx)”，即以.xlsx 为扩展名的文件。单击对话框中的【保存类型】按钮，用户可以在弹出的列表中选择相应的命令转换工作簿文件的版本与格式。

5.3.4　显示和隐藏工作簿

如果用户在 Excel 软件中同时打开多个工作簿，Windows 操作系统的任务栏将显示所有工作簿的标签。此时，在【视图】选项卡的【窗口】命令组中单击【切换窗口】下拉按钮，可以查看所有被打开的工作簿列表，如图 5-6 所示。在列表中选择工作簿名称，可以在不同工作簿之间切换。

若用户需要隐藏某个工作簿，可以在激活工作簿后，在功能区选择【视图】选项卡，在【窗口】命令组中单击【隐藏】按钮即可。

如果所有工作簿都被隐藏，Excel 软件将只显示灰色的窗口而不显示工作区域。

隐藏后的工作簿并没有被关闭或退出，而是继续被驻留在 Excel 中，但无法通过正常的窗口切换方法来显示。如果要取消工作簿的隐藏状态，可以在【视图】选项卡的【窗口】命令组中单击【取消隐藏】按钮，在打开的【取消隐藏】对话框中选择需要取消隐藏的工作簿名称，然后单击【确定】按钮即可，如图 5-7 所示。

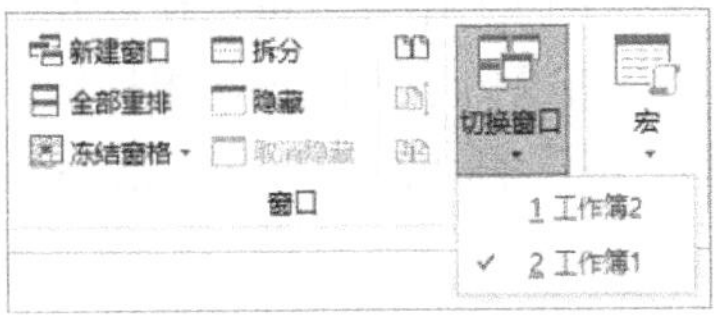

图 5-6 【窗口】命令组

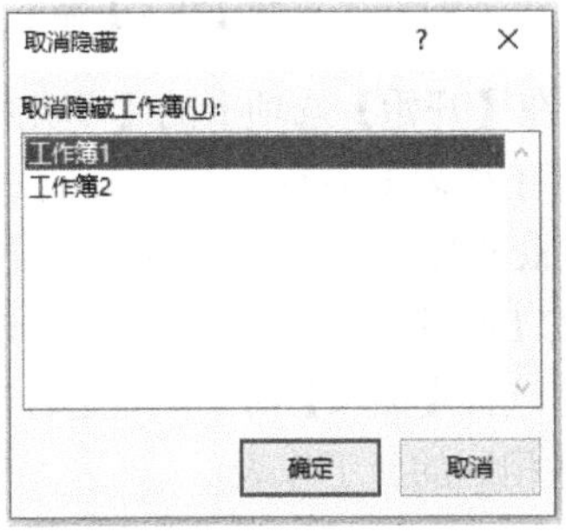

图 5-7 【取消隐藏】对话框

5.4 操作工作表

工作表包含于工作簿之中，用于保存 Excel 中所有的数据，是工作簿的必要组成部分，工作簿总是包含一个或多个工作表，工作簿与工作表之间的关系就好比是书本与书页的关系。

5.4.1 创建工作表

若工作簿中的工作表数量不够，用户可以在工作簿中创建新的工作表，不仅可以创建空白的工作表，还可以根据模板插入带有样式的新工作表。Excel 中常用的创建工作表的方法有 4 种，分别如下。

(1) 在工作表标签栏的右侧单击【新工作表】按钮⊕。

(2) 按 Shift+F11 快捷键，则会在当前工作表前插入一个新工作表。

(3) 右击工作表标签，在弹出的菜单中选择【插入】命令，如图 5-8 所示。在打开的【插入】对话框中选择【工作表】选项，并单击【确定】按钮即可，如图 5-9 所示。此外，在【插入】对话框的【电子表格方案】选项卡中，还可以设置要插入工作表的样式。

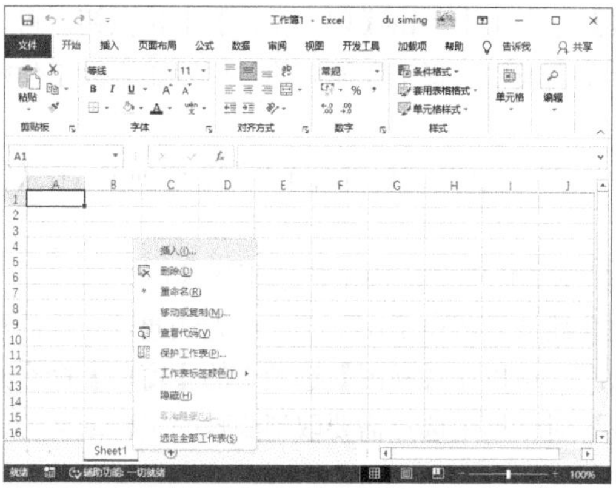

图 5-8　选择【插入】命令

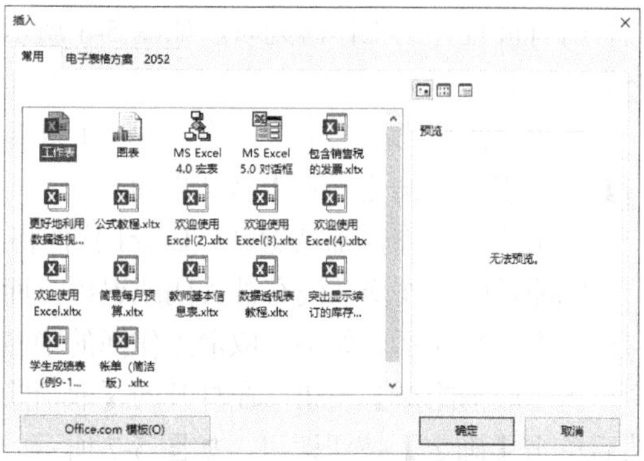

图 5-9　【插入】对话框

(4) 在【开始】选项卡的【单元格】命令组中单击【插入】下拉按钮，在弹出的下拉列表中选择【工作表】命令。

在 Excel 2016 中，若需要在当前工作簿中快速创建多个空白工作表，可以在创建一个工作表后，按 F4 键重复操作，也可以同时选中多个工作表，右击窗口下方的工作表标签，在弹出的菜单中选择【插入】命令，通过打开的【插入】对话框实现目的(此时将一次性创建与选取工作表数量相同的新工作表)。

5.4.2　选取当前工作表

在实际工作中，由于一个工作簿中往往包含多个工作表，因此操作前需要选取一个工作表作为当前工作表。在 Excel 窗口底部的工作表标签栏中，选取工作表的常用操作有以下 4 种。

(1) 选定一张工作表，直接单击该工作表的标签即可。

(2) 选定相邻的工作表，首先选定第一张工作表标签，然后按住 Shift 键并单击其他相邻工作表的标签即可。

(3) 选定不相邻的工作表，首先选定第一张工作表标签，然后按住 Ctrl 键并单击其他任意一张工作表标签即可。

(4) 选定工作簿中的所有工作表，右击任意一个工作表标签，在弹出的菜单中选择【选定全部工作表】命令即可。

除了上面介绍的几种方法以外，按 Ctrl+PageDown 快捷键可以切换到当前工作表右侧的工作表，按 Ctrl+PageUp 快捷键可以切换到当前工作表左侧的工作表。

在工作簿中选中多个工作表后，在 Excel 窗口顶部的标题栏中将显示“[组]”提示，并进入相应的操作模式。若要取消这种操作模式，可以在工作表标签栏中单击选中工作表以外的另一个工作表(若工作簿中的所有工作表都被选中，则在工作表标签栏中单击任意工作表标签即可)；也可以右击工作表标签，在弹出的菜单中选择【取消组合工作表】命令。

5.4.3　移动和复制工作表

移动和复制工作表是办公中的常用操作，通过复制操作，工作表可以在另一个工作簿或不同的工作簿中创建副本；通过移动操作，可以改变工作表在同一个工作簿中的排列顺序，也可以将工作表在不同的工作簿之间转移。

1. 通过对话框操作

在 Excel 中，有以下两种方法可以打开【移动或复制工作表】对话框，移动或复制工作表。

(1) 右击工作表标签，在弹出的菜单中选择【移动或复制工作表】命令。

(2) 选择【开始】选项卡，在【单元格】命令组中单击【格式】拆分按钮，在弹出的菜单中选择【移动或复制工作表】命令。

【例 5-1】 在 Excel 2016 中移动或复制工作表。

① 执行上面介绍的两种方法之一，打开【移动或复制工作表】对话框，在【工作簿】下拉列表中选择要移动或复制的目标工作簿，如图 5-10 所示。

② 在【下列选定工作表之前】列表中显示了指定工作簿中包含的所有工作表，选中其中的某个工作表，指定移动或复制工作表后被操作工作表在目标工作簿中的位置。

③ 若选中对话框中的【建立副本】复选框，则确定当前对工作表的操作为“复制”；若取消【建立副本】复选框的选中状态，则确定对工作表的操作为“移动”。

④ 单击【确定】按钮即可完成对当前选定工作表的移动或复制操作，效果如图 5-11 所示。

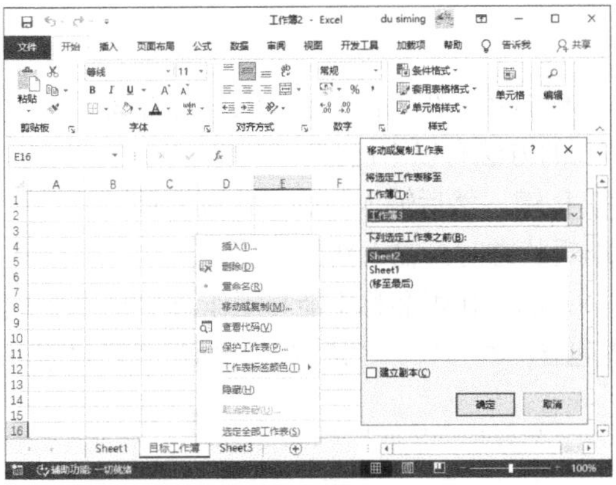

图 5-10　选择要移动或复制的目标工作簿

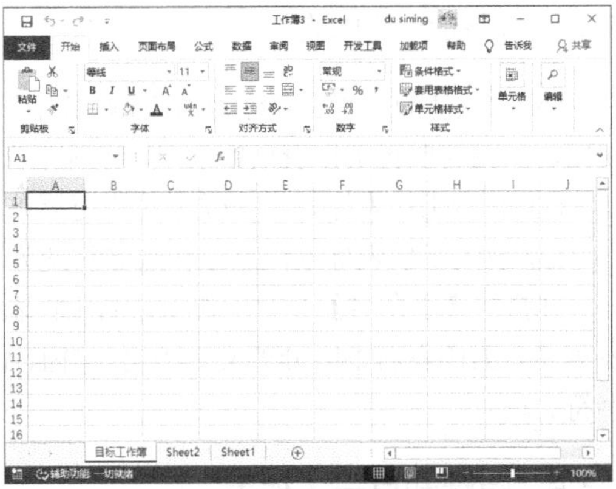

图 5-11　将“工作簿 2”中的一个工作表移动至“工作簿 3”中

2. 拖动工作表标签

通过拖动工作表标签来实现移动或复制工作表的操作步骤非常简单，方法如下。

(1) 将光标移动至需要移动的工作表标签上单击，鼠标指针显示出文档的图标，此时可以将当前工作表拖动至其他位置，如图 5-12 所示。

(2) 拖动一个工作表标签至另一个工作表标签的上方时，被拖动的工作表标签前将出现黑色三角箭头图标，以此标识工作表的移动插入位置，此时如果释放鼠标即可移动工作表，如图 5-13 所示。

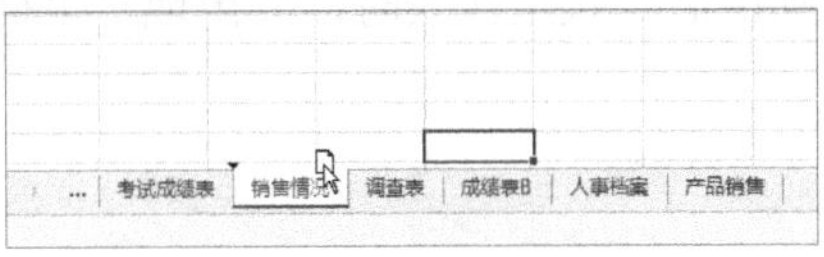

图 5-12　选中需要移动的工作表

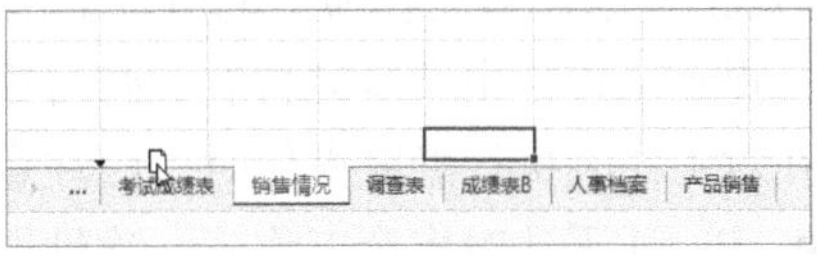

图 5-13　拖动工作表标签移动工作表位置

(3) 按住鼠标左键的同时按住 Ctrl 键，执行复制操作，此时鼠标指针下的文档图标上还会出现一个“+”号，以此来表示当前操作方式为复制。

(4) 如果当前屏幕中同时显示了多个工作簿，则拖动工作表标签的操作也可以在不同工作簿中进行。

5.4.4 删除工作表

对工作表进行编辑操作时，可以删除一些多余的工作表，这样不仅可以方便用户对工作表进行管理，也可以节省系统资源。在 Excel 中删除工作表的常用方法如下。

(1) 在工作簿中选定要删除的工作表，在【开始】选项卡的【单元格】命令组中单击【删除】下拉按钮，在弹出的下拉列表中选择【删除工作表】命令即可。

(2) 右击要删除工作表的标签，在弹出的快捷菜单中选择【删除】命令即可。

若用户要同时删除工作簿中的多个工作表，则可以按 Ctrl 键选中工作簿中需要删除的多张工作表，然后右击工作表标签，在弹出的菜单中选择【删除】命令，在打开的提示对话框中单击【删除】按钮即可。

5.4.5 重命名工作表

Excel 默认的工作表名称为“Sheet+数字”，这样的名称在工作中没有具体的含义，不方便使用，一般需要将工作表重新命名。重命名工作表的方法有以下两种。

(1) 右击工作表标签，在弹出的快捷菜单后按 R 键，然后输入新的工作表名称。

(2) 双击工作表标签，当工作表名称变为可编辑状态时，输入新的名称。

在执行【重命名】命令操作重命名工作表时，新的工作表名称不能与工作簿中的其他工作表重名，工作表名不区分英文大小写，并且不能包含“*”“/”“:”“?”“[”“\”“]”等字符。

5.4.6 隐藏和显示工作表

一个工作簿中通常有多个工作表，为了切换方便，可以将已经编辑好的工作表隐藏起来。为了工作表的安全性，也可以将不想让别人看到的工作表隐藏起来。

1. 隐藏工作表

在 Excel 中隐藏工作表的操作方法有以下两种。

(1) 选择【开始】选项卡，在【单元格】命令组中单击【格式】拆分按钮，在弹出的列表中选择【隐藏和取消隐藏】|【隐藏工作表】命令。

(2) 右击工作表标签，在弹出的菜单中选择【隐藏】命令，如图 5-14 所示。

Excel 无法隐藏工作簿中的所有工作表，当隐藏到最后一张工作表时，会出现一个提示对话框，提示工作簿中至少应含有一张可视的工作表。

在对工作表执行隐藏操作时，应注意以下几点。

- Excel 无法对多个工作表一次性取消隐藏。
- 如果没有隐藏工作表，则【取消隐藏】命令将呈灰色显示。

- 工作表的隐藏操作不会改变工作表的排列顺序。

2. 显示被隐藏的工作表

如果需要取消工作表的隐藏状态，可以参考以下两种方法。

(1) 选择【开始】选项卡，在【单元格】命令组中单击【格式】拆分按钮，在弹出的菜单中选择【隐藏和取消隐藏】|【取消隐藏工作表】命令，在打开的【取消隐藏】对话框中选择需要取消隐藏的工作表后，单击【确定】按钮，如图 5-15 所示。

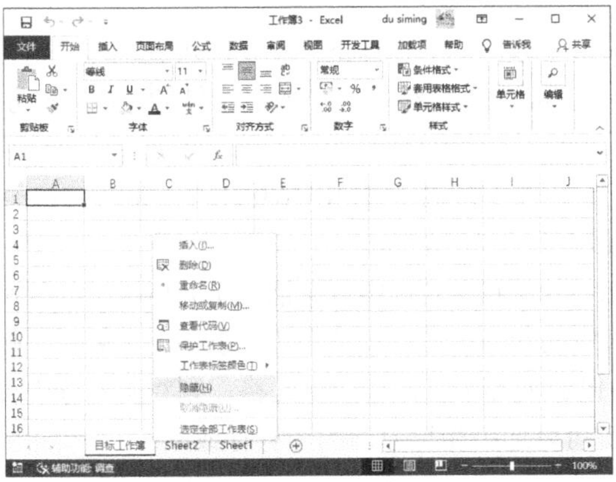

图 5-14　隐藏工作表

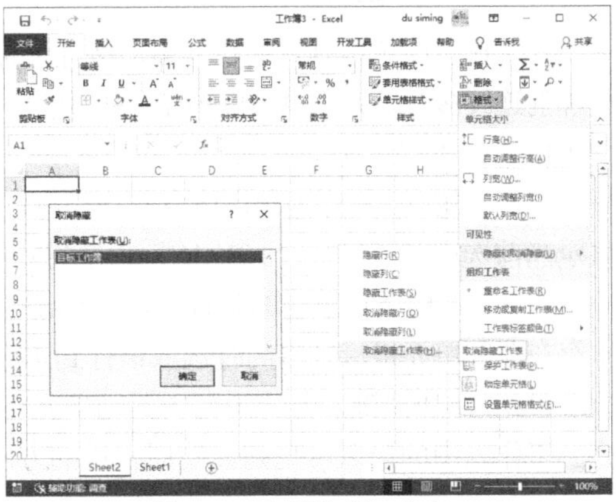

图 5-15　取消隐藏工作表

(2) 在工作表标签上右击，在弹出的菜单中选择【取消隐藏】命令，然后在打开的【取消隐藏】对话框中选择需要取消隐藏的工作表，并单击【确定】按钮。

5.5 操作行与列

Excel 工作表由许多横线和竖线交叉而成的一排排格子组成，在由这些线条组成的格子中，录入各种数据就构成了办公中所使用的表。工作表最基本的结构是由横线间隔而出的行(row)与由竖线分隔出的列(column)组成。行、列相互交叉所形成的格子称为单元格(cell)。

5.5.1 选取行与列

Excel 中，如果当前工作簿文件的扩展名为.xls，其包含工作表的最大行号为 65 536(即 65 536 行)；如果当前工作簿文件的扩展名为.xlsx，其包含工作表的最大行号为 1 048 576(即 1 048 576 行)。在工作表中，最大列标为 XFD(A～Z、AA～XFD，即 16 384 列)。

如果用户选中工作表中的任意单元格，按 Ctrl+↓快捷键，可以快速定位到选定单元格所在列向下连续非空的最后一行(若整列为空或选中的单元格所在列下方均为空，则定位至工作表当前列的最后一行)；按 Ctrl+→快捷键，可以快速定位到选定单元格所在行向右连续非空的最后一列(若整行为空或选中单元格所在行右侧均为空，将定位到当前行的 XFD 列)；按 Ctrl+Home 快捷键，可以快速定位到表格左上角单元格；按 Ctrl+End 快捷键，可以快速定位到表格右下角单元格。

在 Excel 中，选取行与列的基础操作有以下几种。

1. 选取单行/单列

在工作表中单击具体的行号和列标标签即可选中相应的整行或整列。当选中某行(或某列)后，此行(或列)的行号标签将会改变颜色，所有的标签将加亮显示，相应行、列的所有单元格也会加亮显示，以标识出其当前处于被选中状态。

2. 选取相邻连续的多行/多列

在工作表中单击具体的行号后，按住鼠标左键不放，向上、向下拖动，即可选中与选定行相邻的连续多行。如果单击选中工作表中的列标，然后按住鼠标左键不放，并向左、向右拖动，则可以选中相邻的连续多列。

以选取第 2～8 行为例，选取多行后将在第 8 行的下方显示“6R×16384C”，其中“6R”表示当前选中了 6 行；“16384C”表示每行的最大列数为 16 384。

此外，选中工作表中的某行后，按 Ctrl+Shift+↓快捷键，若选中行中活动单元格以下的行都不存在非空单元格，则将同时选取该行到工作表中的最后可见行；选中工作表中的某列后，按 Ctrl+Shift+→快捷键，若选中列中活动单元格右侧的列都不存在非空单元格，则将同时选中该列到工作表中的最后可见列。使用相反的方向键可以选中相反方向的所有行或列。

3. 选取不相邻的多行/多列

若要选取工作表中不相邻的多行，则用户可以在选中某行后，按住 Ctrl 键不放，继续使用鼠标单击其他行标签，完成选择后松开 Ctrl 键即可。选择不相邻多列的方法与此类似。

4. 选取工作表中的所有单元格

单击行列标签交叉处的【全选】按钮◿，或者按 Ctrl+A 快捷键可以同时选中工作表中的所有行和所有列，即选中整个工作表中的所有单元格。

5.5.2 插入行与列

当用户需要在表格中新增一些条目和内容时，就需要在工作表中插入行或列。在 Excel 中，在选定行上方插入新行的方法有以下几种。

(1) 右击选中的行，在弹出的菜单中选择【插入】命令，若当前选中的不是整行而是单元格，将打开【插入】对话框，在该对话框中选中【整行】单选按钮，然后单击【确定】按钮即可，如图 5-16 所示。

(2) 选中目标行后，按 Ctrl+Shift+=快捷键。

若要在选定列左侧插入新列，同样也可以采用上面介绍的操作方法。

如果用户在执行插入行或列操作之前，选中连续的多行、多列，则在执行【插入】操作后，会在选定位置之前插入与选定行、列相同数量的行或列，插入多列的效果如图 5-17 所示。

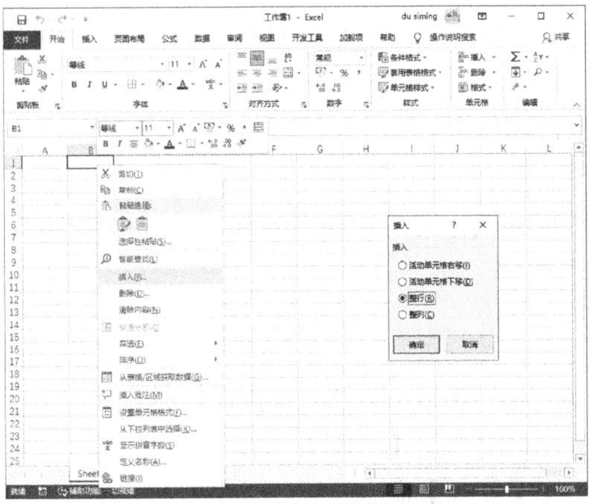

图 5-16　插入整行

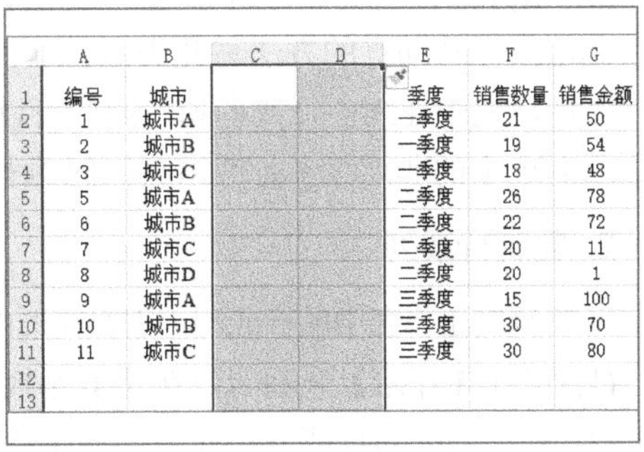

图 5-17　插入多列

如果在插入操作之前选中的是非连续的多行或多列，也可以同时执行【插入行】或【插入列】命令，并且新插入的空行或列也是非连续的，其具体数量与选取的行、列数量相同。

5.5.3　移动和复制行与列

在处理表格时，若用户需要改变表格中行、列的位置或顺序，可以使用下面介绍的移动行或列的操作来实现目的。

1. 移动行或列

在工作表中选取要移动的行或列后，要执行移动操作，应先对选中的行或列执行【剪切】操作，方法有以下几种。

(1) 在【开始】选项卡的【剪贴板】命令组中单击【剪切】按钮✂。

(2) 右击选中的行或列，在弹出的菜单中选择【剪切】命令。

(3) 按 Ctrl+X 快捷键。

行或列被剪切后，将在其四周显示虚线边框。此时，选取移动行的目标位置行的下一行(或该行的第一个单元格)，然后参考以下几种方法之一执行【插入复制的单元格】命令即可“剪切”行或列。

(1) 在【开始】选项卡的【单元格】命令组中单击【插入】下拉按钮，在弹出的列表中选择【插入复制的单元格】命令。

(2) 右击，在弹出的菜单中选择【插入剪切的单元格】命令。

(3) 按 Ctrl+V 快捷键。

完成行或列的移动操作后，需要移动的行的次序将被调整到目标位置之前，而被移动行的原来位置将被自动清除。若用户选中多行，则也可以同时对连续的多行执行移动操作。

注意，不连续的多行或多列无法执行剪切操作。移动列的方式与移动行的方式类似。

除了使用上面介绍的方法对行或列执行移动操作以外，使用下面介绍的方法利用鼠标移动行或列更加方便。

(1) 选中需要移动的列，将指针放置在选中列的边框上，当指针变为黑色十字箭头图标时，按住鼠标左键的同时按 Shift 键。

(2) 拖动鼠标，此时将显示一条工字形的虚线，显示了移动行的目标插入位置，拖动鼠标直至工字形虚线位于需要移动列的目标位置。

(3) 松开鼠标左键，即可将选中的列移动至目标位置。

利用鼠标移动行的方法与此类似。

若用户选中连续多行或多列，同样可以通过拖动鼠标对多行或多列执行同时移动操作，但是无法对选中的非连续多行或多列同时执行移动操作。

2. 复制行或列

若要复制工作表中的行或列，需要在选中行或列后参考以下方法之一执行复制操作。

(1) 选择【开始】选项卡，在【剪贴板】命令组中单击【复制】按钮。

(2) 右击选中的行或列，在弹出的菜单中选择【复制】命令。

(3) 按 Ctrl+C 快捷键。

行或列被复制后，选中需要复制的目标位置的下一行(选取整行或该行的第一个单元格)，选择以下方法之一，执行【插入复制的单元格】命令即可完成复制行或列的操作。

(1) 在【开始】选项卡的【单元格】命令组中单击【插入】下拉按钮，在弹出的列表中选择【插入复制的单元格】命令。

(2) 右击，在弹出的菜单中选择【插入复制的单元格】命令。

(3) 按 Ctrl+V 快捷键。

利用鼠标复制行或列的方法，与移动行或列的方法类似，具体如下。

(1) 选中工作表中的某行后，按住 Ctrl 键不放，同时移动鼠标指针至选中行的底部，鼠标指针旁将显示“+”符号图标。

(2) 拖动鼠标至目标位置将显示实线框，表示复制的数据将覆盖目标区域中的原有数据。

(3) 松开鼠标左键，即可将选择的行复制到目标行并覆盖目标行中的数据。

若用户在按住 Ctrl+Shift 快捷键的同时拖动鼠标复制行，将在目标行上显示工字形虚线，此时松开鼠标可以完成行的复制并插入操作。

通过拖动鼠标来复制列的方式与上面介绍的方法类似。注意可以同时对连续多行或多列进行复制，但无法对选取的非连续多行或多列执行鼠标拖动复制操作。

5.5.4 隐藏和显示行与列

若用户不想让别人看到表格中的部分内容，可以隐藏行或列。

1. 隐藏指定的行或列

若要隐藏工作表中指定的行、列，可以参考以下步骤。

(1) 选中需要隐藏的行，在【开始】选项卡的【单元格】命令组中单击【格式】下拉按钮，在弹出的列表中选择【隐藏和取消隐藏】|【隐藏行】命令即可隐藏选中的行。

(2) 隐藏列的操作与隐藏行的方法类似，选中需要隐藏的列后，单击【单元格】命令组中的【格式】下拉按钮，在弹出的列表中选择【隐藏和取消隐藏】|【隐藏列】命令即可。

若用户在执行以上操作隐藏行、列之前，所选中的是整行或整列，也可以通过右击选中的行或列，在弹出的菜单中选择【隐藏】命令来进行隐藏行或列操作。

隐藏行的实质是将选中行的行高设置为 0；同样，隐藏列实际上就是将选中列的列宽设置为 0。因此，通过菜单命令或拖动鼠标改变行高或列宽的操作，也可以实现行、列的隐藏。

2. 显示被隐藏的行或列

在工作表中隐藏行、列后包含隐藏行、列处的行号和列标将不再显示连续的标签序号，隐藏行、列处的标签分隔线也会显得比其他的分隔线更粗。

若要恢复显示隐藏的行、列，可以使用以下几种方法。

(1) 选中包含隐藏行、列的整行或整列，右击，在弹出的菜单中选择【取消隐藏】命令即可。

(2) 选中表中包含隐藏行的区域，在【开始】选项卡的【单元格】命令组中单击【格式】下拉按钮，在弹出的列表中选择【隐藏和取消隐藏】|【取消隐藏行】命令即可(或按 Ctrl+Shift+9 快捷键)。显示隐藏列的方法与显示隐藏行的方法类似，选中包含隐藏列的区域，单击【格式】下拉按钮，在弹出的列表中选择【隐藏和取消隐藏】|【取消隐藏列】命令即可。

(3) 通过设置行高、列宽的方法也可以取消行、列的隐藏状态。将工作表中要隐藏的行、列的行高、列宽设置为 0，可以将选取的行、列隐藏；反之，将行高和列宽设置为大于 0 的值，可以将隐藏的行、列重新显示。

(4) 选取包含隐藏行、列的区域，在【开始】选项卡【单元格】命令组中单击【自动调整行高】命令或【自动调整列宽】命令，即可将其中隐藏的行、列恢复显示。

5.5.5　删除行与列

在 Excel 2016 中删除表格行与列的方法有以下几种。

(1) 选中需要删除的整行或整列，在【开始】选项卡的【单元格】命令组中单击【删除】下拉按钮，在弹出的列表中选择【删除工作表行】或【删除工作表列】命令即可。

(2) 选中要删除行、列中的单元格或区域，右击，在弹出的菜单中选择【删除】命令，打开【删除】对话框，选择【整行】或【整列】命令，然后单击【确定】按钮。

5.6　操作单元格与区域

在处理表格时，不可避免地需要对表中的单元格进行操作，单元格是 Excel 工作表最基础的元素，一张完整的工作表(扩展名为.xlsx 的工作簿中)通常包含 17 179 869 184 个单元格，其中每个单元格都可以通过单元格地址来进行标识，单元格地址由它所在列的列标和所在行的行号所组成，其形式为“字母+数字”，以图 5-18 所示的活动单元格为例，该单元格位于 E 列第 8 行，其地址就为 E8(显示在窗口左侧的名称框中)。

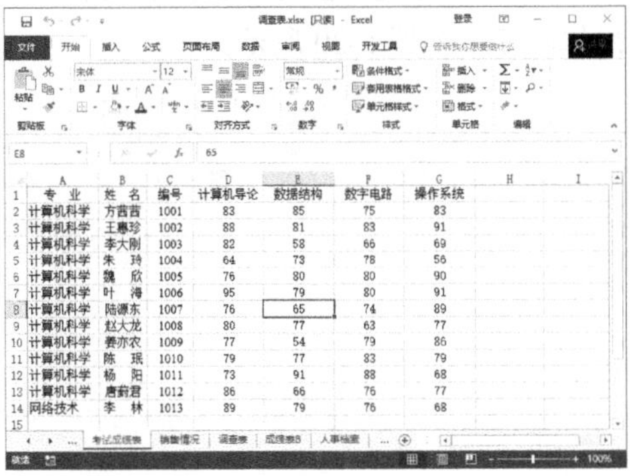

图 5-18　工作表中的活动单元格

在工作表中，无论用户是否执行过任何操作，都存在一个被选中的活动单元格，活动单元格的边框显示为黑色矩形线框，工作窗口左侧的【名称框】文本框内会显示其单元格地址，编辑栏中则会显示单元格中的内容。用户可以在活动单元格中输入和编辑数据，数据类型包括文本、数值、公式等。

5.6.1 选取与定位单元格

若要选取工作表中的某个单元格为活动单元格，只要单击目标单元格或按键盘上的方向键等移动当前活动单元格即可。若通过鼠标直接单击单元格，可以将被单击的单元格直接选取为活动单元格；若使用键盘方向键及 Page UP、Page Down 等按键，则可以在工作表中移动选取活动单元格，快捷键的使用说明如表 5-1 所示。

表 5-1 移动选取单元格的快捷键

按键名称	功能说明
方向键↑	向上一行移动
方向键↓	向下一行移动
方向键←	水平向左移动
方向键→	水平向右移动
Page UP	向上翻一页
Page Down	向下翻一页
Alt+Page UP	左移一屏
Alt+Page Down	右移一屏

除了使用鼠标和快捷键在工作表中选取单元格以外，用户还可以在 Excel 窗口左侧的【名称框】文本框中输入目标单元格地址，然后按 Enter 键快速将活动单元格定位到目标单元格。与此操作效果相似的是【定位】功能，可以定位工作表中的目标单元格。

【例 5-2】使用【定位】功能快速定位单元格。

① 在【开始】选项卡的【编辑】命令组中单击【查找和选择】下拉按钮，如图 5-19 所示，在弹出的列表中选择【转到】命令(或按 F5 键)。

② 打开【定位】对话框，在【引用位置】文本框中输入目标单元格的地址，单击【确定】按钮即可，如图 5-20 所示。

图 5-19 选择【转到】命令

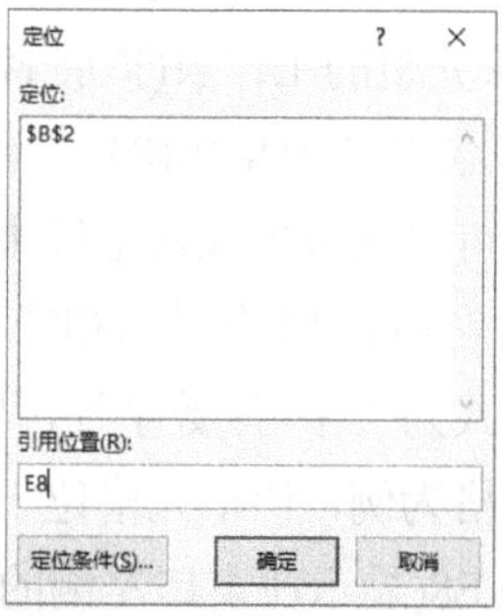

图 5-20 【定位】对话框

如果当前工作表中设置了隐藏行或列，要选中隐藏行、列中的单元格只能通过【名称框】文本框输入单元格地址或使用【定位】功能来实现。

5.6.2　选取区域

工作表中的区域(area)指的是由多个单元格组成的群组。构成区域的多个单元格之间可以是连续的，也可以是互相独立不连续的。

对于连续的区域，用户可以使用矩形区域左上角和右下角的单元格地址进行标识，形式上为“左上角单元格地址:右下角单元格地址”，例如图 5-21 所示区域地址为 B2:D7，表示该区域包含从 B2 单元格到 D7 单元格的矩形区域，矩形区域宽度为 3 列，高度为 6 行，一共包含 18 个连续单元格。

1. 选取连续的区域

若要选取工作表中的连续区域，可以使用以下几种方法。

(1) 选取一个单元格后，按住鼠标左键在工作表中拖动，选取相邻的连续区域。

(2) 选取一个单元格后，按住 Shift 键，然后使用方向键在工作表中选择相邻的连续区域。

(3) 选取一个单元格后，按 F8 键，进入扩展模式，在窗口左下角的状态栏中显示“扩展式选定”提示，如图 5-22 所示。之后，单击工作表中另一个单元格时，将自动选中该单元格与选定单元格之间所构成的连续区域，如图 5-23 所示。再次按 F8 键，关闭扩展模式。

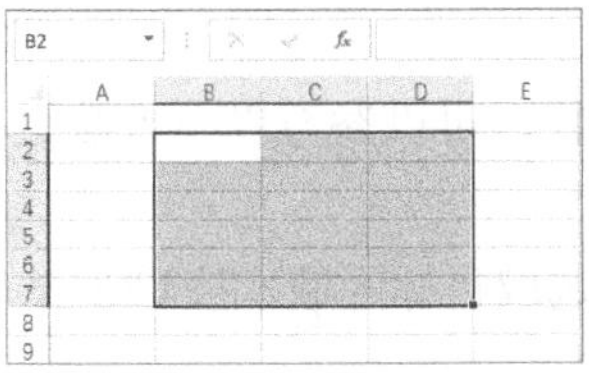

图 5-21　矩形区域

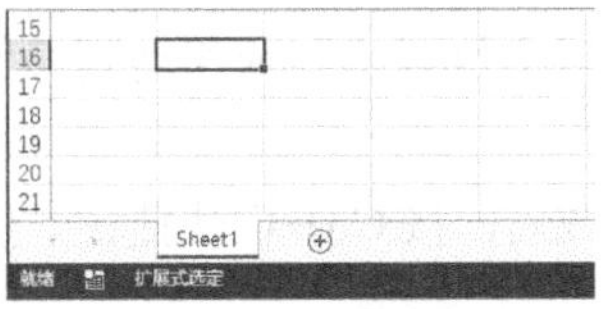

图 5-23　进入扩展模式

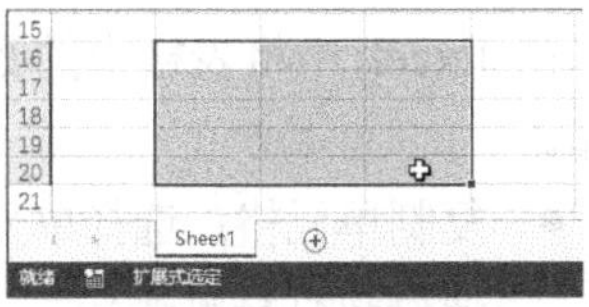

图 5-23　使用 F8 键选取连续区域

(4) 在 Excel 窗口【名称框】文本框中输入区域的地址，例如“B3:E8”，按 Enter 键确认，即可选取并定位到目标区域。

(5) 在功能区【开始】选项卡的【编辑】命令组中单击【查找和选择】下拉按钮，在弹出的列表中选择【转到】命令(或按 F5 键)，打开【定位】对话框，在【引用位置】文本框中输入目标区域的地址，然后单击【确定】按钮即可。

选取连续区域后，鼠标或键盘第一个选定的单元格为选取区域中的活动单元格。若用户通过【名称框】或【定位】对话框选取区域，则所选取区域左上角单元格就是选取区域中的活动单元格。

2. 选取不连续的区域

若要在工作表中选取不连续区域，可以参考以下几种方法。

(1) 选取一个单元格后，按住 Ctrl 键，然后单击或者拖动鼠标选择多个单元格或者连续区域即可(此时，鼠标最后一次单击的单元格或最后一次拖动开始之前选取的单元格就是选取区域中的活动单元格)。

(2) 按 Shift+F8 快捷键，启动添加模式，然后使用鼠标选取单元格或区域。完成区域选取后，再次按 Shift+F8 快捷键即可。

(3) 在 Excel 窗口的【名称框】中输入多个单元格或区域的地址，地址之间用半角状态下的逗号隔开，例如“A3:C8,D5,G2:H5”，然后按 Enter 键确认即可(此时，最后一个输入的连续区域的左上角或者最后输入的单元格为选取区域中的活动单元格)。

(4) 在功能区【开始】选项卡的【编辑】命令组中单击【查找和选择】下拉按钮，在弹出的列表中选择【转到】命令(或按 F5 键)，打开【定位】对话框，在【引用位置】文本框中输入多个单元格地址(地址之间用半角状态下的逗号隔开)，然后单击【确定】按钮即可。

3. 选取多表区域

在 Excel 工作簿中，用户除了可以在一个工作表中选取区域以外，还可以同时在多个工作表中选取相同的区域，具体方法如下。

(1) 在当前工作表中选取一个区域后，按住 Ctrl 键，在窗口左下角的工作表标签栏中通过单击选取多个工作表。

(2) 松开 Ctrl 键，即可在选中的多个工作表中同时选取相同的区域，即选取多表区域。

选取多表区域后，当用户在当前工作表中对多表区域执行编辑、输入、单元格设置等操作时，将同时反映在其他工作表相同的区域上。

5.6.3 复制和移动单元格

在 Excel 中将表格中的数据从一个位置复制或移动到其他位置，可以参考以下方法进行操作。

- 复制单元格：选择单元格区域后，按 Ctrl+C 快捷键，然后选取目标区域，按 Ctrl+V 快捷键执行粘贴操作。
- 移动单元格：选择单元格区域后，按 Ctrl+X 快捷键，然后选取目标区域，按 Ctrl+V 快捷键执行粘贴操作。

复制和移动的主要区别在于，复制是产生源区域的数据副本，最终效果不影响源区域，而移动则是将数据从源区域移走。

1. 复制数据

用户可以参考以下几种方法复制单元格和区域中的数据。

(1) 选择【开始】选项卡，在【剪贴板】命令组中单击【复制】按钮。

(2) 按 Ctrl+C 快捷键。

(3) 右击选中的单元格区域，在弹出的快捷菜单中选择【复制】命令。

完成以上操作后，目标单元格或区域中的内容将添加到剪贴板中(这里所指的内容不仅包括单元格中的数据，还包括单元格中的任何格式、数据有效性以及单元格的批注)。

另外，在 Excel 中使用公式统计表格后，如果需要将公式的计算结果转换为数值，可以按下列步骤进行操作。

(1) 选中公式计算结果，按 Ctrl+C 快捷键。

(2) 在按 Ctrl 键的同时按 V 键。

(3) 松开所有键，再按 Ctrl 键。

(4) 松开 Ctrl 键，最后按 V 键。此时，被选中单元格区域中的公式将被转换为普通的数据。

2. 选择性粘贴数据

选择性粘贴是 Excel 中非常有用的粘贴辅助功能，其中包含了许多详细的粘贴选项设置，以方便用户根据实际需求选择多种不同的复制粘贴方式。用户按 Ctrl+C 快捷键复制单元格中的内容后，再按 Ctrl+Alt+V 快捷键，或者右击任意单元格，在弹出的快捷菜单中选择【选择性粘贴】命令，将打开如图 5-24 所示的【选择性粘贴】对话框。

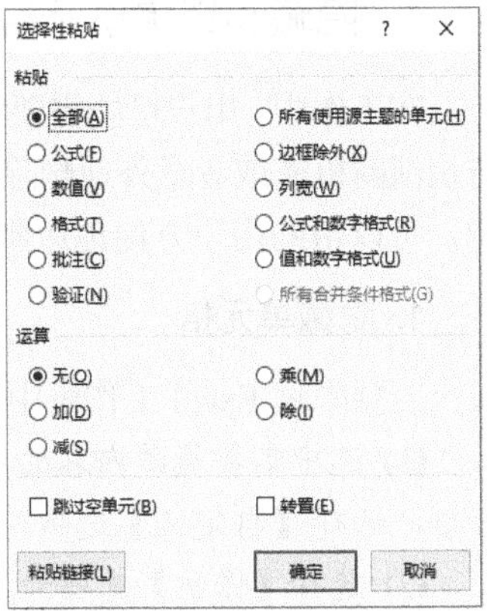

图 5-24　【选择性粘贴】对话框

在【选择性粘贴】对话框中选择不同的选项，可以将复制的数据粘贴为相应的形式。例如，选择【公式】单选按钮将粘贴所有数据(包括公式)，不保留格式、批注等内容；选择【数值】单选按钮将粘贴数值、文本及公式运算结果，不保留公式、格式、批注、数据有效性等内容；选择【格式】单选按钮将只粘贴所有格式(包括条件格式)，而不保留公式、批注、数据有效性等内容。

3. 拖动鼠标复制与移动数据

下面通过一个实例介绍通过拖动鼠标复制与移动数据的方法。

(1) 选中需要复制的目标单元格区域，将鼠标指针移动至区域边缘，当指针呈现为黑色十字箭头时，按住鼠标左键，如图 5-25 所示。

(2) 拖动鼠标，移动至需要粘贴数据的目标位置后按 Ctrl 键，此时鼠标指针显示为带加号“+”的指针样式，如图 5-26 所示。

(3) 依次释放鼠标左键和 Ctrl 键，即可完成复制操作，如图 5-27 所示。

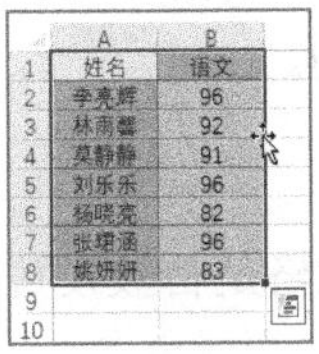

图 5-25　选中目标单元格区域

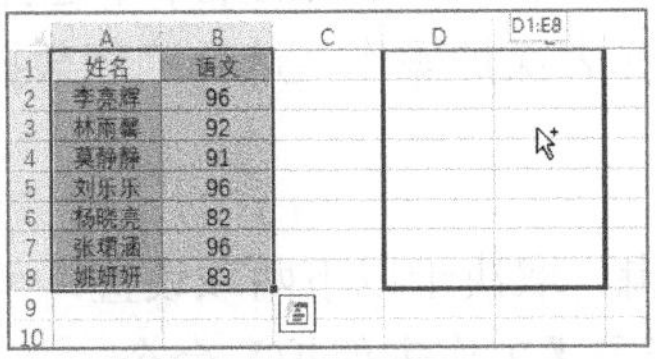

图 5-26　将鼠标移动至目标位置

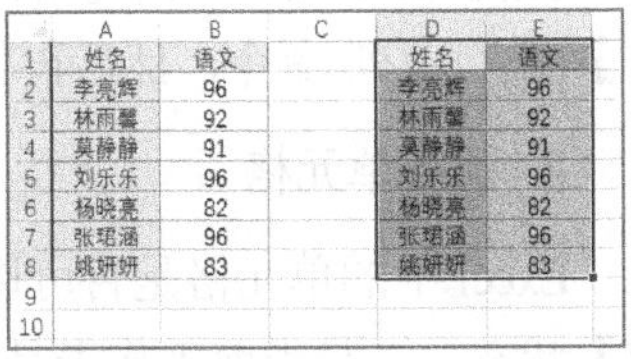

图 5-27　完成复制操作

通过拖动鼠标移动数据的操作与复制类似，只是在操作的过程中不需要按住 Ctrl 键。

鼠标拖动实现复制和移动的操作方式不仅适合同一个工作表中的数据的复制和移动，也适用于不同工作表或不同工作簿之间的操作。

- 要将数据复制到不同的工作表中，可以在拖动过程中将鼠标移动至目标工作表标签上方，然后按 Alt 键(同时不要松开鼠标左键)，即可切换到目标工作表中，此时再执行上面步骤(2)的操作，即可完成跨表粘贴。
- 要在不同的工作簿之间复制数据，用户可以在【视图】选项卡的【窗口】命令组中选择相关命令，同时显示多个工作簿窗口，即可在不同的工作簿之间拖放数据进行复制。

5.6.4 隐藏和锁定单元格

在工作中，用户可能需要将某些单元格或区域隐藏，或者将部分单元格或整个工作表锁定，防止泄露机密或者意外地删除数据。设置 Excel 单元格格式的保护属性，再配合工作表保护功能，可以帮助用户方便地达到这些目的。

1. 隐藏单元格

若要隐藏 Excel 工作表中的单元格或单元格区域，用户可以执行以下操作。

(1) 选中需要隐藏内容的单元格或区域后，按 Ctrl+1 快捷键，打开【设置单元格格式】对话框，选择【自定义】选项，将单元格格式设置为“;;;”，如图 5-28 所示。

(2) 选择【保护】选项卡，选中【隐藏】复选框，然后单击【确定】按钮，如图 5-29 所示。

(3) 选择【审阅】选项卡，在【更改】命令组中单击【保护工作表】按钮，打开【保护工作表】对话框，单击【确定】按钮即可完成单元格内容的隐藏，如图 5-30 所示。

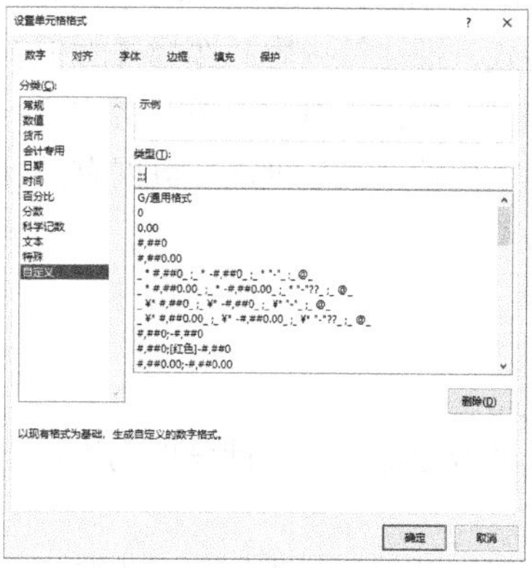

图 5-28 【设置单元格格式】对话框

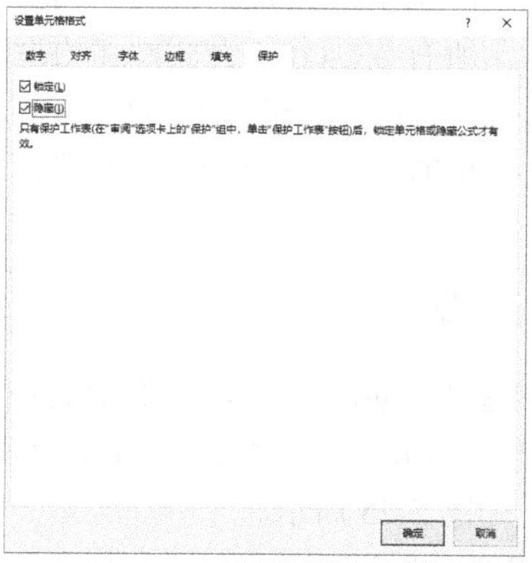

图 5-29 设置隐藏单元格

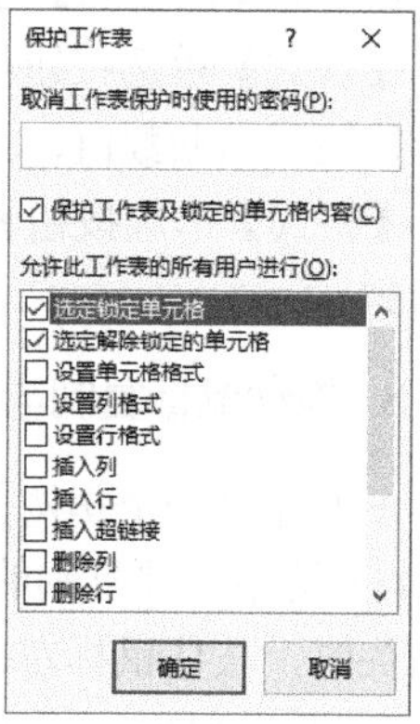

图 5-30 【保护工作表】对话框

除了上面介绍的方法外，用户也可以先将整行或者整列单元格选中，在【开始】选项卡的【单元格】命令组中单击【格式】拆分按钮，在弹出的菜单中选择【隐藏和取消隐藏】|【隐藏行】(或隐藏列)命令，然后再执行工作表保护操作，达到隐藏数据的目的。

2. 锁定单元格

Excel 中的单元格是否可以被编辑，取决于以下两项设置：一是单元格是否被设置为【锁定】状态；二是当前工作表是否执行了【工作表保护】命令。

当用户执行了【工作表保护】命令后，所有被设置为【锁定】状态的单元格，将不允许被编辑，而未被执行【锁定】状态的单元格仍然可以被编辑。

若要将单元格设置为【锁定】状态，用户可以在【设置单元格格式】对话框中选择【保护】选项卡，然后选中该选项卡中的【锁定】复选框。

5.6.5 删除单元格内容

对于单元格中不再需要的内容，如果需要将其删除，可以先选中目标单元格(或单元格区域)，然后按 Delete 键，将单元格中所包含的数据删除，但是这样的操作并不会影响单元格中的格式、批注等内容。要彻底地删除单元格中的内容，可以在选中目标单元格(或单元格区域)后，在【开始】选项卡的【编辑】命令组中单击【清除】下拉按钮，在弹出的下拉列表中选择相应的命令，如图 5-31 所示，其中各命令的说明如下。

- 全部清除：清除单元格中的所有内容，包括数据、格式、批注等。
- 清除格式：只清除单元格中的格式，保留其他内容。
- 清除内容：只清除单元格中的数据，包括文本、数值、公式等，保留其他内容。
- 清除批注：只清除单元格中附加的批注。
- 清除超链接：选中该命令，会在单元格中弹出如图 5-32 所示的按钮，单击该按钮，用户在弹出的下拉列表中可以选中【仅清除超链接】或者【清除超链接和格式】单选按钮。
- 删除超链接：清除单元格中的超链接和格式。

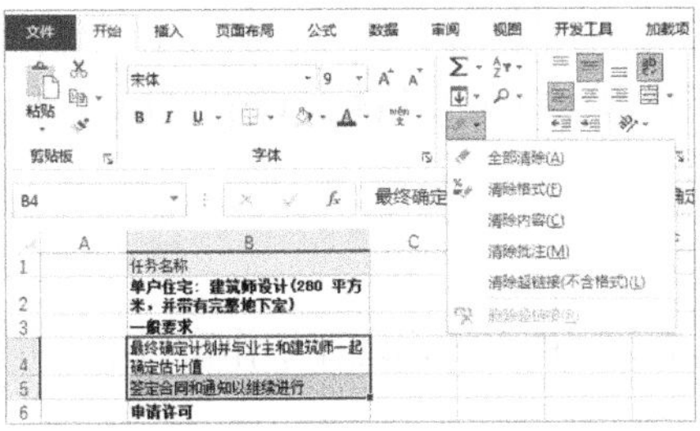

图 5-31　【清除】下拉列表

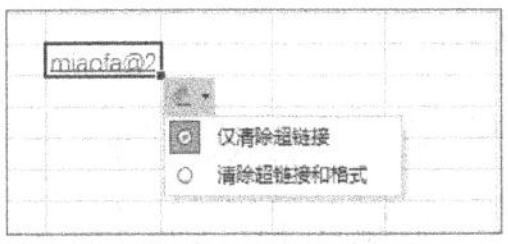

图 5-32　清除超链接

5.6.6　合并单元格

Excel 中，合并单元格就是将两个或两个以上连续单元格区域合并成占有两个或多个单元格空间的单元格。在 Excel 2016 中，用户可以使用合并后居中、跨越合并、合并单元格 3 种方法合并单元格(用户选择需要合并的单元格区域后，直接单击【开始】选项卡【对齐方式】命令组中的【合并后居中】下拉按钮，在弹出的下拉列表中可选择合并单元格的方式)。

- 合并后居中：将选中的多个单元格进行合并，并将单元格内容设置为水平居中和垂直居中。
- 跨越合并：在选中多行多列的单元格区域后，将所选区域的每行进行合并，形成单列多行的单元格区域。
- 合并单元格：将所选单元格区域进行合并，并沿用该区域起始单元格的格式。

若要取消单元格的合并状态，用户可以在选中合并单元格后，单击【合并后居中】下拉按钮，在弹出的下拉列表中可选择【取消单元格合并】选项。

5.7　控制工作窗口视图

处理一些复杂的表格时，用户通常需要花费很多时间和精力在切换工作簿，查找、浏览和定位数据等烦琐的操作上。实际上，为了能够在有限的屏幕区域显示更多有用的信息，以方便表格内容的查询和编辑，用户可以通过工作窗口的视图控制来改变窗口显示。

5.7.1 多窗口显示工作簿

在 Excel 工作窗口中同时打开多个工作簿时，通常每个工作簿只有一个独立的工作簿窗口，并处于最大化显示状态。通过【新建窗口】命令可以为同一个工作簿创建多个窗口。

用户可以根据需要在不同的窗口中选择不同的工作表为当前工作表，或者将窗口显示定位到同一个工作表中的不同位置，以满足自己的浏览与编辑需求。对表格所做的编辑修改将会同时反映在工作簿的所有窗口上。

1. 创建窗口

在 Excel 2016 中创建新窗口的方法如下。

(1) 选择【视图】选项卡，在【窗口】命令组中单击【新建窗口】按钮。

(2) 此时，即可为当前工作簿创建一个新的窗口，原有的工作簿窗口和新建的工作簿窗口都会相应地更改标题栏上的名称(例如“销售数据”工作簿在新建工作簿窗口后，新窗口标题栏上显示“销售数据 1”)。

2. 切换窗口

在默认情况下，Excel 每一个工作簿窗口总是以最大化的形式出现在工作窗口中，并在工作窗口标题栏上显示自己的名称。

用户可以通过菜单操作将其他工作簿窗口选定为当前工作簿窗口，具体操作方法如下。

- 选择【视图】选项卡，在【窗口】命令组中单击【切换窗口】下拉按钮，在弹出的下拉列表中显示当前所有的工作簿窗口名称，单击相应的名称即可将其切换为当前工作簿窗口。如果当前打开的工作簿较多(9 个以上)，【切换窗口】下拉列表上无法显示出所有窗口名称，则在该列表的底部将显示【其他窗口】命令，执行该命令将打开【激活】对话框，其中的列表框内将显示全部打开的工作簿窗口。
- 在 Excel 工作窗口中按 Ctrl+F6 快捷键或者 Ctrl+Tab 快捷键，可以切换到上一个工作簿窗口。
- 单击 Windows 系统任务栏上的窗口图表，切换 Excel 工作窗口，或者按 Alt+Tab 快捷键进行程序窗口切换。

3. 重排窗口

当 Excel 中打开了多个工作簿窗口时，通过菜单命令或者手动操作的方法可以将多个工作簿以多种形式同时显示在 Excel 工作窗口中，这样可以在很大程度上方便用户检索和监控表格内容。

在功能区选择【视图】选项卡，在【窗口】命令组中单击【全部重排】按钮，在打开的【重排窗口】对话框中选择一种排列方式(例如选中【平铺】单选按钮)，然后单击【确定】按钮，如图 5-33 所示。此时，就可以将当前 Excel 软件中所有的工作簿窗口平铺显示在工作窗口中。

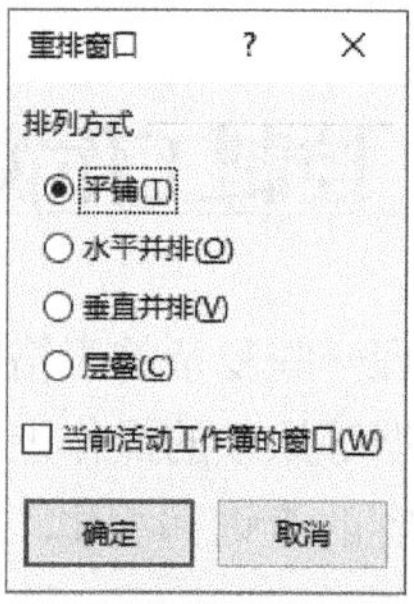

图 5-33 【重排窗口】对话框

通过【重排窗口】对话框中的命令自动排列的浮动工作簿窗口，可以通过鼠标拖动的方法来改变其位置和窗口大小。将鼠标指针放置在窗口的边缘，按住鼠标左键拖动可以调整窗口的位置，拖动窗口的边缘则可以调整窗口的大小。

5.7.2　并排查看

在某些情况下，用户需要在两个同时显示的窗口中并排比较两个工作表，并要求两个窗口中的内容能够同步滚动浏览。此时，就需要用到并排查看功能。

并排查看是一种特殊的窗口重排方式，选定需要对比的两个工作簿窗口，在功能区选择【视图】选项卡，在【窗口】命令组中单击【并排查看】按钮，如果当前打开了多个工作簿，将打开【并排比较】对话框，在其中选择需要进行对比的目标工作簿，如图 5-34 所示，然后单击【确定】按钮，即可将两个工作簿窗口并排显示在 Excel 工作窗口中，如图 5-35 所示。

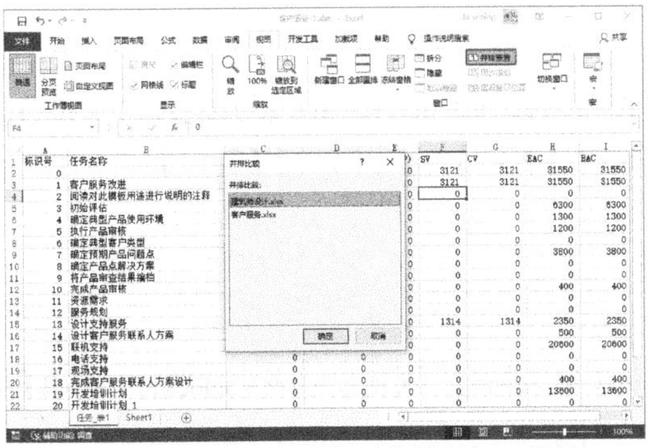

图 5-34　选择需要进行对比的目标工作簿

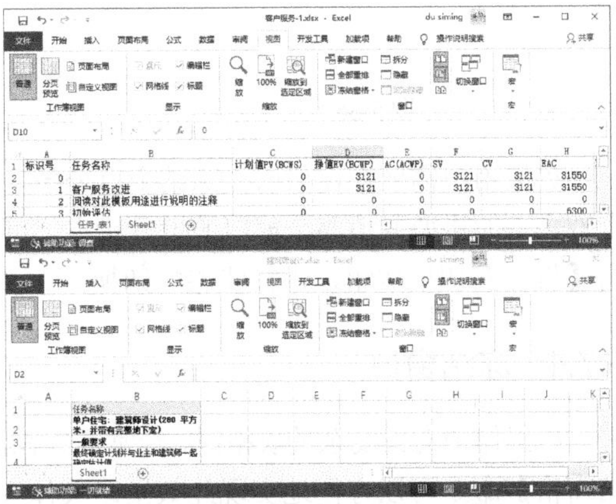

图 5-35　并排查看两个 Excel 工作簿

设置并排比较命令后，当用户在其中一个窗口中滚动浏览内容时，另一个窗口也会随之同步滚动，同步滚动功能是并排比较与单纯的重排窗口之间最大的功能上的区别。通过单击【视图】选项卡上的【同步滚动】切换按钮，用户可以选择打开或者关闭自动同步窗口滚动的功能。

使用并排比较命令同时显示的两个工作簿窗口，在默认情况下是以水平并排的方式显示的，用户也可以通过重排窗口命令来改变它们的排列方式。对于排列方式的改变，Excel 具有记忆能力，在下次执行并排比较命令时，还将以用户所选择的方式来进行窗口的排列。如果要恢复初始默认的水平状态，可以在【视图】选项卡的【窗口】命令组中单击【重置窗口位置】按钮。当鼠标光标置于某个窗口上，再单击【重置窗口位置】按钮，则此窗口会置于上方。

若用户需要关闭并排比较工作模式，可以在【视图】选项卡中单击【并排查看】切换按钮，即可取消并排查看功能(注意：单击【最大化】按钮并不会取消并排查看)。

5.7.3　拆分窗口

对于单个工作表来说，除了通过新建窗口的方法来显示工作表的不同位置之外，还可以通过拆分窗口的办法在现有的工作表窗口中同时显示多个位置。

将鼠标指针定位在 Excel 工作区域中，选择【视图】选项卡，在【窗口】命令组中单击【拆分】切换按钮，即可将当前窗口沿着当前活动单元格左边框和上边框的方向拆分为 4 个窗口，如图 5-36 所示。

每个拆分得到的窗口都是独立的，用户可以根据自己的需要让它们显示同一个工作表不同位置的内容。将鼠标光标定位到拆分条上，按住鼠标左键即可移动拆分条，从而调整窗口的布局，如图 5-37 所示。

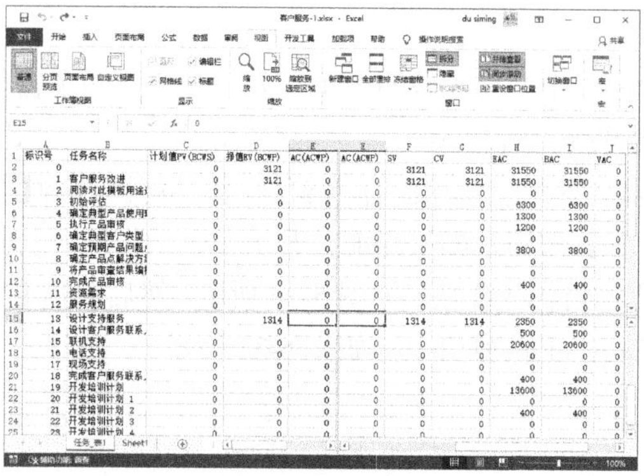

图 5-36　拆分窗口

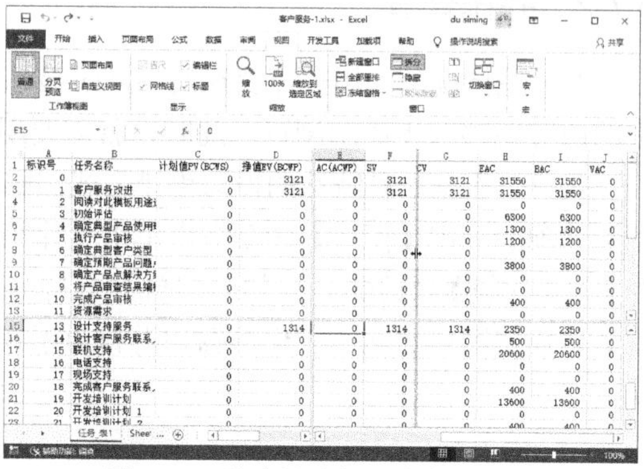

图 5-37　移动拆分条调整窗口布局

如果用户需要在窗口内去除某个拆分条，可以将该拆分条拖动到窗口的边缘或者在拆分条上双击。如果要取消整个窗口的拆分状态，可以选择【视图】选项卡，在【窗口】命令组中单击【拆分】切换按钮，进行状态的切换。

5.7.4　冻结窗口

在工作中对比复杂的表格时，经常需要在滚动浏览表格时，固定显示表头标题行，使用【冻结窗格】命令可以方便地实现此效果，具体方法如下。

(1) 打开工作表后，选中 B2 单元格作为活动单元格。

(2) 选择【视图】选项卡，在【窗口】命令组中单击【冻结窗格】下拉按钮，在弹出的下拉列表中选择【冻结窗格】命令。

(3) 此时，Excel 将沿着当前激活单元格的左边框和上边框的方向出现水平和垂直方向的两条黑色冻结线。

(4) 黑色冻结线左侧的【专业】列以及冻结线上方的标题行都被冻结。在沿着水平和垂直方向滚动浏览表格内容时，被冻结的区域始终保持可见。

除了上面介绍的方法以外，用户还可以在【冻结窗格】下拉列表中选择【冻结首行】或【冻结首列】命令，快速冻结表格的首行或者首列。

如果用户需要取消工作表的冻结窗格状态，可以在 Excel 功能区再次单击【视图】选项卡上的【冻结窗格】下拉按钮，在弹出的下拉列表中选择【取消冻结窗格】命令。

5.7.5　缩放窗口

若一些表格中文字较小，不容易分辨，或者表格内容范围较大，无法在一个窗口中浏览全局，使用窗口缩放功能可以有效地解决问题。在 Excel 中，缩放工作窗口有以下几种方法。

(1) 选择【视图】选项卡，在【缩放】命令组中单击【缩放】按钮，在打开【缩放】对话框中设定窗口的显示比例，如图 5-38 所示。

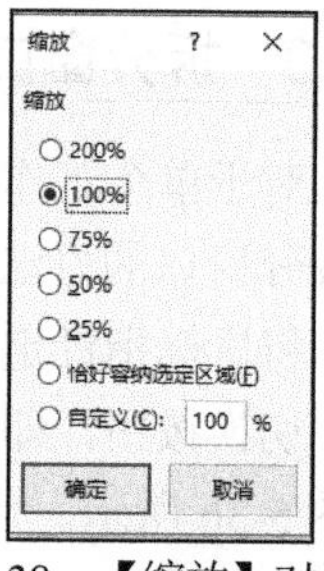

图 5-38　【缩放】对话框

(2) 在状态栏中调整、移动滑块，调节工作窗口的缩放比例。

5.7.6　自定义窗口

在用户对工作表进行了各种视图显示调整之后，如果需要保存设置的内容，并在今后的工作中随时使用这些设置后的视图显示，可以通过【视图管理器】来轻松实现，具体操作方法如下。

(1) 选择【视图】选项卡，在【工作簿视图】命令组中单击【自定义视图】按钮。

(2) 打开【视图管理器】对话框，单击【添加】按钮，如图 5-39 所示。

(3) 打开【添加视图】对话框，在【名称】文本框中输入创建的视图所定义的名称，然后单击【确定】按钮，如图 5-40 所示，即可完成自定义视图的创建。

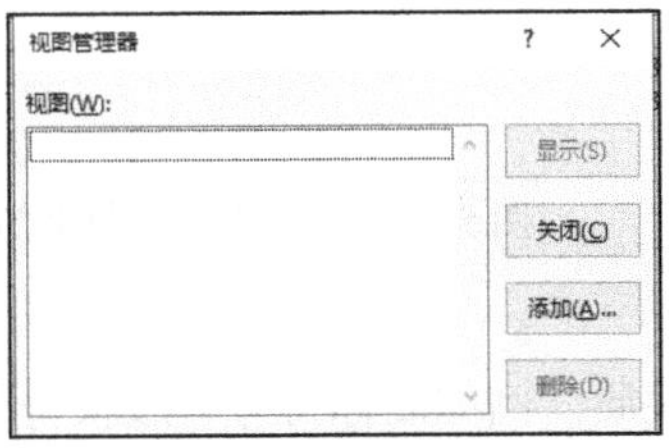

图 5-39　【视图管理器】对话框

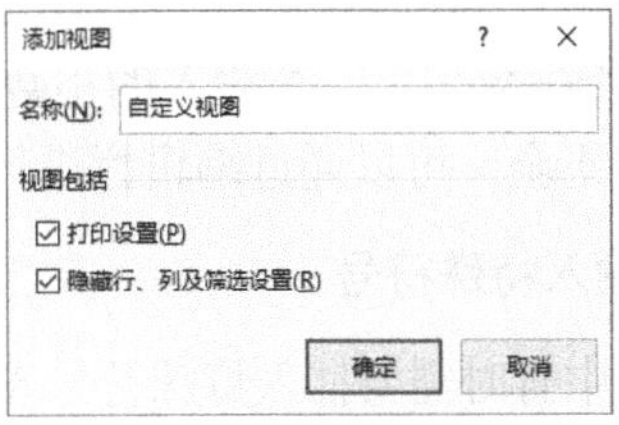

图 5-40　【添加视图】对话框

创建的自定义视图名称均保存在当前工作簿中，用户可以在同一个工作簿中创建多个自定义视图，也可以为不同的工作簿创建不同的自定义视图，但是【视图管理器】对话框中只显示当前激活的工作中所保存的视图名称列。

5.8　输入与编辑数据

使用 Excel 创建工作表后，首先要在单元格中输入数据，然后可以对这些数据进行删除、更改、移动、复制等操作。使用科学的方法和运用一些技巧，用户可以使数据的输入和编辑操作变得更加高效和便捷。

5.8.1　在单元格中输入数据

Excel 中的数据可分为 3 种类型：第一类是普通数据，包括数字、负数、分数和小数等；第二类是特殊符号，例如▲、★、◎等；第三类是各种数字构成的数值型数据，例如货币型数据、小数型数据等。由于数据类型不同，其输入方法也不同。本小节将介绍不同类型数据的输入方法。

1. 输入普通数据

在 Excel 中输入普通数据(包括数字、负数、分数和小数等)的方法和在 Word 中输入文本相同，首先选定需要输入数据的单元格，然后参考下面介绍的方法执行输入操作即可。

(1) 输入数字。单击需要输入数字的单元格，输入所需数据，然后按 Enter 键即可。

(2) 输入负数。单击需要输入负数的单元格，先输入“-”号，再输入相应的数字，也可以将需要输入的数字加上圆括号，Excel 软件会将其自动显示为负数。例如，在单元格中输入-88 或(88)，都会显示为-88。

(3) 输入分数。单击需要输入分数的单元格，在【开始】选项卡的【对齐方式】命令组中单击【扩展】按钮，然后在打开的对话框中选择【数字】选项卡，在【分类】列表框中选择【自定义】选项，再在右侧的【类型】列表框中选择【# ?/?】选项，如图 5-41 所示，最后单击【确定】按钮，在单元格中输入【数字/数字】即可实现输入分数的效果。

(4) 输入小数。小数的输入方法为“数字+小键盘中的小数点键+数字”。若输入的小数位数过多，单元格中将显示不全，可以通过编辑栏进行查看。

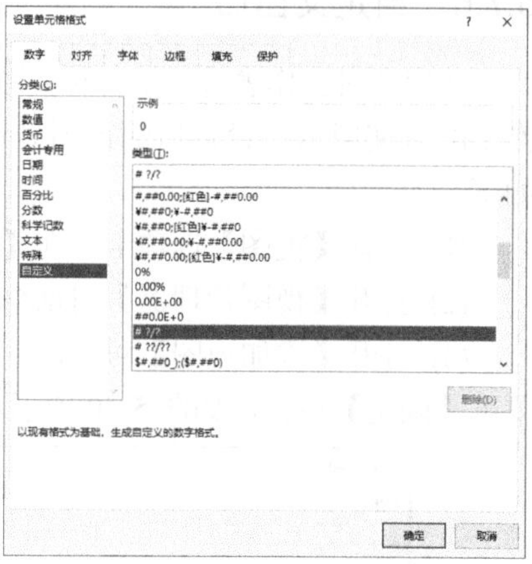

图 5-41　自定义输入数字的类型

2. 输入特殊符号

表格中有时需要插入特殊符号表明单元格中数据的性质，例如商标符号、版权符号等，此时可以通过 Excel 软件提供的【符号】对话框实现。

【例 5-3】制作一个“考勤表”，并在其中输入相关表头与特殊符号。

① 启动 Excel 2016 创建一个空白工作簿，选中 A1 单元格，然后直接输入文本“考勤表”。

② 选定 A3 单元格，将光标定位在编辑栏中，然后输入“姓名”，此时 A3 单元格中同时出现“姓名”两个字。

③ 选定 A4 单元格，输入“日期”，然后按照上面介绍的方法，在其他单元格中输入文本。

④ 选中 A15 单元格，输入“工作日”，然后打开【插入】选项卡，并在【符号】选项区域中单击【符号】按钮。

⑤ 在打开的【符号】对话框中选择需要插入的符号后，单击【插入】按钮，如图 5-42 所示。此时，A13 单元格中将添加相应的符号。

⑥ 参考上面的方法，在 C15、E15 和 G15 单元格中输入文本并插入符号，完成后表格效果如图 5-43 所示。

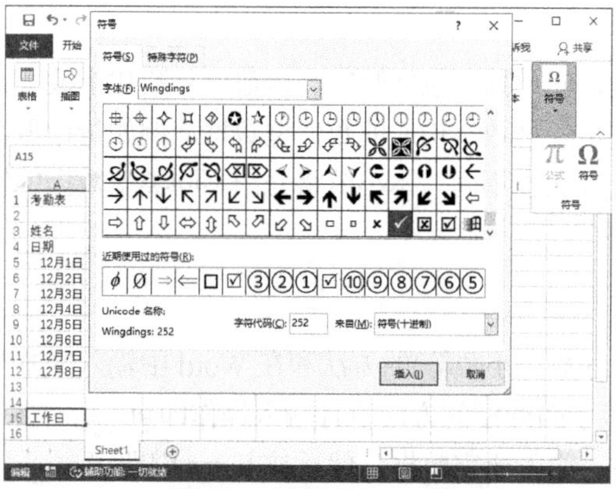

图 5-42　【符号】对话框

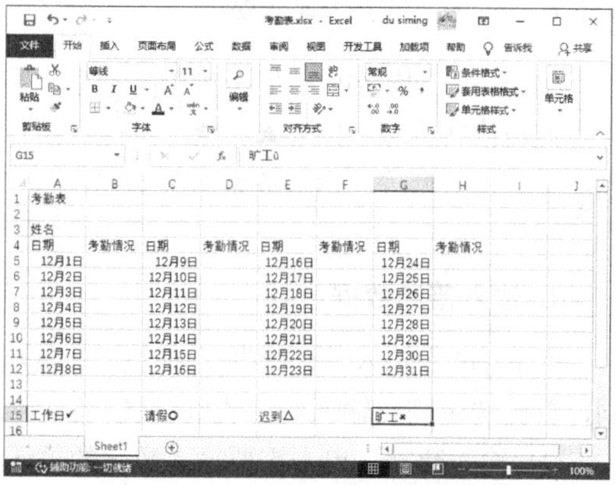

图 5-43　在考勤表中插入特殊符号

5.8.2　编辑单元格中的内容

在表格中输入数据后，用户可以根据需要对数据内容进行相应的编辑，例如修改、删除、查找和替换等。下面介绍修改数据和删除数据的操作方法。

1. 修改数据

Excel 表格中的数据都必须准确，若表格中的数据有误，就需要对其进行修改。在表格中修改数据的方法主要有两个：一个是在编辑栏中修改，另一个是直接在单元格中修改。

(1) 在编辑栏中修改数据。当单元格中的文本内容较长或需要对数据进行全部修改时，在编辑栏中修改数据非常便利。用户选中需要修改数据的单元格后，将鼠标光标定位到编辑栏中，在其中即可进行相应的修改，输入正确的数据后按 Enter 键，即可完成数据修改。

(2) 直接在单元格中修改数据。当单元格中的数据较少或只须对数据进行部分修改时，可以通过双击单元格，进入单元格编辑状态对其中的数据进行修改，完成数据修改后按 Enter 键即可。

2. 删除数据

当表格中的数据输入有误时，用户可以对其进行修改。同理，当表格中出现多余的数据或错误数据时，也可以将其删除。Excel 中常用删除数据的方法主要有以下几种。

(1) 选中需要删除数据所在的单元格后，直接按 Delete 键。

(2) 双击单元格进入单元格编辑状态，选择需要删除的数据，然后按 Delete 键或 Backspace 键。

(3) 选择需要删除数据所在的单元格，选择【开始】选项卡，在【单元格】命令组中单击【删除】按钮。

5.8.3　数据显示与数据输入的关系

在单元格中输入数据后，将在单元格中显示数据的内容(或者公式的结果)；选中单元格时，编辑栏中会显示输入的内容。用户可能会发现，有些情况下单元格中输入的数值和文本与单元格中实际显示的内容并不完全相同。实际上，Excel 具有智能分析功能，可对输入数据的标识符及结构进行分析，然后以它认为最理想的方式显示在单元格中，有时甚至会自动更改数据的格式或者数据的内容。对于此类现象及其原因，大致可以归纳为以下几种情况。

1. Excel 系统规范

如果用户在单元格中输入位数较多的小数，例如 111.555 678 333，而单元格列宽设置为默认值时，单元格内会显示 111.5557，如图 5-44 所示。这是由于 Excel 系统默认设置了对数值进行四舍五入显示。

当单元格列宽无法完整显示数据的所有部分时，Excel 将会自动以四舍五入的方式对数值的小数部分进行截取显示。如果将单元格的列宽调整得很大，显示的位数将相应增多，但是最大也只能显示到保留 10 位有效数字。虽然单元格的显示与实际数值不符，但是用户选中此单元格时，编辑栏中仍可以完整显示整个数值，并且在数据计算过程中，Excel 也是根据完整的数值进行计算，而不是代之以四舍五入后的数值。

如果用户希望以单元格中实际显示的数值来参与数值计算，可以参考下面的方法设置。

(1) 打开【Excel 选项】对话框，选择【高级】选项卡，选中【将精度设置为所显示的精度】复选框，并在弹出的提示对话框中单击【确定】按钮，如图 5-45 所示。

(2) 在【Excel 选项】对话框中单击【确定】按钮完成设置。

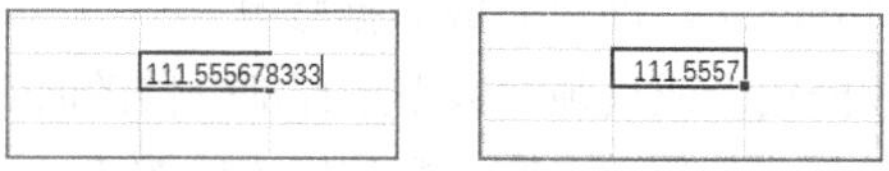

(a) 四舍五入前　　(b) 四舍五入后

图 5-44　系统四舍五入显示数据

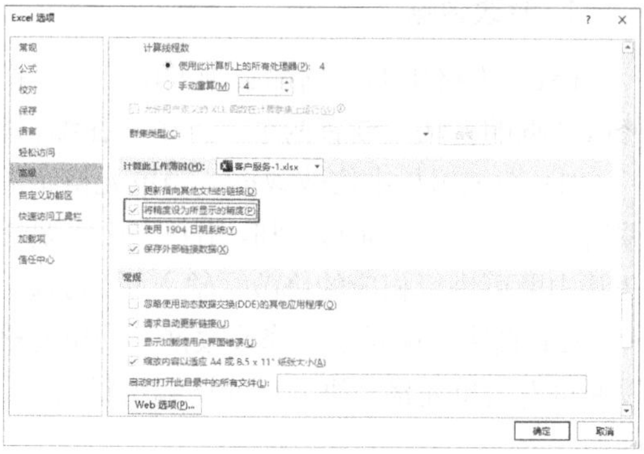

图 5-45　将精度设置为所显示的精度

如果单元格的列宽很小，则数值的单元格内容显示会变为“#”符号，此时只要增加单元格列宽就可以重新显示数字。

与以上 Excel 系统规范类似，还有一些数值方面的规范，使得数据输入与实际显示不符，具体如下。

- 当用户在单元格中输入非常大或者非常小的数值时，Excel 会在单元格中自动以科学记数法的形式来显示。
- 输入大于 15 位有效数字的数值时(例如 18 位身份证号码)，Excel 会对原数值进行 15 位有效数字的自动截断处理，如果输入数值是正数，则超过 15 位部分补零。
- 当输入的数值外面包括一对半角小括号时，例如(123456)，Excel 会自动以负数的形式来保存和显示括号内的数值，而括号不再显示。
- 当用户输入以 0 开头的数值时(例如股票代码)，Excel 因将其识别为数值而将前置的 0 清除。
- 当用户输入末尾为 0 的小数时，系统会自动将非有效位数上的 0 清除，使其符合数值的规范显示。

对于上面提到的情况，如果用户需要以完整的形式输入数据，可以参考下面介绍的方法解决问题。

对于不需要进行数值计算的数字，例如身份证号码、信用卡号码、股票代码等，可以将数据形式转换成文本形式来保存和显示完整的数字内容。输入数据时，以单引号 ’ 开始输入数据，Excel 会将所输入的内容自动识别为文本数据，并以文本形式在单元格中保存和显示，其中的单引号 ’ 不在单元格中显示(但会在编辑栏中显示)。

用户可以先选中目标单元格，右击，在弹出的菜单中选择【设置单元格格式】命令，打开【设置单元格格式】对话框，选择【数字】选项卡，在【分类】列表框中选择【文本】选项，并单击【确定】按钮。这样，可以将单元格格式设置为文本形式，在单元格中输入的数据将保存并显示为文本。

若要保留显示小数末尾的 0(例如某些数字保留位数)，与上面的例子类似。用户可以在输入数据的单元格中设置自定义的格式，例如 0.00000(小数点后面 0 的个数表示需要保留显示小数的位数)。除了自定义的格式以外，使用系统内置的数值格式也可以达到相同的效果。在【设置单元格格式】对话框中选择【数值】选项后，对话框右侧会显示【小数位数】微调框，使用微调框调整需要显示的小数位数，就可以将用户输入的数据按照需要的保留位数来显示。

设置成文本后的数据无法正常参与数值计算，如果用户不希望改变数值类型，希望在单元格中完整显示的同时，仍可以保留数值的特性，可以参考以下操作。

(1) 以股票代码 000321 为例，选取目标单元格，打开【设置单元格格式】对话框，选择【数字】选项卡，在【分类】列表框中选择【自定义】选项，如图 5-46 所示。

(2) 在对话框右侧出现的【类型】文本框中输入 000000，然后单击【确定】按钮。此时再在单元格中输入 000321，即可完全显示数据，并且仍保留数值的格式，如图 5-47 所示。

图 5-46　设置自定义数值格式

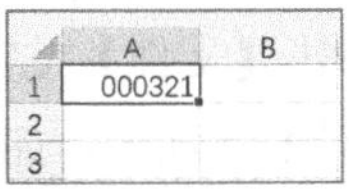

图 5-47　完全显示数据

除了以上提到的这些数值输入情况以外，某些文本数据也存在输入与显示不符合的情况。例如在单元格中输入内容较长的文本时(文本长度大于列宽)，如果目标单元格右侧的单元格内没有内容，则文本会完整显示甚至“侵占”到右侧的单元格，如图 5-48 所示(A1 单元格的内容完全显示)；而如果右侧单元格中本身就包含内容时，则文本内容就会显示不完全，如图 5-49 所示。

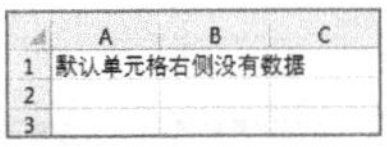

图 5-48　文本内容完全显示

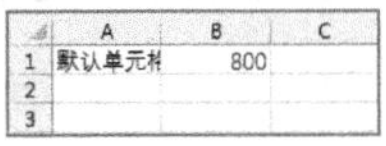

图 5-49　文本内容显示不完全

如果用户需要将图 5-49 所示的文本内容在单元格中完整显示出来，有以下两种方法。

(1) 选中单元格，打开【设置单元格格式】对话框，选择【对齐】选项卡，在【文本控制】区域中选中【自动换行】复选框，或者在【开始】选项卡的【对齐方式】命令组中单击【自动换行】按钮。

(2) 将单元格所在的列宽调整得更大，容纳更多字符的显示(列宽最大可以有 255 个字符)。

2. 自动格式

在实际工作中，当用户输入的数据中带有一些特殊符号时，会被 Excel 识别为具有特殊含义，从而自动为数据设定特有的数字格式来显示。

(1) 在单元格中输入某些分数时，如 11/12，单元格会自动将输入数据识别为日期形式，显示为日期的格式“11 月 12 日”，同时单元格的格式也会被自动更改。当然，如果用户输入的对应日期不存在，例如 11/32(11 月没有 32 天)，单元格还会保持原有输入显示。但实际上此时单元格还是文本格式，并没有被赋予真正的日期意义。

(2) 当单元格中输入带有货币符号的数值时，例如$500，Excel 会自动将单元格格式设置为相应的货币格式，在单元格中也可以以货币的格式显示(自动添加千位分隔符、数字标红显示或者加括号显示)。如果选中单元格，可以看到在编辑栏内显示的是实际数值(不带货币符号)。

3. 自动更正

Excel 软件中预置了纠错功能，会在用户输入数据时进行检查，发现包含特定条件的内容时，会自动进行更正，例如以下几种情况。

- 在单元格中输入(R)时，单元格中会自动更正为®。
- 在输入英文单词时，如果开头有两个连续大写字母，例如 EXcel，则 Excel 软件会自动将其更正为首字母大写 Excel。

以上情况的产生，都是基于 Excel 中【自动更正选项】的相关设置。自动更正是一项非常实用的功能，它不仅可以帮助用户减少英文拼写错误，纠正一些中文成语错别字和错误用法，还可以为用户提供一种高效的输入替换用法——输入缩写或者特殊字符，系统自动替换为全称或者用户需要的内容。上面列举的第一种情况，就是通过自动更正功能中内置的替换选项来实现的。用户也可以根据自己的需要进行设置，具体方法如下。

(1) 单击【文件】按钮，在弹出的菜单中选择【选项】命令，打开【Excel 选项】对话框，选择【校对】选项卡，如图 5-50 所示。

(2) 在【Excel 选项】对话框显示的选项区域中单击【自动更正选项】按钮，打开【自动更正】对话框。

(3) 在【自动更正】对话框中，用户可以通过选中相应复选框及列表框中的内容对原有的更正替换项目进行修改设置，也可以新增用户的自定义设置。例如，在单元格中输入 EX 的时候，就自动替换为 Excel，可以在【替换】文本框中输入 EX，然后在【替换为】文本框中输入 Excel，最后单击【添加】按钮，如图 5-51 所示，这样就可以成功添加一条用户自定义的自动更正项目，添加完毕后单击【确定】按钮确认操作。

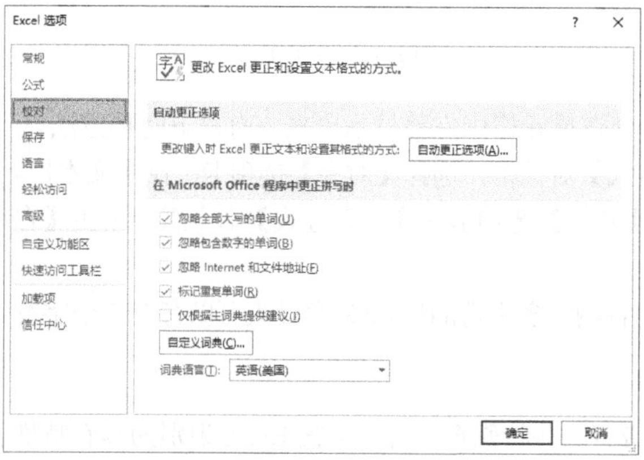

图 5-50　【校对】选项卡

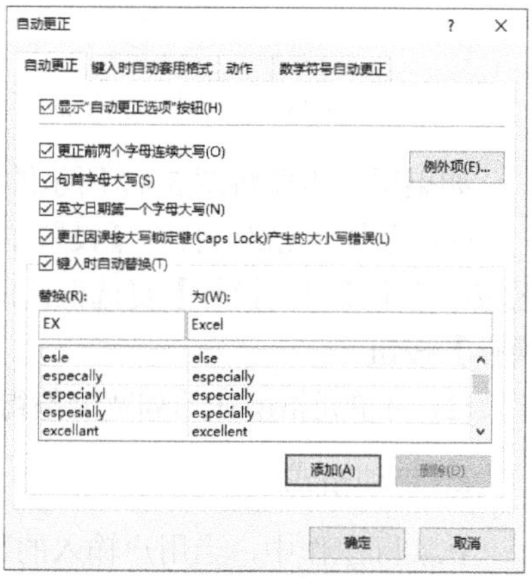

图 5-51　设置自动更正

4. 自动套用格式

自动套用格式与自动更正类似，当在输入的内容中发现特殊文本标记时，例如，当用户输入的数据中包含@、WWW、FTP、FTP://、HTTP://等文本内容时，Excel 会自动为此单元格添加超链接，并在输入数据下显示下画线，如图 5-52 所示。

图 5-52　自动套用格式

如果用户不愿意输入的文本内容被加入超链接，可以在确认输入后未做其他操作前按 Ctrl+Z 快捷键来取消超链接的自动加入，也可以通过【自动更新选项】按钮来进行操作。例如在单元格中输入 www.sina.com，Excel 会自动为单元格加上超链接，当鼠标移动至文字上方时，会在开头文字的下方出现一个条状符号，将鼠标移动到该符号上，会显示【自动更正选项】下拉按钮，单击该下拉按钮，将显示如图 5-53 所示的列表。

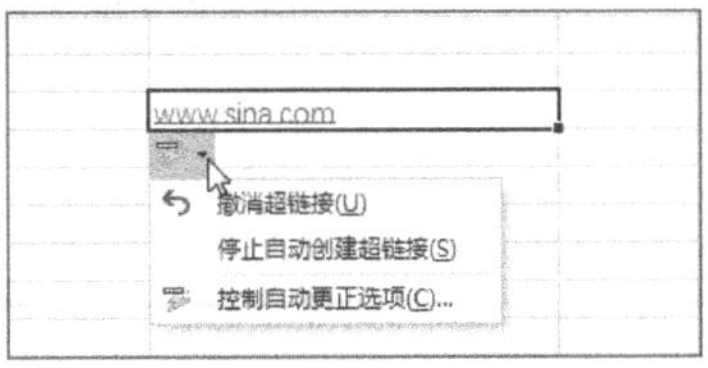

图 5-53　自动更正选项

如果在图 5-53 所示的下拉列表中选择【撤销超链接】命令，将取消在单元格中创建的超链接。如果选择【停止自动创建超链接】命令，在今后类似输入时就不会再加入超链接(但之前已经生成的超链接将继续保留)。

如果在图 5-53 所示的下拉列表中选择【控制自动更正选项】命令，将显示【自动更正】对话框。在该对话框中，取消选中【Internet 及网络路径替换为超链接】复选框，同样可以达到停止自动创建超链接的效果。

5.8.4　日期和时间的输入与识别

日期和时间属于一类特殊的数值类型，其特殊的属性使此类数据的输入以及 Excel 对输入内容的识别都有特别之处。在中文版的 Windows 系统的默认日期设置下，可以被 Excel 自动识别为日期数据的输入形式如下。

(1) 使用短横线分隔符“-”，如表 5-2 所示。

表 5-2　使用短横线分隔符输入日期

单元格输入	Excel 识别	单元格输入	Excel 识别
2027-1-2	2027 年 1 月 2 日	27-1-2	2027 年 1 月 2 日
90-1-2	1990 年 1 月 2 日	2027-1	2027 年 1 月 1 日
1-2	当前年份的 1 月 2 日		

(2) 使用斜线分隔符“/”，如表 5-3 所示。

表 5-3　使用斜线分隔符输入日期

单元格输入	Excel 识别	单元格输入	Excel 识别
2027/1/2	2027 年 1 月 2 日	90/1/2	1990 年 1 月 2 日
27/1/2	2027 年 1 月 2 日	2027/1	2027 年 1 月 1 日
1/2	当前年份的 1 月 2 日		

(3) 使用英文月份，如表 5-4 所示。

表 5-4　使用英文月份输入日期

单元格输入	Excel 识别
March 2	当前年份的 3 月 2 日
Mar 2	
2 Mar	
Mar-2	
2-Mar	
Mar/2	
2/Mar	

(4) 使用中文“年月日”，如表 5-5 所示。

表 5-5　使用中文输入日期

单元格输入	Excel 识别	单元格输入	Excel 识别
2027 年 1 月 2 日	2027 年 1 月 2 日	90 年 1 月 2 日	1990 年 1 月 2 日
27 年 1 月 2 日	2027 年 1 月 2 日	2027 年 1 月	2027 年 1 月 1 日
1 月 2 日	当前年份的 1 月 2 日		

对于以上 4 类可以被 Excel 识别的日期输入，有以下几点补充说明。

- 年份的输入方式包括短日期(如 90 年)和长日期(如 1990 年)两种。当用户以两位数字的短日期方式来输入年份时，软件默认将 0～29 之间的数字识别为 2000—2029 年，而将 30～99 之间的数字识别为 1930—1999 年。为了避免系统自动识别造成的错误理解，建议在输入年份时，使用包含 4 位完整数字的长日期方式，以确保数据的准确性。
- 短横线分隔符“-”与斜线分隔符“/”可以结合使用。例如，输入 2027-1/2 与 2027/1/2 都可以表示“2027 年 1 月 2 日”。
- 当用户输入的数据只包含年份和月份时，Excel 会自动以本月的 1 号作为它的完整日期值。例如，输入 2027-1 时，会被系统自动识别为 2027 年 1 月 1 日。
- 当用户输入的数据只包含月份和日期时，Excel 会自动以系统当年年份作为这个日期的年份值。例如输入 1-2，如果当前系统年份为 2027 年，则会被 Excel 自动识别为 2027 年 1 月 2 日。
- 包含英文月份的输入方式可以用于只包含月份和日期的数据输入，其中月份的英文单词可以使用完整拼写，也可以使用标准缩写。

除了上面介绍的可以被 Excel 自动识别为日期的输入方式外，其他不被识别的日期输入方式则会被识别为文本形式的数据。例如，使用分隔符“.”来输入日期 2027.1.2，这样输入的数据只会被 Excel 识别为文本格式，而不是日期格式，会导致数据无法参与各种运算，给数据的处理和计算造成不必要的麻烦。

5.9 快速填充数据

除了通常的数据输入方式外，如果数据本身具有某些顺序上的关联特性，用户还可以使用 Excel 所提供的填充功能快速地批量录入数据。

5.9.1 自动填充

当用户需要在工作表中连续输入某些顺序数据时，例如星期一、星期二……或者甲、乙、丙……可以利用 Excel 的自动填充功能实现快速输入。例如，要在 A 列连续输入 1～10 的数字，只需要在 A1 单元格中输入 1，在 A2 单元格中输入 2，然后选中 A1 : A2 单元格区域，拖动单元格右下角的控制柄即可，如图 5-54 所示。

使用同样的方法也可以连续输入甲、乙、丙等 10 个天干，如图 5-55 所示。

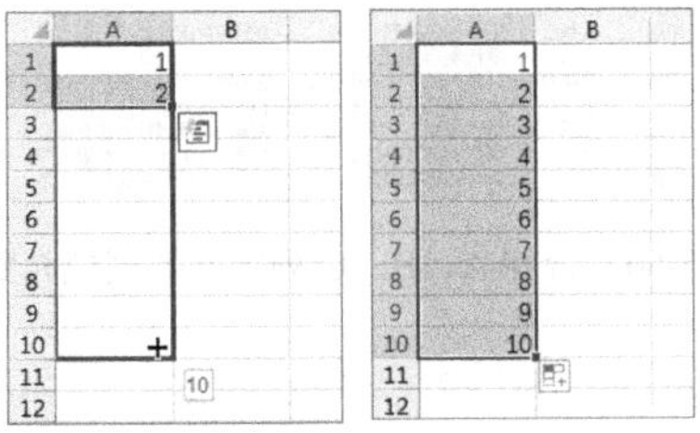

图 5-54　拖动控制柄快速自动填充

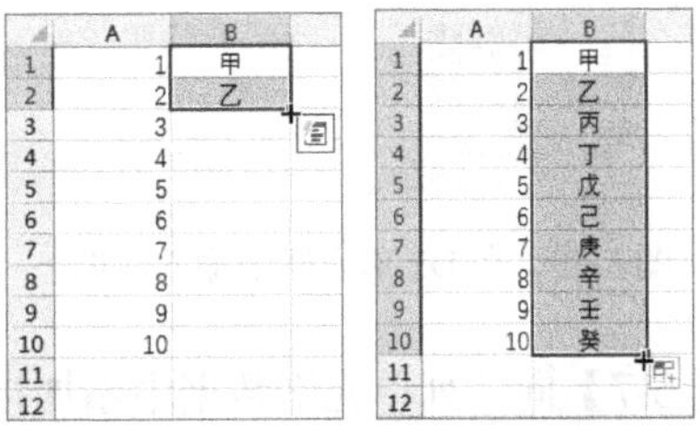

图 5-55　自动填充甲、乙、丙等天干

另外，如果使用 Excel 2013 以上的版本，使用快速填充功能还能够实现更多的应用，下面将通过案例进行介绍。

【例 5-4】快速提取数字和字符串并填充到列中。

① 在 C2 单元格中输入“北京”，选中 C3 单元格。

② 按 Ctrl+E 快捷键，即可提取 B 列数据中的头两个字符，如图 5-56 所示。

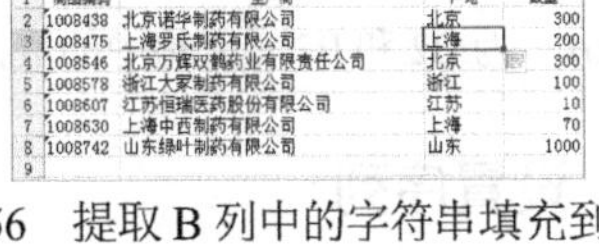

图 5-56　提取 B 列中的字符串填充到 C 列

【例 5-5】提取身份证号码中的生日并填充在列中。

① 选中需要提取身份证中生日信息的单元格区域。

② 按 Ctrl+1 快捷键，打开【设置单元格格式】对话框，选择【自定义】选项，将【类型】设置为【yyyy/mm/dd】，然后单击【确定】按钮，如图 5-57 所示。

③ 在 B2 单元格中输入 A1 单元格中身份证号码中的生日信息“1992/01/15”，然后按 Enter 键和 Ctrl+E 快捷键即可提取 A 列身份证号码中的生日信息，如图 5-58 所示。

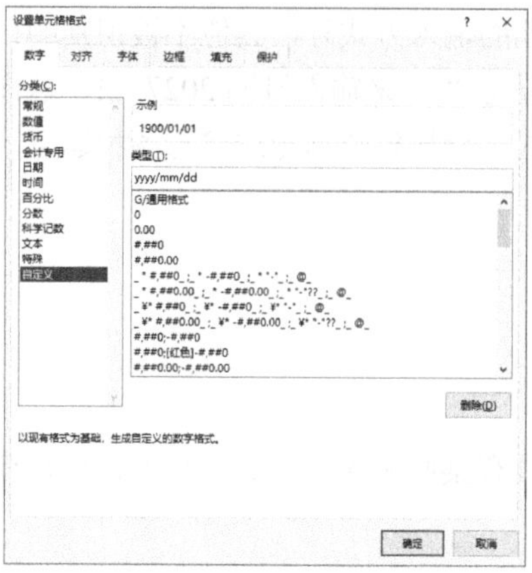

图 5-57　自定义单元格类型

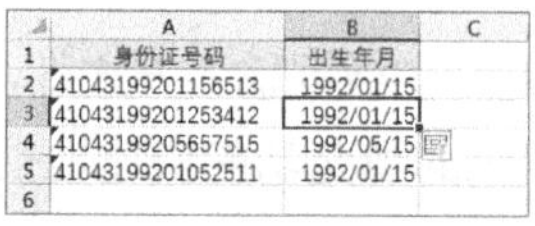

图 5-58　提取 A 列身份证号中的生日信息填充到 B 列

【例 5-6】将已有的多个数据合并为一列。

① 在 D2 单元格中输入 A2、B2 和 C2 单元格中的数据“中国北京诺华制药有限公司”，然后按 Enter 键，再按 Ctrl+E 快捷键，如图 5-59 所示。

② 此时，将在 D 列完成 A、B、C 列数据的合并填充，如图 5-60 所示。

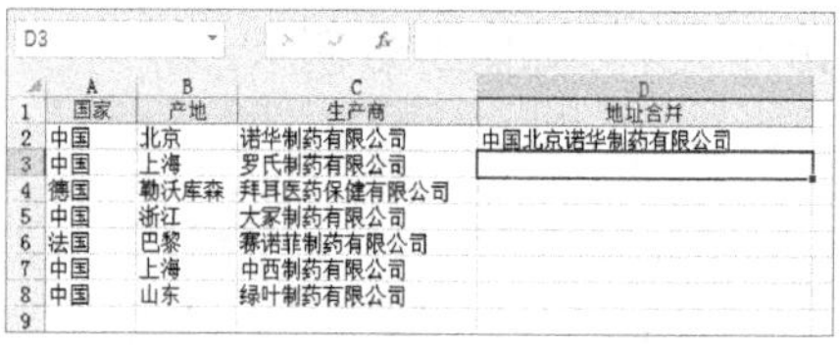

图 5-59　在 D2 单元格中输入数据

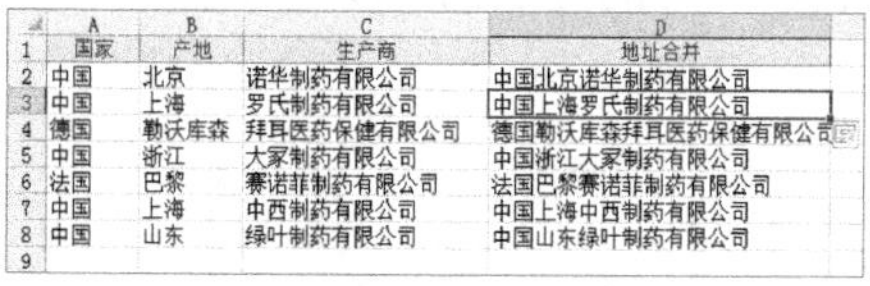

图 5-60　合并 A、B、C 列中的数据填充到 D 列

【例 5-7】向一列单元格数据中添加指定的符号。

① 在 B2 和 B3 单元格中根据 A2 和 A3 单元格中的地址输入类似的数据，如图 5-61 所示。

② 按 Ctrl+E 快捷键即可为工作表 A 列中的数据添加两个分隔符(-)，如图 5-62 所示。

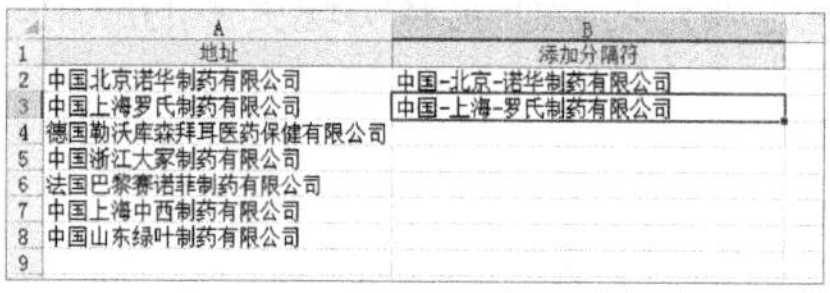

图 5-61　为 B2 和 B3 单元格中的数据添加分隔符

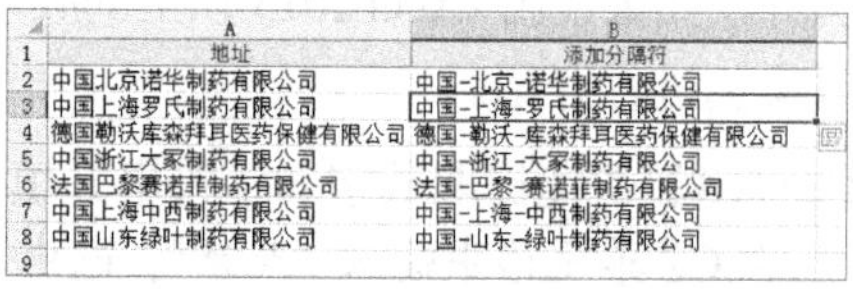

图 5-62　为 B 列数据添加分隔符

5.9.2　设置序列

Excel 中可以实现自动填充的顺序数据被称为序列。在前几个单元格内输入序列中的元素，就可以为 Excel 提供识别序列的内容及顺序信息，Excel 可以启动自动填充功能，自动按照序列中的元素、间隔顺序来依次填充。

通过【Excel 选项】对话框打开【自定义序列】对话框，进而查看可以被自动填充的序列，如图 5-63 和图 5-64 所示。

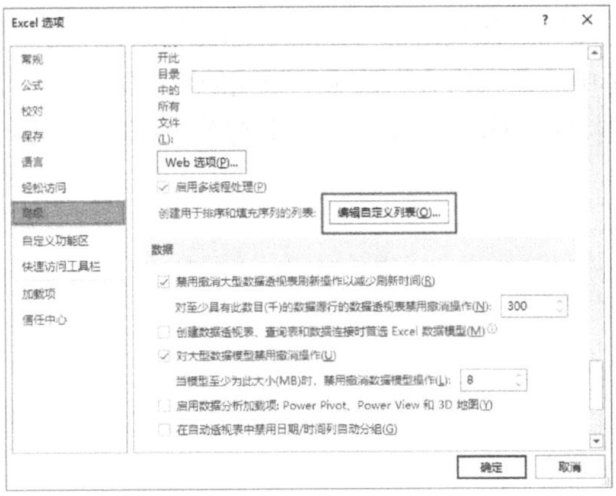

图 5-63　【Excel 选项】对话框

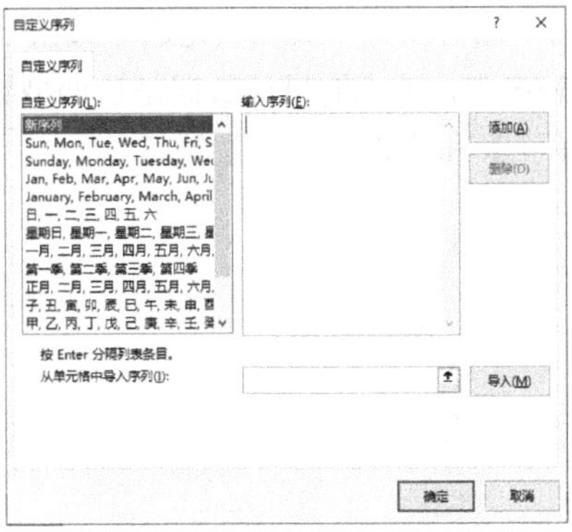

图 5-64　【自定义序列】对话框

在图 5-64 所示的【自定义序列】对话框左侧的列表中显示了当前 Excel 中可以被识别的序列(所有的数值型、日期型数据都是可以被自动填充的序列，不再显示于列表中)，用户也可以在右侧的【输入序列】文本框中手动添加新的数据序列作为自定义系列，或者引用表格中已经存在的数据列表作为自定义序列进行导入。

Excel 中自动填充功能的使用方式相当灵活，用户并非必须从序列中的一个元素开始自动填充，而是可以始于序列中的任何一个元素。当填充的数据达到序列尾部时，下一个填充数据会自动取序列开头的元素，循环地继续填充。例如图 5-65 所示的表格中显示了从“六月”开始自动填充多个单元格的结果。

除了对自动填充的起始元素没有要求之外，填充时序列中的元素的顺序间隔也没有严格限制。

当需要只在一个单元格中输入序列元素时(除了纯数值数据外)，自动填充功能默认以连续顺序的方式进行填充。而当用户在第一个、第二个单元格内输入具有一定间隔的序列元素时，Excel 会自动按照间隔的规律来选择元素进行填充，例如图 5-66 所示的表格中显示了从“六月”“九月”开始自动填充多个单元格的结果。

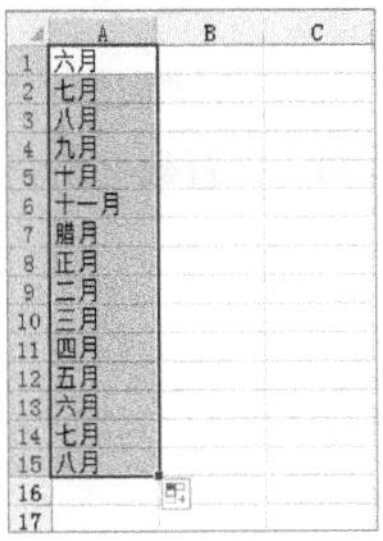

图 5-65　从“六月”开始自动填充

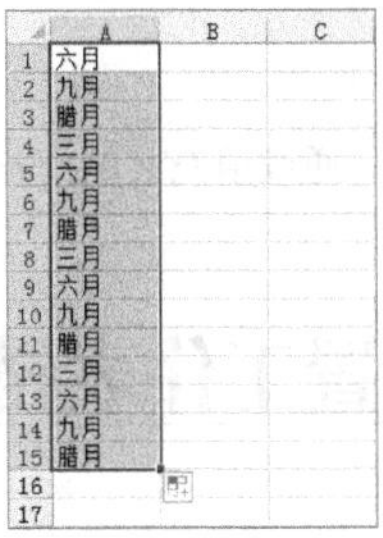

图 5-66　从“六月”“九月”开始自动填充

5.9.3　使用填充选项

自动填充完成后，填充区域的右下角将显示【填充选项】按钮，将鼠标指针移动至该按钮上并单击，在弹出的菜单中可显示更多的填充选项，如图 5-67 所示。

在图 5-67 所示的菜单中，用户可以选择数据填充方式，如【仅填充格式】【不带格式填充】

和【快速填充】等，甚至可以将填充方式改为复制，使数据不再按照序列顺序递增，而是与最初的单元格保持一致。填充选项按钮下拉菜单中的选项内容取决于所填充的数据类型。例如，图 5-68 中，填充的目标数据是日期型数据，则菜单中显示了更多与日期有关的选项，例如【以月填充】和【以年填充】等。

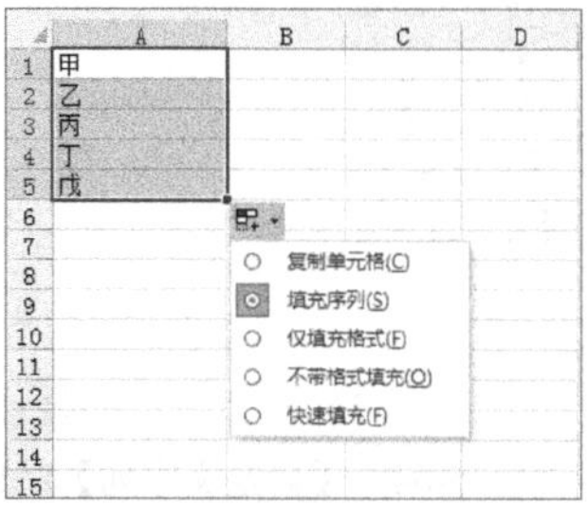

图 5-67　选择数据填充方式

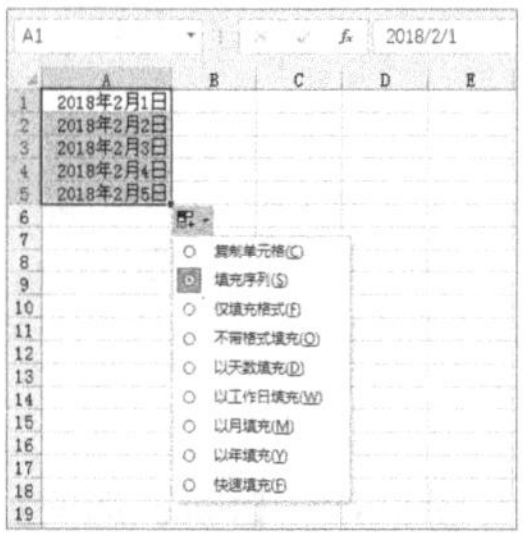

图 5-68　填充日期型数据

5.9.4　使用填充菜单

除了可以通过拖动、双击填充柄或按 Ctrl+E 快捷键的方式实现数据的快速填充外，使用 Excel 功能区的填充命令，也可以在连续单元格中批量输入定义为序列的数据内容。

(1) 选中要填充的区域后，选择【开始】选项卡，在【编辑】命令组中单击【填充】下拉按钮，在弹出的下拉列表中选择【序列】选项，如图 5-69 所示，打开【序列】对话框。

(2) 在【序列】对话框中，用户可以选择序列填充的方向为【行】或者【列】，也可以根据需要填充的序列数据类型，选择不同的填充方式，如图 5-70 所示。

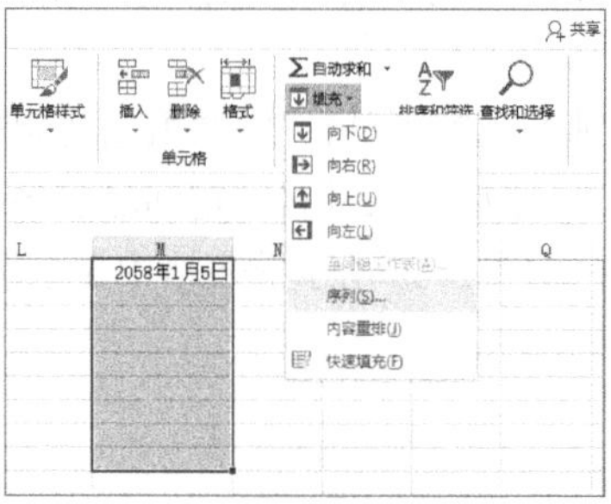

图 5-69　通过填充菜单打开【序列】对话框

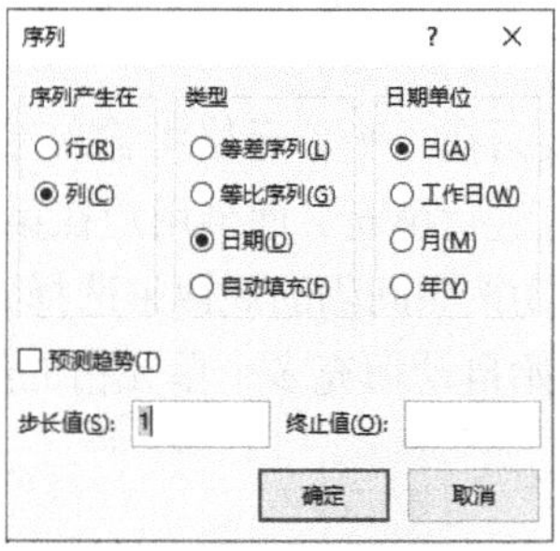

图 5-70　设置数据填充方式

5.10　设置工作表链接

在 Excel 中，链接是指从一个页面或文件跳转到另外一个页面或文件。链接目标通常是另外一个网页，但也可以是一幅图片、一个电子邮件地址或一个程序。超链接通常以与正常文本不同的格式显示。通过单击该链接，用户可以跳转到本机系统中的文件、网络共享资源、互联网中的某个位置。

在 Excel 中选取一个单元格(或单元格中的文本)后，选择【插入】选项卡，单击【链接】命令组中的【链接】按钮，即可打开图 5-71 所示的【插入超链接】对话框，在工作表中设置链接。在【插入超链接】对话框中，用户可以创建的超链接有 5 种类型：现有文件或网页、本文档中的其他位置的链接、新建文档的链接、电子邮件地址的链接和用工作表函数创建的超链接。

在工作表中成功设置链接后，单元格中设置链接的文本将显示图 5-72 所示的下画线，单击链接即可跳转至相应的工作表(或打开相应的文档)。若用户要取消工作表中的链接，可以右击设置链接的单元格(或文本)，在弹出的菜单中选择【取消超链接】命令即可。

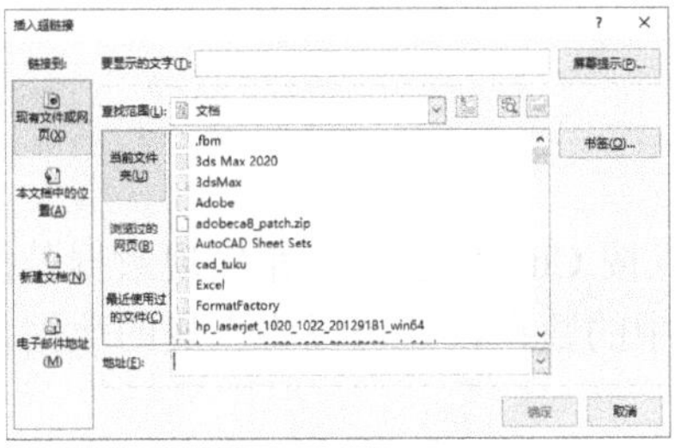

图 5-71　【插入超链接】对话框

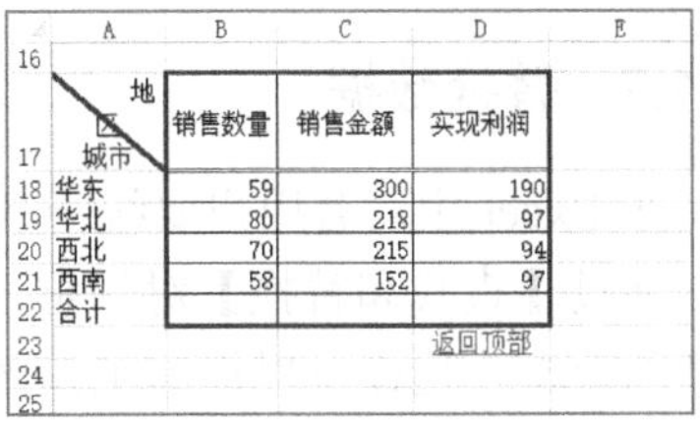

图 5-72　工作表中的链接

5.11 查找与替换数据

Excel 提供的查找和替换功能可以方便地查找和替换一些特定的字符串内容。

5.11.1　查找数据

在使用电子表格的过程中，常常需要查找某些数据。使用 Excel 的数据查找功能可以快速查找出满足条件的所有单元格，还可以设置查找数据的格式，这进一步提高了编辑和处理数据的效率。

在 Excel 中查找数据时，可以按 Ctrl+F 快捷键，或者选择【开始】选项卡，在【编辑】命令组中单击【查找和选择】下拉列表按钮，然后在弹出的下拉列表中选中【查找】选项，打开【查找和替换】对话框。在该对话框的【查找内容】文本框中输入要查找的数据，然后单击【查找下一个】按钮，Excel 会自动在工作表中选定相关的单元格，若想查看下一个查找结果，则再次单击【查找下一个】按钮即可。

另外，在 Excel 中查找和替换数据时，使用星号(*)可以查找任意字符串，例如查找“IT”可以找到表格中的“IT 网站”和“IT 论坛”等。使用问号(?)可以查找任意单个字符，例如查找“?78”可以找到“078”和“178”等。另外，如果要查找通配符，可以输入“~*”“~?”，其中“~”为波浪号，如果要在表格中查找波浪号(~)，则可以输入两个波浪号“~~”。

【例 5-8】使用通配符查找指定范围的数据。

① 按 Ctrl+F 快捷键打开【查找和替换】对话框，在【查找内容】文本框中输入“*京”，单击【查找下一个】按钮，可以在工作表中依次查找包含“京”的文本。

② 单击【查找全部】按钮可以在工作簿中查找包含文本“京”的单元格，如图 5-73 所示。

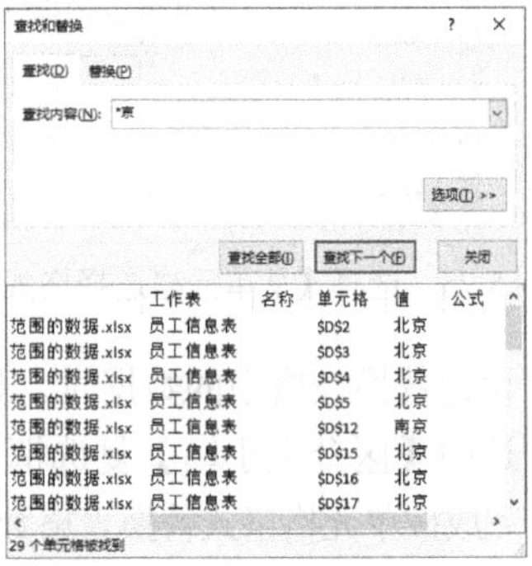

图 5-73　查找全部

③ 在【查找和替换】对话框中单击【查找下一个】按钮时，Excel 会按照某个方向进行查找，如果按住 Shift 键再单击【查找下一个】按钮，Excel 将按照原查找方向相反的方向进行查找。

④ 单击【关闭】按钮可以关闭【查找和替换】对话框，之后如果要继续查找表格中的查找内容，可以按 Shift+F4 快捷键继续执行查找命令。

5.11.2 替换数据

在 Excel 中，若用户要统一替换一些内容，则可以按 Ctrl+H 快捷键来实现数据替换功能。通过【查找和替换】对话框，不仅可以查找表格中的数据，还可以将查找的数据替换为新的数据，这样可以提高工作效率。

【例 5-9】对指定数据执行批量替换操作。

① 按 Ctrl+H 快捷键，打开【查找和替换】对话框，将【查找内容】设置为【专科】，将【替换为】设置为【大学】，如图 5-74 所示。

② 单击【全部替换】按钮后，Excel 将提示进行了几处替换，单击【确定】按钮即可。

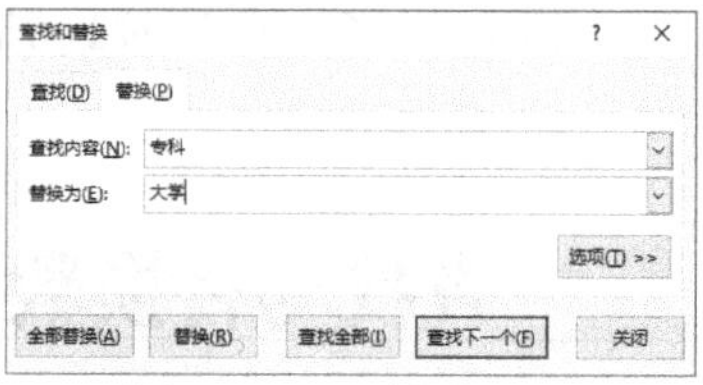

图 5-74　设置替换数据

【例 5-10】根据单元格格式替换数据。

① 按 Ctrl+H 快捷键打开【查找和替换】对话框，单击【选项】按钮，在显示的选项区域中单击【格式】按钮旁的▾按钮，在弹出的菜单中选择【从单元格选择格式】命令，如图 5-75 所示。

② 选取表格中包含单元格格式的单元格(H2)，返回【查找和替换】对话框。

③ 返回【查找和替换】对话框后，单击【替换为】选项后的【格式】按钮。

④ 打开【替换格式】对话框选择【数字】选项卡中，在选项卡左侧的列表中选中【货币】选项，设置货币格式。

⑤ 返回【查找和替换】对话框，单击【全部替换】按钮，即可根据设置的单元格格式(即步骤②选取的单元格)，按照所设置的内容，将所有符合条件的单元格中的数据以及单元格格式替换，如图 5-76 所示。

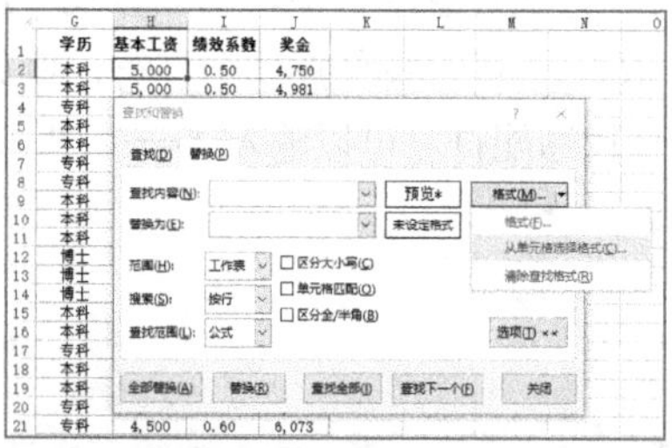

图 5-75　选择【从单元格选择格式】命令

	A	B	C	D	E	F	G	H	I	J
1	工号	姓名	性别	籍贯	出生日期	入职日期	学历	基本工资	绩效系数	奖金
2	1121	李亮辉	男	北京	2001/6/2	2020/9/3	本科	¥5,000.00	0.50	¥4,750.00
3	1122	林雨馨	女	北京	1998/9/2	2018/9/3	本科	¥5,000.00	0.50	¥4,981.00
4	1123	莫静静	女	北京	1997/8/21	2018/9/3	专科	¥5,000.00	0.50	¥4,711.00
5	1124	刘乐乐	女	北京	1999/5/4	2018/9/3	本科	¥5,000.00	0.50	¥4,982.00
6	1125	杨晓亮	男	廊坊	1990/7/3	2018/9/3	本科	¥5,000.00	0.50	¥4,092.00
7	1126	张珺涵	男	哈尔滨	1987/7/21	2019/9/3	专科	¥4,500.00	0.60	¥4,671.00
8	1127	姚妍妍	女	哈尔滨	1982/7/5	2019/9/3	专科	¥4,500.00	0.60	¥6,073.00
9	1128	许朝霞	女	徐州	1983/2/1	2019/9/3	本科	¥4,500.00	0.60	¥6,721.00
10	1129	李　娜	女	武汉	1985/6/2	2017/9/3	本科	¥6,000.00	0.70	¥6,872.00
11	1130	杜芳芳	女	西安	1978/5/23	2017/9/3	本科	¥6,000.00	0.70	¥6,921.00
12	1131	刘自建	男	南京	1972/4/2	2010/9/3	博士	¥8,000.00	1.00	¥9,102.00
13	1132	王　巍	男	扬州	1991/3/5	2010/9/3	博士	¥8,000.00	1.00	¥8,971.00
14	1133	段程鹏	男	苏州	1992/8/5	2010/9/3	博士	¥8,000.00	1.00	¥9,301.00

图 5-76　替换效果

设置替换表格中的数据时，如果需要区分替换内容的大小写，可以在【查找和替换】对话框中选中【区分大小写】复选框。

完成按单元格格式替换表格数据的操作后，在【查找和替换】对话框中单击【格式】按钮，在弹出的菜单中选择【清除查找格式】或【清除替换格式】命令，可以删除对话框中设置的单元格查找格式与替换格式。

另外，如果要对某单元格区域内的指定数据进行替换，例如在图 5-77 中要将 0 替换为 90，可直接单击【全部替换】按钮。Excel 会将所有单元格中的 0 全部替换为 90，如图 5-78 所示。

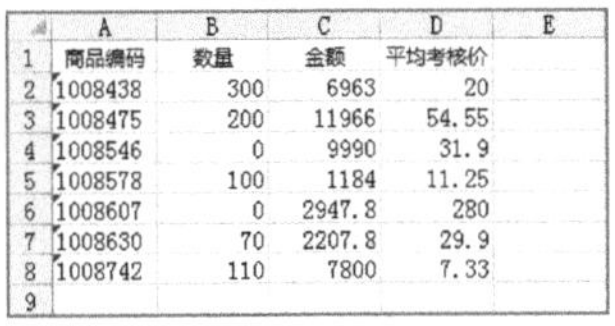

	A	B	C	D	E
1	商品编码	数量	金额	平均考核价	
2	1008438	300	6963	20	
3	1008475	200	11966	54.55	
4	1008546	0	9990	31.9	
5	1008578	100	1184	11.25	
6	1008607	0	2947.8	280	
7	1008630	70	2207.8	29.9	
8	1008742	110	7800	7.33	
9					

图 5-77　替换前

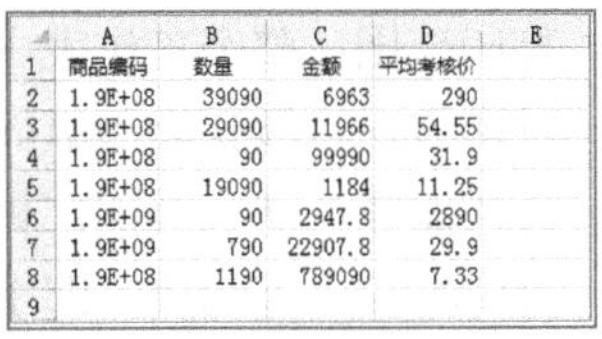

	A	B	C	D	E
1	商品编码	数量	金额	平均考核价	
2	1.9E+08	39090	6963	290	
3	1.9E+08	29090	11966	54.55	
4	1.9E+08	90	99990	31.9	
5	1.9E+08	19090	1184	11.25	
6	1.9E+09	90	2947.8	2890	
7	1.9E+09	790	22907.8	29.9	
8	1.9E+08	1190	789090	7.33	
9					

图 5-78　将 0 替换为 90

【例 5-11】将表格中的 0 替换为 90。

① 打开表格后，按 Ctrl+H 快捷键，打开【查找和替换】对话框。将【查找内容】设置为 0，将【替换为】设置为 90，然后选中【单元格匹配】复选框，并单击【全部替换】按钮，如图 5-79 所示。

② Excel 将自动筛选数据 0，并将其替换为 90，效果如图 5-80 所示。

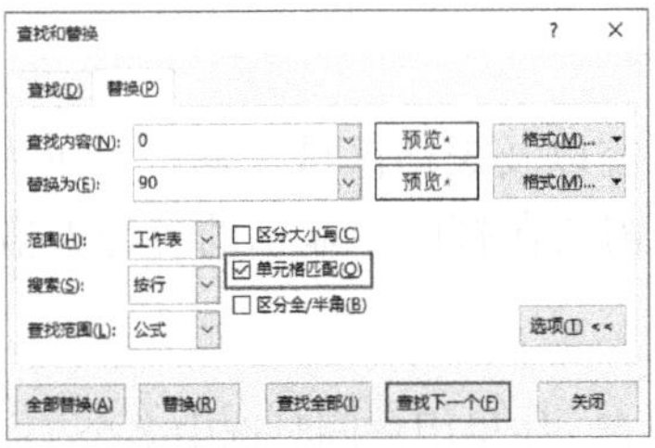

图 5-79　设置替换数据时匹配单元格

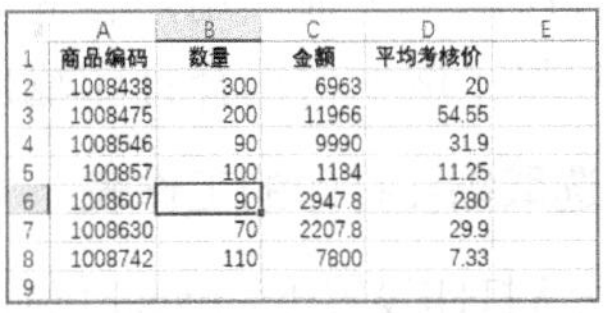

	A	B	C	D	E
1	商品编码	数量	金额	平均考核价	
2	1008438	300	6963	20	
3	1008475	200	11966	54.55	
4	1008546	90	9990	31.9	
5	100857	100	1184	11.25	
6	1008607	90	2947.8	280	
7	1008630	70	2207.8	29.9	
8	1008742	110	7800	7.33	
9					

图 5-80　替换效果

5.12 设置打印工作表

尽管现在都在提倡无纸办公，但在具体的工作中将电子报表打印成纸质文档还是必不可少的。大多数 Office 软件用户都擅长使用 Word 软件打印文稿，而对于 Excel 文件的打印，可能并不熟悉。下面将介绍打印 Excel 文件的方法与技巧。

5.12.1 快速打印工作表

如果要快速打印 Excel 表格，最简捷的方法是执行【快速打印】命令。

(1) 单击 Excel 窗口左上方快速访问工具栏右侧的 下拉按钮，在弹出的下拉列表中选择【快速打印】命令后，会在快速访问工具栏中显示【快速打印】按钮 。

(2) 将鼠标悬停在【快速打印】按钮 上，可以显示当前的打印机名称(通常是系统默认的打印机)，单击该按钮即可使用当前打印机进行打印。

所谓快速打印，指的是不需要用户进行确认即可直接将电子表格输入到打印机的任务中，并执行打印的操作。如果当前工作表没有进行任何有关打印的选项设置，则 Excel 将会自动以默认打印方式对其进行设置，这些默认设置包括以下内容。

- 打印内容：当前选定工作表中所包含数据或格式的区域，以及图表、图形、控件等对象，但不包括单元格批注。
- 打印份数：默认为1份。
- 打印范围：整个工作表中包含数据和格式的区域。
- 打印方向：默认为“纵向”。
- 打印顺序：从上至下，再从左到右。
- 打印缩放：无缩放，即100%正常尺寸。
- 页边距：上、下页边距为1.91厘米，左、右页边距为1.78厘米，页眉、页脚边距为0.76厘米。
- 页眉/页脚：无页眉和页脚。
- 打印标题：默认为无标题。

如果用户对打印设置进行了更改，则按用户的设置打印输出，并且在保存工作簿时会将相应的设置保存在当前工作表中。

5.12.2 设置打印内容

在打印输出之前，用户首先要确定需要打印的内容以及表格区域。通过以下内容的介绍，用户将了解如何选择打印输出的工作表区域以及需要在打印中显示的各种表格内容。

1. 选取需要打印的工作表

在默认打印设置下，Excel仅打印活动工作表上的内容。如果用户同时选中多个工作表后执行打印命令，则可以同时打印选中的多个工作表内容。如果用户要打印当前工作簿中的所有工作表，可以在打印之前同时选中工作簿中的所有工作表，也可以使用【打印】选项菜单进行设置，具体方法如下。

(1) 选择【文件】选项卡，在弹出的菜单中选择【打印】命令，或者按Ctrl+P快捷键，打开【打印】选项菜单，如图5-81所示。

(2) 单击【打印活动工作表】下拉按钮，在弹出的下拉列表中选择【打印整个工作簿】命令，然后单击【打印】按钮，即可打印当前工作簿中的所有工作表。

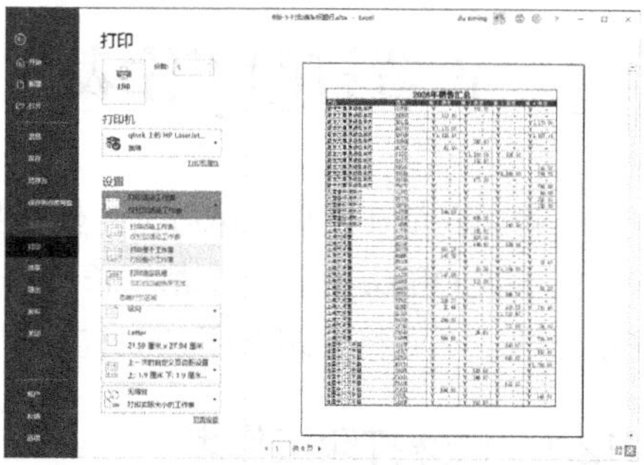

图5-81 【打印】选项菜单

2. 设置打印区域

在默认方式下，Excel只打印那些包含数据或格式的单元格区域，如果选定的工作表中不包含任何数据、格式、图表、图形等对象，则在执行打印命令时会打开警告窗口，提示用户未发现打印内容。但如果用户选定了需要打印的固定区域，即使其中不包含任何内容，Excel也允许将其打印输出。设置打印区域有如下几种方法。

- 选定需要打印的区域后，单击【页面布局】选项卡中的【打印区域】下拉按钮，在弹出的下拉列表中选择【设置打印区域】命令，即可将当前选定区域设置为打印区域。

- 在工作表中选定需要打印的区域后，按 Ctrl+P 快捷键，打开【打印】选项菜单，单击【打印活动工作表】下拉按钮，在弹出的下拉列表中选择【打印选定区域】命令，然后单击【打印】命令。
- 选择【页面布局】选项卡，在【页面设置】命令组中单击【打印标题】按钮，打开【页面设置】对话框，选择【工作表】选项卡。将鼠标定位到【打印区域】的编辑栏中，然后在当前工作表中选取需要打印的区域，选取完成后在对话框中单击【确定】按钮即可，如图 5-82 所示。

打印区域可以是连续的单元格区域，也可以是非连续的单元格区域。如果用户选取非连续区域进行打印，Excel 将把不同的区域各自打印在单独的纸张页面之上。

3. 设置打印标题

许多数据表格都包含标题行或者标题列，表格内容较多且需要打印成多页时，Excel 允许将标题行或标题列重复打印在每个页面上。如果用户希望对表格进行设置，在打印时使其列标题及行标题能够在多页重复显示，可以使用以下方法进行操作。

(1) 选择【页面布局】选项卡，在【页面设置】命令组中单击【打印标题】按钮，打开【页面设置】对话框，选择【工作表】选项卡。

(2) 单击【顶端标题行】文本框右侧的按钮在工作表中选择行标题区域，如图 5-83 所示。

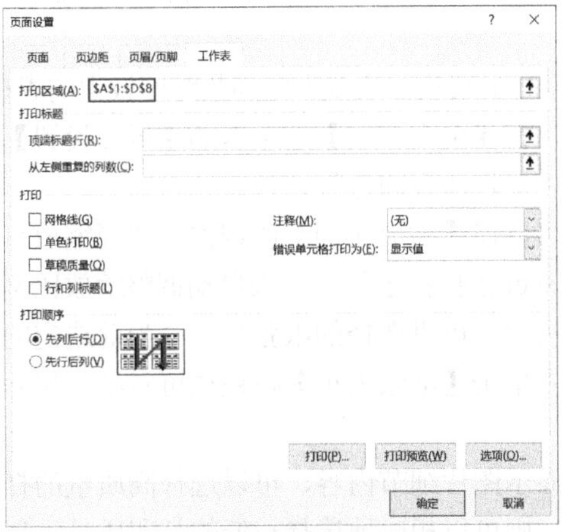

图 5-82　【页面设置】对话框

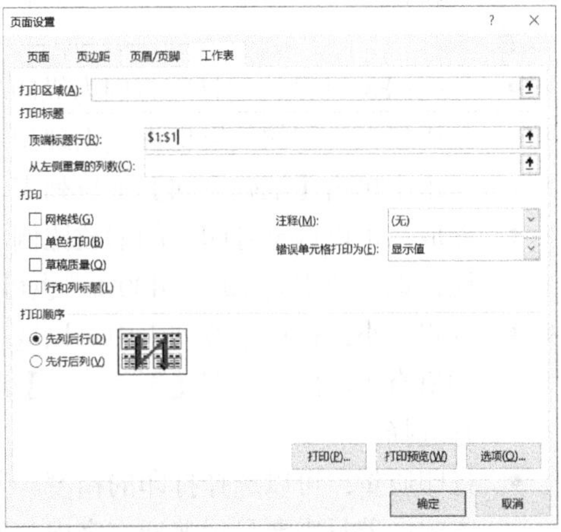

图 5-83　设置行标题区域

(3) 将鼠标定位到【从左侧重复的列数】文本框中，在工作表中选择行标题区域。

(4) 返回【页面设置】对话框后单击【确定】按钮，打印电子表格时，每页都有相同的标题。

4. 对象的打印设置

在 Excel 的默认设置中，几乎所有对象都可以在打印输出时显示，这些对象包括图表、图片、图形、艺术字、控件等。如果用户不需要打印表格中的某个对象，可以修改这个对象的打印属性。例如，要取消某张图片的打印显示，操作方法如下。

(1) 选中表格中的图片，右击，在弹出的快捷菜单中选择【设置图片格式】命令。

(2) 打开【设置图片格式】窗格，选择【大小与属性】选项卡，展开【属性】选项区域，取消【打印对象】复选框的选中状态即可。

以上步骤中的快捷菜单命令以及对话框的具体名称都取决于选中对象的类型。如果选定的不是图片而是艺术字，则右键菜单会相应地显示【设置形状格式】命令，但操作方法基本相同，对于其他对象的设置可以参考以上对图片的设置方法。

如果用户希望同时更改多个对象的打印属性，可以按 Ctrl+G 快捷键，打开【定位】对话框，在对话框中单击【定位条件】按钮，在进一步显示的【定位条件】对话框中选择【对象】，然后单击【确定】按钮。此时即可选定全部对象，然后再进行详细的设置操作。

5.12.3 调整打印页面

在选定了打印区域以及打印目标后，用户可以直接进行打印，但如果用户需要对打印的页面进行更多的设置，例如打印方向、纸张大小、页眉/页脚等设置，则可以通过【页面设置】对话框进行进一步的调整。

在【页面布局】选项卡的【页面设置】命令组中单击【打印标题】按钮，打开【页面设置】对话框，其中包括【页面】【页边距】【页眉/页脚】和【工作表】4 个选项卡。

1. 设置页面

在【页面设置】对话框中选择【页面】选项卡，如图 5-84 所示，在该选项卡中可以进行以下设置。

- 方向：Excel 默认的打印方向为纵向打印，但对于某些行数较少而列数跨度较大的表格，使用横向打印的效果也许更为理想。此外，在【页面布局】选项卡的【页面设置】命令组中单击【纸张方向】下拉列表，也可以对打印方向进行调整。
- 缩放：可以调整打印时的缩放比例。用户可以在【缩放比例】微调框内选择缩放百分比，调整范围为 10%～400%，也可以让 Excel 根据指定的页数来自动调整缩放比例。
- 纸张大小：在该下拉列表中可以选择纸张尺寸。可供选择的纸张尺寸与当前选定的打印机有关。此外，在【页面布局】选项卡中单击【纸张大小】按钮也可对纸张尺寸进行选择。
- 打印质量：可以选择打印的精度。若需要显示图片细节内容，可以选择高质量的打印方式；若只需要显示普通文字内容的情况，则可以相应地选择较低的打印质量。打印质量的高低影响打印机耗材的消耗程度。
- 起始页码：Excel 默认设置为【自动】，即以数字 1 开始为页码标号，但如果用户需要页码起始于其他数字，则可在此文本框内填入相应的数字。例如输入数字 7，则起始页码为 7，以此类推。

2. 设置页边距

在【页面设置】对话框中选择【页边距】选项卡，如图 5-85 所示，在该选项卡中可以进行以下设置。

- 页边距：可以在上、下、左、右 4 个方向上设置打印区域与纸张边界之间的距离。
- 页眉：在【页眉】微调框内可以设置页眉至纸张顶端之间的距离，通常此距离需要小于上页边距。

图 5-84　【页面】选项卡

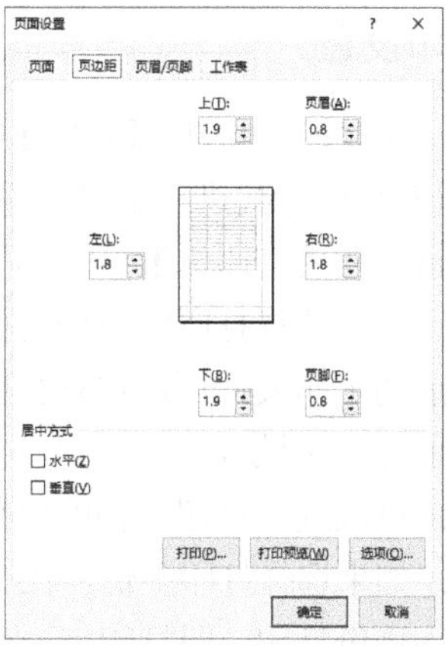

图 5-85　【页边距】选项卡

- 页脚：在【页脚】微调框内可以设置页脚至纸张底端之间的距离，通常此距离需要小于下页边距。
- 居中方式：如果在页边距范围内的打印区域还没有被打印内容填满，则可以在【居中方式】区域中选择将打印内容显示为【水平】或【垂直】居中，也可以同时选中两种居中方式。对话框中间的矩形框内会显示当前设置下的表格内容位置。

3. 设置页眉/页脚

在【页面设置】对话框中选择【页眉/页脚】选项卡，如图 5-86 所示。在该选项卡中可以对打印输出时的页眉和页脚进行设置。页眉和页脚指的是打印在每个纸张页面顶部和底部的固定文字或图片。通常情况下，用户会在这些区域设置一些表格标题、页码、时间等内容。

要为当前工作表添加页眉，可在此对话框中单击【页眉】列表框的下拉箭头，从下拉列表中选择 Excel 内置的页眉样式，然后单击【确定】按钮完成页眉设置。

如果下拉列表中没有用户满意的页眉样式，也可以单击【自定义页眉】按钮来设计页眉的样式，【页眉】对话框如图 5-87 所示。

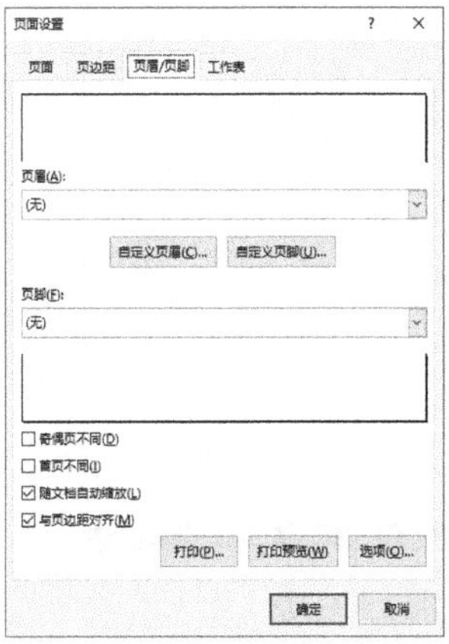

图 5-86　【页眉/页脚】选项卡

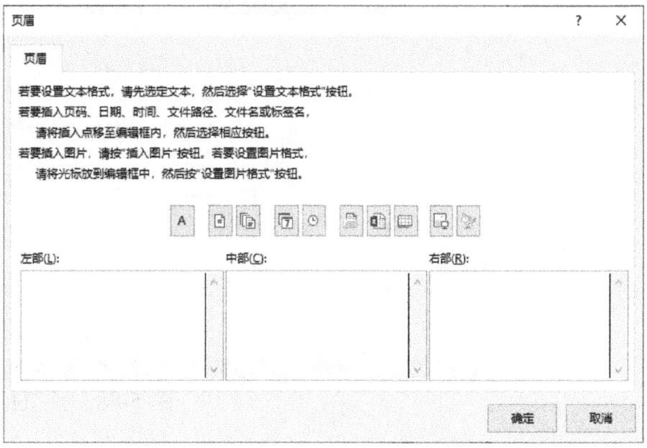

图 5-87　【页眉】对话框

在图 5-87 所示的【页眉】对话框中，用户可以在左、中、右 3 个位置设定页眉的样式，相应的内容会显示在纸张页面顶部的左端、中间和右端。

5.12.4 打印设置

在【文件】选项卡中选择【打印】命令，或按 Ctrl+P 快捷键，打开【打印】选项菜单，在此菜单中可以对打印方式进行更多的设置。

- 打印机：在【打印机】区域的下拉列表框中可以选择当前计算机上安装的打印机。
- 页数：可以选择打印的页面范围，全部打印或指定某个页面范围。
- 打印活动工作表：可以选择打印的对象。默认为选定工作表，也可以选择整个工作簿或当前选定区域等。
- 份数：可以选择打印文档的份数。
- 对照：如果选择打印多份，在【对照】下拉列表中可进一步选择打印多份文档的顺序。默认为逐份打印，即打印完一份完整文档后继续打印下一份副本。如果选择【非对照】选项，则按页方式打印，即打印完第一页的多个副本后再打印第二页的多个副本，以此类推。

单击【打印】按钮，可以按照当前的打印设置进行打印。此外，在【打印】选项菜单中还可以进行纸张方向、纸张大小、页面边距和文件缩放等设置。

5.12.5 打印预览

在对 Excel 文件进行打印之前，用户可以通过【打印预览】来观察当前的打印设置是否符合要求。在【视图】选项卡中单击【页面布局】按钮可以预览打印效果，如图 5-88 所示。

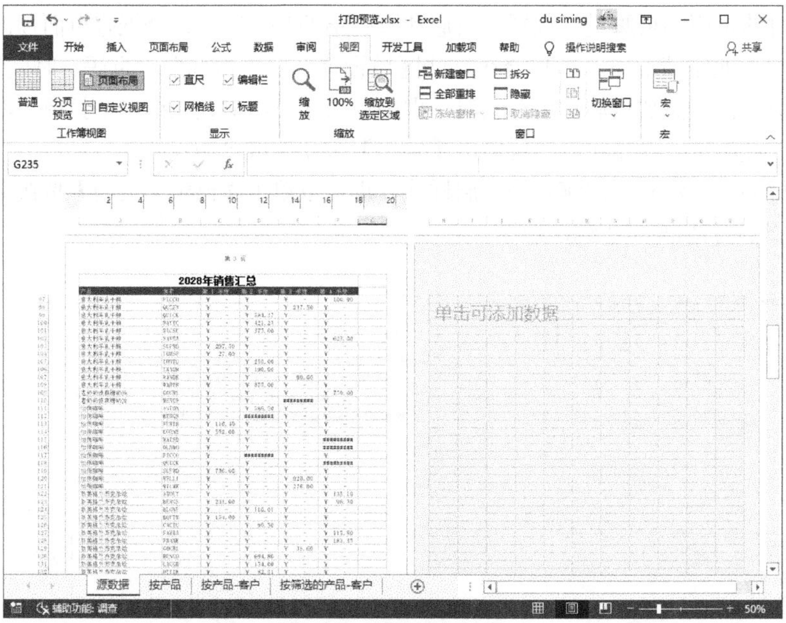

图 5-88　预览打印效果

在【页面布局】预览模式下，【视图】选项卡中各个按钮的具体作用如下。

- 普通：返回【普通】视图模式。
- 分页预览：退出【页面布局】视图模式，以【分页预览】的视图模式显示工作表。
- 页面布局：进入【页面布局】视图模式。

- 自定义视图：打开【视图管理器】对话框，用户可以添加自定义的视图。
- 标尺：显示在编辑栏的下方，拖动【标尺】的灰色区域可以调整页边距，取消选中【标尺】复选框将不再显示标尺。
- 网格线：显示工作表中默认的网格线，取消【网格线】复选框的选中状态将不再显示网格线。
- 编辑栏：输入公式或编辑文本，取消【编辑栏】复选框的选中状态将隐藏【编辑栏】。
- 标题：显示行号和列标，取消【标题】复选框的选中状态将不再显示行号和列标。
- 显示比例：放大或缩小预览显示。
- 100%：将文档缩放为正常大小的 100%。
- 缩放到选定区域：用于重点关注的表格区域，使当前选定单元格区域充满整个窗口。

5.13 综合案例

1. 使用 Excel 2016 制作“通讯录”，完成以下操作。

(1) 新建一个空白工作簿，并将其以名称“通讯录”保存。

(2) 在“通讯录”工作簿中创建工作表并重命名工作表。

(3) 在“通讯录”工作簿中的 5 个工作表中输入数据。

(4) 使用自动填充功能，在“通讯录”的“序号”列中填充 1～10 的数字。

(5) 精确设置工作表中的行高和列宽。

(6) 通过拖动鼠标改变行高和列宽。

(7) 为“通讯录”表格中的 E 列设置合适的列宽。

(8) 使用功能区中的命令，设置表格中数据的格式。

2. 使用 Excel 2016 制作“学生基本信息”，完成以下操作。

(1) 创建一个空白工作簿，并将其保存为“学生基本信息”。

(2) 将工作簿中的 Sheet1 工作表重命名为“学生基本信息表”，然后删除创建工作簿时 Excel 默认建立的 Sheet2 和 Sheet3 工作表。

(3) 在“学生基本信息表”工作表中输入并填充数据。

(4) 在“学生基本信息表”工作表中设置用于填写身份证号码的单元格格式，使其中填写的数据类型由数值型转换为文本型。

(5) 在“学生基本信息表”工作表中设置“编号”列的对齐方式为居中对齐，并合并 A2 : G2、A10 : G10、A14 : G14、A19 : G19、A24 : G24 和 A31 : G31 等单元格。

(6) 为“学生基本信息表”工作表中的标题文本设置字体格式，并为表格设置边框。

(7) 通过鼠标调整行高和列宽，调整“学生基本信息表”工作表。

(8) 将表格的第 1～37 行复制到工作表的第 41 行以后。

(9) 通过选取单元格和区域对“学生基本信息表”工作表进一步编辑，合并单元格，并执行【剪切】【粘贴】命令，为合并后的单元格填充内容。

(10) 在“学生基本信息表”工作表中添加表格标题行，并设置打印表格时，每一页都打印标题行。

3. 使用 Excel 2016 制作一个办公表格，要求如下。

(1) 在工作表中输入如图 5-89 所示的文本。

	A	B	C	D	E	F	G	H	I
1	新员工试用期评定								
2	编号	姓名	试用项目					总分	评定
3			AutoCAD	Photoshop	Office	工作态度	团队协作		
4	N101	王燕	70	43	78	45	67		
5	N102	马琳	79	56	67	65	45		
6	N103	徐刚	87	78	87	90	65		
7	N104	陆晓燕	45	67	56	43	90		
8	N105	何萍	65	45	43	56	43		
9	N106	周磊	90	65	70	79	70		
10	N107	张方圆	43	90	79	87	79		
11	N108	武胜	56	43	87	45	87		
12	N109	南建华	78	70	45	65	45		
13	N110	孟建春	67	79	70	78	87		
14	N111	李昌东	87	87	79	67	56		
15	N112	王浩	56	45	87	45	43		
16	N113	刘莹莹	67	65	45	65	70		
17									
18	合格	√	不合格	×					
19									

图 5-89　办公表格

(2) 在表格中插入选中√和×符号。

(3) 使用【自动调整列宽】功能调整表格列宽。

5.14 习题

一、判断题

1. 如果将用 Excel 早期版本创建的文件保存为 Excel 2016 文件，则该文件可以使用所有的 Excel 新功能。(　　)

2. Excel 中的清除操作是将单元格内容删除，包括其所在的单元格。(　　)

3. 在新建的 Excel 工作表中，必须首先在单元格 A1 中键入内容。(　　)

二、选择题

1. 已在 Excel 工作表的 F10 单元格中输入了“八月”，再拖动该单元格的填充柄往左移动，请问 F7、F8、F9 单元格会显示的内容是(　　)。

A. 九月、十月、十一月　　B. 七月、八月、五月

C. 五月、六月、七月　　D. 八月、八月、八月

2. Excel 某区域由 A4、A5、A6 和 B4、B5、B6 组成，下列不能表示该区域的是(　　)。

A. A4 : B6　　B. A4 : B4　　C. B6 : A4　　D. A6 : B4

3. 在 Excel 中，对于上下相邻两个含有数值的单元格用拖曳法向下做自动填充，默认的填充规则是(　　)。

A. 等比序列　　B. 等差序列　　C. 自定义序列　　D. 日期序列

4. 在 Excel 中，清除单元格的命令中不包含的选项是(　　)。

A. 格式　　B. 批注　　C. 内容　　D. 公式

5. 在 Excel 2016 工作簿中，默认的工作表个数是(　　)。

A. 1　　B. 2　　C. 3　　D. 4

6. 在 Excel 工作表中，单元格区域 D2 : E4 所包含的单元格个数是(　　)。

A. 5　　B. 6　　C. 7　　D. 8

三、操作题

1. 在打开的 Excel 窗口中进行如下操作，操作完成后，关闭 Excel 并保存工作簿。

(1) 将 Sheet1 工作表标签改名为“基本情况”，并删除其余工作表。

(2) 在代号列输入 001、002、003、…、006；将标题“我的舍友”在 A1 : G1 范围内设置跨列居中，设置标题字号为 16。

(3) 将 A2 : G8 区域设置为外边框红色双实线，内边框黑色单实线，并且设置文档第 2 行所有文字水平和垂直方向均居中对齐，行高为 30 磅。

(4) 建立“基本情况”工作表的副本，命名为“计算”，在该表中，在手机号列前插入两列，命名为“体重指数”和“体重状况”。

(5) 计算“体重指数”，体重指数=体重(千克)/身高(米)的平方，保留 2 位小数点。在“体重状况”列使用 IF 函数标识出每位学生的身体状况：

- 如果体重指数>24，则该学生的“体重状况”标记“超重”；
- 如果 19<体重指数≤24，标记“正常”；
- 如果体重指数≤19，标记“超轻”。

(6) 在“基本情况”工作表内，选择姓名和身高两列，建立簇状柱形图，图表标题为“身高情况图”，显示图例。

2. 在打开的 Excel 窗口中进行如下操作，操作完成后，关闭 Excel 并保存工作簿。

(1) 在工作表 Sheet1 中完成如下操作。

- 设置表格中“借书证号”列的所有单元格的水平对齐方式为居中。
- 利用函数计算总共借出的册数，结果放在相应单元格中。

(2) 在工作表 Sheet2 中完成如下操作。

- 设置标题“美亚华电器集团”单元格的字号为 16，字体为黑体。
- 为 D7 单元格添加批注，内容为“纯利润”。
- 将标题“美亚华电器集团”所在单元格的底纹颜色设置成浅蓝色。

(3) 在工作表 Sheet3 中完成如下操作。

- 将工作表命名为“奖金表”。
- 利用“姓名，奖金”数据建立图表，图表标题为“销售人员奖金表”，图表类型为“堆积面积图”，并作为对象插入“奖金表”中。

第 6 章
工作表的整理与分析

☑ 本章要点

掌握格式化工作表的基本操作，包括设置单元格格式、设置列宽和行高、设置条件格式、使用样式、自动套用格式和使用模板等。理解数据清单的概念，掌握数据清单的建立方法。掌握数据清单内容的排序、筛选、分类汇总以及数据合并操作。掌握 Excel 图表的建立、编辑、修改和修饰等操作。掌握创建数据透视表的方法。

☑ 知识体系

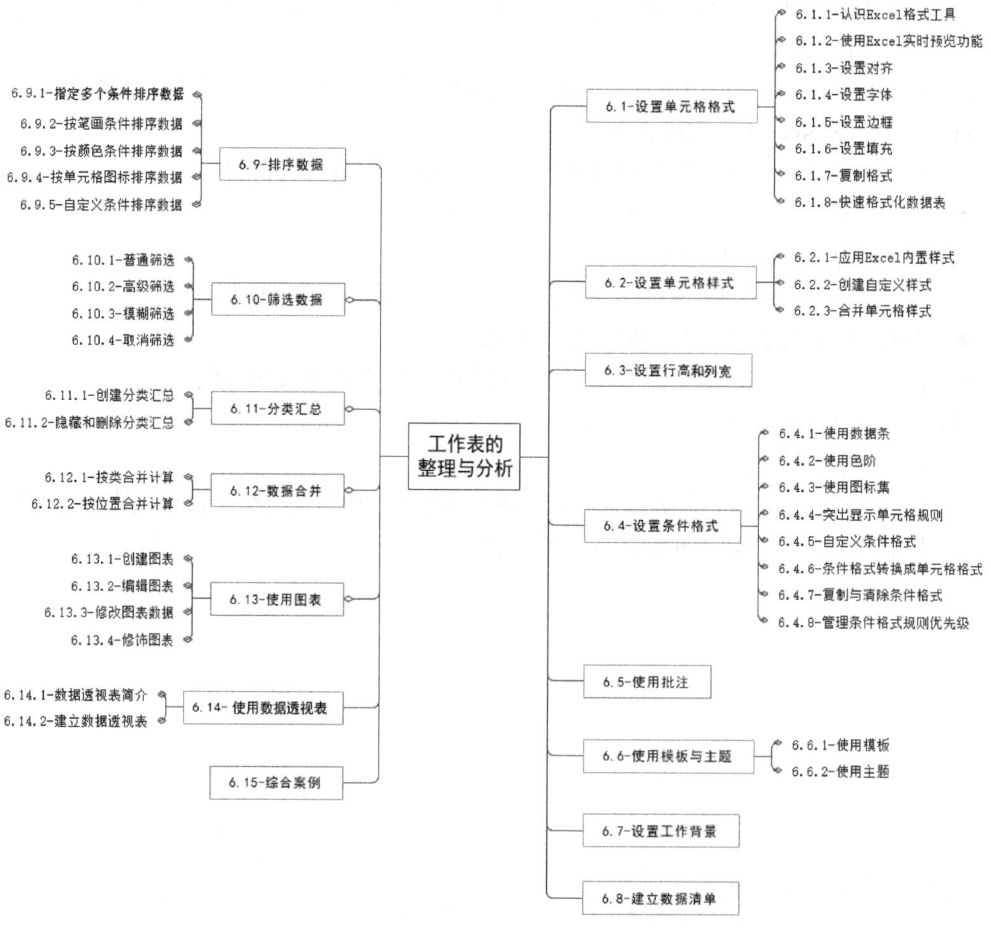

6.1 设置单元格格式

Excel 工作表的整体外观由各个单元格的样式构成，单元格的样式外观在 Excel 的可选设置中主要包括数据显示格式、字体样式、文本对齐方式、边框样式以及单元格颜色等。

6.1.1 认识 Excel 格式工具

在 Excel 中，对于单元格格式的设置和修改，用户可以通过功能区命令组、浮动工具栏及【设置单元格格式】对话框来实现，下面将分别进行介绍。

1. 功能区命令组

【开始】选项卡中提供了多个命令组用于设置单元格格式，包括【字体】【对齐方式】【数字】【样式】等，如图 6-1 所示。

- 【字体】命令组：包括字体、字号、加粗、倾斜、下画线、填充色、字体颜色等命令。
- 【对齐方式】命令组：包括顶端对齐、垂直居中、低端对齐、左对齐、居中、右对齐以及方向、调整缩进量、自动换行、合并居中等命令。
- 【数字】命令组：包括增加/减少小数位数、百分比样式、会计数字格式等对数字进行格式化的命令。
- 【样式】命令组：包括条件格式、套用表格格式、单元格样式等命令。

2. 浮动工具栏

选中并右击单元格，在弹出的菜单上方将显示图 6-2 所示的浮动工具栏，浮动工具栏中包括常用的单元格格式设置命令。

图 6-1　【开始】选项卡

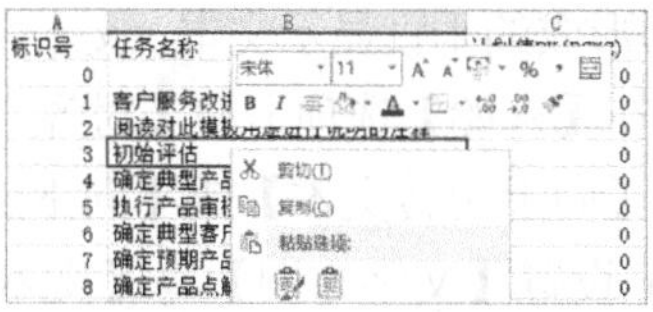

图 6-2　浮动工具栏

3. 【设置单元格格式】对话框

用户可以在【开始】选项卡中单击【字体】【对齐方式】【数字】等命令组右下角的对话框启动器按钮 (或者按 Ctrl+1 快捷键，或者右击单元格，从弹出的菜单中选择【设置单元格格式】命令)，打开如图 6-3 所示的【设置单元格格式】对话框。

在【设置单元格格式】对话框中，用户可以根据需要选择合适的选项卡，设置表格单元格的格式。

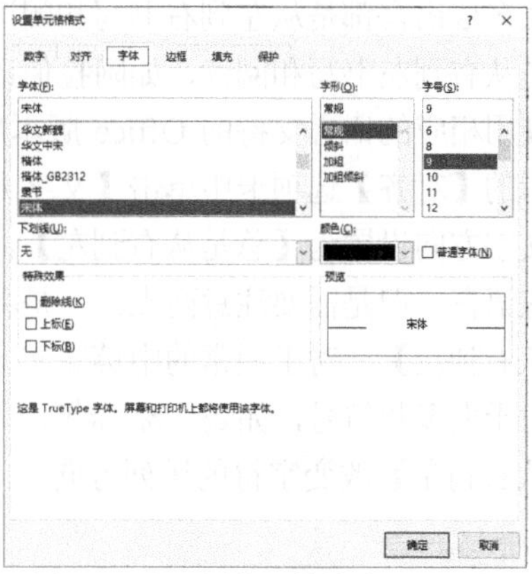

图 6-3　【设置单元格格式】对话框

6.1.2 使用 Excel 实时预览功能

设置单元格格式时，部分 Excel 工具在软件默认状态下支持实时预览格式效果，如果用户需要关闭或者启用该功能，可以参考以下方法操作。

(1) 选择【文件】选项卡后，单击【选项】选项，打开【Excel 选项】对话框，然后选择【常规】选项卡。

(2) 在对话框右侧的选项区域中选中【启用实时预览】复选框后，单击【确定】按钮即可。

6.1.3 设置对齐

打开【设置单元格格式】对话框，选择【对齐】选项卡，该选项卡主要用于设置单元格文本的对齐方式，此外还可以对文本方向和文字方向、水平对齐、垂直对齐、文本控制等内容进行相关的设置，具体如下。

1. 文本方向和文字方向

当用户需要将单元格中的文本以一定倾斜角度进行显示时，可以通过【对齐】选项卡中的【方向】文本格式设置来实现。

(1) 设置倾斜文本角度。在【对齐】选项卡右侧的【方向】半圆形表盘显示框中，用户可以通过鼠标操作指针直接选择倾斜角度，或通过下方的微调框来设置文本的倾斜角度，改变文本的显示方向。文本倾斜角度设置范围为-90°～90°。

(2) 设置【竖排文本方向】。竖排文本方向指的是将文本由水平排列状态转为竖直排列状态，文本中的每一个字符仍保持水平显示。要设置竖排文本方向，在【开始】选项卡的【对齐方式】命令组中单击【方向】下拉按钮，在弹出的下拉列表中选择【竖排文字】命令即可。

(3) 设置【垂直角度】。垂直角度文本指的是将文本按照字符的直线方向垂直旋转 90°或-90°后形成的垂直显示文本，文本中的每一个字符均向相应的方向旋转 90°。要设置垂直角度文本，在【开始】选项卡的【对齐方式】命令组中单击【方向】下拉按钮，在弹出的下拉列表中选择【向上旋转文本】或【向下旋转文本】命令即可。

(4) 设置【文字方向】与【文本方向】。文字方向与文本方向在 Excel 中是两个不同的概念，文字方向指的是文字从左至右或者从右至左的书写和阅读方向，目前大多数语言都是从左到右书写和阅读，但也有不少语言是从右到左书写和阅读，如阿拉伯语、希伯来语等。在使用相应的语言支持的 Office 版本后，可以在图 6-4 所示的【对齐】选项卡中单击【文字方向】下拉按钮，将文字方向设置为【总是从右到左】，以便输入和阅读这些语言。但是需要注意两点：一是将文字设置为【总是从右到左】，对于通常的中英文文本不会起作用；二是对于大多数符号，如@、%、#等，可以通过设置【总是从右到左】改变字符的排列方向。

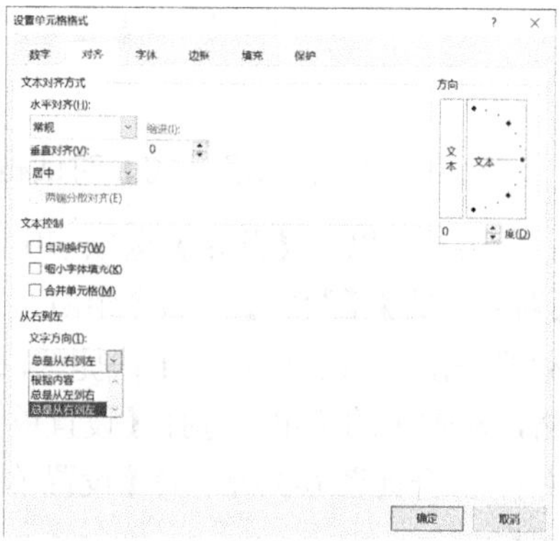

图 6-4 【对齐】选项卡

2. 水平对齐

Excel 中，水平对齐包括常规、靠左、居中、靠右、填充、两端对齐、跨列居中、分散对齐 8 种对齐方式(可在图 6-4 所示的【对齐】选项卡的【水平对齐】下拉列表中设置)，其作用如下。

- 常规：Excel 默认的单元格内容的对齐方式为数值型数据靠右对齐、文本型数据靠左对齐、逻辑值和错误值居中。
- 靠左：单元格内容靠左对齐。如果单元格内容长度大于单元格列宽，则内容会从右侧超出单元格边框显示；如果右侧单元格非空，则右侧超出部分的内容不被显示。在图 6-4 所示【对齐】选项卡的【缩进】微调框中可以调整离单元格右侧边框的距离，可选择的缩进范围为 0～15 个字符。
- 填充：重复单元格内容直到单元格的宽度被填满。如果单元格列宽不足以重复显示文本的整数倍数时，则文本只显示整数倍次数，其余部分不再显示出来。
- 居中：单元格内容居中，如果单元格内容长度大于单元格列宽，则内容会从两侧超出单元格边框显示。如果两侧单元格非空，则超出部分的内容不被显示。
- 靠右(缩进)：单元格内容靠右对齐，如果单元格内容长度大于单元格列宽，则内容会从左侧超出单元格边框显示。如果左侧单元格非空，则左侧超出部分的内容不被显示。可以在【缩进】微调框内调整距离单元格左侧边框的距离，可选择的缩进范围为 0～15 个字符。
- 两端对齐：使文本两端对齐。单行文本以类似【靠左】方式对齐，如果文本过长，超过列宽时，文本内容会自动换行显示。
- 跨列居中：单元格内容在选定的同一行内连续多个单元格中居中显示。此对齐方式常用于在不需要合并单元格的情况下。
- 分散对齐：对于中文符号，包括空格间隔的英文单词等，在单元格内平均分布并充满整个单元格宽度，并且两端靠近单元格边框。连续的数字或字母符号等文本无法分散对齐。可以使用【缩进】微调框调整距离单元格两侧边框的边距，可选择的缩进范围为 0～15 个字符。应用【分散对齐】格式的单元格，当文本内容过长时会自动换行显示。

3. 垂直对齐

垂直对齐包括靠上、居中、靠下、两端对齐、分散对齐等几种对齐方式(可在图 6-4 所示的【对齐】选项卡的【垂直对齐】下拉列表中设置)。

- 靠上：又称为顶端对齐，单元格内的文字沿单元格顶端对齐。
- 居中：又称为垂直居中，单元格内的文字垂直居中，这是 Excel 默认的对齐方式。
- 靠下：又称为底端对齐，单元格内的文字靠下端对齐。

以上 3 种对齐方式，除了可通过【设置单元格格式】对话框中的【对齐】选项卡设置以外，还可以在【开始】选项卡的【对齐方式】命令组中单击【顶端对齐】按钮、【垂直对齐】按钮或【底端对齐】按钮设置。

- 两端对齐：单元格内容在垂直方向上两端对齐，并且在垂直距离上平均分布。应用该格式的单元格，当文本内容过长时会自动换行显示。

4. 文本控制

设置文本对齐的同时，还可以对文本进行输出控制，包括自动换行、缩小字体填充，如图 6-4 所示。

- 自动换行：当文本内容长度超出单元格宽度时，可以选中【自动换行】复选框使文本内容分为多行显示。此时如果调整单元格宽度，文本内容的换行位置也将随之改变。
- 缩小字体填充：可以使文本内容自动缩小显示，以适应单元格的宽度大小，此时单元格文本内容的字体并未改变。

6.1.4 设置字体

单元格字体格式包括字体、字号、颜色、背景图案等。Excel 中文版的默认设置为：字体为宋体、字号为 11 号。用户可以按 Ctrl+1 快捷键，打开【设置单元格格式】对话框，选择【字体】选项卡，通过更改相应的设置来调整单元格内容的格式，如图 6-5 所示。

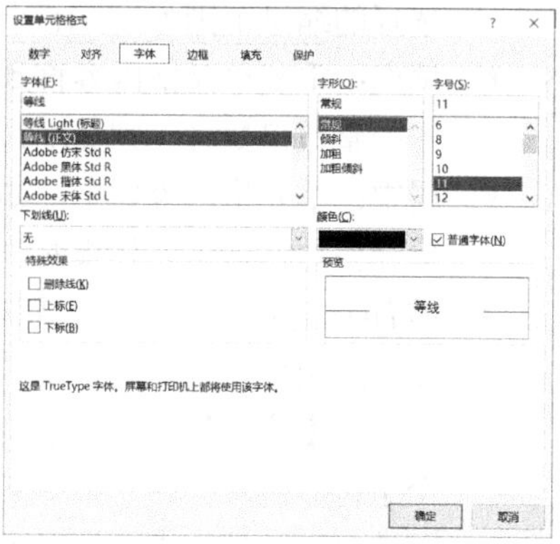

图 6-5 【字体】选项卡

【字体】选项卡中各个选项的功能说明如下。

- 字体：该列表框中显示了 Windows 操作系统提供的各种字体。
- 字形：该列表中提供了常规、倾斜、加粗、加粗倾斜 4 种字形。
- 字号：文字显示大小，用户可以在【字号】列表中选择字号，也可以直接在文本框中输入字号的磅数(范围为 1～409)。
- 下画线：在该下拉列表中可以为单元格内容设置下画线，默认设置为无。Excel 中可设置的下画线类型包括单下画线、双下画线、会计用单下画线、会计用双下画线 4 种(会计用下画线比普通下画线更靠下一些，并且会填充整个单元格的宽度)。
- 颜色：单击该按钮将弹出【颜色】下拉调色板，允许用户为字体设置颜色。
- 删除线：在单元格内容上显示贯穿内容的直线，表示内容被删除，效果为~~删除内容~~。
- 上标：将文本内容显示为上标形式，例如 K^3。
- 下标：将文本内容显示为下标形式，例如 K_3。

除了可以对整个单元格的内容设置字体格式外，还可以对同一个单元格内的文本内容设置多种字体格式。用户只要选中单元格文本的某一部分，设置相应的字体格式即可。

6.1.5 设置边框

1. 通过功能区设置边框

在【开始】选项卡的【字体】命令组中，单击设置边框⊞ ·下拉按钮，弹出的下拉列表中提供了 13 种边框设置方案、绘制及擦除边框的工具。

2. 使用【设置单元格格式】对话框设置边框

用户可以通过【设置单元格格式】对话框中的【边框】选项卡来设置更多的边框效果。

【例 6-1】使用 Excel 2016 为表格设置单斜线和双斜线表头的报表。

① 打开“学生成绩表”后，在 B2 单元格中输入表头标题“月份”和“部门”，通过插入空格调整“月份”和“部门”之间的间距。

② 在 B2 单元格中添加从左上至右下的对角边框线条。选中 B2 单元格后，打开【设置单元格格式】对话框，选择【边框】选项卡并单击◪按钮，如图 6-6 所示，单击【确定】按钮。

③ 在 B2 单元格中输入表头标题“金额”“部门”和“月份”，通过插入空格调整“金额”和“部门”的间距，在“月份”之前按 Alt+Enter 快捷键强制换行。

④ 打开【设置单元格格式】对话框，选择【对齐】选项卡，设置 B2 单元格的水平对齐方式为【靠左(缩进)】，垂直对齐方式为【靠上】。

⑤ 重复步骤①～②的操作，在 B2 单元格中设置单斜线表头。

⑥ 选择【插入】选项卡，在【插入】命令组中单击【形状】拆分按钮，在弹出的菜单中选择【线条】命令，在 B2 单元格中添加如图 6-7 所示的双斜线。

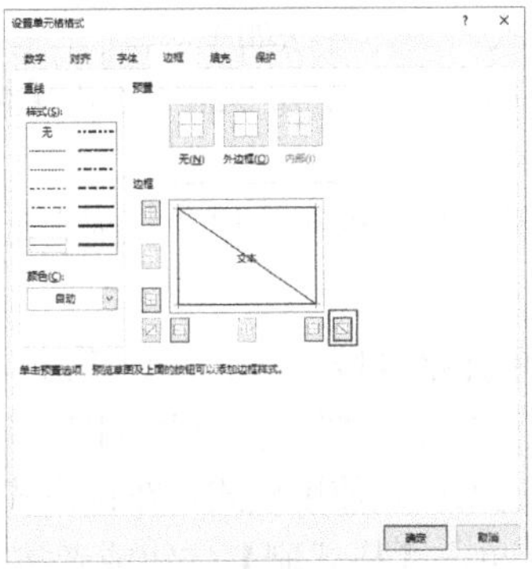

图 6-6　为表格设置单斜线表头

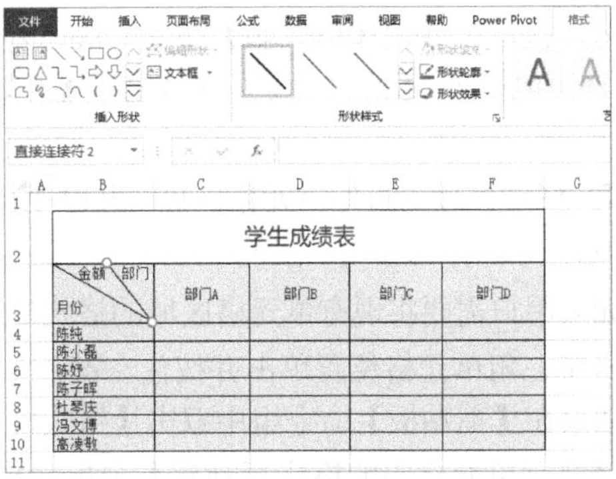

图 6-7　双斜线表头效果

6.1.6　设置填充

用户可以通过【设置单元格格式】对话框中的【填充】选项卡，对单元格的底色进行填充修饰，如图 6-8 所示。在【背景色】区域中选择多种填充颜色，或单击【填充效果】按钮，在【填充效果】对话框中设置渐变色，如图 6-9 所示。此外，用户还可以在【图案样式】下拉列表中选择单元格图案填充，并可以单击【图案颜色】按钮设置填充图案的颜色，如图 6-10 所示。

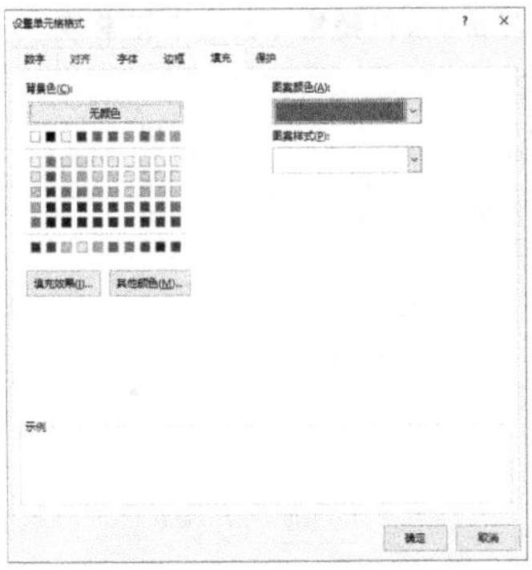

图 6-8 【填充】选项卡

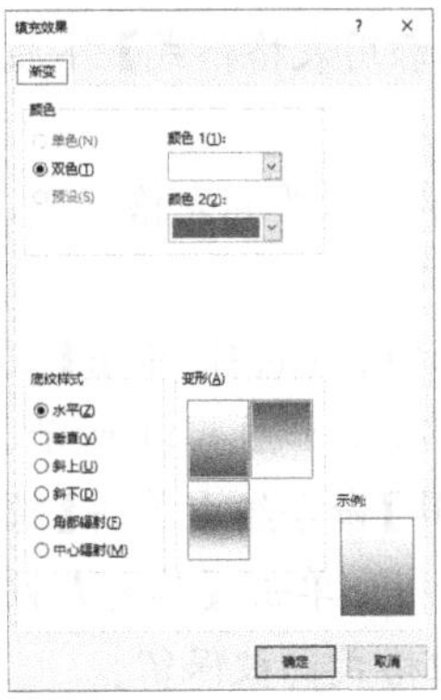

图 6-9　设置渐变色

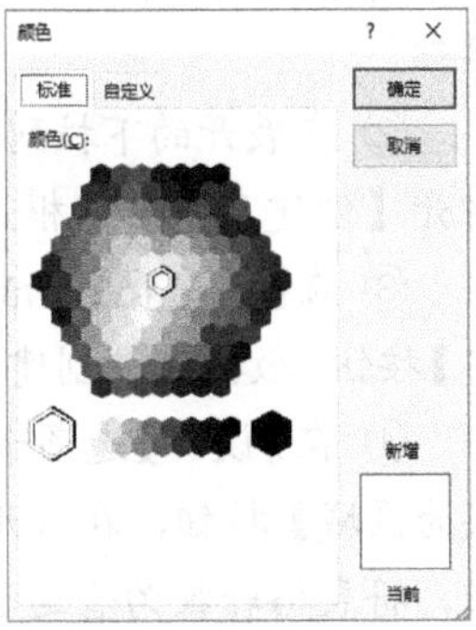

图 6-10　设置填充图案的颜色

6.1.7 复制格式

在日常办公中，如果用户需要将现有的单元格格式复制到其他单元格区域，可以使用以下几种方法。

1. 复制、粘贴单元格

直接将现有的单元格复制、粘贴到目标单元格，这样在复制单元格格式的同时，单元格内原有的数据也将被清除。

2. 仅复制、粘贴格式

复制现有的单元格，在【开始】选项卡的【剪贴板】命令组中单击【粘贴】下拉按钮，在弹出的下拉列表中选择【格式】命令。

3. 利用【格式刷】按钮复制单元格格式

用户也可以使用【格式刷】按钮快速复制单元格格式，具体方法如下。

(1) 选中需要复制的单元格区域，在【开始】选项卡的【剪贴板】命令组中单击【格式刷】按钮。

(2) 移动光标到目标单元格区域，此时光标变为图形，单击即可将格式复制到目标单元格区域。

如果用户需要将现有单元格区域的格式复制到更大的单元格区域，可以在步骤(2)中在目标单元格左上角单元格位置单击并按住左键，并向下拖动至合适的位置，释放鼠标即可。

如果在【剪贴板】命令组中双击【格式刷】按钮，将进入重复使用模式，在该模式中用户可以将现有单元格中的格式复制到多个单元格，直到再次单击【格式刷】按钮或者按 Esc 键结束。

6.1.8 快速格式化数据表

Excel 2016 的套用表格格式功能提供了几十种表格格式，为用户格式化表格提供了丰富的选择方案，具体操作方法如下。

【例 6-2】 在 Excel 2016 中使用套用表格格式功能快速格式化表格。

① 选中数据表中的任意单元格后，在【开始】选项卡的【样式】命令组中单击【套用表格格式】下拉按钮。

② 在展开的下拉列表中，单击需要的表格格式，打开【创建表】对话框。

③ 在【创建表】对话框中确认引用范围，单击【确定】按钮，数据表被创建并应用格式，如图 6-11 所示。

④ 在【设计】选项卡的【工具】命令组中单击【转换为区域】按钮，在打开的对话框中单击【确定】按钮，将表格转换为普通数据，但格式仍被保留。

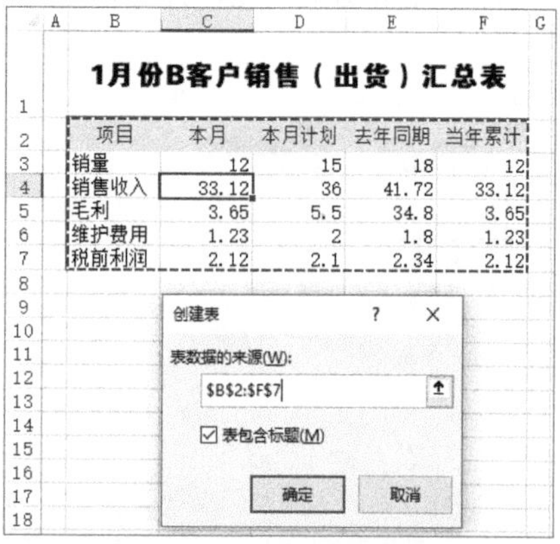

图 6-11 【创建表】对话框

6.2 设置单元格样式

Excel 中的单元格样式是指一组特定单元格格式的组合。使用单元格样式可以快速对应用相同样式的单元格或区域进行格式化。

6.2.1 应用 Excel 内置样式

Excel 2016 内置了一些典型的样式，用户可以直接套用这些样式来快速设置单元格格式，具体操作步骤如下。

(1) 选中单元格或单元格区域，在【开始】选项卡的【样式】命令组中单击【单元格样式】下拉按钮。

(2) 将鼠标指针移动至单元格样式列表中的某一项样式，目标单元格将立即显示应用该样式的效果，单击样式即可确认应用。

如果用户需要修改 Excel 中的某个内置样式，可以在该样式上右击，在弹出的菜单中选择【修改】命令，打开【样式】对话框，如图 6-12 所示。根据需要对相应样式的【数字】【对齐】【字体】【边框】【填充】【保护】等单元格格式进行修改，如图 6-13 所示。

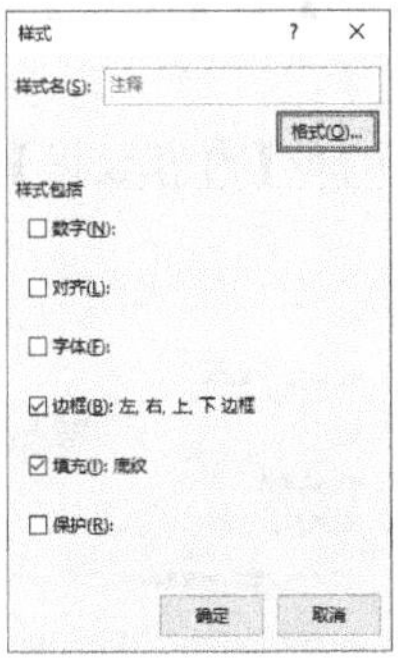

图 6-12　【样式】对话框

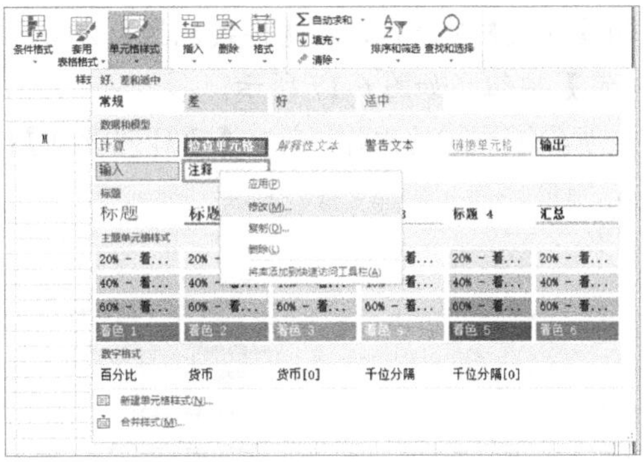

图 6-13　修改 Excel 内置样式

6.2.2 创建自定义样式

当 Excel 中的内置样式无法满足表格设计的需求时，用户可以参考下面介绍的方法，自定义单元格样式。

【例 6-3】在工作表中创建自定义样式，要求如下。

- 表格标题采用 Excel 内置的【标题 3】样式。
- 表格列标题采用字体为【微软雅黑】，字号为 10 号，【水平对齐】和【垂直对齐】方式均为居中。
- 【项目】列数据采用字体为【微软雅黑】，字号为 10 号，【水平对齐】和【垂直对齐】方式均为居中，单元格填充色为绿色。
- 【本月】【本月计划】【去年同期】和【当年累计】列数据采用字体为 Arial Unicode MS，字号为 10 号，保留 3 位小数。

① 打开工作表后，在【开始】选项卡的【样式】命令组中单击【单元格样式】下拉按钮，

在打开的下拉列表中选择【新建单元格样式】命令，打开【样式】对话框。

② 在【样式】对话框的【样式名】文本框中输入样式的名称“列标题”，然后单击【格式】按钮，如图 6-14 所示。

③ 打开【设置单元格格式】对话框，选择【字体】选项卡，设置字体为【微软雅黑】，字号为 10 号，如图 6-15 所示；选择【对齐】选项卡，设置【水平对齐】和【垂直对齐】为【居中】，如图 6-16 所示，然后单击【确定】按钮。

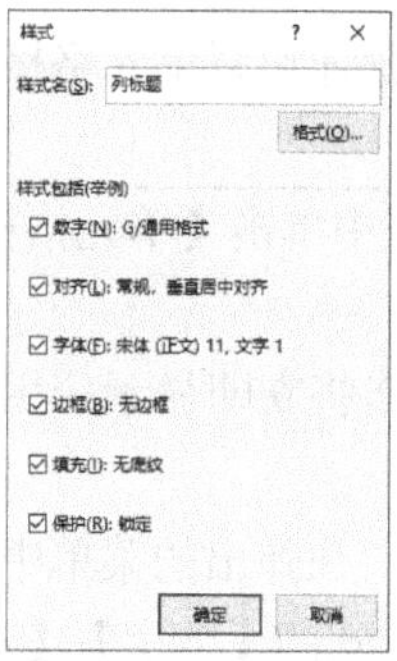

图 6-14　设置样式

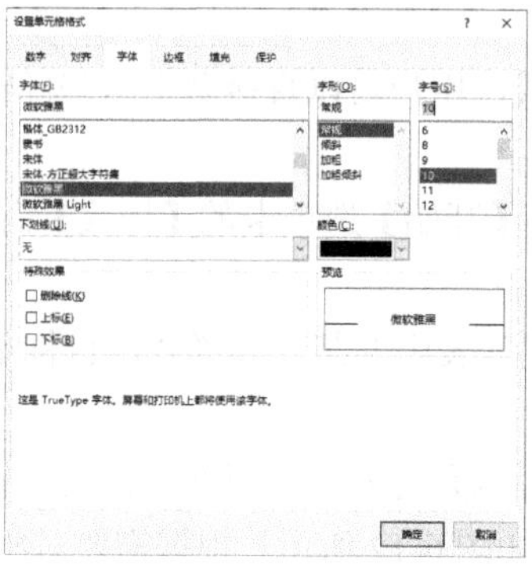

图 6-15　设置字体

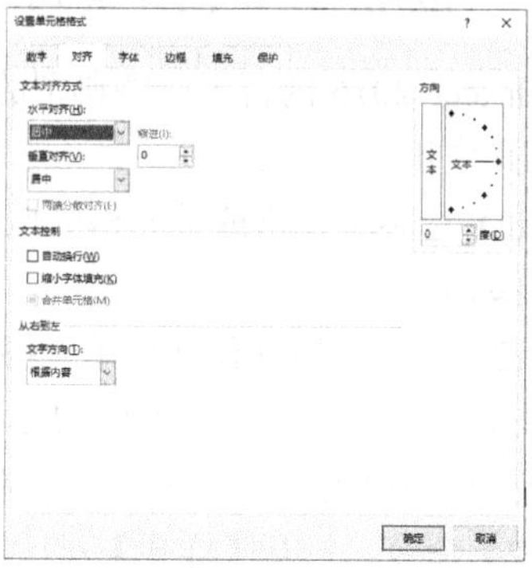

图 6-16　设置对齐方式

④ 返回【样式】对话框，在【样式包括】选项区域中选中【对齐】和【字体】复选框，然后单击【确定】按钮，如图 6-17 所示。

⑤ 重复步骤①～④的操作，新建【项目列数据】(如图 6-18 所示)和【内容数据】(如图 6-19 所示)的样式。

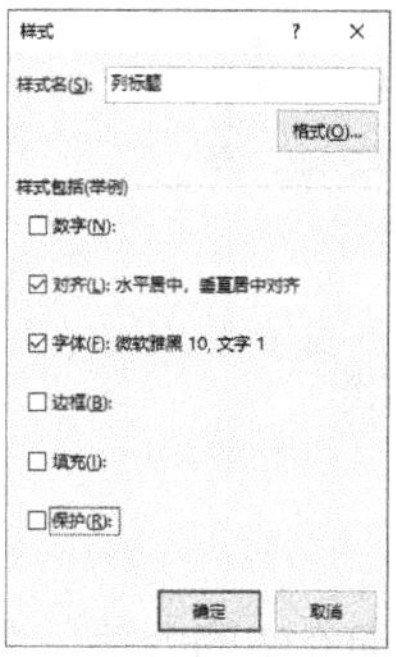

图 6-17　设置样式

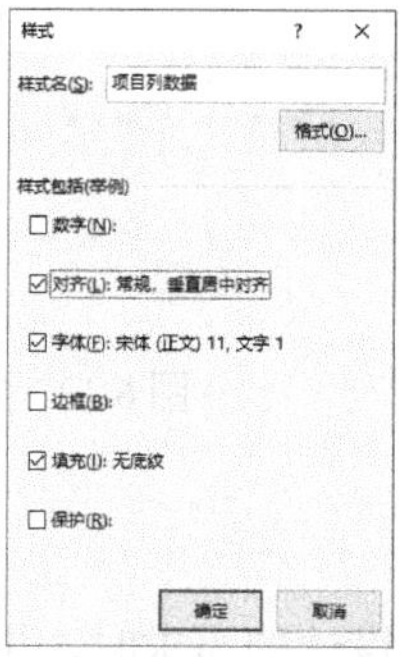

图 6-18　新建【项目列数据】样式

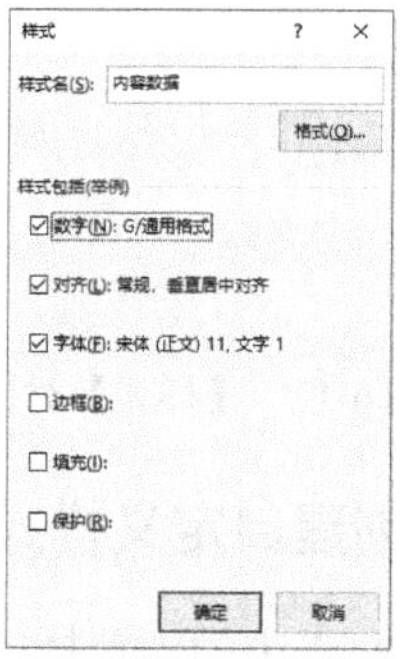

图 6-19　新建【内容数据】样式

⑥ 新建自定义样式后，样式列表上方将显示【自定义】样式区。

⑦ 分别选中数据表格中的标题、列标题、【项目】列数据和内容数据单元格区域，应用样式分别进行格式化。

6.2.3　合并单元格样式

在 Excel 中完成例 6-3 的操作所创建的自定义样式，只能保存在当前工作簿中，不会影响其他工作簿的样式。如果用户需要在其他工作簿中使用当前新创建的自定义样式，可以参考下面介绍的方法合并单元格样式。

【例 6-4】继续例 6-3 的操作，合并创建的自定义单元格样式。

① 完成例 6-3 的操作后，新建一个工作簿，在【开始】选项卡的【样式】命令组中单击【单元格样式】下拉按钮，在弹出的下拉列表中选择【合并样式】命令。

② 打开【合并样式】对话框，选中包含自定义样式的工作簿【例 4-3 销售汇总表.xlsx】，然后单击【确定】按钮，如图 6-20 所示。

③ 完成以上操作后，例 6-3 工作簿中自定义的样式将被复制到新建的工作簿中。

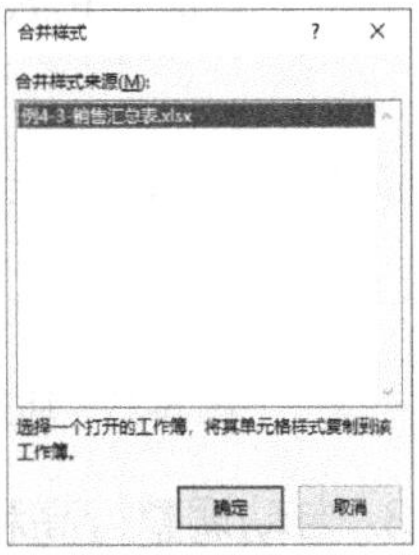

图 6-20　【合并样式】对话框

6.3 设置行高和列宽

在工作表中，用户可以根据表格的制作要求，调整表格中的行高和列宽。

1. 精确设置行高和列宽

精确设置表格的行高和列宽的方法有以下两种。

(1) 选取列后，在【开始】选项卡的【单元格】命令组中单击【格式】下拉按钮，在弹出的列表中选择【列宽】命令，打开【列宽】对话框，在【列宽】文本框中输入所需要设置的列宽的具体数值，然后单击【确定】按钮即可，如图 6-21 所示。设置行高的方法与设置列宽的方法类似(选取行后，在图 6-22 所示的列表中选择【行高】命令)。

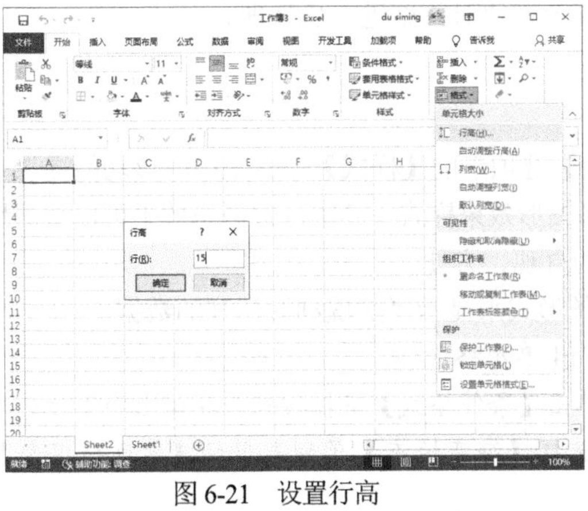
图 6-21　设置行高

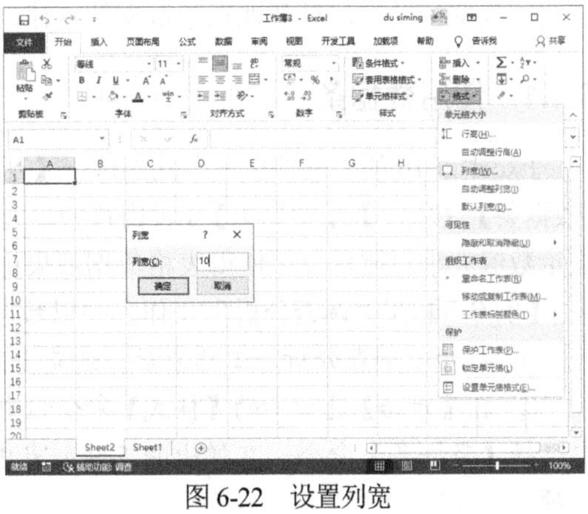
图 6-22　设置列宽

(2) 选中行或列后，右击，在弹出的菜单中选择【行高】或【列宽】命令，然后在打开的【行高】或【列宽】对话框中进行相应的设置即可。

2. 拖动鼠标调整行高和列宽

除了上面介绍的两种方法以外，用户还可以通过在工作表行、列标签上拖动鼠标来改变行高和列宽。具体操作方法是：在工作表中选中行或列后，当鼠标指针放置在选中的行或列标签相邻的行或列标签之间时，将显示图 6-23 所示的黑色双向箭头。

此时，按住鼠标左键不放，向上方或下方(调整列宽时为左侧或右侧)拖动鼠标即可调整行高和列宽。同时，Excel 将显示图 6-24 所示的提示框，提示当前的行高或列宽值。

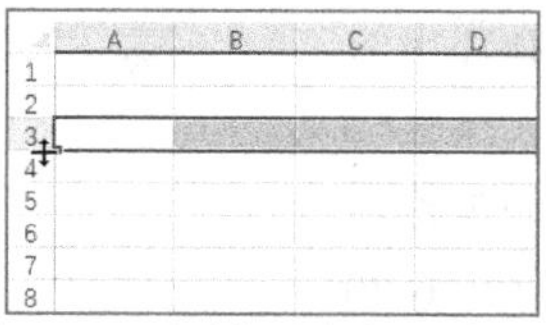

图 6-23　通过拖动鼠标调整行高

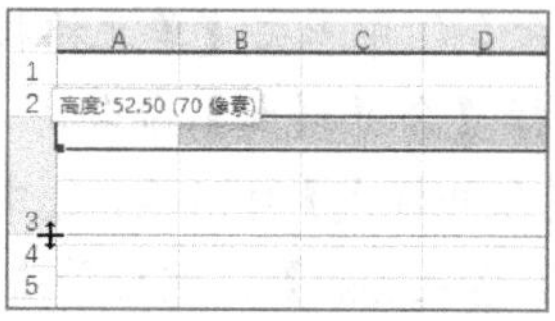

图 6-24　提示当前的行高或列宽值

3. 自动调整行高和列宽

如果用户在工作表中设置了多种行高和列宽，或表格内容长短、高低参差不齐，可以选择【开始】选项卡，在【单元格】命令组中单击【格式】下拉按钮，在弹出的列表中选择【自动调整列宽】和【自动调整行高】命令，快速设置表格行高和列宽。

除此之外，用户还可以通过鼠标操作快速实现对表格中行与列的快速自动设置，具体方法是：选中需要调整列宽的多列，将鼠标指针放置在列标签之间的中间线上，当鼠标指针显示为黑色双向箭头图形时，双击即可完成自动调整列宽操作。将鼠标指针放置在选中的多行标签之间的中间线上，当鼠标指针显示为黑色双向箭头图形时，双击即可完成自动调整行高操作。

6.4 设置条件格式

在 Excel 中，所谓条件格式，指的是根据某一些特定条件改变表格中单元格的样式，通过样式的改变帮助用户直观地观察数据的规律，或者方便对数据进一步处理。

6.4.1　使用数据条

Excel 2016 的“条件格式”功能位于【开始】选项卡的【样式】命令组中。该功能提供了【数据条】【色阶】【图标集】3 种内置的单元格图形效果样式。其中，数据条效果可以直观地显示数值大小对比程度，使得表格数据效果更为直观、方便。

【例 6-5】在“调查分析”工作表中以数据条形式来显示“实现利润”列的数据。

① 打开“调查分析”工作表后，选定 F3:F14 单元格区域。

② 在【开始】选项卡的【样式】命令组中单击【条件格式】下拉按钮，在弹出的下拉列表中选择【数据条】命令，在弹出的下拉列表中选择【渐变填充】子列表里的【紫色数据条】选项。

③ 此时工作表内“实现利润”列中的数据单元格内添加了紫色渐变填充的数据条，可以直观地对比数据，效果如图 6-25 所示。

④ 用户还可以通过设置将单元格数据隐藏起来，只保留数据条效果显示。先选中单元格区域 F3:F14 中的任意单元格，再单击【条件格式】下拉按钮，在弹出的下拉列表中选择【管理规则】命令。

⑤ 打开【条件格式规则管理器】对话框，选择【数据条】规则，单击【编辑规则】按钮，如图 6-26 所示。

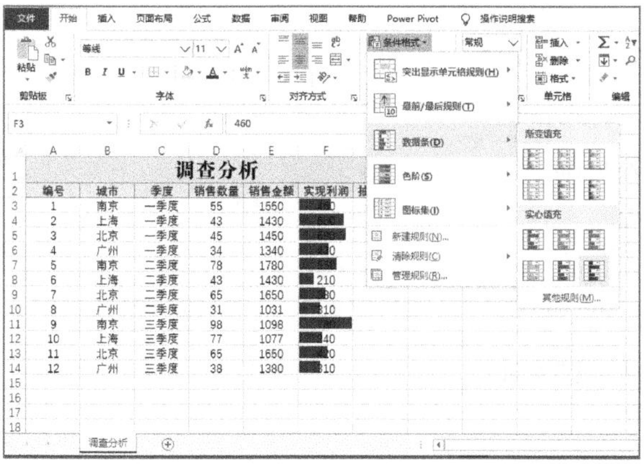

图 6-25　设置数据条

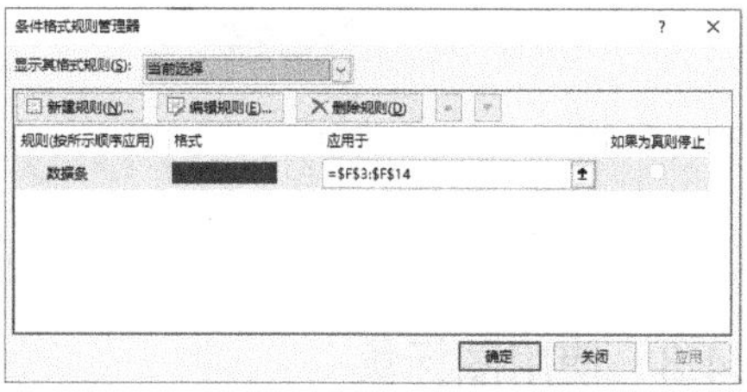

图 6-26　【条件格式规则管理器】对话框

⑥ 打开【编辑格式规则】对话框，在【编辑规则说明】区域里选中【仅显示数据条】复选框，然后单击【确定】按钮，如图 6-27 所示。

⑦ 返回【条件格式规则管理器】对话框，单击【确定】按钮即可完成设置。此时单元格区域 F3 : F14 中只有数据条的显示，没有具体数值，如图 6-28 所示。

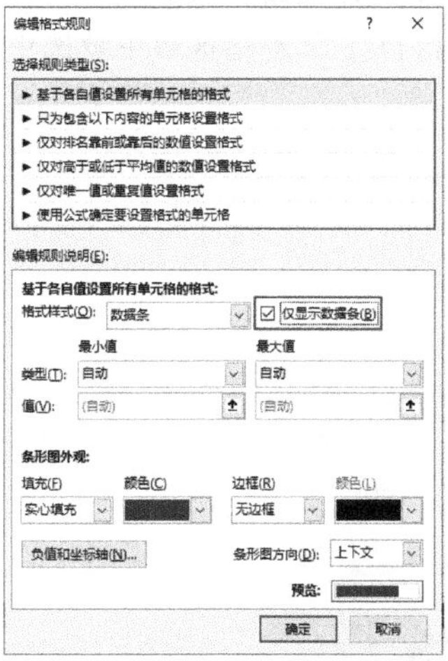

图 6-27　【编辑格式规则】对话框

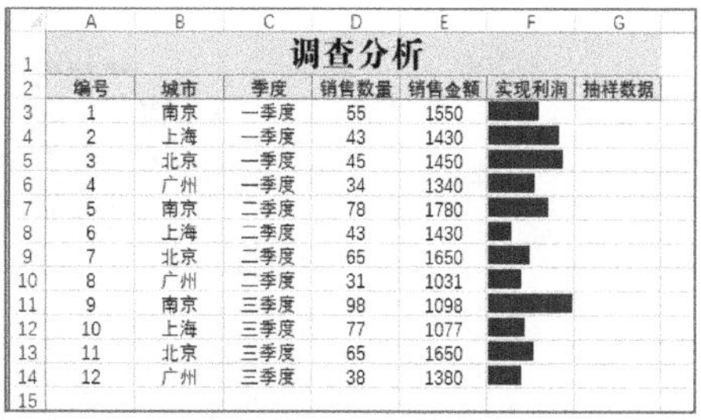

图 6-28　仅显示数据条的效果

6.4.2　使用色阶

色阶可以用色彩直观地反映数据大小，形成热图。【色阶】命令中预置了包括 6 种【三色刻度】和 3 种【双色刻度】在内的 9 种外观，用户可以根据数据的特点选择自己需要的种类。

【例 6-6】在工作表中用色阶展示城市一天内的平均气温数据。

① 打开工作表后，选中需要设置条件格式的单元格区域 A3 : I3，在【开始】选项卡的【样式】命令组中单击【条件格式】下拉按钮，在弹出的下拉列表中选择【色阶】|【红-黄-绿色阶】命令。

② 此时，在工作表中将以“红-黄-绿”三色刻度显示选中单元格区域中的数据，如图 6-29 所示。

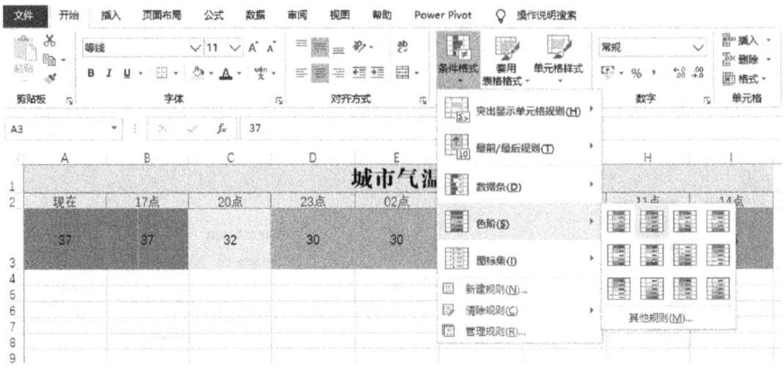

图 6-29　设置色阶

6.4.3　使用图标集

图标集允许用户在单元格中呈现不同的图标来区分数据的大小。Excel 提供了【方向】【形状】【标记】和【等级】4 大类，共计 20 种图标样式。

【例 6-7】在工作表中使用图标集对成绩数据进行直观反映。

① 打开工作表后，选中需要设置条件格式的单元格区域。在【开始】选项卡的【样式】命令组中，单击【条件格式】下拉按钮，在展开的下拉列表中选择【图标集】命令，在展开的选项菜单中，用户可以移动鼠标在各种样式中逐一滑过，B3 : D11 单元格区域中被选中的单元格中将会同步显示相应的效果。

② 单击【三个符号(无圆圈)】样式，如图 6-30 所示。

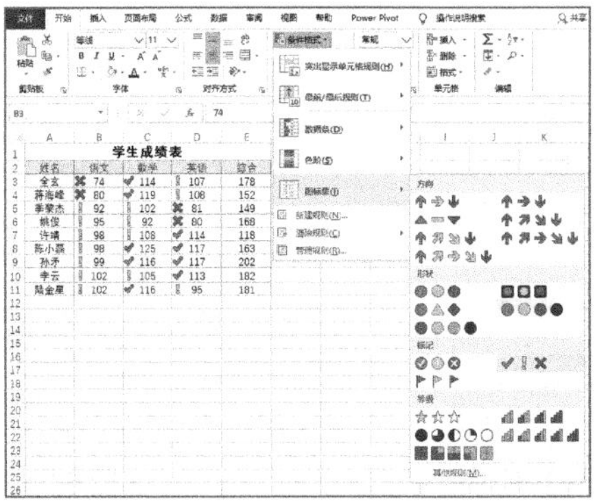

图 6-30　设置【三个符号(无圆圈)】图标集样式

6.4.4　突出显示单元格规则

用户可以自定义电子表格的条件格式，来查找或编辑符合条件格式的单元格。

【例 6-8】以浅红填充色、深红色文本突出显示“实现利润”列大于 500 的单元格。

① 打开“销售明细”工作表，选中 F3 : F14 单元格区域，然后在【开始】选项卡中单击【条件格式】下拉按钮，在弹出的下拉列表中选择【突出显示单元格规则】|【大于】选项。

② 打开【大于】对话框，在【为大于以下值的单元格设置格式】文本框中输入 500，在【设置为】下拉列表框中选择【浅红填充色深红色文本】选项，单击【确定】按钮，如图 6-31 所示。

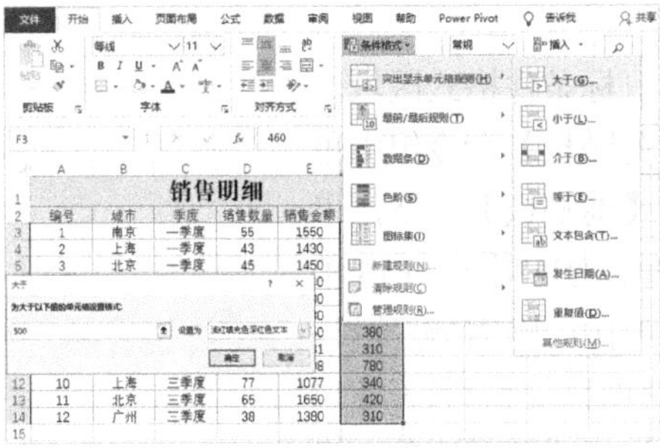

图 6-31　设置突出显示单元格规则

③ 此时，若满足条件格式，则会自动套用带颜色文本的单元格格式。

6.4.5　自定义条件格式

如果 Excel 内置的条件格式不能满足用户的需求，可以通过【新建规则】功能自定义条件格式。

【例 6-9】自定义规则设置条件格式，将 110 分以上的成绩用一个图标显示。

① 打开工作表，选择需要设置条件格式的 B3 : E11 单元格区域。

② 在【开始】选项卡的【样式】命令组中单击【条件格式】下拉按钮，在展开的下拉列表中选择【新建规则】命令。

③ 打开【新建格式规则】对话框，在【选择规则类型】列表框中选择【基于各自值设置所有单元格的格式】选项。单击【格式样式】下拉按钮，在弹出的下拉列表中选择【图标集】选项，如图 6-32 所示。

④ 在【根据以下规则显示各个图标】组合框中，在【类型】下拉列表中选择【数字】，在【值】编辑框中输入 110，在【图标】下拉列表中选择一种图标。在【当<110 且】和【当<33】两行的【图标】下拉列表中选择【无单元格图标】选项，单击【确定】按钮，如图 6-33 所示。此时，表格中的自定义条件格式的效果如图 6-34 所示。

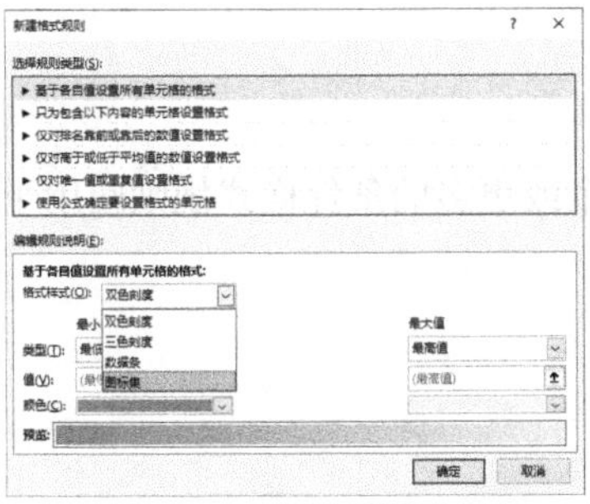

图 6-32　选择【图标集】

图 6-33　选择【无单元格图标】

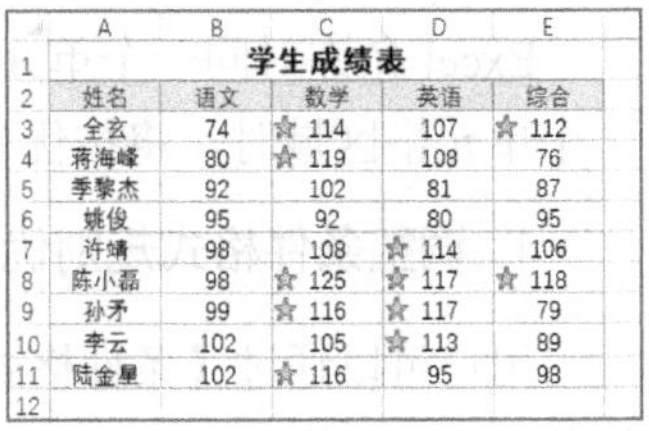

图 6-34　自定义条件格式的效果

6.4.6　条件格式转换成单元格格式

条件格式是根据一定的条件规则设置的格式，而单元格格式是对单元格设置的格式。如果条件格式所依据的数据被删除，会使原先的标记失效。如果还需要保持原先的格式，则可以将条件格式转换为单元格格式。

用户可以先选中并复制目标条件格式区域，然后在【开始】选项卡的【剪贴板】命令组中单击【剪贴板】按钮，打开【剪贴板】窗格，单击其中的粘贴项目(图6-35所示为复制F3 : F14单元格区域)，在【剪贴板】窗格中单击该粘贴项目。

此时，将剪贴板中粘贴的项目复制到F3 : F14单元格区域，并把原来的条件格式转换成单元格格式。此时如果删除原来符合条件格式的F5单元格的内容，其单元格的格式并不会改变，仍会保留粉色。

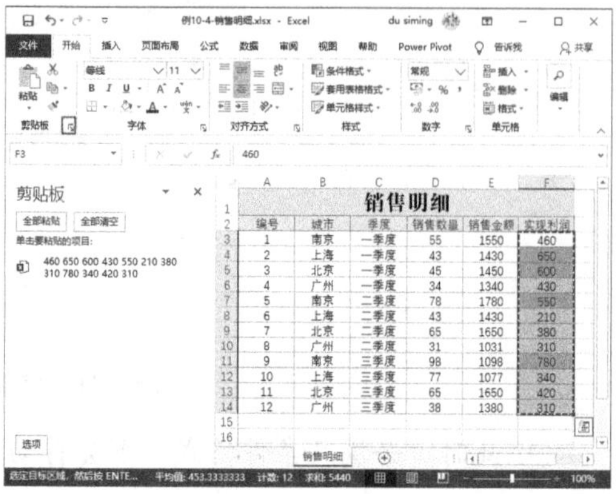

图6-35 复制单元格区域

6.4.7 复制与清除条件格式

复制与清除条件格式的操作方法非常简单，这里一并介绍。

1. 复制条件格式

若要复制条件格式，用户可以通过【格式刷】或【选择性粘贴】功能来实现，这两种方法不仅适用于当前工作表或同一工作簿的不同工作表之间的单元格条件格式的复制，也适用于不同工作簿中的工作表之间的单元格条件格式的复制。

2. 清除条件格式

当用户不再需要条件格式时可以选择清除条件格式，清除条件格式主要有以下两种方法。

(1) 在【开始】选项卡中单击【条件格式】下拉按钮，在弹出的下拉列表中选择【清除规则】选项，并在弹出的子下拉列表中选择合适的清除范围。

(2) 在【开始】选项卡中单击【条件格式】下拉按钮，在弹出的下拉列表中选择【管理规则】选项，打开【条件格式规则管理器】对话框，选中要删除的规则后单击【删除规则】按钮，然后单击【确定】按钮即可清除条件格式。

6.4.8 管理条件格式规则优先级

Excel允许对同一个单元格区域设置多个条件格式。当两个或更多的条件格式规则应用于一个单元格区域时，将按优先级顺序执行这些规则。

1. 调整条件格式规则优先级顺序

用户可以通过【条件格式规则管理器】对话框编辑条件格式。此时，在列表中，越是位于上方的规则，其优先级越高。默认情况下，新规则总是添加到列表的顶部，因此具有最高的优先级，用户也可以使用对话框中的【上移】和【下移】按钮更改优先级顺序，如图6-36所示。

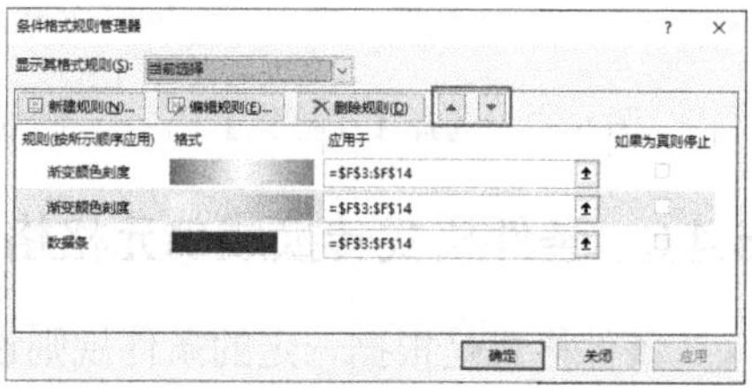

图6-36 调整条件格式规则优先级

当同一个单元格存在多个条件格式规则时，如果规则之间不冲突，则全部规则都有效。例如，如果一个规则将单元格的字体设置为“宋体”，而另一个规则将同一个单元格的底色设置为“橙色”，则该单元格的字体为“宋体”，且单元格底色为“橙色”。因为这两种格式之间没有冲突，所以两个规则都可以得到应用。

如果规则之间存在冲突，则只执行优先级高的规则。例如，一个规则将单元格字体颜色设置为“橙色”，而另一个规则将单元格字体颜色设置为“黑色”。因为这两个规则冲突，所以只应用一个规则，执行优先级较高的规则。

2. 应用“如果为真则停止”规则

当同时存在多个条件格式规则时，优先级高的规则先执行，次一级的规则后执行，规则逐条执行，直至所有规则执行完毕。在这个过程中，用户可以应用“如果为真则停止”规则，当优先级较高的规则条件被满足后，则不再执行其优先级之下的规则。应用这种规则，可以实现对数据集中的数据进行有条件的筛选。

【例 6-10】在工作表中对语文成绩 90 分以下的数据设置【数据条】格式。

① 打开工作表，选中 B1 : B17 单元格区域，添加新规则条件格式。打开【条件格式规则管理器】对话框，单击【新建规则】按钮，在打开的【新建格式规则】对话框中，添加相应的规则(用户可根据本例要求自行设置)，单击【确定】按钮，返回【条件格式规则管理器】对话框，并选中【如果为真则停止】复选框，如图 6-37 所示。

② 应用【如果为真则停止】规则设置条件格式后，数据条只显示小于 90 的数据，效果如图 6-38 所示。

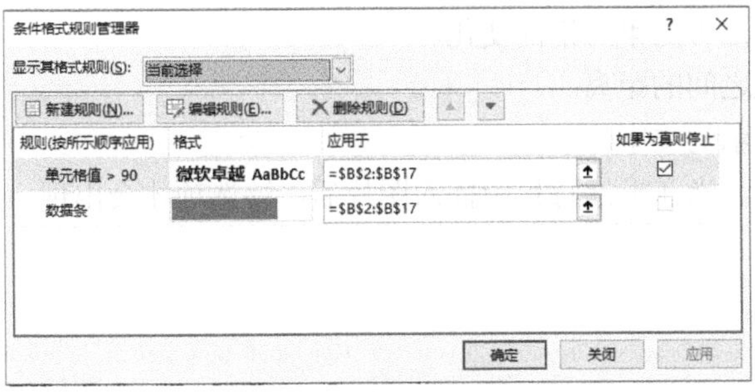

图 6-37　设置条件格式

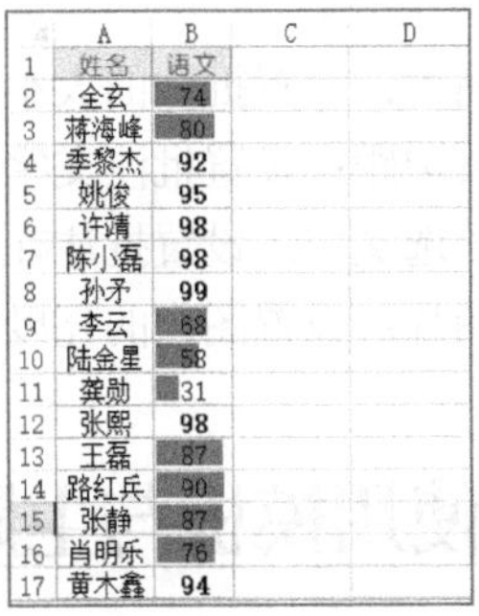

图 6-38　数据条只显示小于 90 的数据

6.5 使用批注

在数据表的单元格中插入批注，可以利用批注数据进行注释。在 Excel 2016 中，插入与设置批注的方法如下。

(1) 选中单元格后右击，在弹出的菜单中选择【插入批注】命令，插入一个图 6-39 所示的批注。

(2) 选中插入的批注，在【开始】选项卡的【单元格】命令组中单击【格式】拆分按钮，在弹出的菜单中选择【设置批注格式】命令。

(3) 打开【设置批注格式】对话框，该对话框中包含【字体】【对齐】【颜色与线条】【大小】【保护】【属性】【页边距】【可选文字】等选项卡，通过这些选项卡中提供的选项，可以对当前选中的单元格批注的格式进行设置，如图 6-40 所示。

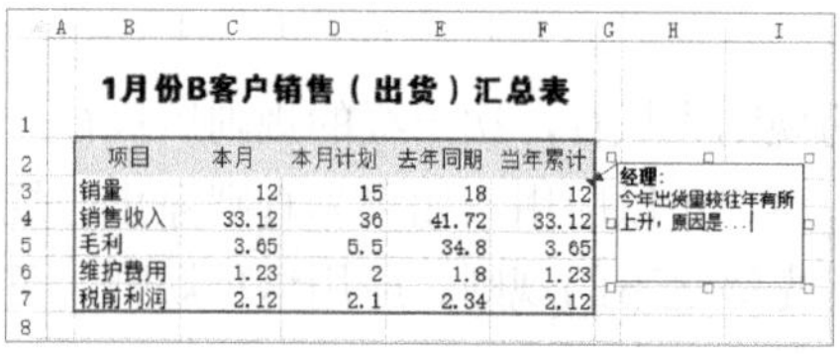

图 6-39　插入批注

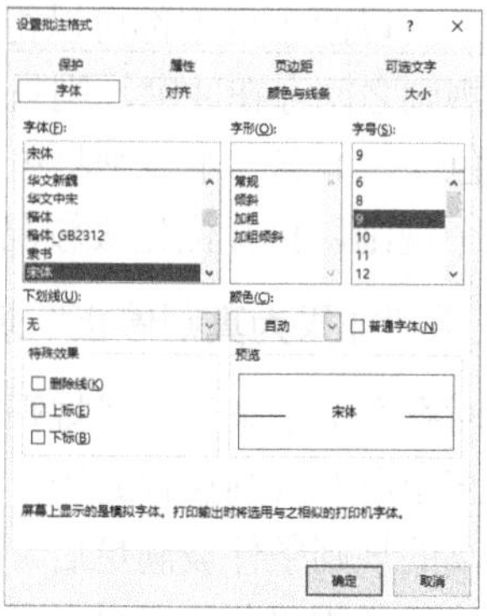

图 6-40　【设置批注格式】对话框

【设置批注格式】对话框中各选项卡可设置的主要内容如下。

- 字体：设置批注的字体、字形、字号、颜色以及下画线、删除线等显示效果。
- 对齐：设置批注文字的水平、垂直对齐方式，文本方向以及文字方向等。
- 颜色与线条：设置批注外框线条样式和颜色，以及批注背景的颜色、图案等。
- 大小：设置批注文本框的大小。
- 保护：设置锁定批注或批注文字的保护选项，只有当前工作表被保护后，该选项才会生效。
- 属性：设置批注的大小和显示位置是否随单元格而变化。
- 页边距：设置批注文字与批注边框之间的距离。
- 可选文字：设置批注在网页中所显示的文字。
- 图片：设置图像的亮度、对比度等。当在批注背景中插入图片后，该选项才会出现。

6.6 使用模板与主题

Excel 支持模板功能，使用其内置或自定义的模板并通过应用主题，可以快速创建新的工作簿与工作表。

6.6.1 使用模板

模板是包含指定内容和格式的工作簿，它可以作为模型使用，以创建其他类似的工作簿。模板中可包含格式、样式、标准的文本(如页眉和行列标志)和公式等。使用模板可以简化工作并节约时间，从而提高工作效率。

1. 创建模板

Excel 内置的模板有时并不能完全满足用户的实际需要，这时可按照自己的需求创建新的模板。通常，创建模板都是先创建一个工作簿，然后在工作簿中按要求将其中的内容进行格式化，然后再将工作簿另存为模板形式，便于以后调用。

【例 6-11】将“学生成绩表”工作簿保存为模板。

① 打开“学生成绩表”工作簿，单击【文件】按钮，在弹出的菜单中选择【另存为】选项，并单击【浏览】按钮。

② 打开【另存为】对话框，然后在该对话框中单击【保存类型】下拉列表按钮，在弹出的下拉列表中选中【Excel 模板】选项，然后单击【保存】按钮，如图 6-41 所示。

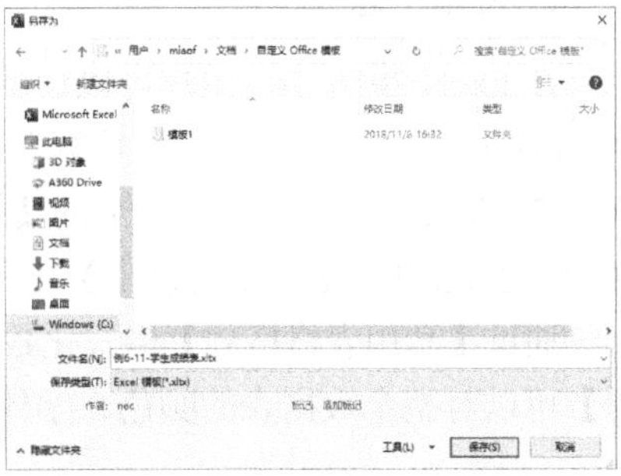

图 6-41　将工作簿保存为模板

2. 应用模板

用户创建模板的目的在于应用该模板创建其他基于该模板的工作簿，需要使用模板的时候，可以在【新建】选项区域中选择【根据现有内容新建】选项，具体方法如下。

(1) 单击【文件】按钮，在弹出的菜单中选择【新建】命令，在显示的选项区域中单击【个人】选项，在显示的列表中选中例 6-11 保存的 Excel 模板。

(2) 此时，即可创建一个“学生成绩表 1”工作簿。重复步骤(1)的操作，可使用模板创建“学生成绩表 2”“学生成绩表 3”等多个结构相同的工作簿。

6.6.2　使用主题

在 Excel 中通过模板创建工作簿后，用户可以使用【主题】来格式化工作表。Excel 中，主题是一组格式选项的组合，包括主题颜色、主题字体和主题效果等。

1. 主题三要素

Excel 中，主题的三要素包括颜色、字体和效果。在【页面布局】选项卡的【主题】命令组中，单击【主题】下拉按钮，在展开的下拉列表中，Excel 内置了如图 6-42 所示的主题供用户选择。选择一种 Excel 内置主题后，单击【颜色】【字体】和【效果】下拉按钮，分别可以修改选中主题的颜色、字体和效果，如图 6-43 所示。

图 6-42　选择主题

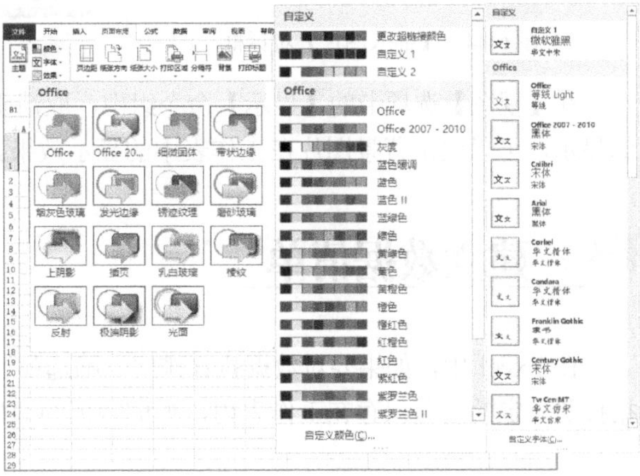

图 6-43　修改主题的颜色、字体和效果

2. 应用主题

在 Excel 2016 中，用户可以使用【主题】对工作表中的数据进行快速格式化设置。

(1) 打开一个工作表，将数据源表进行格式化。

(2) 在【页面布局】选项卡的【主题】命令组中单击【主题】命令，在展开的主题库中选择一个主题(例如【离子会议室】主题)。

通过【套用表格格式】格式化数据表，只能设置数据表的颜色，不能改变字体。使用【主题】可以对整个数据表的颜色、字体等进行快速格式化。

6.7 设置工作表背景

在 Excel 2016 中，用户可以通过插入背景的方法增强工作表的表现力，具体方法如下。

(1) 在【页面布局】选项卡的【页面设置】命令组中，单击【背景】按钮，打开【插入图片】对话框，如图 6-44 所示。

(2) 在【插入图片】对话框中，单击【从文件】选项后的【浏览】按钮，在打开的【工作表背景】对话框中选择一个图片文件，并单击【打开】按钮。

(3) 完成以上操作后，将为工作表设置图 6-45 所示的背景效果。

图 6-44 【插入图片】对话框

图 6-45 插入背景的效果

在【视图】选项卡的【显示】命令组中，取消【网格线】复选框的选中状态，关闭网格线的显示，可以突出背景图片在工作表中的显示效果。

6.8 建立数据清单

在 Excel 中，如果要对数据执行排序、筛选和汇总等操作，首先需要建立数据清单，将数据按照一定的规范保存在工作表内，形成规范的数据表，如图 6-46 所示。

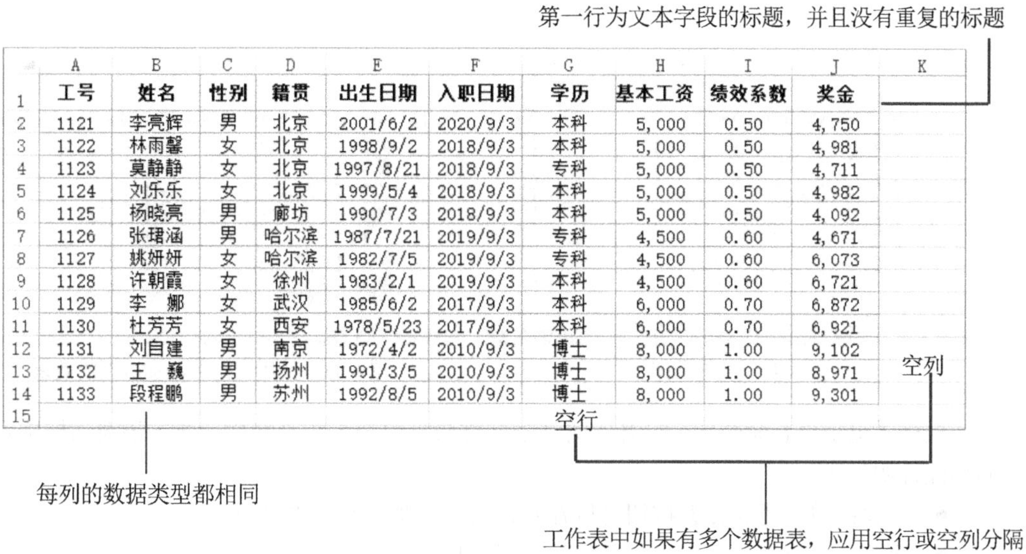

	A	B	C	D	E	F	G	H	I	J	K
1	工号	姓名	性别	籍贯	出生日期	入职日期	学历	基本工资	绩效系数	奖金	
2	1121	李亮辉	男	北京	2001/6/2	2020/9/3	本科	5,000	0.50	4,750	
3	1122	林雨馨	女	北京	1998/9/2	2018/9/3	本科	5,000	0.50	4,981	
4	1123	莫静静	女	北京	1997/8/21	2018/9/3	专科	5,000	0.50	4,711	
5	1124	刘乐乐	女	北京	1999/5/4	2018/9/3	本科	5,000	0.50	4,982	
6	1125	杨晓亮	男	廊坊	1990/7/3	2018/9/3	本科	5,000	0.50	4,092	
7	1126	张珺涵	男	哈尔滨	1987/7/21	2019/9/3	专科	4,500	0.60	4,671	
8	1127	姚妍妍	女	哈尔滨	1982/7/5	2019/9/3	专科	4,500	0.60	6,073	
9	1128	许朝霞	女	徐州	1983/2/1	2019/9/3	本科	4,500	0.60	6,721	
10	1129	李　娜	女	武汉	1985/6/2	2017/9/3	本科	6,000	0.70	6,872	
11	1130	杜芳芳	女	西安	1978/5/23	2017/9/3	本科	6,000	0.70	6,921	
12	1131	刘自建	男	南京	1972/4/2	2010/9/3	博士	8,000	1.00	9,102	
13	1132	王　巍	男	扬州	1991/3/5	2010/9/3	博士	8,000	1.00	8,971	
14	1133	段程鹏	男	苏州	1992/8/5	2010/9/3	博士	8,000	1.00	9,301	
15											

图 6-46　规范的数据表

1. 创建规范数据表

在制作类似图 6-46 所示的数据表时，用户应注意以下几点。

(1) 在表格的第一行(即表头)为其对应的一列数据输入描述性文字。

(2) 如果输入的内容过长，可以使用自动换行功能避免列宽增加。

(3) 表格的每一列数据有相同的类型。

(4) 为数据表的每一列应用相同的单元格格式。

2. 使用记录单功能添加数据

需要为数据表添加数据时，用户可以直接在表格的下方输入，但是当工作表中有多个数据表同时存在时，使用 Excel 的记录单功能更加方便。

若要执行【记录单】命令，用户可以选中数据表中的任意单元格，依次按 Alt+D 和 Alt+O 快捷键，打开【记录单】对话框。单击【新建】按钮，将打开本工作表的数据列表对话框，在该对话框中，根据表格中的数据标题输入相关的数据(可按 Tab 键在对话框中的各个字段之间快速切换)，如图 6-47 所示。

最后，单击【关闭】按钮，即可在数据表中添加新的数据，效果如图 6-48 所示。

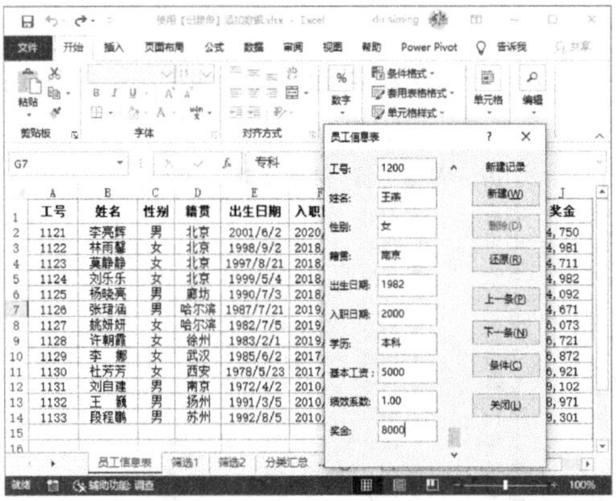

图 6-47　添加数据

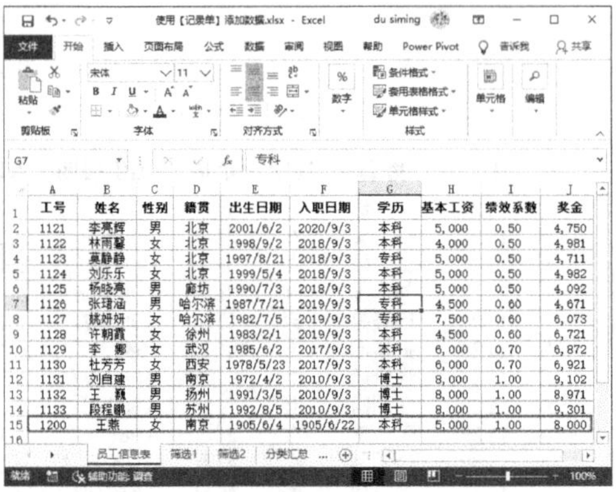

图 6-48　使用记录单添加数据的效果

执行【记录单】命令后，打开的对话框名称与当前的工作表名称一致，该对话框中各按钮的功能说明如下。

- 新建：单击【新建】按钮可以在数据表中添加一组新的数据。
- 删除：删除对话框中当前显示的一组数据。
- 还原：在没有单击【新建】按钮之前，恢复所编辑的数据。
- 上一条：显示数据表中的上一条记录。
- 下一条：显示数据表中的下一条记录。
- 条件：设置搜索的条件后，单击【下一条】和【上一条】按钮显示符合条件的记录，如图 6-49～图 6-51 所示。

图 6-49　设置搜索条件

图 6-50　显示符合搜索条件的下一条记录

图 6-51　显示符合搜索条件的上一条记录

- 关闭：关闭当前对话框。

6.9　排序数据

数据排序是指按一定规则对数据进行整理、排列，这样可以为数据的进一步处理做好准备。Excel 2016 提供了多种方法对数据清单进行排序，如升序、降序、用户自定义等。

例如在图 6-52 中，未经排序的“奖金”列数据顺序杂乱无章，不利于查找与分析数据。此时，选中“奖金”列的任意单元格，在【数据】选项卡的【排序和筛选】命令组中单击【降序】按钮 ZA↓，即可快速以降序的方式重新对数据表“奖金”列中的数据进行排序，如图 6-53 所示。

G	H	I	J
学历	基本工资	绩效系数	奖金
本科	5,000	0.50	4,750
本科	5,000	0.50	4,981
专科	5,000	0.50	4,711
本科	5,000	0.50	4,982
本科	5,000	0.50	4,092
专科	4,500	0.60	4,671
专科	4,500	0.60	6,073
本科	4,500	0.60	6,721
本科	6,000	0.70	6,872
本科	6,000	0.70	6,921
博士	8,000	1.00	9,102
博士	8,000	1.00	8,971
博士	8,000	1.00	9,301

图 6-52　未经排序的奖金数据

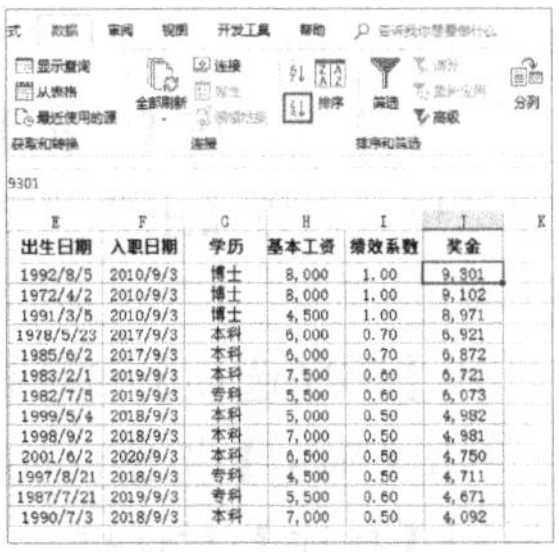

图 6-53　降序排列员工的奖金数据

同样，单击【排序和筛选】命令组中的【升序】按钮，可以对“奖金”列中的数据以升序方式进行排序。

6.9.1　指定多个条件排序数据

在 Excel 中，按指定的多个条件排序数据可以有效避免排序时出现多个相同数据的情况，从而使排序结果符合工作的需要。

【例 6-12】在“员工信息表”工作表中按多个条件排序数据。

① 选择【数据】选项卡，然后单击【排序和筛选】命令组中的【排序】按钮。

② 在打开的【排序】对话框中单击【主要关键字】下拉列表按钮，在弹出的下拉列表中选择【奖金】选项；单击【排序依据】下拉列表按钮，在弹出的下拉列表中选择【单元格值】选项；单击【次序】下拉列表按钮，在弹出的下拉列表中选择【降序】选项。

③ 在【排序】对话框中单击【添加条件】按钮，添加次要关键字，然后单击【次要关键字】下拉列表按钮，在弹出的下拉列表中选择【绩效系数】选项；单击【排序依据】下拉列表按钮，在弹出的下拉列表中选择【单元格值】选项；单击【次序】下拉列表按钮，在弹出的下拉列表中选择【降序】选项，如图 6-54 所示。

④ 完成以上设置后，在【排序】对话框中单击【确定】按钮，即可对“奖金”和“绩效系数”列数据按降序条件进行排序，如图 6-55 所示。

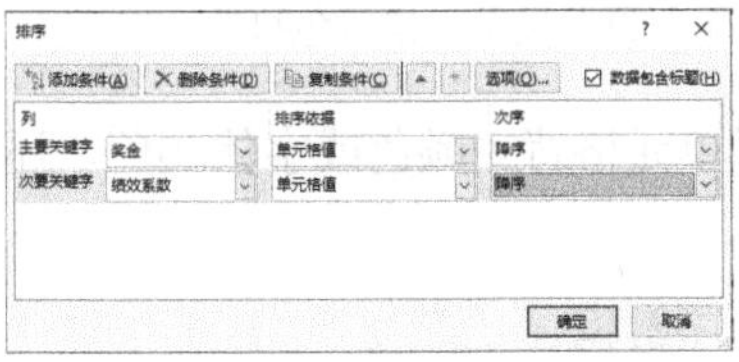

图 6-54　设置排序条件

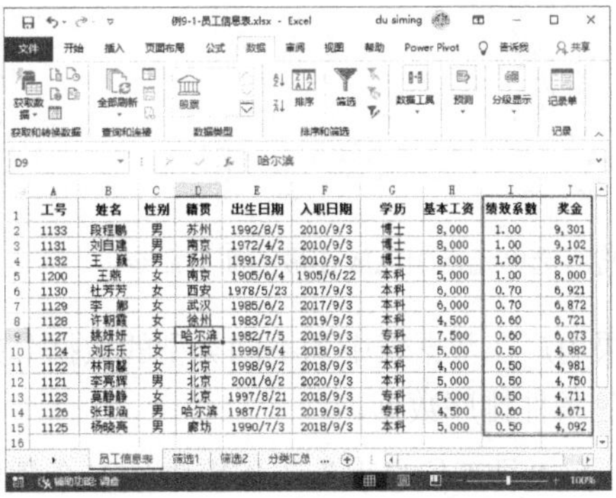

图 6-55　对“奖金”和“绩效系数”列数据按降序条件排序

6.9.2　按笔画条件排序数据

在默认设置下，Excel 对汉字按照其拼音的首字母进行排序。如果用户需要按照文字的笔画顺序来排列汉字(例如，“姓名”列中的人名)，可以执行以下操作。

(1) 打开工作表，在【数据】选项卡的【排序和筛选】命令组中单击【排序】按钮，打开【排序】对话框，设置【主要关键字】为“姓名”，【次序】为【升序】，单击【选项】按钮，如图 6-56 所示。

(2) 打开【排序选项】对话框，选中该对话框【方法】选项区域中的【笔画排序】单选按钮，然后单击【确定】按钮，如图 6-57 所示。

(3) 返回【排序】对话框，单击【确定】按钮，“姓名”列的数据按笔画排序的结果如图 6-58 所示。

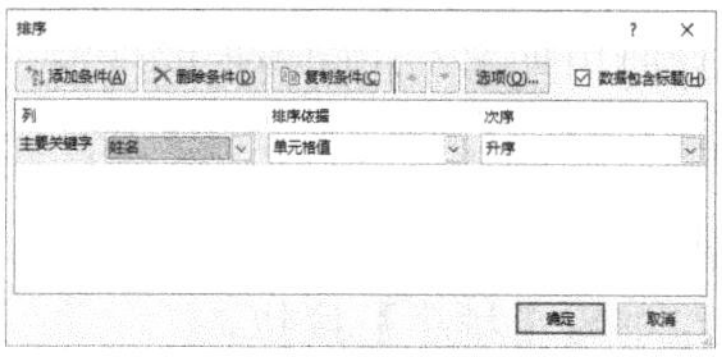

图 6-56 【排序】对话框

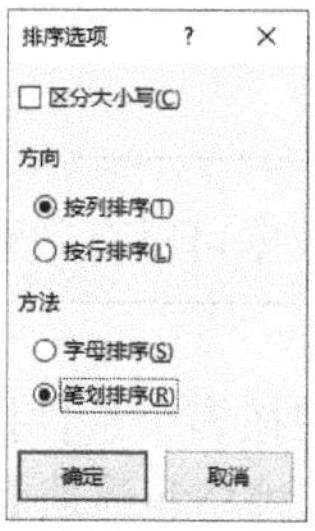

图 6-57 【排序选项】对话框

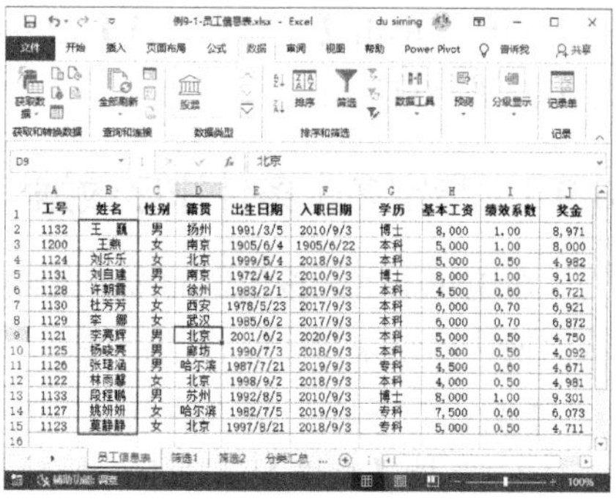

图 6-58 “姓名”列的数据按笔画排序结果

6.9.3 按颜色条件排序数据

在工作中，如果用户在数据表中为某些重要的数据设置了单元格背景颜色或为单元格中的数据设置了字体颜色，可以参考下面介绍的方法，按颜色条件排序数据。

(1) 打开工作表，在任意一个设置了背景颜色的单元格中右击，从弹出的快捷菜单中选择【排序】|【将所选单元格颜色放在最前面】命令，如图 6-59 所示。

(2) 工作表中所有设置了背景颜色的单元格将排列在最前面(默认降序排列)，如图 6-60 所示。

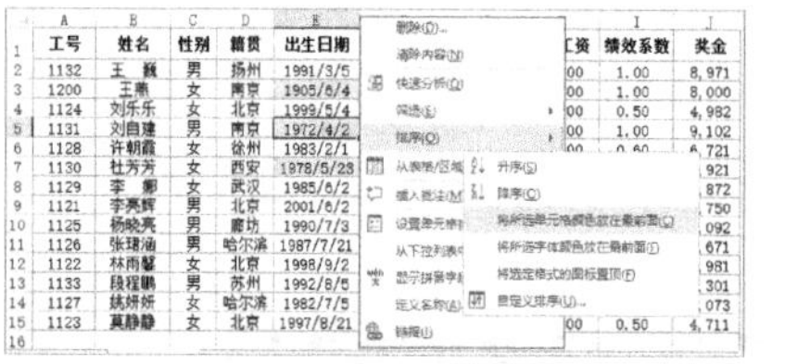

图 6-59 选择【将所选单元格颜色放在最前面】命令

图 6-60 设置按单元格颜色排序

此外，如果用户在数据表中为不同类型的数据分别设置了单元格背景颜色或字体颜色，还可以按多种颜色条件排序数据。

【例 6-13】在“员工信息表”工作表中按多个颜色条件排序数据。

① 打开工作表，其中包含黄色、红色和橙色这三种单元格背景颜色的数据。

② 选中数据表中的任意单元格，在【数据】选项卡的【排序和筛选】命令组中单击【排序】按钮，打开【排序】对话框，设置【主要关键字】为“基本工资”，设置【排序依据】为【单元格颜色】，设置【次序】为【红色】。

③ 单击【复制条件】按钮两次，将主要关键字复制为两份(复制的关键字将自动被设置为

【次要关键词】)，并将其【次序】分别设置为【橙色】和【黄色】，如图 6-61 所示。

④ 单击【确定】按钮，即可将数据表中的数据按照【红色】【橙色】和【黄色】的顺序排序，结果如图 6-62 所示。

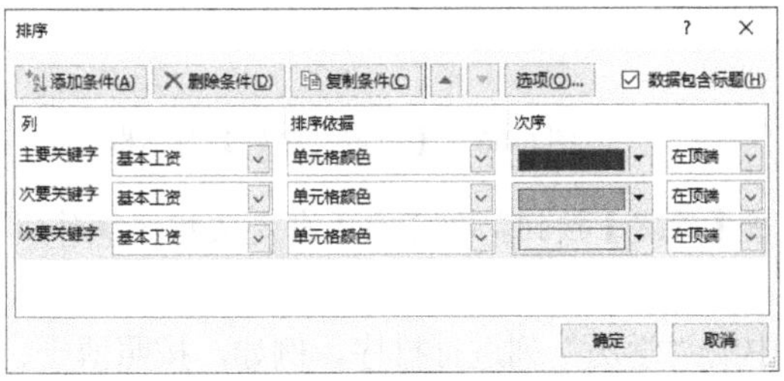

图 6-61　设置按颜色条件排序

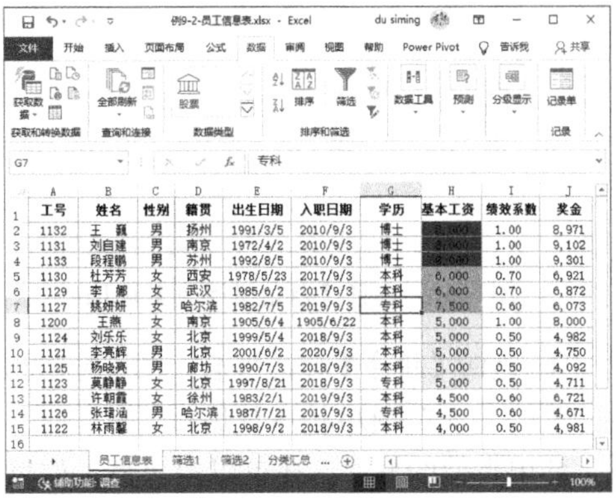

图 6-62　按颜色条件排序

6.9.4　按单元格图标排序数据

除了按单元格颜色排序数据外，Excel 还允许用户根据字体颜色和由条件格式生成的单元格图标对数据进行排序，如图 6-63 所示，其具体实现方法与例 6-13 类似，如图 6-64 所示。

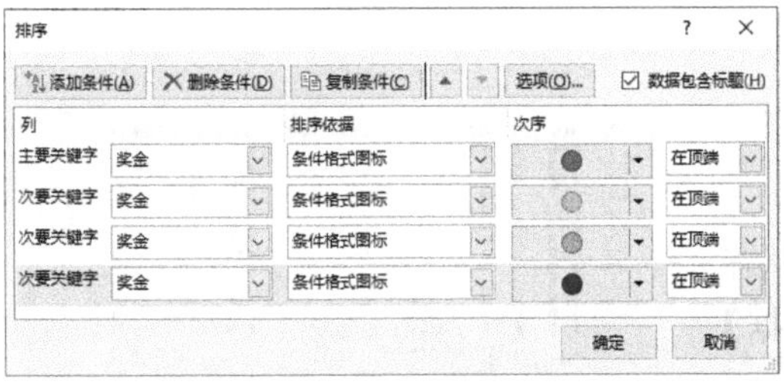

图 6-63　设置按单元格图标排序

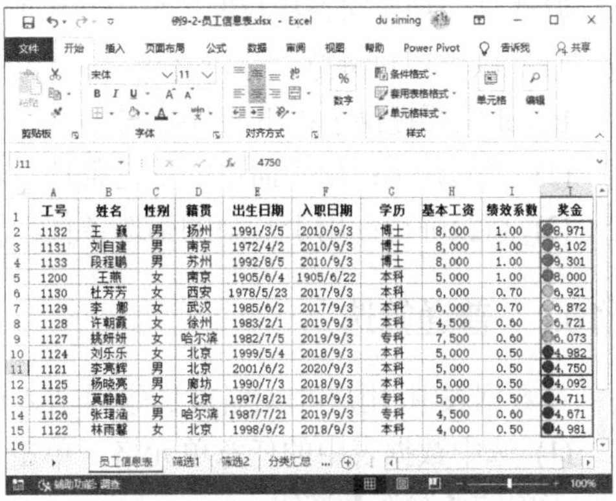

图 6-64　按单元格图标排序

6.9.5　自定义条件排序数据

在 Excel 中，用户除了可以按上面介绍的各种条件排序数据外，还可以根据需要自行设置排序的条件，即自定义条件排序。

【例 6-14】在“员工信息表”工作表中自定义条件排序“性别”列数据。

① 打开工作表，选中数据表中的任意单元格，在【数据】选项卡的【排序和筛选】命令组中单击【排序】按钮。

② 打开【排序】对话框，单击【主要关键字】下拉列表按钮，在弹出的下拉列表中选择【性别】选项；单击【次序】下拉列表按钮，在弹出的下拉列表中选择【自定义序列】选项，如图 6-65 所示。

③ 在打开的【自定义序列】对话框的【输入序列】文本框中输入自定义排序条件【男，女】，

单击【添加】按钮，然后单击【确定】按钮，如图 6-66 所示。

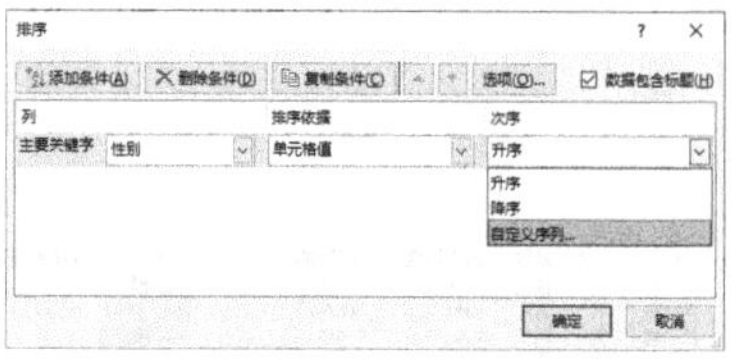

图 6-65　选择【自定义序列】选项

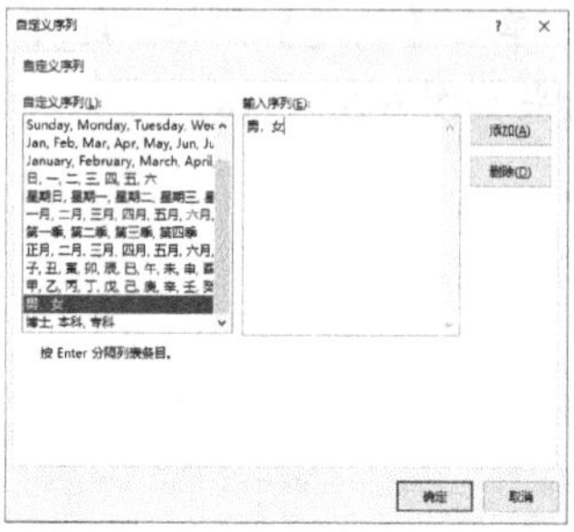

图 6-66　【自定义序列】对话框

④ 返回【排序】对话框后，在该对话框中单击【确定】按钮，即可完成自定义排序操作(即按“男”“女”顺序排序数据)。

使用类似的方法，还可以对“员工信息表”中的“学历”列进行排序，例如，按照博士、本科、专科的规则排序数据。

6.10　筛选数据

筛选是一种快速查找数据清单中数据的方法。经过筛选的数据清单只显示包含指定条件的数据行，以供用户浏览、分析之用。

Excel 主要提供了以下两种筛选方式。

(1) 普通筛选：用于简单的筛选条件。

(2) 高级筛选：用于复杂的筛选条件。

6.10.1　普通筛选

在数据表中，用户可以执行以下操作进入筛选状态。

(1) 选中数据表中的任意单元格，单击【数据】选项卡中的【筛选】按钮。

(2) 此时，【筛选】按钮将呈现为高亮状态，数据列表中所有字段标题单元格中会显示下拉箭头，如图 6-67 所示。

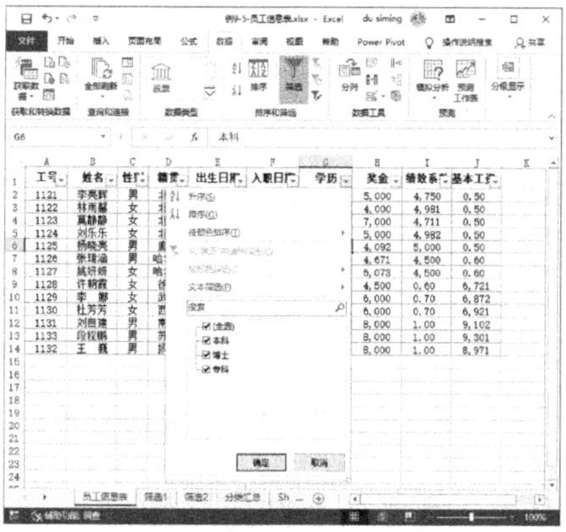

图 6-67　【筛选】选项菜单

数据表进入筛选状态后，单击其每个字段标题单元格右侧的下拉按钮，都将弹出下拉菜单。不同数据类型的字段所能够使用的筛选选项也不同。

完成筛选后，筛选字段的下拉按钮形状会发生改变，同时数据列表中的行号颜色也会发生改变，如图 6-68 所示。

在执行普通筛选时，用户可以根据数据字段的特征设定筛选的条件。

1. 按文本特征筛选

筛选文本型数据字段时，在【筛选】下拉菜单中选择【文本筛选】命令，在弹出的子菜单中进行相应的选择，如图 6-69 所示。

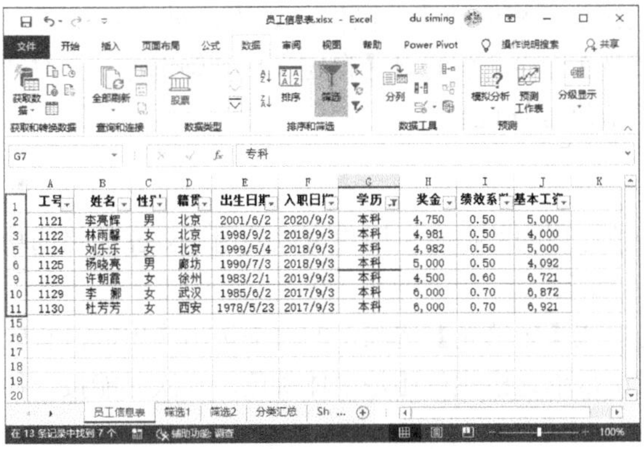

图 6-68　数据列表行号颜色变为蓝色

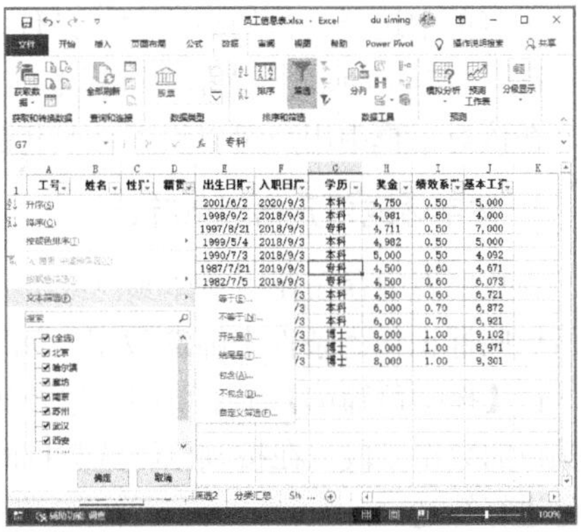

图 6-69　【文本筛选】选项

此时，无论选择哪一个选项都会打开图 6-70 所示的【自定义自动筛选方式】对话框。

在【自定义自动筛选方式】对话框中，用户可以同时选择逻辑条件和输入具体的条件值，完成自定义的筛选。例如，图 6-70 所示为筛选出籍贯不等于“北京”的所有数据，单击【确定】按钮后，筛选结果如图 6-71 所示。

图 6-70　【自定义自动筛选方式】对话框

	工号	姓名	性别	籍贯	出生日期	入职日期	学历	基本工资	绩效系数	奖金
6	1125	杨晓亮	男	廊坊	1990/7/3	2018/9/3	本科	5,000	0.50	4,092
7	1126	张珺涵	男	哈尔滨	1987/7/21	2019/9/3	专科	4,500	0.60	4,671
8	1127	姚妍妍	女	哈尔滨	1982/7/5	2019/9/3	专科	7,500	0.60	6,073
9	1128	许朝霞	女	徐州	1983/2/1	2019/9/3	本科	4,500	0.60	6,721
10	1129	李　娜	女	武汉	1985/6/2	2017/9/3	本科	6,000	0.70	6,872
11	1130	杜芳芳	女	西安	1978/5/23	2017/9/3	本科	6,000	0.70	6,921
12	1131	刘自建	男	南京	1972/4/2	2010/9/3	博士	8,000	1.00	9,102
13	1132	王　巍	男	扬州	1991/3/5	2010/9/3	博士	8,000	1.00	8,971
14	1133	段程鹏	男	苏州	1992/8/5	2010/9/3	博士	8,000	1.00	9,301
15	1200	王燕	女	南京	1905/6/4	1905/6/22	本科	5,000	1.00	8,000

图 6-71　筛选籍贯不包含“北京”的记录

2. 按数字特征筛选

筛选数值型数据字段时，【筛选】下拉菜单中会显示【数字筛选】命令，用户选择该命令后，在显示的子菜单中，选择具体的筛选逻辑条件，如图 6-72 所示，将打开【自定义自动筛选方式】对话框。在该对话框中，通过选择具体的逻辑条件，并输入具体的条件值，才能完成筛选操作，如图 6-73 所示。

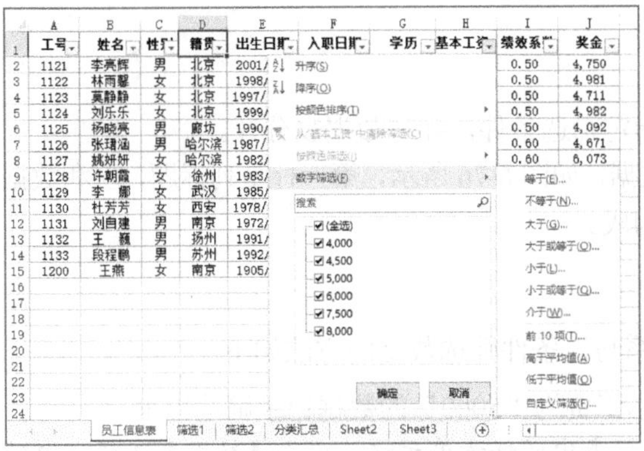

图 6-72　选择具体的筛选逻辑条件

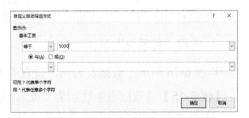

图 6-73　输入具体的条件值

3. 按日期特征筛选

筛选日期型数据时，【筛选】下拉菜单中将显示【日期筛选】命令，选择该命令后，在显示的子菜单中选择具体的筛选逻辑条件，将直接执行相应的筛选操作，如图 6-74 所示。

在图 6-74 所示的子菜单中选择【自定义筛选】命令，将打开【自定义自动筛选方式】对话框，在该对话框中用户可以设置按具体的日期值进行筛选。

4. 按字体或单元格颜色筛选

当数据表中存在使用字体颜色或单元格颜色标识的数据时，用户可以使用 Excel 的筛选功能将这些标识作为条件来筛选数据，如图 6-75 所示。

在【按颜色筛选】子菜单中，选择颜色选项或【无填充】选项，即可筛选出应用或没有应用颜色的数据字段。在按颜色筛选数据时，无论是单元格颜色还是字体颜色，一次只能按一种颜色进行筛选。

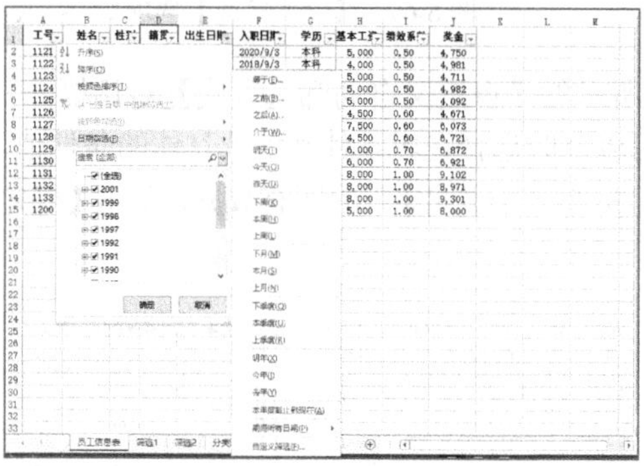

图 6-74　按日期筛选数据

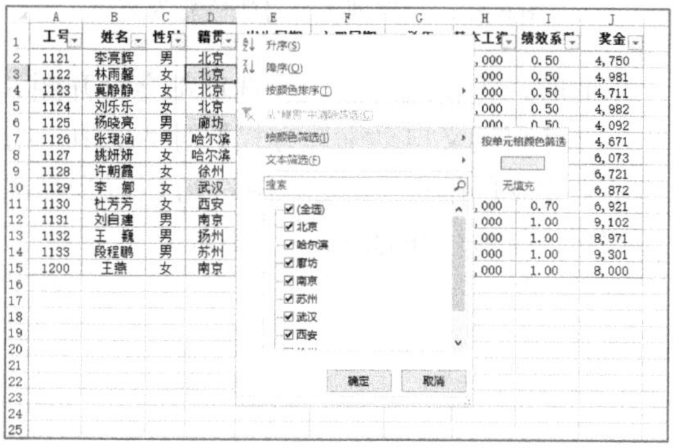

图 6-75　按单元格颜色筛选数据

6.10.2　高级筛选

Excel 的高级筛选功能不但包含了普通筛选的所有功能，还可以设置更多、更复杂的筛选条件，例如：

- 设置复杂的筛选条件，将筛选出的结果输出到指定的位置。
- 指定计算的筛选条件。
- 筛选出不重复的数据记录。

1. 设置筛选条件区域

高级筛选要求用户在一个工作表区域中指定筛选条件，并与数据表分开。

一个高级筛选条件区域至少要包括两行数据，如图 6-76 所示，第一行是列标题，应和数据表中的标题匹配；第二行必须由筛选条件值构成。

2. 使用“关系与”条件

以图 6-76 所示的数据表为例，设置“关系与”条件筛选数据的方法如下。

【例 6-15】将数据表中性别为“女”，基本工资为“5000”的数据记录筛选出来。

① 打开图 6-76 所示的工作表后，选中数据表中的任意单元格，单击【数据】选项卡中的【高级】按钮，打开【高级筛选】对话框，单击【条件区域】文本框后的按钮，如图 6-77 所示。

图 6-76　包含条件区域的工作表

图 6-77　【高级筛选】对话框

② 选中 A18∶B19 单元格区域后，按 Enter 键返回【高级筛选】对话框，单击【确定】按钮，即可完成筛选操作。

如果用户不希望将筛选结果显示在数据表原来的位置，还可以在【高级筛选】对话框中选中【将筛选结果复制到其他位置】单选按钮，然后单击【复制到】文本框后的按钮，指定筛选结果放置的位置后，返回【高级筛选】对话框，单击【确定】按钮即可。

3. 使用“关系或”条件

以图 6-78 所示的条件为例，利用高级筛选功能，可以将“性别”为“女”或“籍贯”为“北京”的数据筛选出来，只需要参照例 6-15 介绍的方法操作即可，筛选结果如图 6-79 所示。

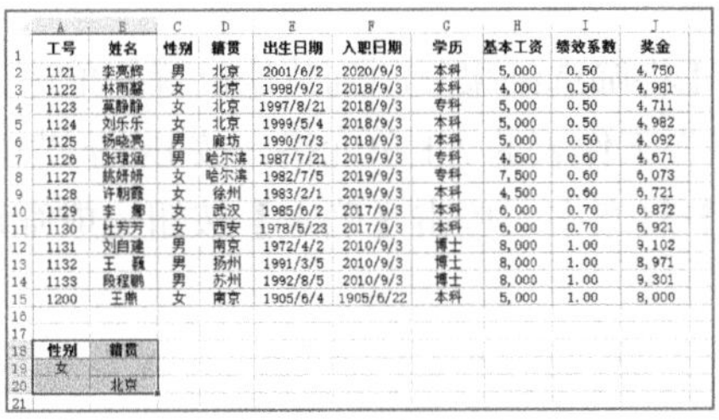

图 6-78　“关系或”条件

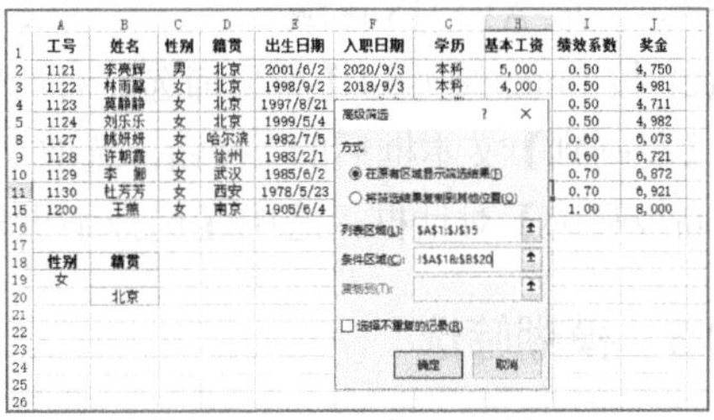

图 6-79　筛选“性别”为“女”或“籍贯”为“北京”的记录

4. 使用多个“关系或”条件

以图 6-80 所示的条件为例，利用高级筛选功能，可以将数据表中指定姓氏的姓名记录筛选出来。此时，应将“姓名”标题列入条件区域，并在标题下面的多行中分别输入需要筛选的姓氏，如图 6-81 所示，具体操作步骤与例 6-15 类似，这里不再详细介绍。

图 6-80　多个“关系或”条件

图 6-81　筛选“杨”“张”“杜”等姓氏的记录

5. 同时使用“关系与”和“关系或”条件

若用户需要同时使用“关系与”和“关系或”作为高级筛选的条件，例如筛选数据表(见图 6-82)中“籍贯”为“北京”，“学历”为“本科”，基本工资大于 4000 的记录；或者筛选

“籍贯”为“哈尔滨”，学历为“大专”，基本工资小于6000的记录；或者筛选“籍贯”为“南京”的所有记录，可以设置图6-83所示的筛选条件，具体操作步骤与例6-15类似，这里不再详细介绍。

图6-82　同时使用“关系与”和“关系或”条件

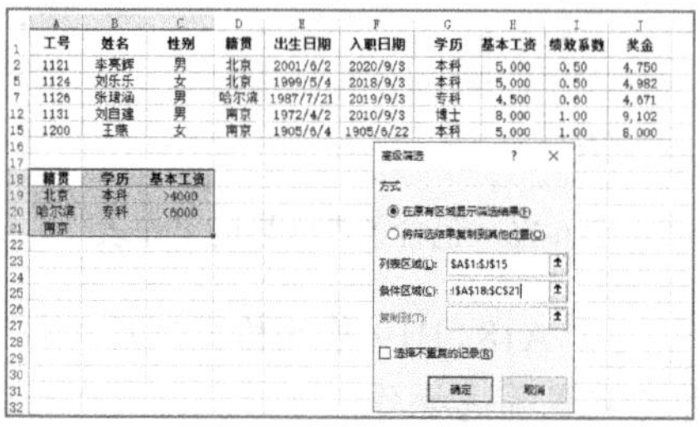

图6-83　按照设置的多个筛选条件筛选数据

6. 筛选不重复的记录

如果需要将数据表中的不重复数据筛选出来，并复制到“筛选结果”工作表中，可以执行以下操作。

(1) 选择“筛选结果”工作表，单击【数据】选项卡中的【高级】按钮，打开【高级筛选】对话框。单击【高级筛选】对话框中【列表区域】文本框后的按钮，然后选择“员工信息表”工作表，选取A1∶J15区域

(2) 按Enter键返回【高级筛选】对话框，选中【将筛选结果复制到其他位置】单选按钮。单击【复制到】文本框后的按钮，选取“筛选结果”工作表的A1单元格，按Enter键再次返回【高级筛选】对话框，选中【选择不重复的记录】复选框，单击【确定】按钮完成筛选。

6.10.3　模糊筛选

用于筛选数据表中数据的条件，如果不能明确指定某项内容，而只能指定某一类内容(例如“姓名”列中的某一个字)，可以使用Excel提供的通配符来进行筛选，即模糊筛选。

模糊筛选中，通配符的使用必须借助【自定义自动筛选方式】对话框来实现，并允许使用两种通配符条件，可以使用“？”代表一个(且仅有一个)字符，使用“*”代表0到任意多个连续字符。Excel中有关通配符的使用说明，如表6-1所示。

表6-1　Excel通配符使用说明

条　件		符合条件的数据
等于	S*r	Summer、Server
等于	王?燕	王小燕、王大燕
等于	K???1	Kitt1、Kua1
等于	P*n	Python、Psn
包含	~?	可筛选出含有?的数据
包含	~*	可筛选出含有*的数据

6.10.4　取消筛选

如果用户需要取消对指定列的筛选，可以单击该列标题右侧的下拉列表按钮，在弹出的筛

选菜单中选择【全选】选项。

如果需要取消数据表中的所有筛选，可以单击【数据】选项卡【排序和筛选】命令组中的【清除】按钮。

如果需要关闭筛选模式，可以单击【数据】选项卡【排序和筛选】命令组中的【筛选】按钮，使其不再高亮显示。

6.11 分类汇总

分类汇总数据，即在按某一条件对数据进行分类的同时，对同一类别中的数据进行统计运算。分类汇总被广泛应用于财务、统计等领域，用户要灵活掌握其使用方法，应掌握创建、隐藏、显示以及删除它的方法。

6.11.1 创建分类汇总

Excel 2016 可以在数据清单中自动计算分类汇总及总计值。用户只需指定需要进行分类汇总的数据项、待汇总的数值和用于计算的函数(例如求和函数)即可。如果使用自动分类汇总，工作表必须组织成具有列标志的数据清单。在创建分类汇总之前，用户必须先根据需要对分类汇总的数据列进行数据清单排序。

【例 6-16】在工作表中将“总分”按专业分类，并汇总各专业的总分平均成绩。

① 打开“成绩表”工作表，然后选中“专业”列，选择【数据】选项卡，在【排序和筛选】命令组中单击【升序】按钮，在打开的【排序提醒】对话框中单击【排序】按钮。

② 选中任意一个单元格，在【数据】选项卡的【分级显示】命令组中单击【分类汇总】按钮。在打开的【分类汇总】对话框中单击【分类字段】下拉列表按钮，在弹出的下拉列表中选择【专业】选项；单击【汇总方式】下拉按钮，从弹出的下拉列表中选择【平均值】选项；分别选中【总分】【替换当前分类汇总】和【汇总结果显示在数据下方】复选框，如图 6-84 所示。

③ 单击【确定】按钮，即可查看表格分类汇总后的效果，如图 6-85 所示。

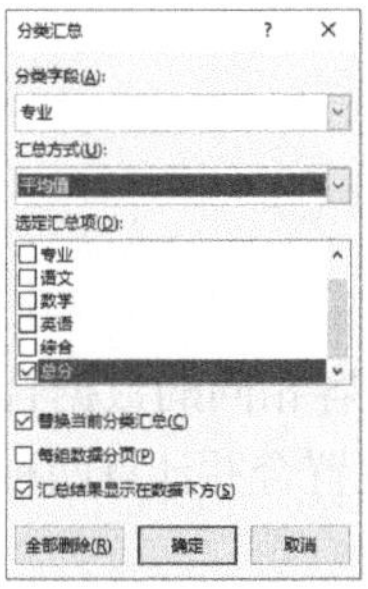

图 6-84　【分类汇总】对话框

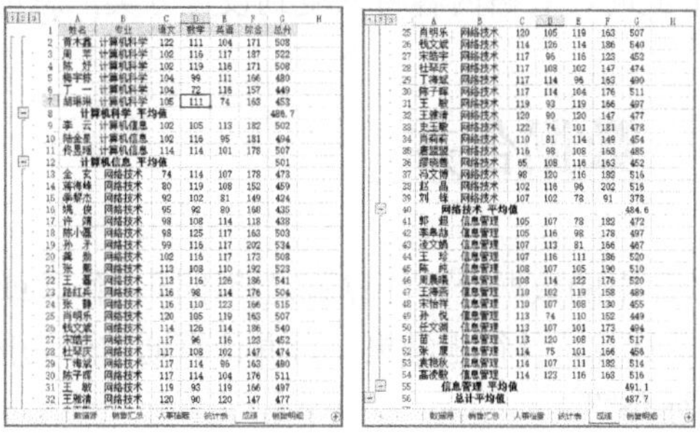

图 6-85　分类汇总结果

6.11.2 隐藏和删除分类汇总

用户创建分类汇总后，为了方便查阅，可以将其中的数据进行隐藏，并根据需要在适当的时候显示出来。

1. 隐藏分类汇总

为了方便用户查看数据，可将分类汇总后暂时不需要使用的数据隐藏，从而减小界面的占用空间。当需要查看时，再将其显示。

(1) 在工作表中选中 A8 单元格，然后在【数据】选项卡的【分级显示】命令组中单击【隐藏明细数据】按钮，隐藏“计算机科学”专业的详细记录，如图 6-86 所示。

(2) 重复以上操作，分别选中 A12、A40 和 A55 单元格，隐藏“计算机信息”“网络技术”和“信息管理”专业的详细记录，完成后的效果如图 6-87 所示。

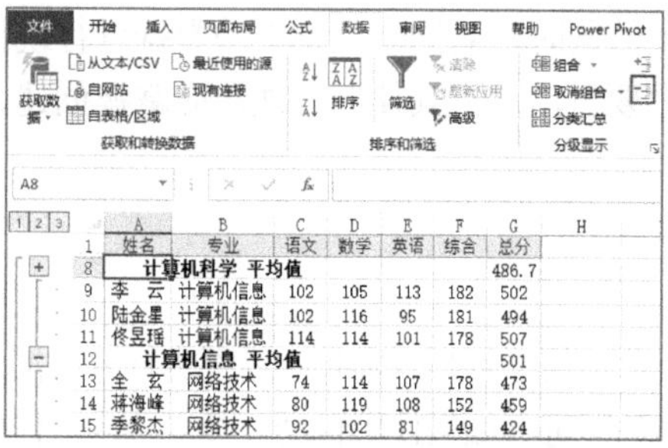

图 6-86　隐藏“计算机科学”专业的记录

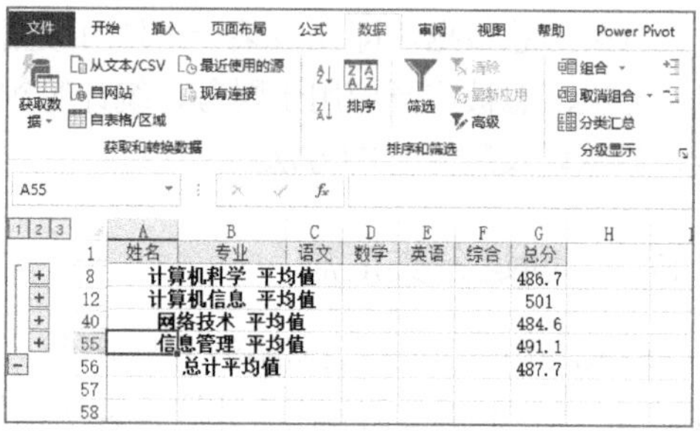

图 6-87　隐藏所有专业的详细记录

(3) 选中 A8 单元格，然后单击【数据】选项卡【分级显示】命令组中的【显示明细数据】按钮，即可重新显示“计算机科学”专业的详细数据。

除了以上介绍的方法外，单击工作表左边列表树中的+、-符号按钮，同样可以显示与隐藏详细数据。

2. 删除分类汇总

查看完分类汇总后，若用户需要将其删除，恢复原先的工作状态，可以在 Excel 中删除分类汇总，具体方法如下。

(1) 在【数据】选项卡中单击【分类汇总】按钮，在打开的【分类汇总】对话框中单击【全部删除】按钮即可删除表格中的分类汇总。

(2) 此时，表格内容将恢复到设置分类汇总前的状态。

6.12 数据合并

Excel 中的数据合并计算就是将不同工作表或工作簿中结构或内容相同的数据合并到一起进行快速计算，并得出结果。合并计算通常分为按类合并计算和按位置合并计算两种，下面将分别进行介绍。

6.12.1 按类合并计算

若表格中的数据内容相同，但表头字段、记录名称或排列顺序不同时，就不能使用按位置合并计算，此时可以使用按类合并的方式对数据进行合并计算。

【例 6-17】在“工资统计”工作簿中合并计算 1 月、2 月工资。

① 打开“工资统计”工作簿后，选中“两个月工资合计”工作表。

② 选择【数据】选项卡，在【数据工具】组中单击【合并计算】选项。

③ 在打开的【合并计算】对话框中单击【函数】下拉列表按钮，在弹出的下拉列表中选中【求和】选项。

④ 单击【引用位置】文本框后的按钮，选择“一月份工资”工作表标签，选择 A2 : D9 单元格区域，并按 Enter 键。

⑤ 返回【合并计算】对话框后，单击【添加】按钮。

⑥ 使用相同的方法，引用“二月份工资”工作表中的 A2 : D9 单元格区域数据，然后在【合并计算】对话框中选中【首行】和【最左列】复选框，单击【确定】按钮，如图 6-88 所示。

⑦ 此时，Excel 软件将自动切换到“两月工资合计”选项表，显示按类合并计算的结果，如图 6-89 所示。

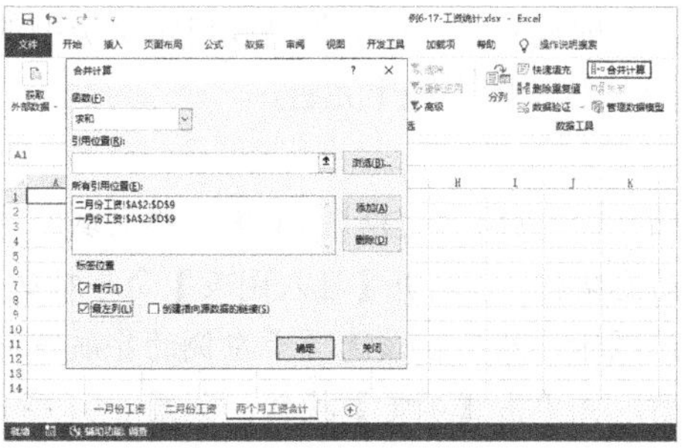

图 6-88　设置求和合并计算

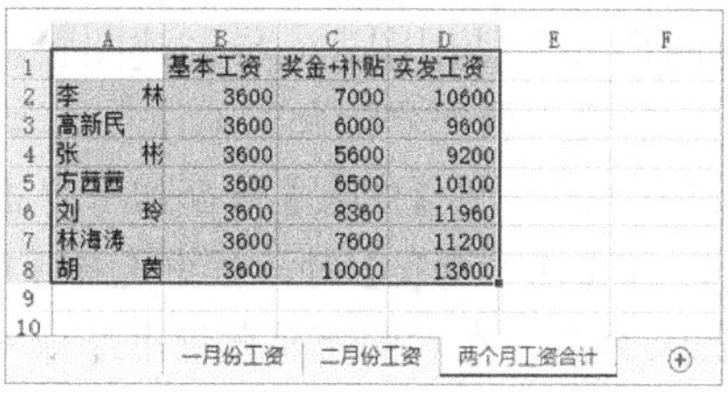

	基本工资	奖金+补贴	实发工资
李　林	3600	7000	10600
高新民	3600	6000	9600
张　彬	3600	5600	9200
方茜茜	3600	6500	10100
刘　玲	3600	8360	11960
林海涛	3600	7600	11200
胡　茜	3600	10000	13600

图 6-89　按类合并计算结果

6.12.2　按位置合并计算

采用按位置合并计算须要求多个表格中数据的排列顺序与结构完全相同，如此才能得出正确的计算结果。

【例 6-18】在“工资统计”工作簿中合并计算 1 月、2 月工资。

① 打开“工资统计”工作簿后，选中“两个月工资合计”工作表中的 E3 单元格。

② 选择【数据】选项卡，在【数据工具】组中单击【合并计算】按钮，在打开的【合并计算】对话框中单击【函数】下拉列表按钮，并在弹出的下拉列表中选中【求和】选项。

③ 在【合并计算】对话框中单击【引用位置】文本框后的按钮，然后切换到“一月份工资”工作表并选中 D3 : D9 单元格区域，并按 Enter 键。

④ 返回【合并计算】对话框后，单击【添加】按钮，将引用的位置添加到【所有引用位置】列表框中。

⑤ 选择“二月份工资”工作表，Excel 将自动将该工作表中的相同单元格区域添加到【合并计算】对话框的【引用位置】文本框中。

⑥ 在【合并计算】对话框中单击【添加】按钮，再单击【确定】按钮，即可在“两个月工资合计”工作表中查看合并计算结果，如图 6-90 所示。

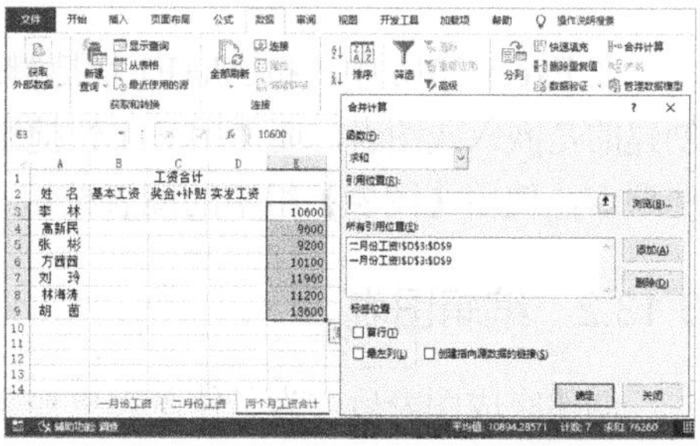

图 6-90　设置按位置合并计算

6.13 使用图表

为了能更加直观地表现电子表格中的数据，用户可将数据以图表的形式来表示，因此图表在制作电子表格时同样具有极其重要的作用。

在 Excel 中，图表通常有两种存在方式：嵌入式图表和图表工作表。其中，嵌入式图表就是将图表看作一个图形对象，并作为工作表的一部分进行保存；图表工作表是工作簿中具有特定工作表名称的独立工作表。需要独立于工作表数据查看、编辑庞大而复杂的图表或需要节省工作表上的屏幕空间时，就可以使用图表工作表。无论是建立哪一种图表，创建图表的依据都是工作表中的数据。当工作表中的数据发生变化时，图表便会随之更新。

6.13.1 创建图表

使用 Excel 2016 提供的图表向导，可以方便、快速地建立一个标准类型或自定义类型的图表。图表创建完成后，仍然可以修改其各种属性，以使整个图表趋于完善。

【例 6-19】使用图表向导创建图表。

① 创建“调查分析表”工作表，选中工作表中的 B2:B14 和 D2:F14 单元格区域。选择【插入】选项卡，在【图表】命令组中单击对话框启动器按钮，打开【插入图表】向导对话框。

② 在【插入图表】对话框中选择【所有图表】选项卡，然后在该选项卡左侧的导航窗格中选择图表分类，在右侧的列表框中选择一种图表类型，并单击【确定】按钮，如图 6-91 所示。

③ 此时，在工作表中创建图 6-92 所示的图表，Excel 软件将自动打开【图表工具】的【设计】选项卡。

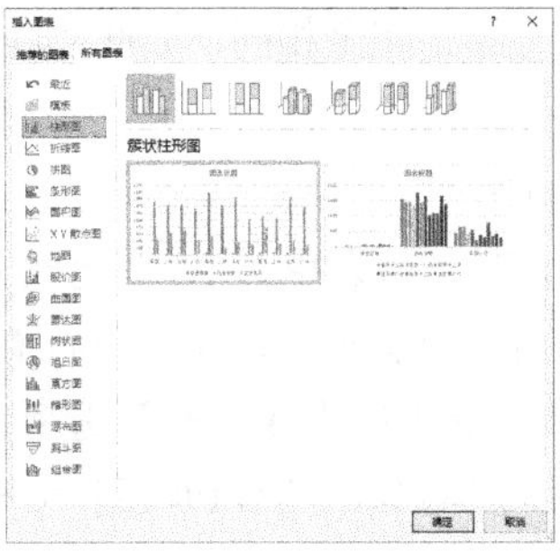

图 6-91 【插入图表】对话框

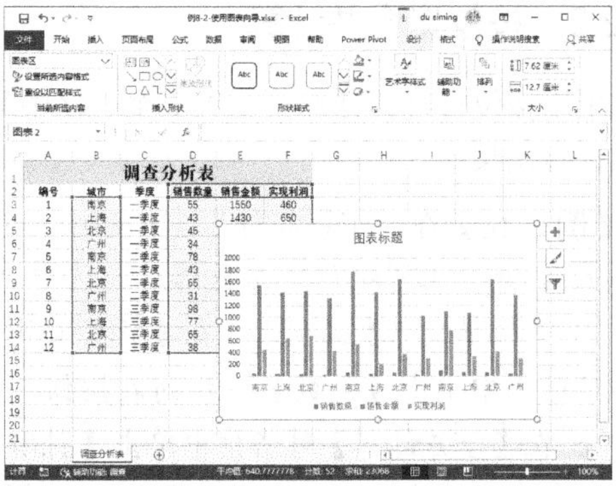

图 6-92 创建图表

在 Excel 2016 中，按 Alt+F1 快捷键或者按 F11 键可以快速创建图表。使用 Alt+F1 快捷键创建的是嵌入式图表，而使用 F11 快捷键创建的是图表工作表。在 Excel 2016 中打开【插入】选项卡，使用【图表】组中的图表按钮可以方便地创建各种图表。

6.13.2 编辑图表

创建完成图表后，为了使图表更加美观，需要对图表进行后期的编辑与美化设置。下面将通过实例介绍在 Excel 2016 中编辑图表的方法。

1. 调整图表

在 Excel 2016 中，创建完图表后，可以调整图表位置和大小。

(1) 调整图表大小。选中图表后，可以在【格式】选项卡的【大小】命令组中精确设置图表的大小。另外，还可以通过鼠标拖动的方法来设置图表的大小。将光标移动至图表的右下角，当光标变成双向箭头形状时，按住鼠标左键，向左上角拖动表示缩小图表，向左下角拖动表示放大图表。

(2) 调整图表位置。要移动图表，选中图表后，将光标移动至图表区，当光标变成十字箭头形状时，按住鼠标左键，拖动到目标位置后释放鼠标，即可将图表移动至该位置。

另外，用户还可以在【设计】选项卡的【位置】命令组中单击【移动图表】按钮，打开【移动图表】对话框，将已经创建的图表移动到其他工作表中，如图 6-93 所示。

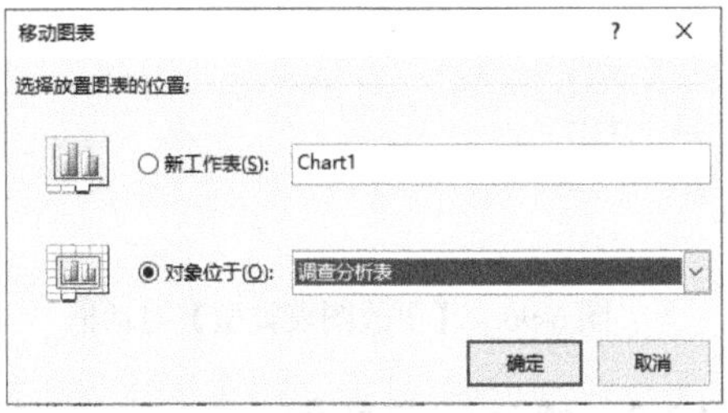

图 6-93　【移动图表】对话框

2. 更改图表布局和样式

为了使图表更加美观，可以在【设计】选项卡的【图表布局】命令组中，套用预设的布局样式和图表样式，如图 6-94 所示。

3. 设置图表背景

在工作表中选中图表后，打开【格式】选项卡，在【形状样式】命令组中单击【其他】按钮，可以在弹出的列表框中设置图表的背景颜色。

另外，在【格式】选项卡中单击【形状样式】命令组中的【设置形状格式】按钮，然后在打开的【设置绘图区格式】窗格中单击【填充】选项，可以在打开的选项区域中设置绘图区背景颜色为无填充、纯色填充、渐变填充、图片或纹理填充、图案填充或自动填充，如图 6-95 所示。

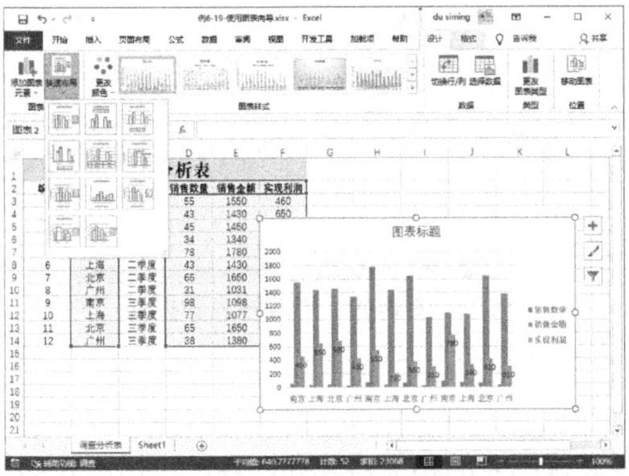

图 6-94　更改图表布局

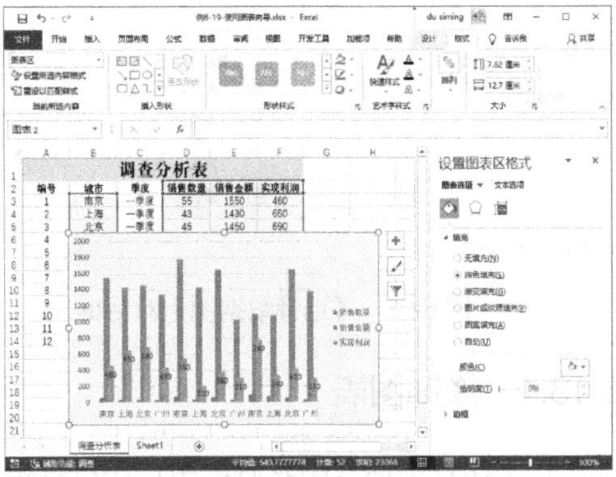

图 6-95　设置图表背景

4. 更改图表类型

如果对插入图表的类型不满意，无法确切表现所需要的内容，则可以更改图表的类型。首先选中图表，然后打开【设计】选项卡，在【类型】命令组中单击【更改图表类型】按钮，打开【更改图表类型】对话框，如图 6-96 所示。选择其他类型的图表选项，可按照设置的多个筛选条件筛选数据，如图 6-97 所示。

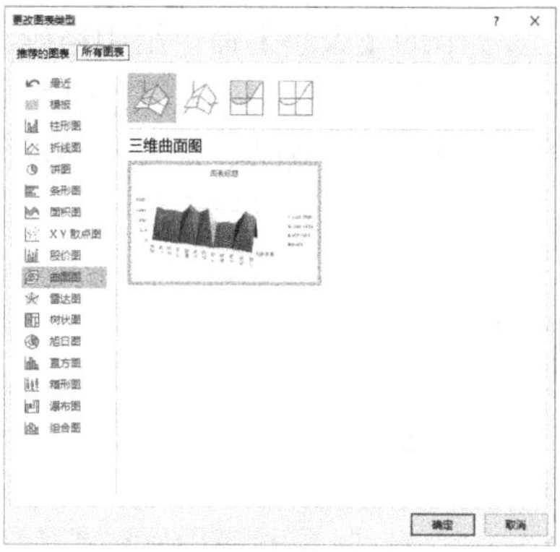

图 6-96 【更改图表类型】对话框

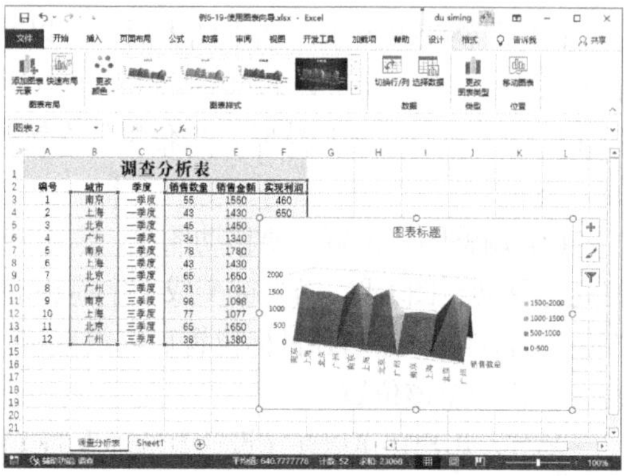

图 6-97 按照设置的多个筛选条件筛选数据

6.13.3 修改图表数据

在Excel 2016中使用图表时，用户可以通过增加或减少图表数据系列，来控制图表中显示数据的内容。

【例 6-20】在“调查分析表”工作表中更改图表的数据源。

① 选中图表，选择【设计】选项卡，在【数据】命令组中单击【选择数据】选项。

② 打开【选择数据源】对话框，单击【图表数据区域】后面的按钮。

③ 返回工作表，选择 B2 : B14 和 E2 : F14 单元格区域，按 Enter 键。

④ 返回【选择数据源】对话框后单击【确定】按钮，如图 6-98 所示。此时，数据源发生变化，图表也随之发生变化，如图 6-99 所示。

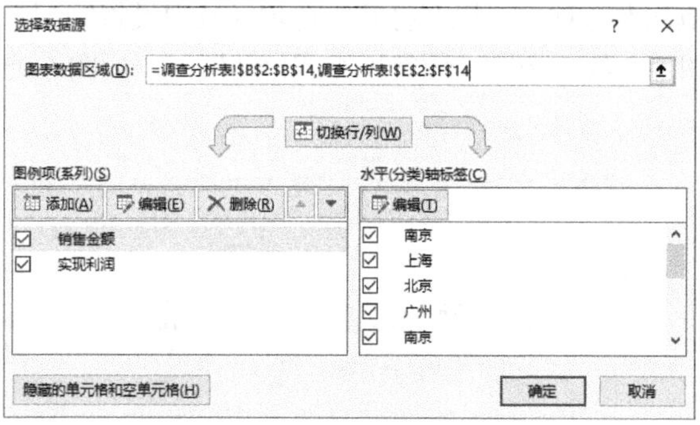

图 6-98 【选择数据源】对话框

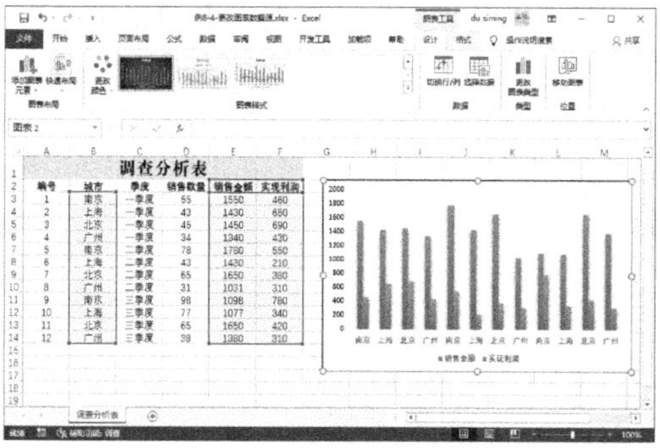

图 6-99 更改图表数据源

6.13.4 修饰图表

在工作表中插入图表后，用户还可以根据需要设置图表的相关格式和内容，包括图表形状的样式、图表文本样式等，让图表变得更加美观。

1. 设置组合图表

同一个图表有时需要同时使用两种图表类型，即为组合图表，比如由柱状图和折线图组成的线柱组合图表。

【例 6-21】在“调查分析表”工作表中创建线柱组合图表。

① 单击图表中表示【销售金额】的任意一个蓝色柱体，则选中所有关于【销售金额】的数据柱体，被选中的数据柱体 4 个角上显示小圆圈符号。

② 在【设计】选项卡的【类型】命令组中单击【更改图表类型】按钮，打开【更改图表类型】对话框，选择【组合图】选项，在对话框右侧的列表框中单击【销售金额】拆分按钮，在弹出的菜单中选择【带数据标记的折线图】选项，如图 6-100 所示。

③ 在【更改图表类型】对话框中单击【确定】按钮。此时，原来的【实现利润】柱体变为折线，完成线柱组合图表，如图 6-101 所示。

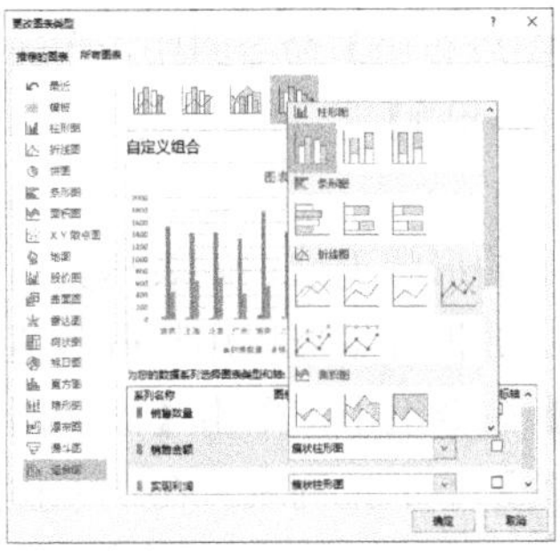

图 6-100　【更改图表类型】对话框

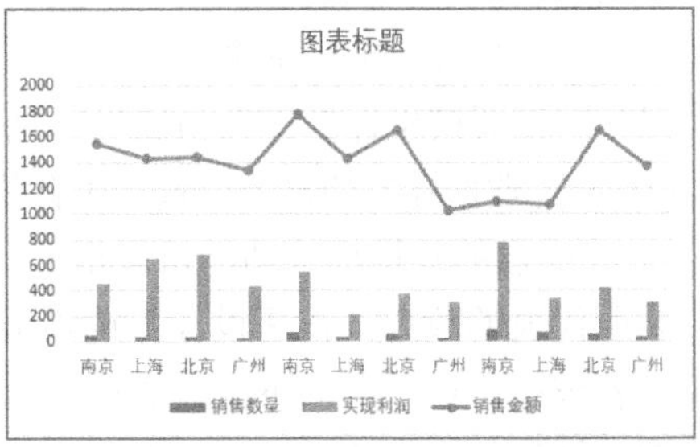

图 6-101　线柱组合图表效果

2. 添加图表注释

在创建图表时，为了方便理解，有时需要添加注释解释图表内容。图表的注释就是一种浮动的文字，可以通过文本框功能来添加。

【例 6-22】在“调查分析表”工作表中添加图表注释。

① 继续例 6-21 的操作，选择【插入】选项卡，在【文本】命令组中单击【文本框】下拉按钮，在弹出的下拉列表中选择【横排文本框】选项。

② 按住鼠标左键在图表中拖拽，绘制一个横排文本框，并在文本框内输入文字。

③ 当选中图表中绘制的文本框时，用户可以在【格式】选项卡里设置文本框和其中文本的格式。

3. 套用图表预设样式和布局

Excel 2016 为所有类型的图表预设了多种样式效果，选择【设计】选项卡，在【图表样式】命令组中单击【图表样式】下拉列表按钮，在弹出的下拉列表中即可为图表套用预设的图表样式，如图 6-102 所示。

此外，Excel 2016 也预设了多种布局效果，选择【设计】选项卡，在【图表布局】命令组中单击【快速布局】下拉按钮，在弹出的下拉列表中可以为图表套用预设的图表布局。

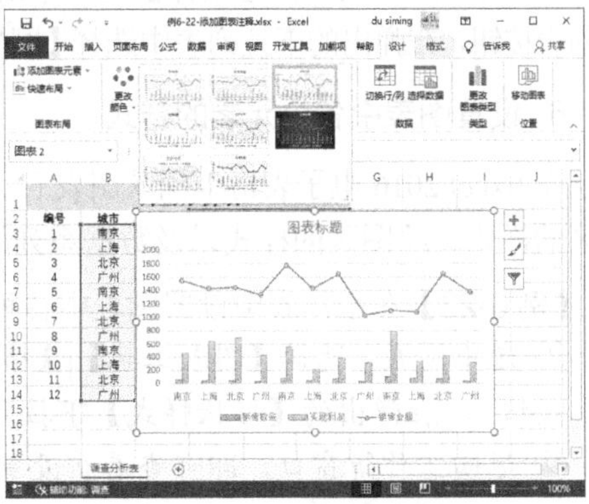

图 6-102　套用预设图表样式

4. 设置图表标签

选择【设计】选项卡，在【图表布局】命令组中可以设置图表布局的相关属性，包括设置图表标题、图例位置、坐标轴标题、数据标签显示位置，以及是否显示数据表等。

(1) 设置图表标题。在【设计】选项卡的【图表布局】命令组中，单击【添加图表元素】下拉按钮，在弹出的下拉列表中选择【图表标题】选项，可以显示【图表标题】子下拉列表。在下拉列表中可以选择图表标题的显示位置与是否显示图表标题。

(2) 设置图表的图例位置。在【设计】选项卡的【图表布局】命令组中，单击【添加图表元素】下拉列表按钮，可以打开【图例】子下拉列表。在该下拉列表中可以设置图表图例的显示位置以及是否显示图例。

(3) 设置图表坐标轴的标题。在【设计】选项卡的【图表布局】命令组中，单击【添加图表元素】下拉列表按钮，在弹出的下拉列表中可以打开【轴标题】子下拉列表。在该下拉列表中可以分别设置横坐标轴标题与纵坐标轴标题。

(4) 设置数据标签的显示位置。在有些情况下，图表中的形状无法精确表达其所代表的数据，Excel 提供的数据标签功能可以很好地解决这个问题。数据标签可以用精确数值显示其对应形状所代表的数据。在【设计】选项卡的【图表布局】命令组中，单击【添加图表元素】下拉列表按钮，在弹出的下拉列表中可以打开【数据标签】子下拉列表。在该下拉列表中可以设置数据标签在图表中的显示位置。

5. 设置图表坐标轴

坐标轴用于显示图表的数据刻度或项目分类，而网格线可以帮助用户更清晰地了解图表中的数值。在【设计】选项卡的【图表布局】命令组中，单击【添加图表元素】下拉列表按钮，在弹出的下拉列表中，可以选择【坐标轴】选项，根据需要详细设置图表坐标轴与网格线等属性。

(1) 设置坐标轴。在【设计】选项卡的【图表布局】命令组中，单击【添加图表元素】下拉列表按钮，在弹出的下拉列表中选择【坐标轴】选项，在弹出的子下拉列表中可以分别设置横坐标轴与纵坐标轴的格式和分布情况。在【坐标轴】的子下拉列表中选择【更多轴选项】选项，可以打开【设置坐标轴格式】窗口，在该窗口中可以设置坐标轴的详细参数。

(2) 设置网格线。在【设计】选项卡的【图表布局】命令组中，单击【添加图表元素】下拉列表按钮，在弹出的下拉列表中选择【网格线】选项，在该菜单中可以设置启用或关闭网格线。

6. 设置图表中各个元素的样式

在 Excel 2016 电子表格中插入图表后，可以根据需要调整图表中任意元素的样式，例如图表区的样式、绘图区的样式以及数据系列的样式等。

【例 6-23】在工作表中设置图表中各种元素的样式。

① 选中图表，选择【图表工具】|【格式】选项卡，在【形状样式】命令组中单击【其他】下拉按钮▾，在弹出的【形状样式】下拉列表框中选择一种预设样式。

② 返回工作簿窗口，即可查看新设置的图表区样式，如图 6-103 所示。

③ 选定图表中的【英语】数据系列，在【格式】选项卡的【形状样式】命令组中，单击【形状填充】按钮，在弹出的菜单中选择【白色】。

④ 返回工作簿窗口，此时【地理】数据系列的形状颜色更改为紫色。

⑤ 在【格式】选项卡的【形状样式】命令组中，单击【其他】按钮，从弹出的列表框中选择一种网格线样式。

⑥ 返回工作簿窗口，即可查看图表网格线的新样式，如图 6-104 所示。

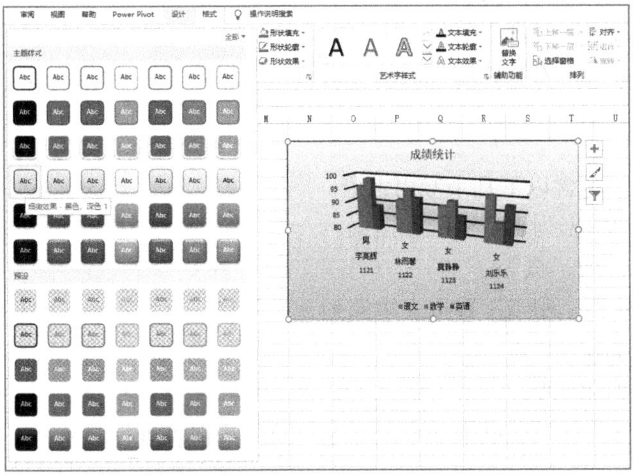

图 6-103　使用预设样式设置图表区

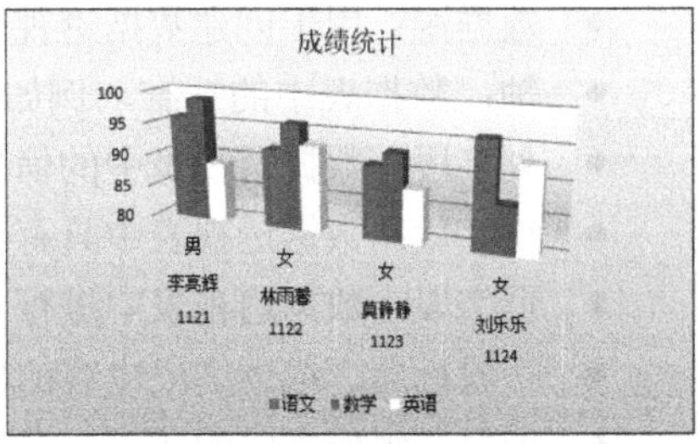

图 6-104　图表效果

6.14 使用数据透视表

6.14.1 数据透视表简介

数据透视表是一种从 Excel 数据表、关系数据库文件或 OLAP 多维数据集中的特殊字段中总结信息的分析工具，它能够对大量数据快速汇总并建立交叉列表的交互式动态表格，帮助用户分析和组织数据。例如，计算平均数或标准差、建立关联表、计算百分比、建立新的数据子集等。例如，对图 6-105(a)所示的数据表创建数据透视表，可以对不同销售地区在不同时间的销售金额、销售产品、销售数量和单价进行汇总，并计算出总计和平均值，如图 6-105(b)所示。

	A	B	C	D	E	F
1	年份	地区	品名	数量	单价	销售金额
2	2028	华东	浪琴	89	5000	445000
3	2028	华东	天梭	77	7500	577500
4	2028	华东	天梭	65	7500	487500
5	2028	华中	天梭	83	7500	622500
6	2028	华北	浪琴	78	5100	397800
7	2028	华北	浪琴	85	5200	442000
8	2028	华北	浪琴	66	5000	330000
9	2029	华北	浪琴	92	5000	460000
10	2029	东北	浪琴	88	5100	448800
11	2029	东北	卡西欧	80	9700	776000
12	2029	华南	卡西欧	79	9950	786050
13	2029	华南	卡西欧	66	9950	656700
14	2029	华南	阿玛尼	82	8700	713400
15	2029	华南	阿玛尼	64	8700	556800
16	2029	华东	阿玛尼	76	8700	661200
17	2029	华东	浪琴	90	5000	450000
18	2029	华东	浪琴	76	5000	380000

(a) 用于创建数据透视表的数据表

报表筛选区域　列区域

行区域

数值区域

年份	(全部)		
行标签	求和项:销售金额	求和项:单价	求和项:数量
⊟阿玛尼	1931400	26100	222
华东	661200	8700	76
华南	1270200	17400	146
⊟卡西欧	2218750	29600	225
东北	776000	9700	80
华南	1442750	19900	145
⊟浪琴	3353600	40400	664
东北	448800	5100	88
华北	1629800	20300	321
华东	1275000	15000	255
⊟天梭	1687500	22500	225
华东	1065000	15000	142
华中	622500	7500	83
总计	9191250	118600	1336

(b) 根据数据表创建的数据透视表

图 6-105　数据透视表与数据表的关系

1. 数据透视表的结构

由图 6-105(b)可以看出，数据透视表的结构分为以下几个部分。

- 行区域：该区域中，按钮作为数据透视表的行字段。
- 列区域：该区域中，按钮作为数据透视表的列字段。
- 数值区域：该区域中，按钮作为数据透视表的显示汇总的数据。
- 报表筛选区域：该区域中，按钮将作为数据透视表的分页符。

2. 数据透视表的专用术语

在图 6-105(b)所示的数据透视表中，包含以下几个专用术语。

- 数据源：用于创建数据透视表的数据列表或多维数据集。
- 轴：数据表中的一维，例如行、列、页等。
- 列字段：数据透视表中的信息种类，相当于数据表中的列。
- 行字段：数据透视表中具有行方向的字段。
- 页字段：数据透视表中进行分页的字段。
- 字段标题：描述字段内容的标志。可以通过拖动字段标题对数据透视表进行透视。
- 项目：组成字段的元素。
- 组：一组项目的集合。
- 透视：通过改变一个或多个字段的位置来重新安排数据透视表。
- 汇总函数：Excel 计算表格中数据值的函数。文本和数值的默认汇总函数为计数和求和。
- 分类汇总：数据透视表中对一行或一列单元格的分类汇总。
- 刷新：重新计算数据透视表，反映目前数据源的状态。

3. 数据透视表的组织方式

在 Excel 中，用户能够通过以下几种类型的数据源创建数据透视表。

- 数据表：使用数据表创建数据透视表时，数据表的标题行不能存在空白单元格。
- 外部数据源：例如文本文件、SQL 数据库文件、Access 数据库文件等。
- 多个独立的 Excel 数据表：用户可以将多个独立表格中的数据汇总在一起，创建数据透视表。
- 其他数据透视表：用户可以将 Excel 中创建的数据透视表作为数据源，创建另外的数据透视表。

6.14.2 建立数据透视表

在 Excel 2016 中，用户可以参考以下实例所介绍的方法，创建数据透视表。

【例 6-24】在工作表中设置图表中各种元素的样式。

① 打开“产品销售”工作表，选中数据表中的任意单元格，选择【插入】选项卡，单击【表格】命令组中的【数据透视表】按钮。

② 打开【创建数据透视表】对话框，选中【现有工作表】单选按钮，单击按钮，如图 6-106 所示。

③ 单击 H1 单元格，然后按 Enter 键。

④ 返回【创建数据透视表】对话框后，在该对话框中单击【确定】按钮，在【数据透视表字段】窗口中选择需要在数据透视表中显示的字段，如图 6-107 所示。

⑤ 单击工作表中的任意单元格，关闭【数据透视表字段】窗口，完成数据透视表的创建，如图 6-108 所示。

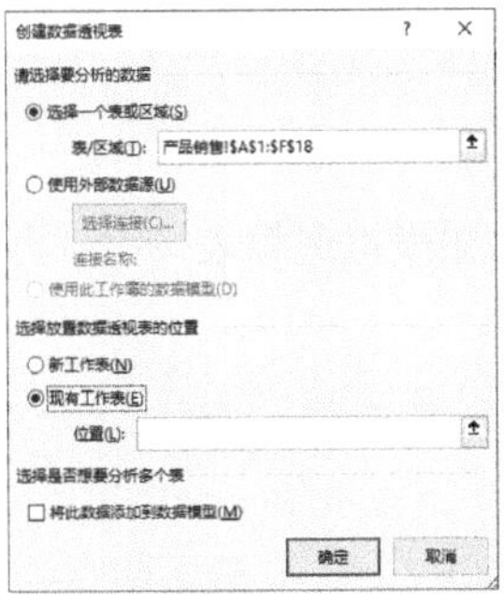

图 6-106　【创建数据透视表】对话框

图 6-107　设置数据透视表字段

行标签	求和项:销售金额	求和项:单价	求和项:数量	求和项:年份
东北	1224800	14800	168	4058
卡西欧	776000	9700	80	2029
浪琴	448800	5100	88	2029
华北	1629800	20300	321	8113
浪琴	1629800	20300	321	8113
华东	3001200	38700	473	12171
阿玛尼	661200	8700	76	2029
浪琴	1275000	15000	255	6086
天梭	1065000	15000	142	4056
华南	2712950	37300	291	8116
阿玛尼	1270200	17400	146	4058
卡西欧	1442750	19900	145	4058
华中	622500	7500	83	2028
天梭	622500	7500	83	2028
总计	9191250	118600	1336	34486

图 6-108　数据透视表效果

完成数据透视表的创建后，在【数据透视表字段】窗口中选中具体的字段，将其拖动到窗口底部的【筛选】【列】【行】和【值】等区域，可以调整字段在数据透视表中显示的位置。

在【数据透视表字段】窗口中，用户可以清晰地了解数据透视表的结构。在该窗口中，用户可以在数据透视表中添加、删除、移动字段，并设置字段的格式。

如果用户使用超大表格作为数据源来创建数据透视表，则数据透视表在创建后可能会有一些字段无法在【数据透视表字段】窗口的【选择要添加到报表的字段】列表框中显示。此时，可以采用以下方法解决问题。

(1) 单击【数据透视表字段】窗口右上角的【工具】按钮，在弹出的菜单中选择【字段节和区域节并排】选项。

(2) 此时，将展开【选择要添加到报表的字段】列表框内的所有字段，如图 6-109 所示。

图 6-109　展开【选择要添加到报表的字段】列表框内的所有字段

6.15　综合案例

1. 处理“员工信息表”工作表中的数据，完成以下操作。

(1) 使用记录单功能在“员工信息表”工作表中添加数据。

(2) 在“员工信息表”工作表中按多个条件排序表格数据。

(3) 在“员工信息表”工作表中按笔画排序姓名。

(4) 在“员工信息表”工作表中自定义排序“性别”列数据。

(5) 在“员工信息表”工作表中筛选性别为女，基本工资为5000的数据。

(6) 在“员工信息表”工作表中按“学历”分类，并汇总“奖金”列平均值。

(7) 在“员工信息表”工作表中使用图表向导创建图表。

2. 使用图表分析“教师工资表”工作表中的数据，完成以下操作。

(1) 使用“教师工资表”中的数据创建图表。

(2) 在“教师工资表”工作表中设置图表的数据源。

(3) 在“教师工资表”工作表中添加与删除图表的数据系列。

(4) 在“教师工资表”工作表中调整图表的坐标轴。

(5) 在“教师工资表”工作表中更改图表的类型。

(6) 在“教师工资表”工作表中为图表设置布局和样式。

(7) 在“教师工资表”工作表中设置图表的标题，并为图表添加模拟运算表。

3. 使用Excel制作“销售趋势分析图表”，要求如下。

(1) 创建图6-110所示的数据源工作表。

(2) 在工作表中插入“簇状条形图”图表。

(3) 设置美化图表与图表元素，效果如图6-111所示。

	A	B	C	D
1	产品	2028年	2029年	2028年
2	核桃粉	569	719	-569
3	荔枝果干	1018	1288	-1018
4	苹果干	1567	1390	-1567
5	酸梅膏	870	1019	-870
6	黄桃罐头	1392	1289	-1392
7				

图6-110　数据源

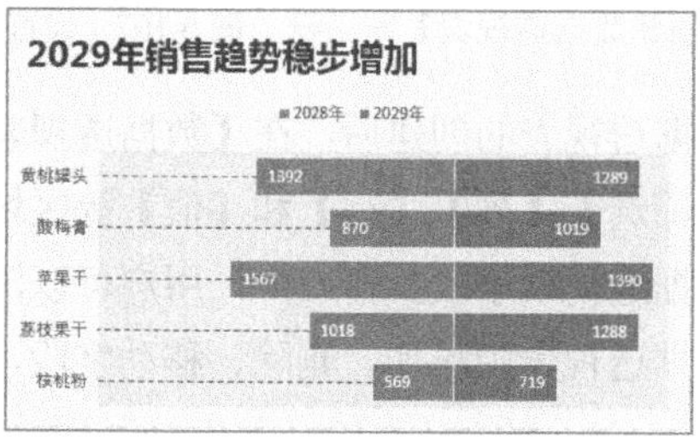

图6-111　销售趋势分析图表

6.16 习题

一、判断题

1. 在Excel 2016中，图表一旦建立，其标题的字体、字形是不可改变的。(　　)

2. 在Excel中，生成数据透视表后，将无法更改其布局。(　　)

3. 在Excel中，如果想清除分类汇总结果，返回数据清单的初始状态，可以单击【分类汇总】对话框中的【全部删除】按钮。(　　)

二、选择题

1. 在Excel中，根据数据表制作图表时，可以对(　　)进行设置。

A. 标题　　B. 坐标轴　　C. 网格线　　D. 以上都可以

2. 以下关于Excel 2016工作表及为其建立的嵌入式图表的说法中，正确的是(　　)。

A. 删除工作表中的数据，图表中的数据系列不会删除

B. 增加工作表中的数据，图表中的数据系列不会增加

C. 修改工作表中的数据，图表中的数据系列不会修改

D. 以上三项均不正确

3. 在 Excel 中，清除单元格的命令中不包含的选项是(　　)。

A.格式　　　　B. 批注　　　　C. 内容　　　　D. 公式

4. 下列关于 Excel 中筛选与排序的叙述中，正确的是(　　)。

A. 排序重排数据清单；筛选是显示满足条件的行，暂时隐藏不必显示的行

B. 筛选重排数据清单；排序是显示满足条件的行，暂时隐藏不必显示的行

C. 排序是查找和处理数据清单中数据子集的快捷方法；筛选是显示满足条件的行

D. 排序不重排数据清单；筛选重排数据清单

三、操作题

1. 启动 Excel 2016 后，打开“素材 1”文档进行如下操作。

(1) 设置所有数字项单元格的水平对齐方式为“居中”，字形为“倾斜”，字号为“14”。

(2) 为 C7 单元格添加批注，内容为“正常情况下”。

(3) 利用条件格式化功能将“频率”列中45.00～60.00范围内的数据，设置单元格底纹颜色为“红色”。

(4) 利用“频率”和“间隔”列创建图表，图表标题为“频率走势表”，图表类型为“带数据标记的折线图”，并作为对象插入 Sheet1 中。

(5) 在工作表 Sheet2 中，将表格中的数据以“产品数量”为关键字，以递增顺序排序。

2. 启动 Excel 2016 后，打开“素材 2”文档进行如下操作。

(1) 在工作表 Sheet1 中完成如下操作：

- 以“股票”为关键字，按升序排序。
- 以“股票”为分类字段，汇总方式为“求和”，对“股数”分类汇总。
- 设置 B6 : E6 单元格区域的外边框的颜色为红色，外边框为“双实线”。

(2) 在工作表 Sheet2 中完成如下操作：

- 设置 B～F 列宽度为 12，8～19 行高度为 18。
- 利用公式或函数计算“奖学金”列所有学生奖学金总和，结果存入相应单元格中(F19)。
- 设置“学生基本情况表”中单元格的水平对齐方式为“居中”。

(3) 在工作表 Sheet3 中完成如下操作：

- 将表格中的内容以“存货周转率”列中的数据升序排序。
- 利用“行业”列中的内容和“流动比”列的数据创建图表，图表标题为“流动比”，图表类型为“带数据标记的折线图”，并将该图表作为对象插入 Sheet3 中。

第 7 章

公式与函数的使用

☑ 本章要点

掌握 Excel 工作表中公式的输入和复制方法。理解单元格绝对地址和相对地址的概念。掌握 Excel 中常用函数的使用方法。

☑ 知识体系

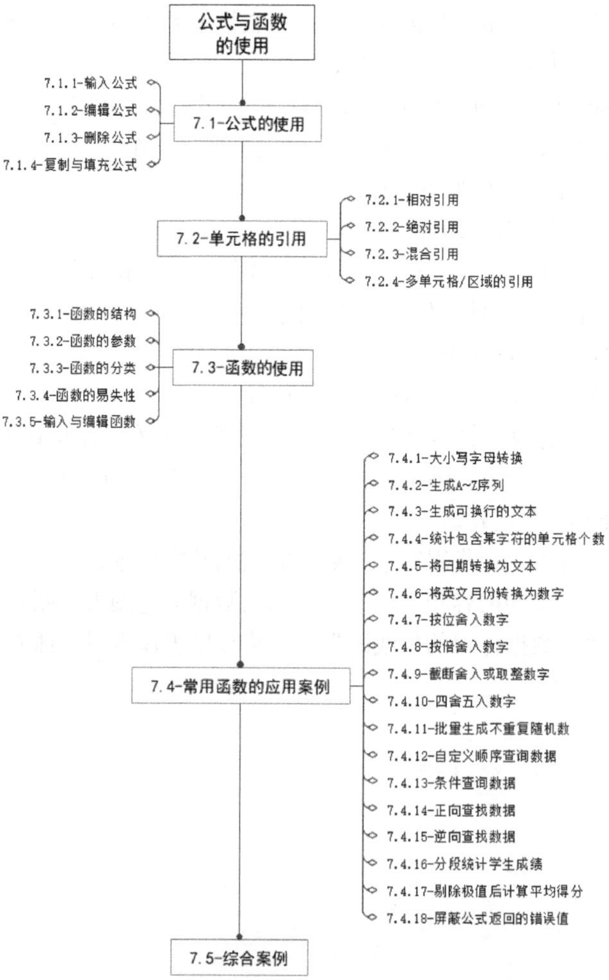

7.1 公式的使用

在 Excel 中，用户可以运用公式对表格中的数值进行各种运算，让工作变得更加轻松、高效。在灵活使用公式之前，首先要认识公式并掌握输入公式与编辑公式的方法。

在 Excel 中，公式是对工作表中的数据进行计算和操作的等式。

在输入公式之前，用户应了解公式的组成和意义。公式有特定语法或次序，最前面是等号“=”，然后是公式的表达式。公式中包含运算符、数值或任意字符串、函数及其参数和单元格引用等元素。

单元格引用　　运算符

=D3-SUM(D2:F6)+0.5*5

函数　　常量数值

- 运算符：用于对公式中的元素进行特定的运算，或者用于连接需要运算的数据对象，并说明进行了哪种公式运算，如加“+”、减“-”、乘“*”、除“/”等。
- 常量数值：用于输入公式中的值、文本。
- 单元格引用：利用公式引用功能对所需的单元格中的数据进行引用。
- 函数：Excel 提供的函数或参数，可返回相应的函数值。

Excel 提供的函数实质上就是一些预定义的公式，它们利用参数按特定的顺序或结构进行计算。用户可以直接利用函数对某一数值或单元格区域中的数据进行计算，函数将返回最终的计算结果。

Excel 中包含 4 种运算符类型：算术运算符、比较运算符、文本连接运算符与引用运算符。

(1) 算术运算符：如果要完成基本的数学运算(如加法、减法和乘法、除法)，连接数据和计算数据结果等，可以使用表 7-1 所示的算术运算符。

表 7-1　算术运算符

运 算 符	含　义	示　例
+(加号)	加法运算	2+2
-(减号)	减法运算或负数	2-1 或-1
*(乘号)	乘法运算	2*2
/(除线)	除法运算	2/2
%(百分号)	百分比	20%

(2) 比较运算符：使用表 7-2 所示的比较运算符可以比较两个值的大小。当用比较运算符比较两个值时，结果为逻辑值，比较成立则为 TRUE，反之则为 FALSE。

表 7-2　比较运算符

运 算 符	含　义	示　例
=(等号)	等于	A1=B1
>(大于号)	大于	A1>B1
<(小于号)	小于	A1<B1

(续表)

运 算 符	含 义	示 例
>=(大于等于号)	大于或等于	A1>=B1
<=(小于等于号)	小于或等于	A1<=B1
<>(不等号)	不相等	A1<>B1

(3) 文本连接运算符：使用和号(&)可连接两个或更多文本字符串以产生一串新的文本，如表 7-3 所示。

表 7-3 文本连接运算符

运 算 符	含 义	示 例
&(和号)	将两个文本值连接起来以产生一个连续的文本值	A1&B1

(4) 引用运算符：单元格引用是用于表示单元格在工作表上所处位置的坐标集。例如，显示在第 B 列和第 3 行交叉处的单元格，其引用形式为 B3。使用表 7-4 所示的引用运算符，可以将单元格区域合并计算。

表 7-4 引用运算符

运 算 符	含 义	示 例
:(冒号)	区域运算符，产生对包括在两个引用之间的所有单元格的引用	(A5 : A15)
,(逗号)	联合运算符，将多个引用合并为一个引用	SUM(A5 : A15,C5 : C15)
(空格)	交叉运算符，产生对两个引用共有的单元格的引用	(B7 : D7 C6 : C8)

如果公式中同时用到多个运算符，Excel 将按照运算符的优先级来依次完成运算。如果公式中包含相同优先级的运算符，例如公式中同时包含乘法和除法运算符，则 Excel 将从左到右进行计算。表 7-5 列出了 Excel 中的运算符优先级。其中，运算符优先级从上到下依次降低。

表 7-5 运算符的优先级

运 算 符	说 明
:(冒号) (单个空格) ,(逗号)	引用运算符
–	负号
%	百分比
^	乘幂
* 和 /	乘和除
+ 和 –	加和减
&	连接两个文本字符串
=<><=>=<>	比较运算符

如果要更改求值的顺序，可以将公式中需要先计算的部分用括号括起来。例如，公式 8+2*4 的值是 16，因为 Excel 按先乘除后加减的顺序进行运算，即先将 2 与 4 相乘，然后再加上 8，得到结果 16。若在该公式上添加括号，即(8+2)*4，则 Excel 先用 8 加上 2，再用结果乘以 4，得到结果 40。

7.1.1　输入公式

在 Excel 中，当以等号“=”作为开始在单元格中输入时，软件将自动切换成输入公式状态，以+、-作为开始输入时，软件会自动在其前面加上等号并切换成公式输入状态，如图 7-1 所示。

在 Excel 的公式输入状态下，使用鼠标选中其他单元格区域时，被选中区域将作为引用单元格自动输入公式中，如图 7-2 所示。

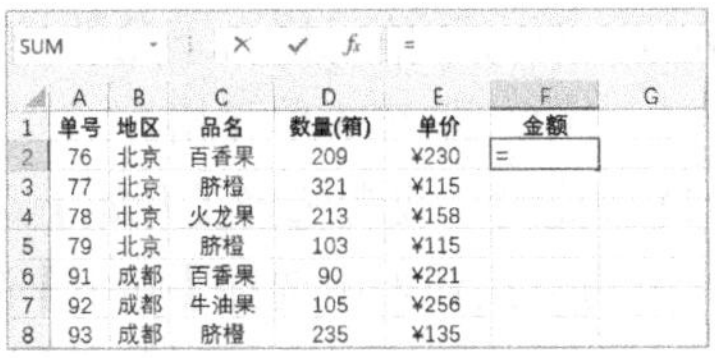

图 7-1　进入公式输入状态

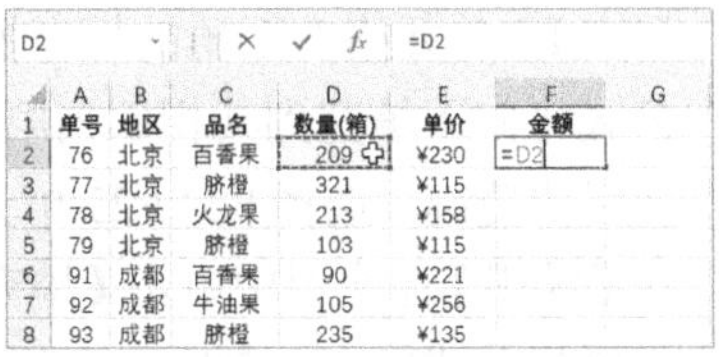

图 7-2　引用单元格

7.1.2　编辑公式

按 Enter 键或者 Ctrl+Shift+Enter 快捷键，可以结束普通公式和数组公式的输入或编辑状态。如果用户需要对单元格中的公式进行修改，可以使用以下 3 种方法。

(1) 选中公式所在的单元格，然后按 F2 键。

(2) 双击公式所在的单元格。

(3) 选中公式所在的单元格，单击窗口中的编辑栏。

7.1.3　删除公式

选中公式所在的单元格，按 Delete 键可以清除单元格中的全部内容，或者进入单元格编辑状态后，将光标放置在某个位置并按 Delete 键或 Backspace 键，删除光标后面或前面的公式部分内容。当用户需要删除多个单元格数组公式时，必须选中其所在的全部单元格再按 Delete 键。

7.1.4　复制与填充公式

如果用户要在表格中使用相同的计算方法，可以通过【复制】和【粘贴】功能实现操作。此外，还可以根据表格的具体制作要求，使用不同方法在单元格区域中填充公式，以提高工作效率。

【例 7-1】使用公式在表格的 F 列中计算水果销售金额。

① 在 F2 单元格中输入公式：=D2*E2，并按 Enter 键。

② 采用以下几种方法，可以将 F2 单元格中的公式应用到计算方法相同的 F3：F23 区域。

- 拖动 F2 单元格右下角的填充柄：将鼠标指针置于单元格右下角，如图 7-3(a)所示，当鼠标指针变为黑色十字时，按住鼠标左键向下拖动至 F23 单元格，如图 7-3(b)所示。

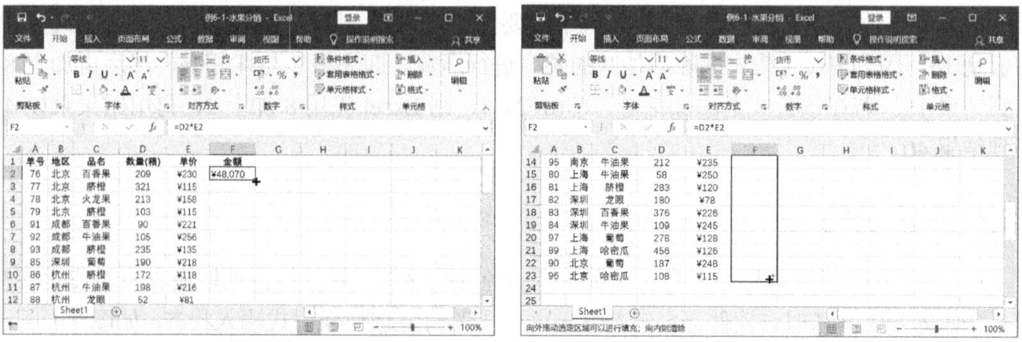

(a) 拖动前　　　　(b) 拖动后

图 7-3　通过拖动单元格右下角填充柄复制公式

- 双击 F2 单元格右下角的填充柄：选中 F2 单元格后，双击该单元格右下角的填充柄，公式将向下填充到其相邻列第一个空白单元格的上一行，即 F23 单元格。
- 使用快捷键：选择 F2 : F23 单元格区域，按 Ctrl+D 快捷键，或者选择【开始】选项卡，在【编辑】命令组中单击【填充】下拉按钮，在弹出的下拉列表中选择【向下】命令(当需要将公式向右复制时，可以按 Ctrl+R 快捷键)。
- 使用选择性粘贴：选中 F2 单元格，在【开始】选项卡的【剪贴板】命令组中单击【复制】按钮，或者按 Ctrl+C 快捷键，然后选择 F3 : F23 单元格区域，在【剪贴板】命令组中单击【粘贴】拆分按钮，在弹出的菜单中选择【公式】命令。
- 多单元格同时输入：选中 F2 单元格，按住 Shift 键，单击所需复制单元格区域的另一个对角单元格 F23，然后单击编辑栏中的公式，按 Ctrl+Enter 快捷键，则 F2 : F23 单元格区域中将输入相同的公式。

7.2 单元格的引用

Excel 工作簿可以由多张工作表组成，单元格是工作表最小的组成元素，以窗口左上角第一个单元格为原点，向下向右分别为行、列坐标的正方向，由此构成单元格在工作表上所处位置的坐标集合。在公式中，使用坐标表示单元格的“地址”，实现对存储于单元格中的数据的调用，这种方法称为单元格的引用。

7.2.1　相对引用

相对引用是通过当前单元格与目标单元格的相对位置来定位引用单元格的。

相对引用引用了当前单元格与公式所在单元格的相对位置。默认设置下，Excel 对单元格的引用都是相对引用，当改变公式所在单元格的位置时，引用也会随之改变。

例如，在 I3 单元格中输入以下公式，并按 Enter 键：

```
=B3+C3+D3+E3+F3+G3+H3
```

(2) 将鼠标光标移至单元格 I4 右下角的控制点■，当鼠标指针呈十字状态后，按住左键并拖动选定 I4 : I12 区域，如图 7-4 所示。

(3) 释放鼠标，即可将 I3 单元格中的公式复制到 I4 : I12 单元格区域中，如图 7-5 所示。

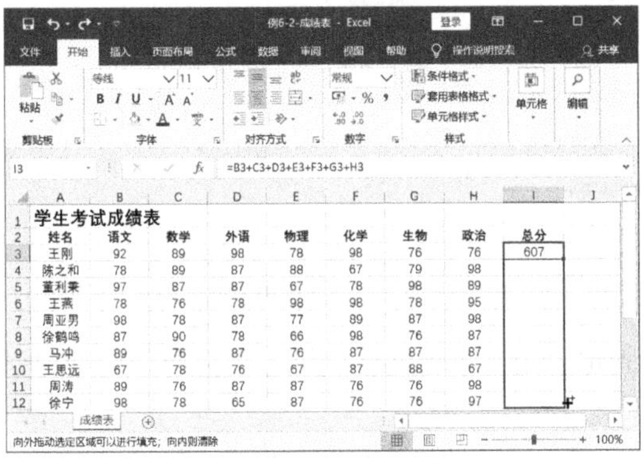

图 7-4　拖动控制点

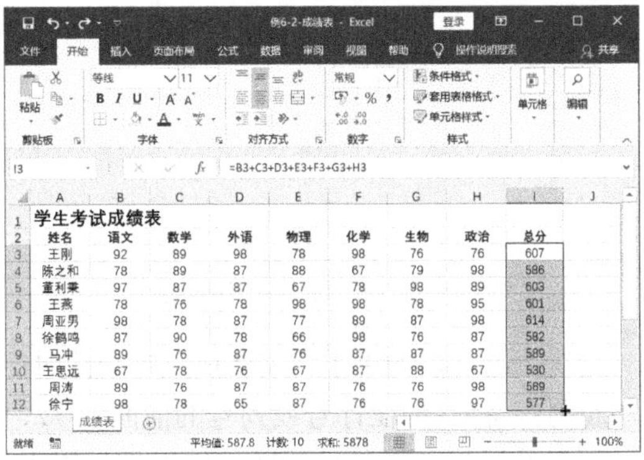

图 7-5　相对引用结果

7.2.2　绝对引用

绝对引用就是在公式中引用单元格的精确地址，与包含公式的单元格的位置无关。绝对引用与相对引用的区别在于：复制公式时使用绝对引用，则单元格引用不会发生变化。绝对引用的操作方法是，在列标和行号前分别加上美元符号$。例如，$B$2 表示单元格 B2 的绝对引用，而$B$2 : $E$5 表示单元格区域 B2 : E5 的绝对引用。

7.2.3　混合引用

混合引用指的是在一个单元格引用中，既有绝对引用，同时也包含相对引用，即混合引用具有绝对列和相对行，或具有绝对行和相对列。绝对引用列采用 $A1、$B1 的形式，绝对引用行采用 A$1、B$1 的形式。如果公式所在单元格的位置改变，则相对引用改变，而绝对引用不变。如果多行或多列地复制公式，相对引用自动调整，而绝对引用不做调整。

【例 7-2】将工作表 E3 单元格中的公式混合引用到 E4 : E12 单元格区域中。

① 打开工作表后，在 E3 单元格中输入公式：

```
=$B3+$C3+D$3
```

其中，$B3、$C3 是绝对列和相对行形式，D$3 是绝对行和相对列形式，按 Ctrl+Enter 快捷键后即可得到合计数值。

② 将鼠标光标移至单元格 E3 右下角的控制点■，当鼠标指针呈十字状态后，按住左键并拖动选定 E4 : E12 区域。释放鼠标，混合引用填充公式，此时相对引用地址改变，而绝对引用地址不变，如图 7-6 所示。例如，将 E3 单元格中的公式填充到 E4 单元格中，公式将调整为

```
=$B4+$C4+D$3
```

如图 7-7 所示。

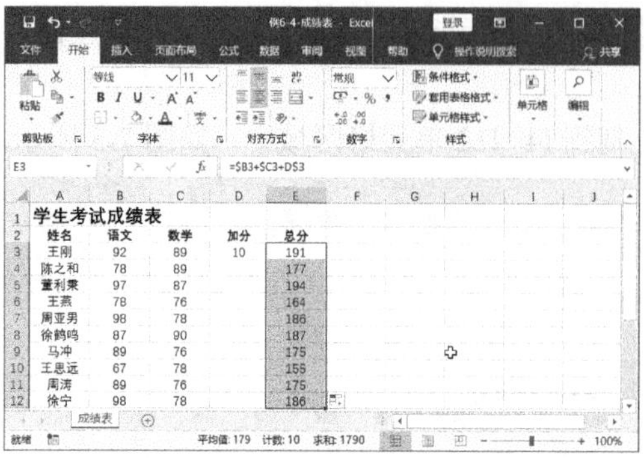
图 7-6　混合引用结果

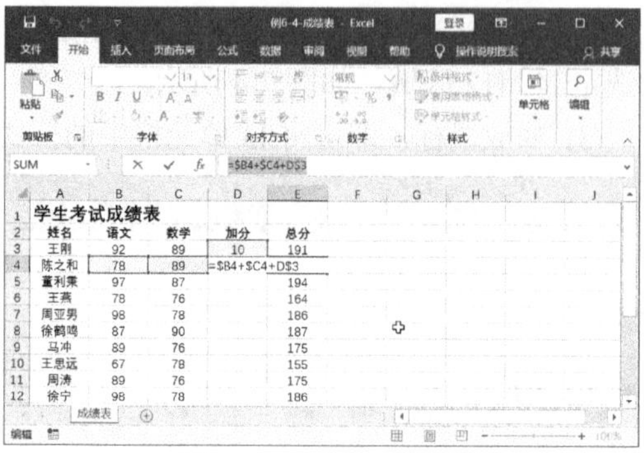
图 7-7　公式自动调整结果

综上所述，如果用户需要在复制公式时能够固定引用某个单元格地址，则需要使用绝对引用符号$，将其加在行号或列号的前面。

在 Excel 中，用户可以使用 F4 键在各种引用类型中循环切换，其顺序如下：绝对引用、行绝对列相对引用、行相对列绝对引用、相对引用。

以公式=A2 为例，在单元格中输入公式后按 4 下 F4 键，将依次变为=$A$2、=A$2、=$A2、=A2。

7.2.4　多单元格/区域的引用

1. 合并区域引用

Excel 除了允许对单个单元格或多个连续的单元格进行引用以外，还支持对同一工作表中不连续单元格区域进行引用，称为合并区域引用，用户可以使用联合运算符“,”将各个区域的引用隔开，并在两端添加半角括号( )将其包含在内。

【例 7-3】通过合并区域引用计算学生成绩排名。

① 打开工作表，在 C2 单元格中输入以下公式，并向下复制到 C12 单元格：

```
=RANK(B2,($B$2:$B$12,$E$2:$E$12,$H$2:$H$12))
```

② 选择 C2:C12 单元格区域后，按 Ctrl+C 快捷键执行【复制】命令，然后分别选中 E2 和 H2 单元格按 Ctrl+V 快捷键执行【粘贴】命令，结果如图 7-8 所示。

在本例所用公式中，($C$4 : $C$10, $G$4 : $G$9)为合并区域引用。

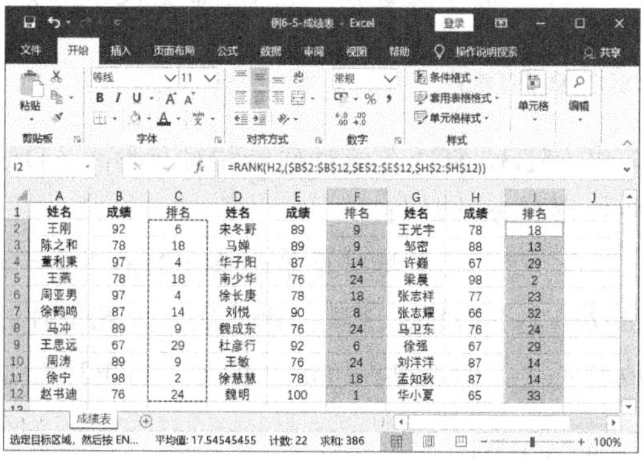
图 7-8　考试排名统计结果

2. 交叉引用

在使用公式时，用户可以利用交叉运算符(单个空格)取得两个单元格区域的交叉区域。

【例 7-4】通过交叉引用筛选鲜花品种“黑王子”在 6 月份的销量。

① 打开工作表，在 O2 单元格中输入图 7-9(a)所示的公式：

```
=G:G 3:3
```

② 按 Enter 键即可在 O2 单元格中显示“黑王子”在 6 月份的销量，如图 7-9(b)所示。

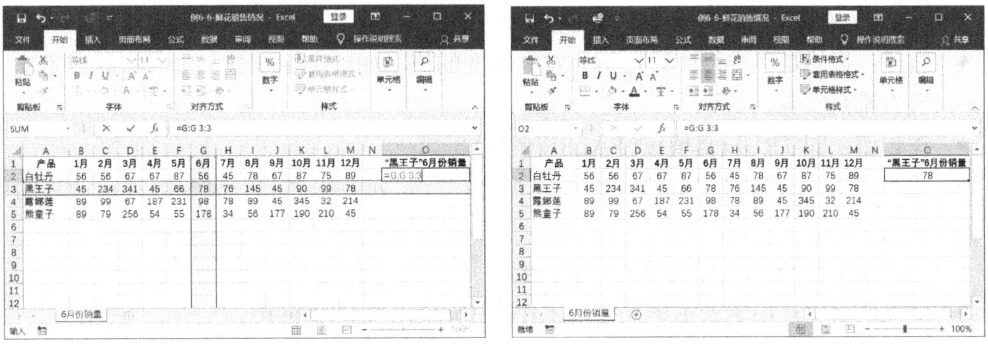

(a) 输入公式　　　　(b) 显示结果

图 7-9　筛选“黑王子”6 月份的销量

在例 7-4 使用的公式中，G : G 代表 6 月份，3 : 3 代表“黑王子”所在的行，空格在这里的作用是引用运算符，分别对两个引用，引用其共同的单元格，本例为 G3 单元格。

3. 绝对交集引用

在公式中，对单元格区域而不是单元格的引用按照单个单元格进行计算时，依靠公式所在的从属单元格与引用单元格之间的物理位置，返回交叉点值，称为绝对交集引用或者隐含交叉引用。例如，在 O2 单元格中输入公式=G2 : G5，并且未使用数组公式方式编辑公式，在该单元格返回的值为 G2，这是因为 O2 单元格和 G2 单元格位于同一行。

7.3　函数的使用

Excel 中的函数实际上是一些预定义的公式，函数是运用一些称为参数的特定数据值，按特定的顺序或者结构进行计算的公式。

7.3.1　函数的结构

Excel 提供了大量的内置函数，这些函数可以有一个或多个参数，并能够返回一个计算结果，函数中的参数可以是数字、文本、逻辑值、表达式、引用或其他函数。函数一般包含等号、函数名和参数等 3 个部分：

```
=函数名(参数 1,参数 2,参数 3,…)
```

其中，函数名为需要执行运算的函数的名称。参数为函数使用的单元格或数值。例如，=SUM(A1 : F10)，表示对 A1 : F10 单元格区域内所有数据求和。

7.3.2 函数的参数

Excel 函数的参数可以是常量、逻辑值、数组、错误值、单元格引用或嵌套函数等(其指定的参数都必须为有效参数值)，其各自的含义如下。

- 常量：指的是不进行计算且不会发生改变的值，如数字 100 与文本“家庭日常支出情况”都是常量。
- 逻辑值：即 TRUE(真值)或 FALSE(假值)。
- 数组：用于建立可生成多个结果或可对在行和列中排列的一组参数进行计算的单个公式。
- 错误值：即#N/A、空值或“_”等值。
- 单元格引用：用于表示单元格在工作表中所处位置的坐标集。
- 嵌套函数：是指将某个函数或公式作为另一个函数的参数使用。

7.3.3 函数的分类

Excel 函数包括自动求和、最近使用的函数、财务、逻辑、文本、日期和时间、查找与引用、数学和三角函数以及其他函数这 9 大类的上百个具体函数，每个函数的应用各不相同。常用函数包括 SUM、AVERAGE、ISPMT、IF、HYPERLINK、COUNT、MAX、SIN、SUMIF、PMT，它们的语法和说明如表 7-6 所示。

表 7-6 Excel 中的常用函数

语　法	说　明
SUM(number1, number2, …)	返回单元格区域中所有数值的和
AVERAGE(number1, number2, …)	计算参数的算术平均数，参数可以是数值或包含数值的名称、数组或引用
ISPMT(Rate, Per, Nper, Pv)	返回特定投资期内要支付的利息
IF(Logical_test, Value_if_true, Value_if_false)	执行真假值判断，根据对指定条件进行逻辑评价的真假而返回不同的结果
HYPERLINK(Link_location, Friendly_name)	创建快捷方式，以便打开文档、网络驱动器或连接 Internet
COUNT(value1, value2, …)	计算数字参数和包含数字的单元格的个数
MAX(number1, number2，…)	返回一组数值中的最大值
SIN(number)	返回角度的正弦值
SUMIF(Range, Criteria, Sum_range)	根据指定条件对若干单元格求和
PMT(Rate, Nper, Pv, Fv, Type)	返回在固定利率下投资或贷款的等额分期偿还额

在常用函数中，使用频率最高的是 SUM 函数，其作用是返回某一单元格区域中所有数字之和，例如=SUM(A1 : G10)，表示对 A1 : G10 单元格区域内所有数据求和。SUM 函数的语法是：

```
SUM(number1,number2, …)
```

其中，number1, number2, …为 1～30 个需要求和的参数。说明如下：

- 直接输入到参数表中的数字、逻辑值及数字的文本表达式将被计算。
- 如果参数为数组或引用，只有其中的数字将被计算。数组或引用中的空白单元格、逻辑值、文本或错误值将被忽略。
- 如果参数为错误值或为不能转换成数字的文本，将会导致错误。

7.3.4　函数的易失性

有时，用户打开一个工作簿不做任何编辑就关闭，Excel 会提示“是否保存对文档的更改?”，这种情况可能是因为该工作簿中用到了具有易失性的函数。使用易失性函数后，每激活一个单元格或者每在一个单元格输入数据，甚至只是打开工作簿，具有易失性的函数都会自动重新计算。

易失性函数在以下条件下不会引发自动重新计算。

(1) 工作簿的重新计算模式被设置为手动计算。

(2) 当手工设置列宽、行高而不是双击调整为合适列宽时，但隐藏行或设置行高值为 0 除外。

(3) 当设置单元格格式或其他更改显示属性的设置时。

(4) 激活单元格或编辑单元格内容，但按 Esc 键取消。

常见的易失性函数有以下几种。

(1) 获取随机数的 RAND 和 RANDBETWEEN 函数，每次编辑会自动产生新的随机值。

(2) 获取当前日期、时间的 TODAY、NOW 函数，每次返回当前系统的日期、时间。

(3) 返回单元格引用的 OFFSET、INDIRECT 函数，每次编辑都会重新定位实际的引用区域。

(4) 获取单元格信息 CELL 函数和 INFO 函数，每次编辑都会刷新相关信息。

此外，在实际应用 SUMF 函数与 INDEX 函数时，当公式的引用区域具有不确定性时，每当其他单元格被重新编辑，也会引发工作簿重新计算。

7.3.5　输入与编辑函数

在 Excel 中，所有函数操作都是在【公式】选项卡的【函数库】命令组中完成的。

【例 7-5】在表格内的 I13 单元格中插入求平均值函数。

① 选取 I13 单元格，选择【公式】选项卡在【函数库】命令组中单击【其他函数】下拉列表按钮，在弹出的菜单中选择【统计】| AVERAGE 选项。

② 打开【函数参数】对话框，在 AVERAGE 选项区域的 Number1 文本框中输入计算平均值的范围，这里输入 I3 : I12(如图 7-10 所示)，然后单击【确定】按钮。

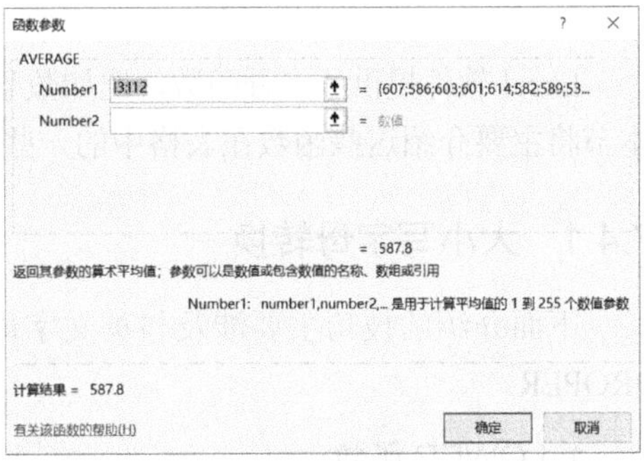

图 7-10　【函数参数】对话框

③ 此时即可在 I13 单元格中显示计算结果。

插入函数后，还可以将某个公式或函数的返回值作为另一个函数的参数来使用，这就是函数的嵌套使用。首先插入 Excel 2016 自带的一种函数，然后通过修改函数的参数可实现函数的嵌套使用，例如公式：

```
=SUM(I3:I17)/15/3
```

用户在运用函数进行计算时，有时会需要对函数进行编辑，编辑函数的方法很简单，下面将通过一个实例详细介绍。

【例 7-6】继续例 7-5 的操作，编辑 I13 单元格中的函数。

① 打开 Sheet1 工作表，然后选择需要编辑函数的 I13 单元格，单击【插入函数】按钮 f_x，如图 7-11(a)所示。

② 打开【函数参数】对话框，将 Number1 文本框中的单元格地址更改为 I3 : I10，如图 7-11(b)所示。

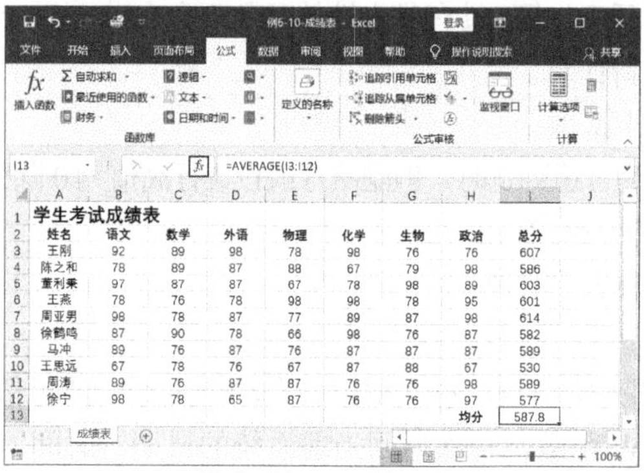

(a) 单击【插入函数】按钮

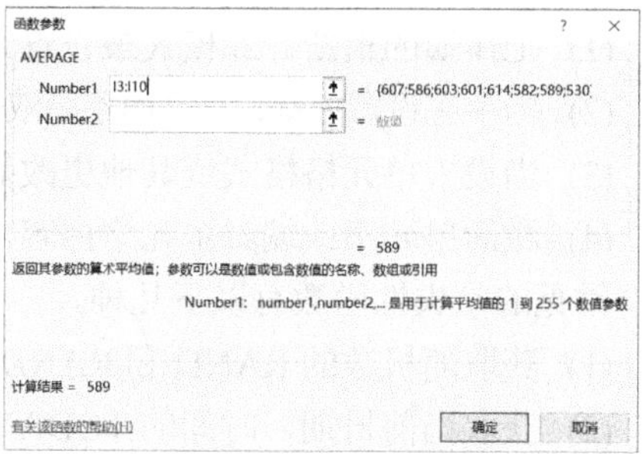

(b) 【函数参数】对话框

图 7-11　通过【函数参数】对话框编辑函数

③ 在【函数参数】对话框中单击【确定】按钮后，即可在工作表的 I13 单元格内看到编辑函数后的计算结果。

7.4 常用函数的应用案例

Excel 软件提供了多种函数，比如数学和三角函数、日期和时间函数、查找和引用函数等，本节将主要介绍这些函数在表格中的一些常见应用。

7.4.1　大小写字母转换

下面介绍的技巧主要涉及与英文字母的大小写有关的 3 个函数：LOWER、UPPER 和 PROPER。

1. LOWER 函数

LOWER 函数可以将一个文本字符串中所有大写英文字母转换为小写英文字母，对文本的非字母字符不做改变。例如：

```
=LOWER("I Love Excel！")
```

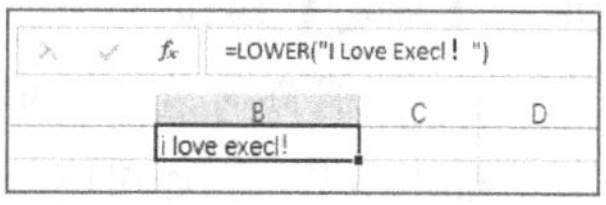

图 7-12　应用 LOWER 函数

运算结果如图 7-12 所示。

2. UPPER 函数

UPPER 函数的作用与 LOWER 函数正好相反，它将一个文本字符串中的所有小写英文字母转换为大写英文字母，对文本中的非字母字符不做改变。例如：

```
=UPPER("I Love Excel！")
```

运算结果如图 7-13 所示。

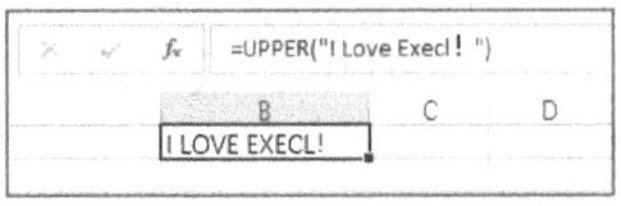

图 7-13　应用 UPPER 函数

3. PEOPER 函数

PROPER 函数将文本字符串的首字母及任何非字母字符(包括空格)之后的首字母转换成大写，将其余的字母转换成小写，即实现通常意义下的英文单词首字母大写。例如：

```
=PROPER("I Love Excel！")
```

运算结果如图 7-14 所示。

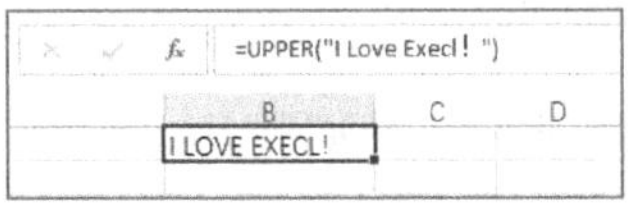

图 7-14　应用 PROPER 函数

7.4.2　生成 A～Z 序列

工作中经常需要在某列生成 A、B、C、…、Z 这 26 个英文字母的序列，利用 CHAR 函数就可以生成这样的字母序列。

例如，在 A1 单元格中输入：

```
=CHAR(ROW()+64)
```

将公式向下复制到 A26 单元格，工作表就会直接用 CHAR 函数产生 ANSI 字符集中的对应代码为 65～90 的字符，即 A～Z 的序列。

7.4.3　生成可换行的文本

在图 7-15 所示的表格中，A 列为人员姓名，B 列为对应的邮箱地址清单，如果要将 A、B 两列数据合并为一列字符串，并将 A 列中的“姓名”和 B 列中的“邮箱地址”在同一个单元格中分两行显示，将结果存放在 C 列中，可以在 C2 单元格中使用公式：

```
=A2&CHAR(10)&B2
```

然后将公式向下复制到 C5 单元格即可，如图 7-16 所示。

图 7-15　包含姓名和邮箱地址的表格

图 7-16　合并 A 列和 B 列数据保存到 C 列

ANSI 字符集中代码 19 的对应字符为换行符，以上公式用 CHAR 函数将 ANSI 代码转换为实际字符，加入字符串中起强制换行的作用。

7.4.4 统计包含某字符的单元格个数

对于统计包含某个字符串的单元格个数问题，通常会使用统计函数 COUNTIF 函数，但也可以通过 FIND 函数过渡以后得到最终结果。

例如，图 7-17 所示 A2 : A15 单元格区域存放着人员职务信息，如果要统计“副教授”职务的人数，可以使用以下公式：

	A	B
1	姓名	职务
2	李亮辉	教授
3	林雨馨	副教授
4	莫静静	讲师
5	王乐乐	教授
6	杨晓亮	教授
7	张珺涵	副教授
8	姚妍妍	教授
9	许朝霞	讲师
10	李　娜	教授
11	杜芳芳	讲师
12	刘自建	教授
13	王　巍	辅导员
14	段程鹏	副教授
15	王小燕	辅导员

图 7-17　员工职务信息

```
=COUNTIF(B2:B15,"*副*")
```

或数组公式：

```
{=COUNT(FIND("副",B2:B15))}
```

若要在 Excel 中输入以上数组公式，应先在单元格中输入=COUNT(FIND("副",B2:B15))，然后按 Ctrl+Shift+Enter 快捷键(注意：不要在公式中输入大括号{}，否则 Excel 会认为输入的是一段文本)。

以上数组公式使用 FIND 查找函数，如果查找到结果则返回数值，否则返回#N/A 错误。由于 COUNT 函数可以直接过滤错误值，所以可以求得 FIND 的个数。

此外，COUNTIF 函数不能区分大小写，如果目标字符为英文且需要区分大小写时，则要使用后一个数组公式。

7.4.5 将日期转换为文本

如图 7-18 所示，A2 单元格为日期数据 2020/1/1，在 B2 单元格中使用公式：

```
=TEXT(A2,"yyyymmdd")
```

或者

```
=TEXT(A2,"emmdd")
```

可以将 A2 单元格中的数据转换为 20200101。

使用公式：

```
=TEXT(A4,"yyyy.m.d")
```

或者

```
=TEXT(A4,"e.m.d")
```

可以将 A4 单元格中的日期数据转换为 2020.1.4 格式的日期文本。

7.4.6 将英文月份转换为数字

如图 7-19 所示，A2 单元格是英文月份，如果要求将其在 B2 单元格转换为具体的月份数值，由于与年份及具体日期无关，因此可以使用公式：

```
=MONTH((A2&1))
```

公式将英文月份与 1 进行字符连接后转换为日期数据，再由 MONTH 函数求得月份数值。

	A	B
1	日期	将日期转换为文本
2	2020/1/1	20200101
3	2020/1/2	20200102
4	2020/1/3	2020.1.3
5	2020/1/4	2020.1.4

图 7-18　日期数据转换为文本数据

	A	B
1	英文月份	月份数值
2	JAN	1
3	OCT	10
4	DEC	12
5	MAY	5
6	JUL	7

图 7-19　英文月份转换为数值

7.4.7　按位舍入数字

以数值的某个数字位作为进位舍入，保留固定的小数位数或有效数字个数，这是一种按位舍入的方法，ROUNDUP 和 ROUNDDOWN 这一对函数就是满足这种需求的。

例如，图 7-20 所示表格中，B3 和 C3 单元格中的公式分别为：

```
=ROUNDUP($A3,0)
```

和

```
=ROUNDDOWN($A3,0)
```

函数的第 2 个参数为 0 表示数值的个位作为取整数，不保留小数。前者的计算结果总是向绝对值增大的方向(远离 0 的方向)舍入，而后者的计算结果总是向绝对值减小的方向(接近 0 的方向)舍入，而不是四舍五入的运算。

如果需要保留一位小数，则可以将第 2 个参数改为 1；如果需要保留两位小数，则可以将第 2 个参数修改为 2。舍入结果分别如图 7-20 中 D、E 列和 F、G 列所示。

	A	B	C	D	E	F	G
1	数值	个位取整		舍入到1位小数		舍入到2位小数	
2		ROUNDUP	ROUNDDOWN	ROUNDUP	ROUNDDOWN	ROUNDUP	ROUNDDOWN
3	8.183	9	8	8.2	8.1	8.19	8.18
4	349.391	350	349	349.4	349.3	349.4	349.39
5	-31.873	-32	-31	-31.9	-31.8	-31.88	-31.87
6	1.218	2	1	1.3	1.2	1.22	1.21
7	-2.531	-3	-2	-2.6	-2.5	-2.54	-2.53
8	-0.534	-1	0	-0.6	-0.5	-0.54	-0.53

图 7-20　ROUNDUP 函数和 ROUNDDOWN 函数

如果要舍入进位到百位，则需要将第 2 个参数改为 -2，例如公式=ROUNDUP(53421,−2)的结果为 53400。

7.4.8　按倍舍入数字

CEILING 函数和 FLOOR 函数这一对函数的作用与前面提到的 ROUNDUP 函数和 ROUNDDOWN 函数类似。CEILING 函数也是向绝对值增大的方向进位舍入，FLOOR 函数则是向绝对值减小的方向进位舍入，不同的是，这两个函数不是按照某个数字位来输入，而是按照第 2 个参数的整数倍数来输入。

以图 7-21 所示 A 列中的数值为例，其中 B3 单元格和 C3 单元格中的公式分别为

```
=CEILING($A3,SIGN($A3)*1)
```

和

```
=FLOOR($A3,SIGN($A3)*1)
```

CEILING 函数和 FLOOR 函数的第 2 个参数必须与第 1 个参数的正负号一致，SIGN 函数可以得到数值的正负符号，第 2 个参数的数值为 1，表示舍入到最接近 1 的整数倍；第 2 个参

数的数值如果为 3，则表示舍入到最接近 3 的整数倍，如图 7-21 中 D 列和 E 列结果所示。

同理，如果要输入 0.01 的整数倍(即舍入到两位小数)，则 F3 单元格和 G3 单元格中的公式分别为

	A	B	C	D	E	F	G
1	数值	1倍舍入		3倍舍入		0.01倍舍入	
2		CEILING	FLOOR	CEILING	FLOOR	CEILING	FLOOR
3	8.183	9	8	9	6	8.19	8.18
4	349.391	350	349	351	348	349.4	349.39
5	-31.873	-32	-31	-33	-30	-31.88	-31.87
6	1.218	2	1	3	0	1.22	1.21
7	-2.531	-3	-2	-3	0	-2.54	-2.53
8	-0.534	-1	0	-3	0	-0.54	-0.53

图 7-21　CEILING 函数和 FLOOR 函数

```
=CEILING($A3,SIGN($A3)*0.01)
```

和

```
=FLOOR($A3,SIGN($A3)*0.01)
```

7.4.9　截断舍入或取整数字

所谓截断舍入，指的是在输入或取整过程中舍去指定位数后的多余数字部分，只保留之前的有效数字，在计算过程中不进行四舍五入运算。在 Excel 中，INT 函数可直接用于截断取整，TRUNC 函数可用于截断舍入。

如图 7-22 所示，A 列中存放要截断舍入或取整的数值，B2 单元格和 C2 单元格中的公式分别为

	A	B	C	D
1	数值	INT	TRUNC	TRUNC(截至1位小数)
2	8.183	8	8	8.1
3	349.391	349	349	349.3
4	-31.873	-32	-31	-31.8
5	1.218	1	1	1.2
6	-2.531	-3	-2	-2.5
7	-0.534	-1	0	-0.5

图 7-22　NT 函数和 TRUNC 函数

```
=INT(A2)
```

和

```
=TRUNC(A2)
```

INT 函数和 TRUNC 函数在计算上有所区别。INT 函数向下取整，返回的整数结果总是小于等于原有数值，而 TRUNC 函数直接截去指定小数之后的数字，因而计算结果总是沿着绝对值减小的方向(靠近 0 的方向)进行。

TRUNC 函数可以通过设定第 2 个参数来指定截取的小数位数，例如要截断到小数后 1 位，则可以在 D2 单元格中输入公式：

```
=TRUNC(A2,1)
```

7.4.10　四舍五入数字

四舍五入是最常见的一种计算法方式，将需要保留小数的后一位数字与 5 相比，不足 5 则舍弃，达到 5 及以上则进位，ROUND 函数是进行四舍五入到整数运算最合适的函数之一。

如图 7-23 所示，要将 A 列中的数值四舍五入到整数，可在 B3 单元格内输入公式：

	A	B	C
1	数值	舍入到整数	舍入到1位小数
2		ROUND	ROUND
3	8.183	8	8.2
4	349.391	349	349.4
5	-31.873	-32	-31.9
6	1.218	1	1.2
7	-2.531	-3	-2.5
8	-0.534	-1	-0.5

图 7-23　ROUND 函数

```
=ROUND(A3,0)
```

其中，第 2 个参数表示舍入的小数位数，要舍入到 1 位小数，则可将公式修改为

```
=ROUND($A3,1)
```

如果需要舍入进位到百位，可以将第 2 个参数修改为-2。

ROUND 函数对数值舍入的方向参考绝对值的方向，不考虑正负符号的影响。

文本函数 FIXED 函数的功能与 ROUND 函数十分相似，也可以按指定位数对数值进行四舍五入，所不同的是 FIXED 函数所返回的结果为文本型数据。

7.4.11　批量生成不重复随机数

在工作中，安排考试座位等需求通常需要生成一组不重复的随机数，这些随机数的个数和数值区间相对固定，但各数值的出现顺序是随机而定的。

以生成 1～15 范围内不重复的 15 个随机小数为例，具体操作步骤如下。

(1) 在图 7-24(a)的 A2 单元格中输入公式：

```
=RAND()
```

将公式向下填充到 A16 单元格，在 A 列生成 15 个随机小数，如图 7-24(a)所示。

(2) 在图 7-24(b)的 B2 单元格中输入公式：

```
=RANK(A2,$A$2:$A$16)
```

将 B2 单元格的公式向下填充到 B16 单元格，可在 B 列生成 15 个随机整数，如图 7-24(b)所示。

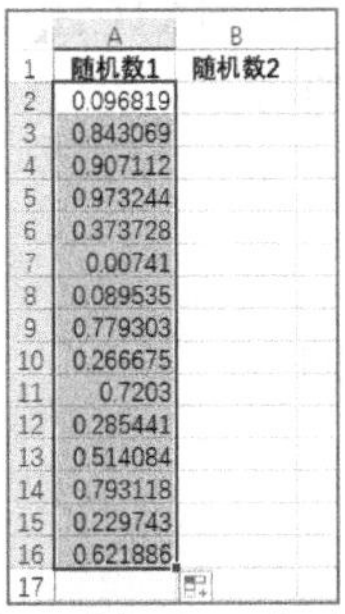

	A	B
1	随机数1	随机数2
2	0.096819	
3	0.843069	
4	0.907112	
5	0.973244	
6	0.373728	
7	0.00741	
8	0.089535	
9	0.779303	
10	0.266675	
11	0.7203	
12	0.285441	
13	0.514084	
14	0.793118	
15	0.229743	
16	0.621886	
17		

(a) 在A列生成 15 个随机小数

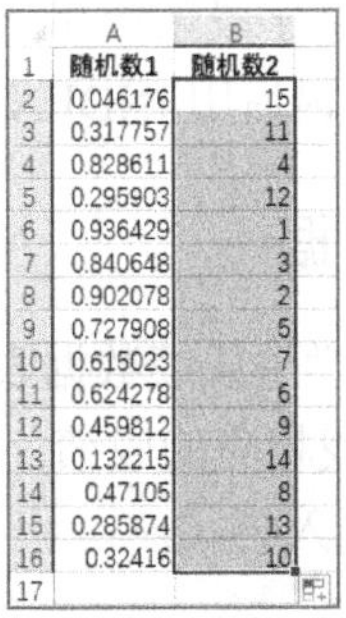

	A	B
1	随机数1	随机数2
2	0.046176	15
3	0.317757	11
4	0.828611	4
5	0.295903	12
6	0.936429	1
7	0.840648	3
8	0.902078	2
9	0.727908	5
10	0.615023	7
11	0.624278	6
12	0.459812	9
13	0.132215	14
14	0.47105	8
15	0.285874	13
16	0.32416	10
17		

(b) 在B列生成 15 个随机整数

图 7-24　生成不重复的随机数

以上公式在 A 列通过随机函数生成 15 个随机小数，由于这些随机小数精确到 15 位有效数字，出现相同数值的概率非常小，因此 B 列可以通过对 A 列数值的大小进行排序，得到 15 个随机数值。

7.4.12　自定义顺序查询数据

利用 MATCH 函数返回表示位置的数值的特性，可以将文本按自定义顺序数值化，并通过加权排序实现自定义排序功能。例如，在图 7-25 所示的工作表中，要求根据 F 列所给定的部门顺序重新列出数据表，结果如工作表中的 A11 : D17 单元格区域所示。

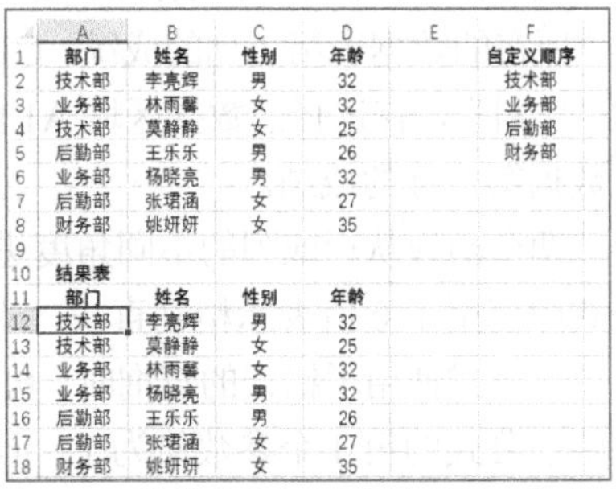

	A	B	C	D	E	F
1	部门	姓名	性别	年龄		自定义顺序
2	技术部	李亮辉	男	32		技术部
3	业务部	林雨馨	女	32		业务部
4	技术部	莫静静	女	25		后勤部
5	后勤部	王乐乐	男	26		财务部
6	业务部	杨晓亮	男	32		
7	后勤部	张珺涵	女	27		
8	财务部	姚妍妍	女	35		
9						
10	结果表					
11	部门	姓名	性别	年龄		
12	技术部	李亮辉	男	32		
13	技术部	莫静静	女	25		
14	业务部	林雨馨	女	32		
15	业务部	杨晓亮	男	32		
16	后勤部	王乐乐	男	26		
17	后勤部	张珺涵	女	27		
18	财务部	姚妍妍	女	35		

图 7-25　按指定部门顺序整理员工信息表

在 A12 单元格中输入：

```
=INDEX(A$2:A$8,MOD(SMALL(MATCH($A$2:$A$8,$F$2:$F$5,0)*100+ROW($A$2:$A$8)-1,ROW(1:1)),100))
```

按 Ctrl+Shift+Enter 快捷键，输入数组公式：

```
{=INDEX(A$2:A$8,MOD(SMALL(MATCH($A$2:$A$8,$F$2:$F$5,0)*100+ROW($A$2:$A$8)-1,ROW(1:1)),100))}
```

然后，向右向下填充至 D18 单元格。

在本例公式中，MATCH($A$2:$A$8,$F$2:$F$5,0)根据 F2:F5 单元格区域中的部门名称的自定义顺序，精确查找 A2:A8 单元格区域相应部门的位置，即顺序数值化，结果为{2;4;3;4;2;3;1}。将此结果放大 100 倍后与行号进行加权，再用 SMALL 函数从小到大依次取得其中的结果，并利用 MOD 函数求余数，得到加权之前的行号部分。

7.4.13 条件查询数据

如图 7-26 所示，如果需要根据 A11、B11 指定的“顾客”和“商家”查找出相应的“订单”，在 C11 单元格中输入以下数组公式：

```
{=INDEX($C$2:$C$7,MATCH(1,($A$2:$A$7=A11)*($B$2:$B$7=B11),0))}
```

	A	B	C
1	顾客	商家	订单
2	李亮辉	公司A	1100
3	林雨馨	公司B	3000
4	莫静静	公司C	800
5	王乐乐	公司D	870
6	杨晓亮	公司E	1390
7	张珺涵	公司F	3090
8			
9	多条件查询		
10	顾客	商家	订单
11	王乐乐	公司D	870

图 7-26 顾客订单查询

在公式中，($A$2:$A$7=A11)*($B$2:$B$7=B11)利用逻辑数组相乘得到由 1 和 0 组成的数组，1 表示同时满足顾客字段条件和商家字段条件，再利用 MATCH 函数在这一结果中精确查找第一次出现的位置，最后用 INDEX 函数引用该位置的值。

7.4.14 正向查找数据

在图 7-27 所示的学生成绩数据表中，可根据指定的“姓名”和“学科”查找相应的成绩。

在 C15 单元格中输入公式：

```
=VLOOKUP($A15,$A$1:$D$11,MATCH(B15,A1:D1,),0)
```

在 C16 单元格中输入公式：

```
=HLOOKUP(B16,$A$1:$D$11,MATCH(A16,A1:A10,),)
```

	A	B	C	D
1	姓名	语文	数学	英语
2	李亮辉	96	99	89
3	林雨馨	92	96	93
4	莫静静	91	93	88
5	刘乐乐	96	87	93
6	杨晓亮	82	91	87
7	张珺涵	96	90	85
8	姚妍妍	83	93	88
9	许朝霞	93	88	91
10	李　娜	87	98	89
11	杜芳芳	91	93	96
12				
13	例：根据选定姓名和学科查找成绩			
14	姓名	学科	成绩	
15	林雨馨	数学	96	
16	林雨馨	数学	96	
17	林雨馨	数学	#N/A	
18	王小燕	数学	#N/A	
19	林雨馨	数学		

图 7-27 从学生成绩表中查询信

C15 单元格的公式中，用 VLOOKUP 函数根据 A15 单元格中的学生姓名，在选择的数据区域 A1:A11 中进行查找，并返回 MATCH 函数查找出“数学”所在的数据表第 3 列的成绩。C16 单元格的公式中，用 HLOOKUP 函数根据 B16 单元格中的“学科”，在选择的数据区域 A1:D1 中进行查找，并返回 MATCH 函数查找出“林雨馨”所在数据第 2 行的成绩。

两个函数从行或列的不同角度进行查找，结果相同。公式中第 4 个参数，在 C15 单元格的公式中使用了 0 值表示精确查找，也可以简写为一个逗号，如 C16 单元格公式。

当公式使用了错误的查询时，可能会查询到相应的记录而返回错误值#N/A。例如 C17 单元格中的公式的第 4 个参数值为 1，但 A1:A11 的姓名没有按升序排列，得到不正确的结果。

当查询的对象没有出现在目标区域时，函数也会返回#N/A 错误，如 C18 单元格中公式查询的对象“王小燕”并不存在于 A 列的姓名列表中，公式返回错误值。

7.4.15　逆向查找数据

如果被查找值不在数据表首列，用户可以通过 IF 函数构建一个由查找区域作为首列与目标区域构成的 2 列的数组，再利用 VLOOKUP 函数实现逆向查找。可以归纳为以下公式：

```
=VLOOKUP(查找值,IF({1,0},查找区域,目标区域),2,0)
```

例如，图 7-28 中，要求根据拼音简码(如 LTSY)，查找对应的股票代码，可以通过以下公式计算出结果：

```
=VLOOKUP("LTSY",IF({1,0},B2:B6,A2:A6),2,0)
```

	A	B	C
1	代码	拼音简码	名称
2	602053	YNYH	云南盐化
3	600328	LTSY	兰太实业
4	600827	LHGF	鑫湖股份
5	610092	SHJC	上海机场
6	601928	CXTX	超讯通信

图 7-28　使用 VLOOKUP 函数进行逆向查找

7.4.16　分段统计学生成绩

如图 7-29 所示，D2 : D21 单元格区域为学生考试成绩，按规定低于 60 分为“不及格”、60～70 分段为“及格”、70～80 分段为“中等”、80～90 分段为“良好”，90 分及以上为“优秀”，所有分段区间均包括下限，但不包括上限，如“良好”区段大于等于 80 分，但小于 90 分。

要求在 I2:I6 单元格区域统计各分数段的人数。根据规则，在 H2:H6 单元格区域设置各分数段的分段点，然后同时选中 I2:I6 单元格区域，输入：

	A	B	C	D	E	F	G	H	I
1	学号	姓名	性别	成绩		标准	分值区间	分段区间	统计结果
2	1121	李亮辉	男	96		不及格	[0,60]	60	1
3	1122	林雨馨	女	72		及格	[60,70]	70	2
4	1123	莫静静	女	91		中等	[70,80]	80	2
5	1124	刘乐乐	女	100		良好	[80,90]	90	5
6	1125	杨晓亮	男	82		优秀	[90,100]	100	10
7	1126	张珺涵	男	96					
8	1127	姚妍妍	女	83					
9	1128	许朝霞	女	93					
10	1129	李　娜	女	100					
11	1130	杜芳芳	女	91					
12	1131	刘自建	男	82					
13	1132	王　巍	男	67					
14	1133	段程鹏	男	82					
15	1134	王小燕	女	96					
16	1135	刘强生	男	92					
17	1136	徐马东	男	77					
18	1137	赵志斌	男	96					
19	1138	何超琼	男	61					
20	1139	袁志强	男	39					
21	1140	马超越	女	83					

图 7-29　分段统计学生成绩

```
=FREQUENCY($D$2:$D$21,$H$2:$H$5-0.001)
```

然后按 Ctrl+Shift+Enter 快捷键，输入数组公式：

```
{=FREQUENCY($D$2:$D$21,$H$2:$H$5-0.001)}
```

FREQUENCY 函数返回元素的个数比 bins_array 参数中元素的个数多 1 个，多出来的元素表示超出最大间隔的数值个数。此外，FREQUENCY 函数在按间隔统计时，是按包括间隔，但不包括下限进行统计。根据该函数的这些特征，在进行公式设计时需要给出间隔区间数据并进行必要的修正，才能得出正确的结果：

(1) 间隔区间要少取一个，取 H2:H5 数据区域，而不是表中显示的 H2:H6 数据区域。

(2) 在给出的间隔区间上限值的基础上要减去一个较小的值 0.001，以调整间隔区间上下限的开闭区间关系。

7.4.17　剔除极值后计算平均得分

使用 Excel 进行统计工作时，常常需要将数据最大值和最小值去掉之后再求平均值。比如竞技比赛中常用的评分规则为：去掉一个最高分和一个最低分后取平均值为最后得分。要解决此类问题，可以使用 TRIMMEAN 函数。

	A	B	C	D	E	F	G	H	I	J
1	选手	1	2	3	4	5	6	7	8	最终得分
2	李亮辉	90	87	80	98	78	89	88	81	85.83
3	林雨馨	78	88	78	79	81	98	97	96	86.50
4	莫静静	93	89	92	87	85	91	90	91	90.00
5	刘乐乐	87	71	71	73	91	87	99	88	82.83
6	杨晓亮	79	81	98	97	73	91	87	99	88.83
7	张珺涵	85	91	90	98	78	88	98	78	88.33
8	姚妍妍	78	88	73	91	87	99	71	73	81.67

图 7-30　体操比赛评分表

例如，图 7-30 是某学校体操比赛的评分表，由 8 位评委对 7 名选手分别打分，要求计算去掉一个最高分和一个最低分后的平均分。

在 J2 单元格中输入公式：

```
=TRIMMEAN(B2:I2,2/COUNTA(B2:I2))
```

然后将公式复制到 J3:J8 单元格区域。

对于选手“李亮辉”，评委 4 给了最高分 98，而评委 5 给了最低分 78，TRIMMEAN 函数剔除这两个极值分后，计算剩余的 6 个分值的平均值，得出最后得分 85.83。

如果出现相同极值时，TRIMMEAN 函数只会按要求剔除 1 个极值，然后计算平均值。例如选手“张珺涵”，TRIMMEAN 函数将剔除一个最大值 98 和一个最小值 78，然后计算其平均值为 88.33。

7.4.18 屏蔽公式返回的错误值

使用 Excel 函数与公式进行计算时，可能会因为某些原因无法得到正确的结果，而返回一个错误值，Excel 共计有 8 种错误值：#####、#VALUE!、#N/A、#REF!、#DIV/0!、#NUM!、#NAME?和#NULL!。

产生这些错误值的原因有许多，其中一类原因是公式本身存在错误，例如错误值#NAME?通常是指公式中使用了不存在的函数名称或定义名称；#REF!通常意味着公式中的引用出现了错误；而#NULL!则表示公式中使用了空格作为交叉运算符，但引用的区域实际上并不存在交叉区域。

还有另外一类情况则是公式本身并不存在错误，返回的错误值表达了一种特定的信息。例如在图 7-31 所示的数据表中，E 列使用查询公式，通过 D 列的编号来查询数据源中所对应的员工姓名，其中 E3 单元格公式为

```
=VLOOKUP(D3,$A$2:$B$14,2,0)
```

因为数据源(A1:A14 单元格区域)中不存在员工编号为 1152 的记录，所以公式返回错误值#N/A，以此表示 VLOOKUP 函数没有查询到匹配的记录。

为了显示美观，用户有时需要屏蔽这些错误值，例如用空文本或一些其他的标记来替代这些错误值的显示。通常可以使用信息函数 ISERROR，以图 7-32 所示的数据表为例，E3 单元格中的公式为

```
=IF(ISERROR(VLOOKUP(D3,$A$2:$B$14,2,0)),"",VLOOKUP(D3,$A$2:$B$14,2,0))
```

	A	B	C	D	E
1	员工编号	员工姓名		查询编号	查询结果
2	1121	李亮辉		1121	李亮辉
3	1122	林雨馨		1152	#N/A
4	1123	莫静静		1123	莫静静
5	1124	刘乐乐		1124	刘乐乐
6	1125	杨晓亮		1125	杨晓亮
7	1126	张珺涵		1176	#N/A
8	1127	姚妍妍		1127	姚妍妍
9	1128	许朝霞			
10	1129	李　娜			
11	1130	杜芳芳			
12	1131	刘自建			
13	1132	王　巍			
14	1133	段程鹏			

图 7-31　错误值代表了一种特定的信息

	A	B	C	D	E
1	员工编号	员工姓名		查询编号	查询结果
2	1121	李亮辉		1121	李亮辉
3	1122	林雨馨		1152	
4	1123	莫静静		1123	莫静静
5	1124	刘乐乐		1124	刘乐乐
6	1125	杨晓亮		1125	杨晓亮
7	1126	张珺涵		1176	
8	1127	姚妍妍		1127	姚妍妍
9	1128	许朝霞			
10	1129	李　娜			
11	1130	杜芳芳			
12	1131	刘自建			
13	1132	王　巍			
14	1133	段程鹏			

图 7-32　使用空文本替代错误值的显示

以上公式中的 VLOOKUP(D3,$A$2:$B$14,2,0)部分重复出现了两次。这种屏蔽错误值的公式模型如下：

```
=IF(ISERROR(原公式),"",原公式)
```

与上述公式中 ISERROR 函数作用类似的信息函数还包括 ISERR、ISNA 等。

在此类屏蔽错误值的公式中，如果原公式较为复杂，则会使整个公式的计算量成倍地增加，不仅会使公式变得很长，而且会导致大量的重复计算产生。

7.5 综合案例

1. 使用 IF 函数、NOT 函数和 OR 函数考评与筛选数据。

(1) 新建一个名为“成绩统计”的工作簿，然后重命名 Sheet1 工作表为“考评和筛选”，并在其中创建数据。

(2) 选中 F3 单元格，在编辑栏中输入公式：=IF(AND(C3>=80,D3>=80,E3>=80),"达标","没有达标")。

(3) 按 Ctrl+Enter 快捷键，对表格中一个学生的成绩进行成绩考评，满足考评条件，则考评结果为“达标”，如图 7-33(a)所示。

(4) 将光标移至 F3 单元格的右下角，当光标变为实心十字形时，按住鼠标左键向下拖至表格底部的单元格，进行公式填充。公式填充后，如果有一门功课成绩小于 80，将返回运算结果“没有达标”。

(5) 选中 G3 单元格，在编辑栏中输入公式：=NOT(B3="否")。按 Ctrl+Enter 快捷键，返回结果 TRUE，筛选竞赛得奖者与未得奖者，如图 7-33(b)所示。

(6) 使用相对引用方式复制公式到 G4:G15 单元格区域，如果“是”竞赛得奖者，则返回结果 TRUE；反之，则返回结果 FALSE。

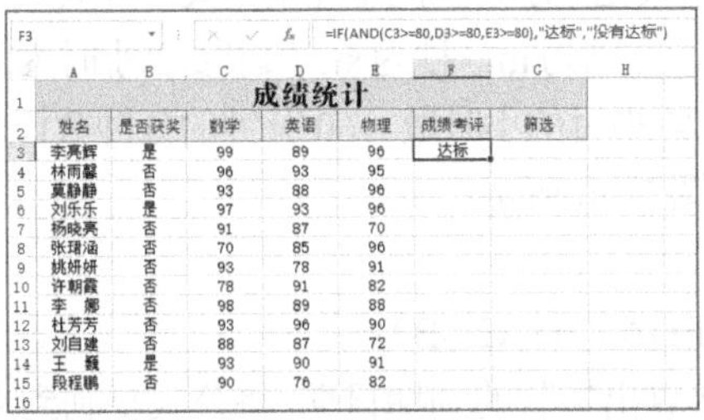

(a) 成绩考评

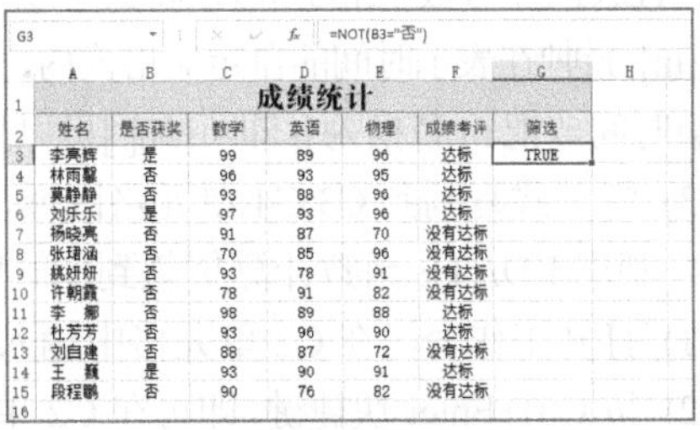

(b) 数据筛选

图 7-33 使用公式进行成绩考评和数据筛选

2. 使用 SIN 函数、COS 函数和 TAN 函数计算正弦值、余弦值和正切值。

(1) 新建一个名为“三角函数查询表”的工作簿，并在 Sheet1 中创建数据。

(2) 新选中 B3 单元格，打开【公式】选项卡，在【函数库】命令组中单击【插入函数】按钮，打开【插入函数】对话框。在【或选择类别】下拉列表中选择【数学与三角函数】选项，在【选择函数】列表框中选择 RADIANS 选项，并单击【确定】按钮。

(3) 打开【函数参数】对话框后，在 Angle 文本框中输入 A3，并单击【确定】按钮。

(4) 此时，B3 单元格中将显示对应的弧度值。使用相对引用，将公式复制到 B4:B19 单元格区域中。

(5) 选中 C3 单元格，使用 SIN 函数在编辑栏中输入公式：=SIN(B3)。

(6) 按 Ctrl+Enter 快捷键，计算出对应的正弦值，如图 7-34 所示。

(7) 使用相对引用，将公式复制到 C4:C19 区域单元格中。

(8) 选中 D3 单元格，使用 COS 函数在编辑栏中输入公式：=COS(B3)。按 Ctrl+Enter 快捷键，计算出对应的余弦值。

(9) 使用相对引用，将公式复制到 D4:D19 单元格区域中。

(10) 选中 E3 单元格，使用 TAN 函数在编辑栏中输入公式：=TAN(B3)，按 Ctrl+Enter 快捷键，计算出对应的正切值。

(11) 使用相对引用，将公式复制到 F5:F20 单元格区域中完成表格的制作，如图 7-35 所示。

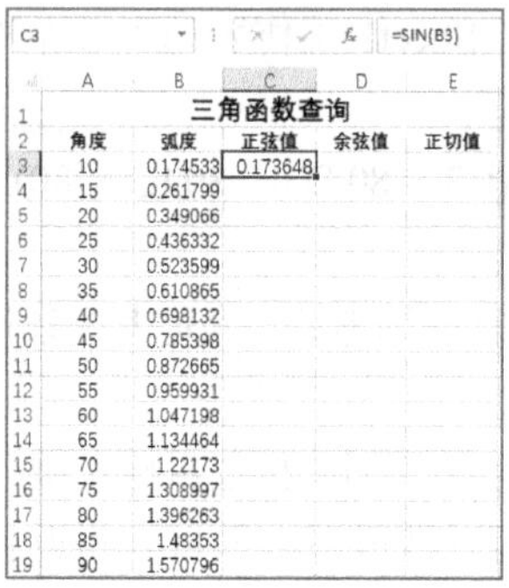

	A	B	C	D	E
1	三角函数查询				
2	角度	弧度	正弦值	余弦值	正切值
3	10	0.174533	0.173648		
4	15	0.261799			
5	20	0.349066			
6	25	0.436332			
7	30	0.523599			
8	35	0.610865			
9	40	0.698132			
10	45	0.785398			
11	50	0.872665			
12	55	0.959931			
13	60	1.047198			
14	65	1.134464			
15	70	1.22173			
16	75	1.308997			
17	80	1.396263			
18	85	1.48353			
19	90	1.570796			

图 7-34　计算正弦值

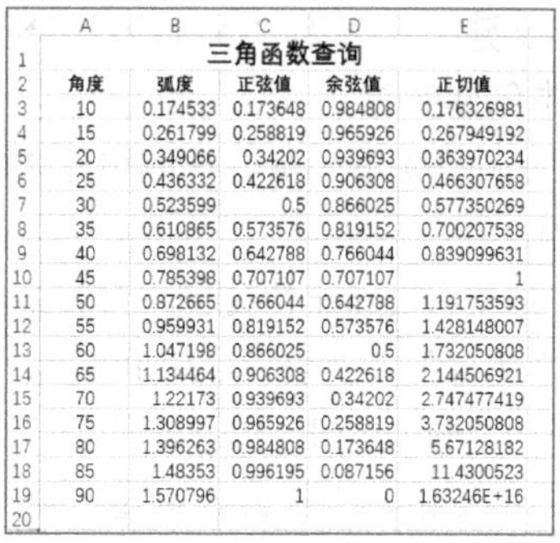

	A	B	C	D	E
1	三角函数查询				
2	角度	弧度	正弦值	余弦值	正切值
3	10	0.174533	0.173648	0.984808	0.176326981
4	15	0.261799	0.258819	0.965926	0.267949192
5	20	0.349066	0.34202	0.939693	0.363970234
6	25	0.436332	0.422618	0.906308	0.466307658
7	30	0.523599	0.5	0.866025	0.577350269
8	35	0.610865	0.573576	0.819152	0.700207538
9	40	0.698132	0.642788	0.766044	0.839099631
10	45	0.785398	0.707107	0.707107	1
11	50	0.872665	0.766044	0.642788	1.191753593
12	55	0.959931	0.819152	0.573576	1.428148007
13	60	1.047198	0.866025	0.5	1.732050808
14	65	1.134464	0.906308	0.422618	2.144506921
15	70	1.22173	0.939693	0.34202	2.747477419
16	75	1.308997	0.965926	0.258819	3.732050808
17	80	1.396263	0.984808	0.173648	5.67128182
18	85	1.48353	0.996195	0.087156	11.4300523
19	90	1.570796	1	0	1.63246E+16
20					

图 7-35　三角函数查询表

3. 利用 TEXT 函数计算两个时间的时间差。

(1) 打开工作表，在 C2 单元格中输入公式：=TEXT(B2-A2,"[m]分钟")。

(2) 按 Ctrl+Enter 快捷键，即可在 C2 单元格中计算 2020/9/1 10:32:00 到 2020/9/1 16:17:00 的时间差。TEXT 函数(数字,格式)可以将数字或文本进行格式化显示，如同单元格定义格式效果。公式中，"[m]分钟"在表示时间的自定义格式内，小时为 h，分钟为 m，秒为 s，如果要以小时为间隔单位计算时间，把 m 替换为 h 即可(加[ ]可以显示大于 24 小时的小时数、60 分钟的分钟数)。

(3) 将公式复制到 C3:C4 单元格区域，结果如图 7-36 所示。

4. 利用 EDATE 函数计算贷款到期时间。

(1) 打开工作表，在 C2 单元格中输入公式：=EDATE($A2,$B2)。

(2) 按 Ctrl+Enter 快捷键，即可在 C2 单元格中计算出贷款的到期日期。将公式复制到 C3:C4 单元格区域，结果如图 7-37 所示。

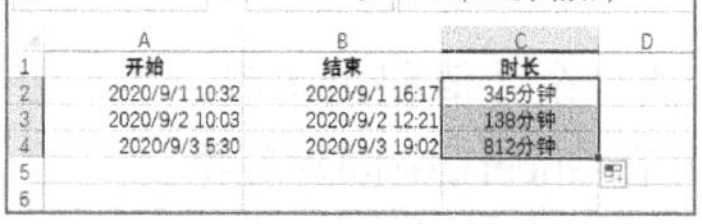

	A	B	C	D
1	开始	结束	时长	
2	2020/9/1 10:32	2020/9/1 16:17	345分钟	
3	2020/9/2 10:03	2020/9/2 12:21	138分钟	
4	2020/9/3 5:30	2020/9/3 19:02	812分钟	
5				
6				

图 7-36　计算时间差

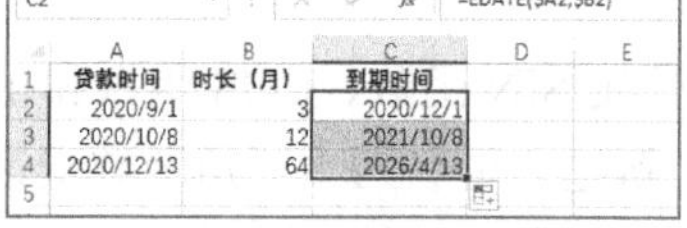

	A	B	C	D	E
1	贷款时间	时长（月）	到期时间		
2	2020/9/1	3	2020/12/1		
3	2020/10/8	12	2021/10/8		
4	2020/12/13	64	2026/4/13		
5					

图 7-37　计算贷款到期时间

7.6 习题

一、判断题

1. 在 Excel 中，可以使用报表数据在数据透视表外创建公式。(　　)

2. 在 Excel 中，如果公式=SUME(B4 : B7)中的 SUM 拼写错误，将得到一个#NAME?错误值。要修改公式，必须删除它并重新开始。(　　)

3. 在 Excel 中，可以使用报表数据在数据透视表外创建公式。(　　)

二、选择题

1. 在 Excel 工作表的单元格中输入公式时，应先输入(　　)号。

A. '　　B. "　　C. &　　D. =

2. 在 Excel 中，如果 E1 单元格的数值为"10"，F1 单元格输入"=E1+20"，G1 单元格输入"=$E$1+20"，则(　　)。

A. F1 和 G1 单元格的值均是 30

B. F1 单元格的值不能确定，G1 单元格的值为 30

C. F1 单元格的值为 30，G1 单元格的值为 20

D. F1 单元格的值为 30，G1 单元格的值不能确定

3. 在 Excel 工作表中，根据 A1 : A20 中的成绩，在 C1:C20 中计算出与 A 列同样成绩的名次，应在 C1 中输入公式(　　)，然后复制填充到 C2:C20。

A. =RANK(C1,A1 : A20)　　B. =RANK($C$1,A1 : A20)

C. =RANK(C1,A$1 : A$20)　　D. =RANK(A1 : A20,C1)

4. 在 Excel 工作表中，下列表示第三行第四列的绝对地址是(　　)。

A. $D$3　　B. R3C4　　C. 3D　　D. R[3]R[4]

5. 在 Excel 工作表中，当前单元格的填充句柄在其(　　)。

A. 左上角　　B. 右上角　　C. 左下角　　D. 右下角

6. 已知 A1、B1 和 C1 单元格的内容分别是"ABC"、"10"和"20"，COUNT(A1:C1)的结果是(　　)。

A. 2　　B. 3　　C. 10　　D. 20

7. 在 Excel 工作表中，函数 ROUND(5472.614,0)的结果是(　　)。

A. 5473　　B. 5000　　C. 0.614　　D. 5472

8. 在 Excel 中，与公式 SUM(B1:B4)不等价的是(　　)。

A. SUM(B1+B4)　　B. SUM(B1,B2,B3,B4)

C. SUM(B1+B2,B3+B4)　　D. SUM(B1+B3,B2+B4)

三、操作题

1. 打开 Excel 后，进行如下操作。

(1) 在工作表 Sheet1 中完成如下操作：

- 设置所有数字项单元格水平对齐方式为“居中”，字形为“倾斜”，字号为“14”。
- 为 C7 单元格添加批注，内容为“正常情况下”。
- 利用条件格式化功能将“频率”列中 45.00～60.00 范围内的数据，设置单元格底纹颜色为“红色”。
- 根据“频率”和“间隔”列数据创建图表，图表标题为“频率走势表”，图表类型为“带数据标记的折线图”，并将其作为对象插入 Sheet1 中。

(2) 在工作表 Sheet2 中完成如下操作：

- 将表格中的数据以“产品数量”为关键字，以递增顺序排序。
- 利用函数计算“合计”行中各个列的总和，并将结果存入相应单元格中。

2. 打开 Excel 后，进行如下操作。

(1) 在工作表 Sheet1 中完成如下操作：

- 设置标题“公司成员收入情况表”单元格的水平对齐方式为“居中”，字体为“黑体”，字号为“16”。
- 为 E7 单元格添加批注，内容为“已缴”。
- 根据“编号”和“收入”列中的数据创建图表，图表标题为“收入分析表”，图表类型为“饼图”，并将其作为对象插入 Sheet1。

(2) 在工作表 Sheet2 中完成如下操作：

- 将工作表重命名为“工资表”。
- 在“年龄”列，利用函数计算所有人平均年龄，并将结果存入相应单元格中。
- 筛选出“工资”列大于 300.00 的数据。
- 将表格中的数据以“工资”为关键字，按降序排序。

第 8 章 PowerPoint 2016的基本操作

☑ 本章要点

熟悉 PowerPoint 2016 的工作环境。掌握演示文稿的基本操作，包括演示文稿的创建、打开、关闭、保存，演示文稿视图的使用，幻灯片的基本操作(插入、移动、复制、删除以及版式编辑)。掌握在幻灯片中插入文本、图片、艺术字、表格等元素的方法。

☑ 知识体系

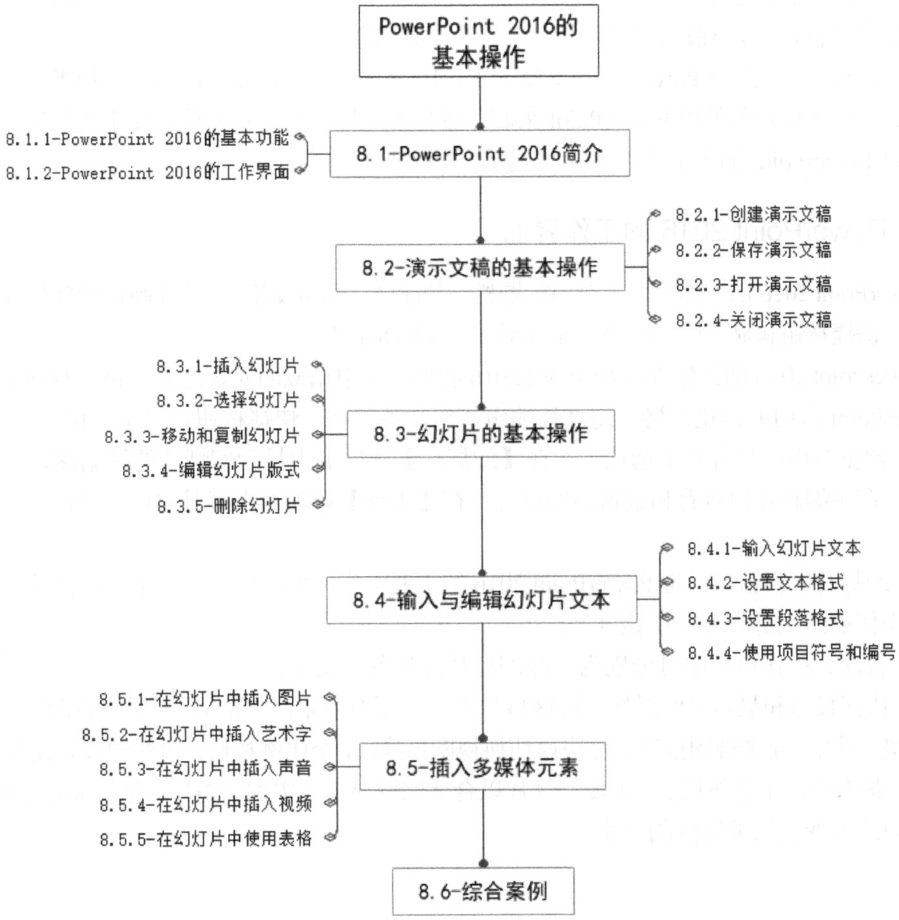

8.1 PowerPoint 2016 简介

PowerPoint 是一款专门用来制作演示文稿的应用软件，使用 PowerPoint 可以制作出集文字、图形、图像、声音、视频等多媒体元素为一体的演示文稿，让信息以更轻松、更高效的方式表达出来。

8.1.1 PowerPoint 2016 的基本功能

PowerPoint 通常用于大型环境下的多媒体演示，可以在演示过程中插入声音、视频、动画等多媒体资料，使内容更加直观、形象，更具说服力。目前，PowerPoint 主要有以下三大用途。

(1) 商业演示。最初开发 PowerPoint 软件的目的就是为各种商业活动提供一个内容丰富的多媒体产品或服务演示的平台，帮助销售人员向最终用户演示产品或服务的优越性。PowerPoint 用于决策或提案时，设计要体现简洁与专业性，避免大量文字段落的涌现，多采用 SmartArt 图示、图表以说明。

(2) 交流演示。PowerPoint 演示文稿是宣讲者的演讲辅助手段，以交流为用途，被广泛用于培训、研讨会、产品发布等领域。大部分信息通过宣讲者演讲的方式传递，PowerPoint 演示文稿中出现的内容信息不多，文字段落篇幅较小，常以标题形式出现，作为总结概括。每个页面单独停留时间较长，观众有充足时间阅读完页面上的每个信息点。

(3) 娱乐演示。由于 PowerPoint 支持文本、图像、动画、音频和视频等多种媒体内容的集成，因此，很多用户都使用 PowerPoint 来制作各种娱乐性质的演示文稿，如手工剪纸集、相册等，通过 PowerPoint 的丰富表现功能来展示多媒体娱乐内容。

8.1.2 PowerPoint 2016 的工作界面

PowerPoint 2016 的工作界面主要由标题栏、功能区、预览窗格、幻灯片编辑窗口、备注栏、状态栏、快捷按钮和显示比例滑块等元素组成，如图 8-1 所示。

PowerPoint 2016 的工作界面和 Word 2016 相似，其中相似的元素此处不再重复介绍，仅介绍 PowerPoint 常用的预览窗格、幻灯片编辑窗口、备注栏、快捷按钮和显示比例滑块。

(1) 预览窗格：包含两个选项卡，在【幻灯片】选项卡中显示幻灯片的缩略图，单击某个缩略图可在主编辑窗口查看和编辑该幻灯片；在【大纲】选项卡中可对幻灯片的标题性文本进行编辑。

(2) 幻灯片编辑窗口：是 PowerPoint 2016 的主要工作区域，用户对文本、图像等多媒体元素进行操作的结果都将显示在该区域。

(3) 备注栏：在该栏中可分别为每张幻灯片添加备注文本。

(4) 快捷按钮和显示比例滑块：该区域位于主界面右下角，包括 6 个快捷按钮和 1 个显示比例滑块。其中：4 个视图按钮，可快速切换视图模式；1 个比例按钮，可快速设置幻灯片的显示比例；最右边的 1 个按钮，可使幻灯片以合适比例显示在主编辑窗口；拖动显示比例滑块，可以直观地改变文档编辑区的大小。

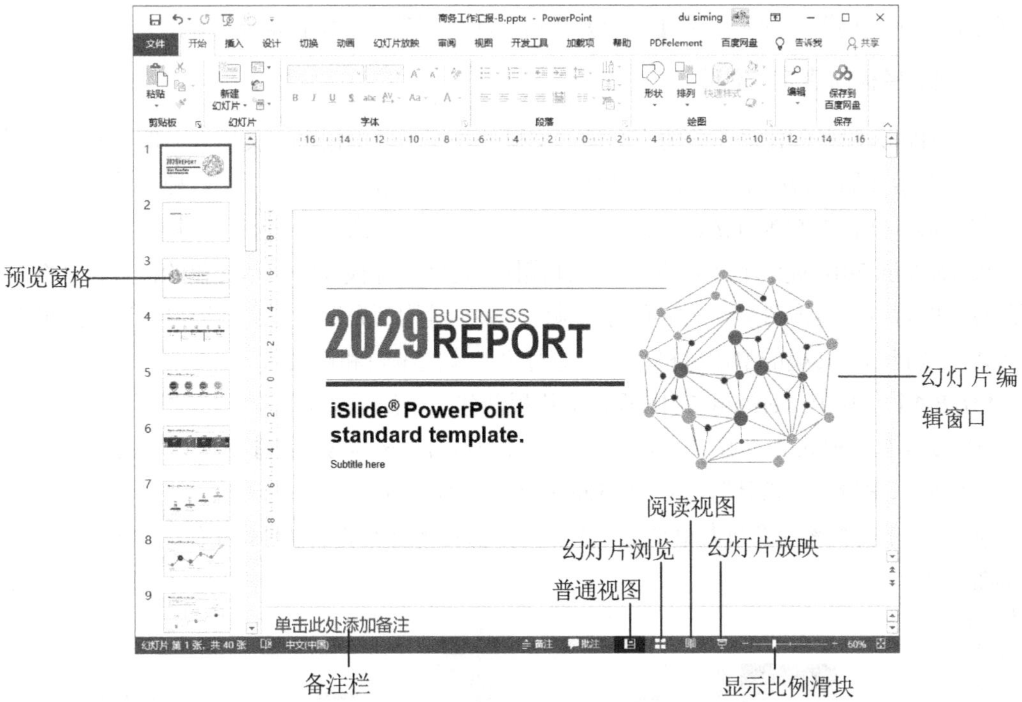

图 8-1　PowerPoint 2016 的工作界面

8.2　演示文稿的基本操作

演示文稿是用于介绍和说明某个问题和事件的一组多媒体材料。演示文稿中可以包含幻灯片、演讲备注和大纲等内容，而 PowerPoint 则是创建、演示和播放这些内容的工具。下面主要介绍创建、保存、打开、关闭演示文稿的一些基本操作。

8.2.1　创建演示文稿

在 PowerPoint 中，使用 PowerPoint 制作出来的整个文件叫作演示文稿，而演示文稿中的每一页叫作幻灯片，每张幻灯片都是演示文稿中既相互独立又相互联系的内容。

1. 新建空白演示文稿

空白演示文稿是一种形式最简单的演示文稿，没有应用模板设计、配色方案以及动画方案，可以自由设计。创建空白演示文稿的方法主要有以下两种。

(1) 启动 PowerPoint 自动创建空白演示文稿：无论是使用【开始】按钮启动 PowerPoint，还是通过桌面快捷图标或者通过现有演示文稿启动 PowerPoint，都将自动打开空白演示文稿。

(2) 使用【文件】按钮创建空白演示文稿：单击【文件】按钮，在弹出的菜单中选择【新建】命令，打开 Microsoft Office Backstage 视图，在中间的【可用的模板和主题】列表框中选择【空白演示文稿】选项，单击【创建】按钮，即可新建一个空白演示文稿。

2. 根据模板创建演示文稿

PowerPoint 除了创建最简单的空白演示文稿外，还可以根据自定义模板、现有内容和内置模板创建演示文稿。模板是一种以特殊格式保存的演示文稿，一旦应用了一种模板后，幻灯片的背景图形、配色方案等就都已经确定，所以套用模板可以提高新建演示文稿的效率。

PowerPoint 2016 提供了许多美观的设计模板，这些设计模板将演示文稿的样式、风格，包括幻灯片的背景、装饰图案、文字布局、颜色、大小等均预先做了定义。用户在设计演示文稿时可以先选择演示文稿的整体风格，然后进行进一步的编辑和修改。

【例 8-1】 使用 PowerPoint 2016 提供的模板新建一个演示文稿。

① 启动 PowerPoint 2016，在显示的软件启动界面中选择【新建】选项，在【新建】选项区域的搜索栏中输入“设计”，然后按 Enter 键，如图 8-2(a)所示。

② 在显示的搜索结果列表中单击一个模板，在打开的对话框中单击【创建】按钮即可，如图 8-2(b)所示。

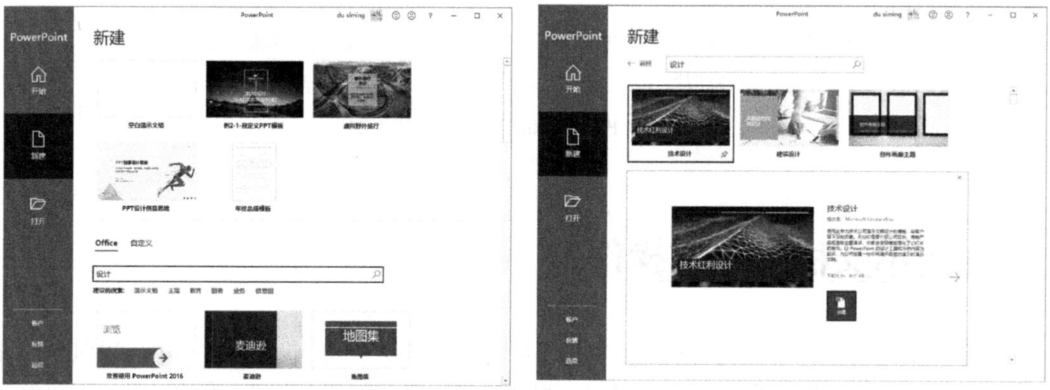

(a) 搜索“设计”　　(b) 选择一个模板

图 8-2　使用模板创建演示文稿

此外，用户还可以将演示文稿保存为【PowerPoint 模板】类型，使其成为一个自定义模板保存在 PowerPoint【新建】列表框中。当需要创建大量风格类似的演示文稿时，调用该模板即可。

在 PowerPoint 中，自定义模板可以由以下两种方法获得。

方法一：在演示文稿中自行设计主题、版式、字体样式、背景图案和配色方案等基本要素，然后保存为模板。

方法二：由其他途径(如下载、共享、光盘等)获得。

【例 8-2】 将创建的演示文稿保存到 PowerPoint【新建】列表框中，并调用该模板。

① 继续例 8-1 的操作，按 Ctrl+S 快捷键，打开【保存此文件】对话框，然后单击该对话框右侧的【.pptx】选项，在弹出的列表中选择【PowerPoint 模板】选项，如图 8-3(a)所示，然后单击【确定】按钮。

② 选择【文件】选项卡，在显示的界面中选择【新建】选项。此时，步骤①保存的模板文件将显示在【新建】选项区域右侧的列表中，如图 8-3(b)所示，双击该模板即可使用其创建新的演示文稿。

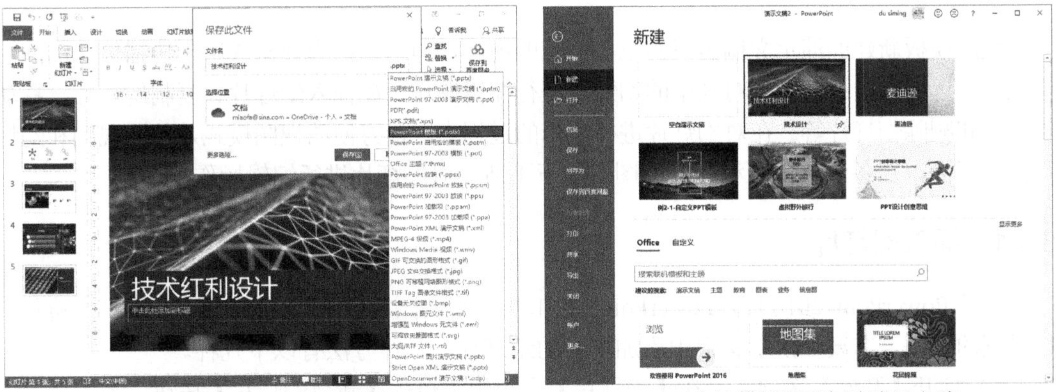

(a) 【保存此文件】对话框　　(b) 双击该模板即可创建演示文稿

图 8-3　使用自定义模板创建演示文稿

8.2.2　保存演示文稿

在 PowerPoint 2016 中，保存演示文稿文件的方法有以下几个。

(1) 单击快速访问工具栏上的【保存】按钮。

(2) 单击【文件】按钮，在弹出的菜单中选择【保存】命令(或按 Ctrl+S 快捷键)。

(3) 单击【文件】按钮，在弹出的菜单中选择【另存为】命令(或按 F12 键)，打开【另存为】对话框，设置演示文稿的保存路径后，单击【保存】按钮。

8.2.3　打开演示文稿

演示文稿被保存在计算机中后，双击演示文稿文件，即可使用 PowerPoint 将其打开。此外，在 PowerPoint 2016 中单击【开始】按钮，在弹出的菜单中选择【打开】命令，【打开】选项区域中将显示最近打开的演示文稿列表，选择其中一个演示文稿名称，可以将其快速打开，如图 8-4 所示。

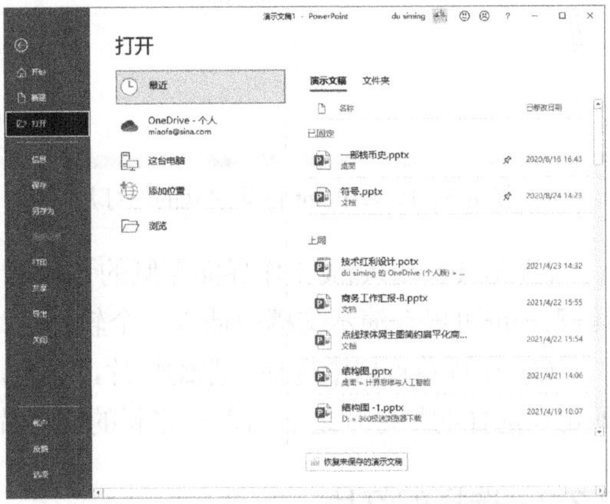

图 8-4　PowerPoint【打开】选项区域

8.2.4　关闭演示文稿

在 PowerPoint 2016 中，关闭演示文稿文件的方法有以下几个。

(1) 单击【文件】按钮，在弹出的菜单中选择【关闭】选项。

(2) 单击 PowerPoint 工作界面右上角的【关闭】按钮×。

(3) 按 Alt+F4 快捷键。

8.3 幻灯片的基本操作

使用模板新建的演示文稿虽然都包含一定的内容，但这些内容要构成用于传播信息的演示文稿还远远不够，这就需要对其中的幻灯片进行编辑操作，如插入幻灯片、复制幻灯片、移动幻灯片和删除幻灯片等。在对幻灯片进行编辑的过程中，最方便的视图模式是普通视图和幻灯片浏览视图，在备注页视图和阅读视图模式下不适合对幻灯片进行编辑操作。

8.3.1 插入幻灯片

启动 PowerPoint 2016 后，PowerPoint 会自动建立一张新的幻灯片，如图 8-5 所示，随着制作过程的推进，需要在演示文稿中添加更多的幻灯片，具体方法有以下几种。

(1) 打开【开始】选项卡，在【幻灯片】命令组中单击【新建幻灯片】按钮。当需要应用其他版式时(版式是指预先定义好的幻灯片内容在幻灯片中的排列方式，如文字的排列及方向、文字与图表的位置等)，单击【新建幻灯片】按钮右下方的下拉箭头，在弹出的下拉菜单中选择需要的版式，如图 8-6 所示，即可将其应用到当前幻灯片中。

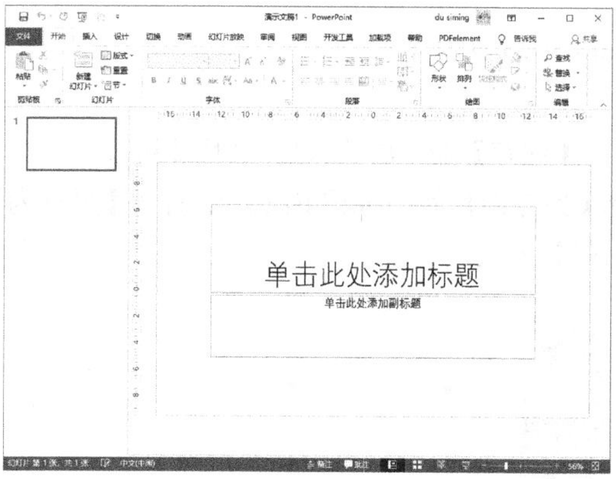

图 8-5　PowerPoint 自动建立的幻灯片

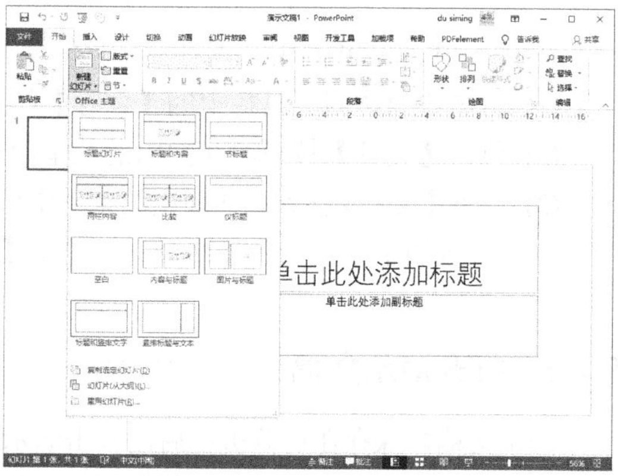

图 8-6　新建幻灯片列表

(2) 在 PowerPoint 工作界面左侧的预览窗口中选中一张幻灯片后，按 Enter 键(或 Ctrl+M 快捷键)，也可以在演示文稿中插入一个软件默认的版式的幻灯片(“标题和内容”版式)。

(3) 在预览窗口中选择一张幻灯片，右击，从弹出的快捷菜单中选择【新建幻灯片】命令，即可在选择的幻灯片之后插入一张新的幻灯片。

8.3.2 选择幻灯片

在 PowerPoint 2016 右侧的预览窗口中，用户可以一次选中一张幻灯片，也可以同时选中多张幻灯片，然后对选中的幻灯片进行操作。

(1) 选择单张幻灯片。无论是在普通视图下的【大纲】或【幻灯片】选项卡中，还是在幻灯片浏览视图中，只须单击目标幻灯片，即可选中该张幻灯片。

(2) 选择连续的多张幻灯片。单击起始编号的幻灯片，然后按 Shift 键，再单击结束编号的幻灯片，此时将有多张幻灯片被同时选中。

(3) 选择不连续的多张幻灯片。在按住 Ctrl 键的同时，依次单击需要选择的幻灯片，此时被单击的多张幻灯片同时选中。在按住 Ctrl 键的同时，再次单击已被选中的幻灯片，则该幻灯片被取消选择。

8.3.3　移动和复制幻灯片

PowerPoint 支持以幻灯片为对象的移动和复制操作，可以将整张幻灯片及其内容进行移动或复制。

1. 移动幻灯片

制作演示文稿时，如果需要重新排列幻灯片的顺序，就需要移动幻灯片。移动幻灯片的步骤如下。

(1) 选中需要移动的幻灯片，在【开始】选项卡的【剪贴板】命令组中单击【剪切】按钮。

(2) 在需要移动的目标位置单击，然后在【开始】选项卡的【剪贴板】命令组中单击【粘贴】按钮。

2. 复制幻灯片

制作演示文稿时，有时会需要两张内容基本相同的幻灯片。此时，可以利用幻灯片的复制功能，复制出一张相同的幻灯片，然后对其进行适当的修改。复制幻灯片的步骤如下。

(1) 选中需要复制的幻灯片，在【开始】选项卡的【剪贴板】命令组中单击【复制】按钮。

(2) 在需要插入幻灯片的位置单击，然后在【开始】选项卡的【剪贴板】命令组中单击【粘贴】按钮。

此外，在 PowerPoint 2016 中，同样可以使用 Ctrl+X、Ctrl+C 和 Ctrl+V 快捷键来剪切、复制和粘贴幻灯片。

8.3.4　编辑幻灯片版式

在 PowerPoint 2016 中，幻灯片母版决定着幻灯片的外观，可以设置幻灯片的标题、正文文字等样式，包括字体、字号、字体颜色、阴影等效果，也可以设置幻灯片的背景、页眉、页脚等。也就是说，幻灯片母版可以为所有幻灯片编辑默认的版式。

PowerPoint 提供了 3 种母版，即讲义母版和备注母版、幻灯片母版。

- 讲义母版和备注母版：通常用于打印 PPT 时调整格式。
- 幻灯片母版：用于编辑幻灯片版式，从而批量、快速地建立风格统一的精美 PPT。

若要打开幻灯片母版，通常可以使用以下两种方法。

(1) 选择【视图】选项卡，在【母版视图】命令组中单击【幻灯片母版】选项。

(2) 按住 Shift 键，单击 PowerPoint 窗口右下角视图栏中的【普通视图】按钮。

打开幻灯片母版后，PowerPoint 将显示如图 8-7 所示的【幻灯片母版】选项卡、版式预览窗口和版式编辑窗口。在幻灯片母版中，对母版的设置主要包括对母版中版式、主题、背景和尺寸的设置，下面将分别介绍。

1. 编辑母版版式

在图 8-7 所示的版式预览窗口中，显示了演示文稿母版的版式列表，其由主题页和版式页组成。

(1) 主题页。主题页是幻灯片母版的母版，当用户为主题页设置格式后，该格式将被应用在 PPT 所有的幻灯片中，如图 8-7 所示。

(2) 版式页。版式页又包括标题页和内容页，如图 8-8 所示，其中标题页一般用于 PPT 的封面或封底；内容页可由用户根据 PPT 的内容自行设置(移动、复制、删除或者自定义)。

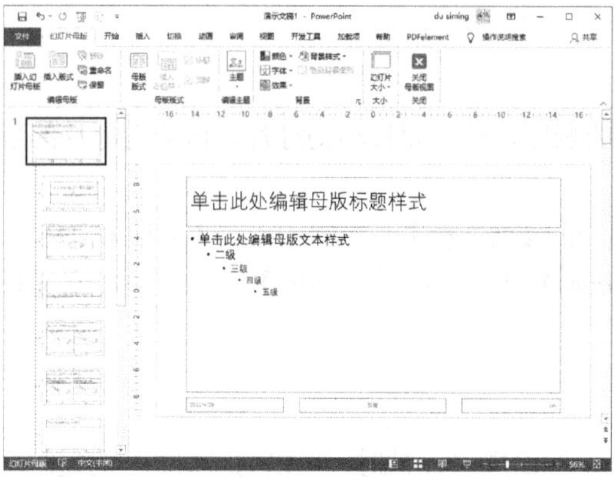

图 8-7　主题页

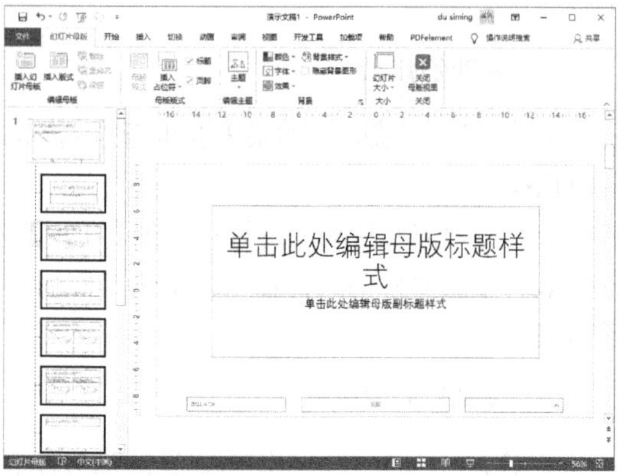

图 8-8　版式页

【例 8-3】通过编辑母版，为幻灯片设置统一的背景和特殊版式。

① 进入幻灯片母版视图后，在版式预览窗口中选中幻灯片主题页，然后在版式编辑窗口中右击，从弹出的快捷菜单中选择【设置背景格式】命令。

② 打开【设置背景格式】窗口，设置任意一种颜色作为主题页的背景。幻灯片中所有的版式页都将应用相同的背景，如图 8-9 所示。

③ 在【幻灯片母版】选项卡的【编辑母版】命令组中单击【插入版式】按钮，插入一个版式页，然后单击【母版版式】命令组中的【插入占位符】按钮，从弹出的列表中选择在版式页面中插入一个占位符(例如【内容】占位符)，如图 8-10 所示。

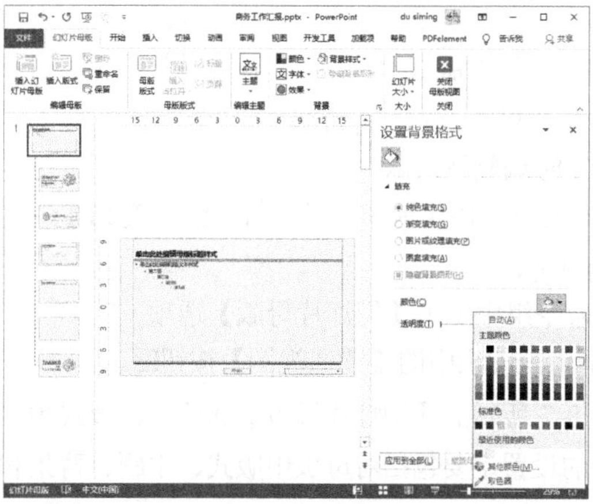

图 8-9　通过主题页为演示文稿设置统一背景

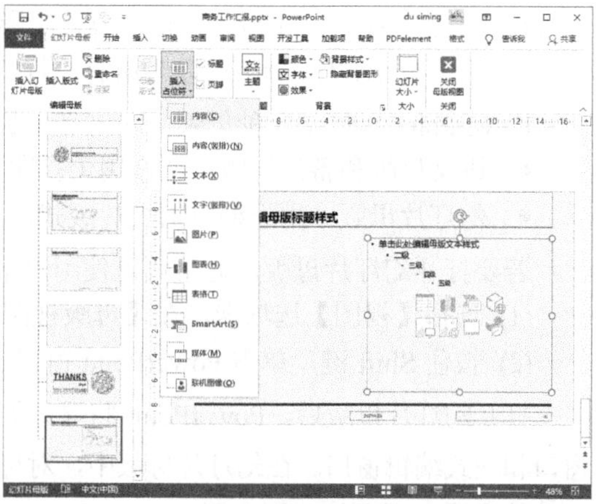

图 8-10　创建版式页

2. 设置版式尺寸

在幻灯片母版中，用户还可以为 PPT 版式设置尺寸。PowerPoint 2016 中，默认可供选择的页面尺寸有 16:9 和 4:3 两种，如图 8-11 所示。

在【幻灯片母版】选项卡的【大小】命令组中单击【幻灯片大小】下拉按钮，即可更改母版中所有页面版式的尺寸，如图 8-12 所示。

图 8-11　两种常见的母版尺寸

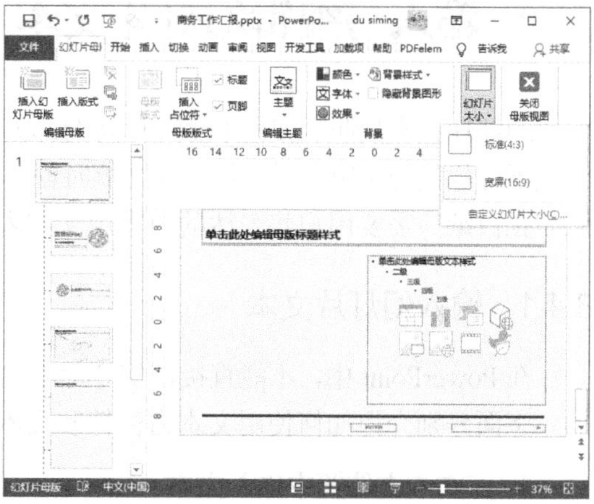

图 8-12　更改母版尺寸

16:9 和 4:3 这两种尺寸各有特点。用于演示文稿封面图片，4:3 的演示文稿尺寸更贴近图片的原始比例，看上去更自然。在 4:3 的比例下，PPT 的图形在排版上可能会显得自由一些，而同样的内容展示在 16:9 的页面中则会显得更加紧凑。

而在实际工作中，对演示文稿页面的尺寸，用户需要根据 PPT 最终的用途和呈现的终端来确定。例如，由于目前 16:9 的尺寸已成为显示器分辨率的主流比例，如果演示文稿只是作为一个文档报告，用于发给观众自行阅读，16:9 的尺寸恰好能在显示器屏幕中全屏显示，可以让页面上的文字看起来更大、更清楚。但如果演示文稿是用于会议、提案的演示型 PPT，则需要根据投影幕布的大小来设置合适的尺寸。

3. 应用母版版式

在幻灯片母版中完成版式页的设置后，单击视图栏中的【普通视图】按钮即可退出幻灯片母版。此时，右击幻灯片预览窗口中的幻灯片，在弹出的快捷菜单中选择【版式】命令，将打开图 8-13 所示的子菜单，其中包含母版中设置的所有版式，选择某一个版式，可以将其应用在 PPT 中。

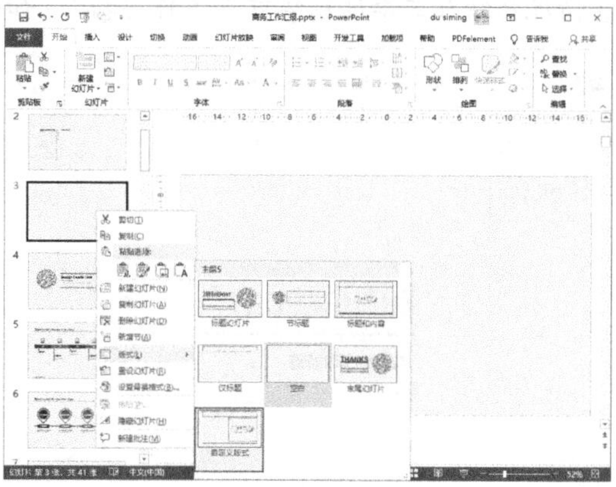

图 8-13　应用母版版式

8.3.5　删除幻灯片

在演示文稿中，删除多余幻灯片是清除大量冗余信息的有效方法。删除幻灯片的方法主要有以下几种。

(1) 选中需要删除的幻灯片，直接按 Delete 键。

(2) 右击需要删除的幻灯片，在弹出的快捷菜单中选择【删除幻灯片】命令。

(3) 选中幻灯片，在【开始】选项卡的【剪贴板】命令组中单击【剪切】按钮。

8.4 输入与编辑幻灯片文本

幻灯片文本是演示文稿中至关重要的部分，它对文稿的主题、问题的说明与阐述具有其他方式不可替代的作用。无论是新建文稿时创建的空白幻灯片，还是使用模板创建的幻灯片都类似一张白纸，需要用户将表达的内容用文字表达出来。

8.4.1 输入幻灯片文本

在 PowerPoint 中，不能直接在幻灯片中输入文字，只能通过文本占位符或插入文本框来添加。下面分别介绍如何使用文本占位符和文本框。

1. 在文本占位符中输入文本

大多数幻灯片的版式中都提供了文本占位符，这种占位符中预设了文字的属性和样式，供用户添加标题文字、项目文字等。在幻灯片中单击其边框，即可选中该占位符；在占位符中单击，进入文本编辑状态，即可直接输入文本。

【例 8-4】在“商务工作汇报”演示文稿的幻灯片中，通过文本占位符输入文本。

① 继续例 8-3 的操作，在【幻灯片母版】选项卡中单击【关闭母版视图】按钮，在预览窗口中选中第一张幻灯片，单击【单击此处添加标题】文本占位符内部，如图 8-14(a)所示，此时占位符中将出现闪烁的光标。切换至中文输入法，输入文本“一季度销售工作汇报”。

② 使用同样的方法，单击【单击此处添加副标题】文本占位符内部，输入文本“一季度销售情况总结及二季度销售重点工作安排”，如图 8-14(b)所示。

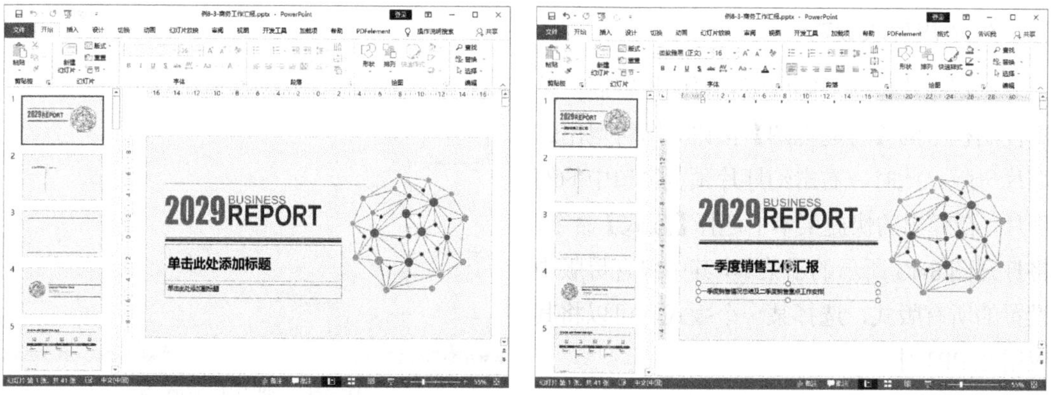

(a) 选中第一张幻灯片　　(b) 输入标题文本和副标题文本

图 8-14　通过占位符输入文本

2. 使用文本框

文本框是一种可移动、可调整大小的文字容器，它与文本占位符非常相似。使用文本框可以在幻灯片中放置多个文字块，使文字按照不同的方向排列，也可以突破幻灯片版式的制约，实现在幻灯片中任意位置添加文字信息的目的。

PowerPoint 2016 提供了两种形式的文本框：横排文本框和垂直文本框，分别用来放置水平方向的文字和垂直方向的文字。

【例 8-5】在“商务工作汇报”演示文稿中，插入一个横排文本框。

① 继续例 8-4，选择【插入】选项卡，在【文本】命令组中单击【文本框】下拉按钮，在弹出的下拉菜单中选择【横排文本框】命令。

② 移动鼠标光标到幻灯片的编辑窗口，当光标变为 I 形状时，在幻灯片编辑窗口中按住鼠标左键并拖动，鼠标光标变成十字形状＋。当拖动到合适大小的矩形框后，释放鼠标完成横排文本框的插入。

③ 此时，光标自动位于文本框内，切换至中文输入法，然后输入文本“汇报人：王燕”，如图 8-15 所示。

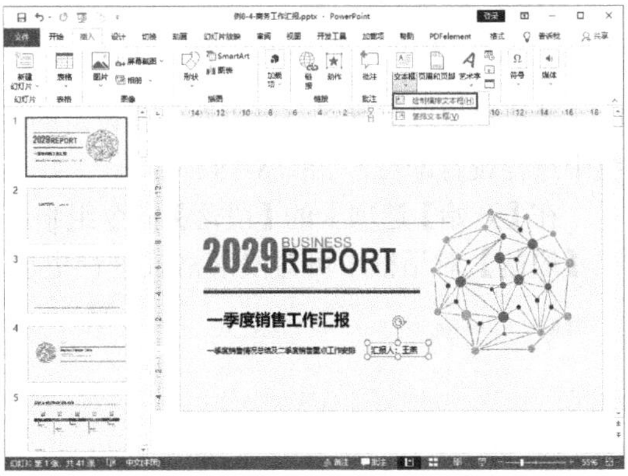

图 8-15　在文本框中输入文本

8.4.2　设置文本格式

为了使演示文稿更加美观、清晰，通常需要对文本属性进行设置。文本的格式设置包括字体、字形、字号及字体颜色的设置等。

【例 8-6】在“商务工作汇报”演示文稿中，设置文本格式，调节占位符和文本框的大小与位置。

① 继续例 8-5 的操作，选择主标题占位符，在【开始】选项卡的【字体】命令组中，单击【字体】下拉按钮，在弹出的下拉列表框中选择【华文中宋】选项(该字体非系统自带，须用户自行安装)，在【字号】文本框中设置字号为 50，如图 8-16 所示。

② 在【字体】命令组中单击【字体颜色】下拉按钮，在弹出的菜单中选择【蓝灰色】选项。

③ 使用同样方法，设置副标题占位符和文本框中文本的字体为【微软雅黑】，字号为 36，字体颜色为【灰色】；设置右下角文本框中文本的字体为【华文细黑】，字号为 20。

④ 分别选中副标题占位符和文本框，拖动鼠标调节其大小和位置，如图 8-17 所示。

8.4.3　设置段落格式

为了使演示文稿更加美观、清晰，还可以在幻灯片中为文本设置段落格式，如缩进值、间距值和对齐方式。

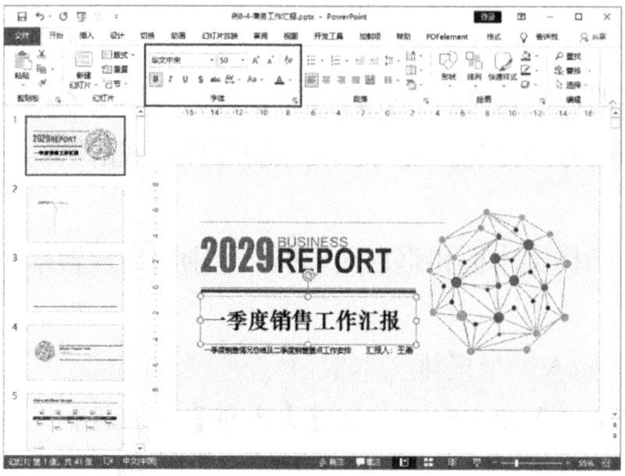

图 8-16　设置文本字体和大小

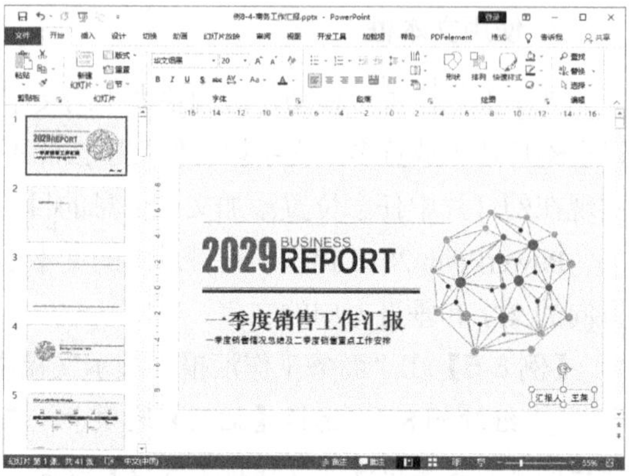

图 8-17　调整占位符和文本框的大小与位置

若要设置段落格式，可先选定要设定的段落文本，然后在【开始】选项卡的【段落】命令组中进行设置即可，如图 8-18 所示。

在【开始】选项卡的【段落】命令组中，单击对话框启动器按钮，打开【段落】对话框，在【段落】对话框中可对段落格式进行更加详细的设置，如图 8-19 所示。

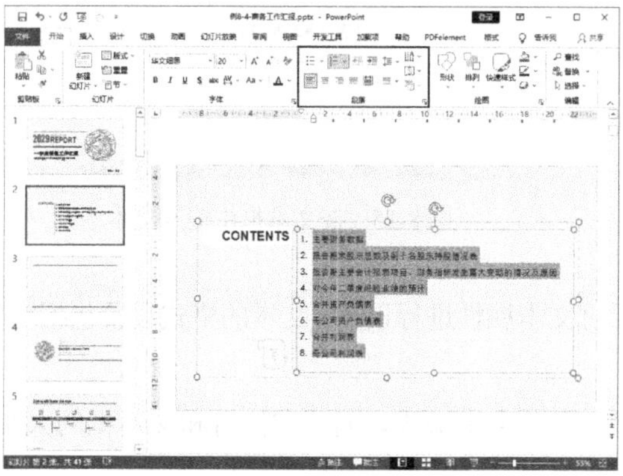

图 8-18　【段落】命令组

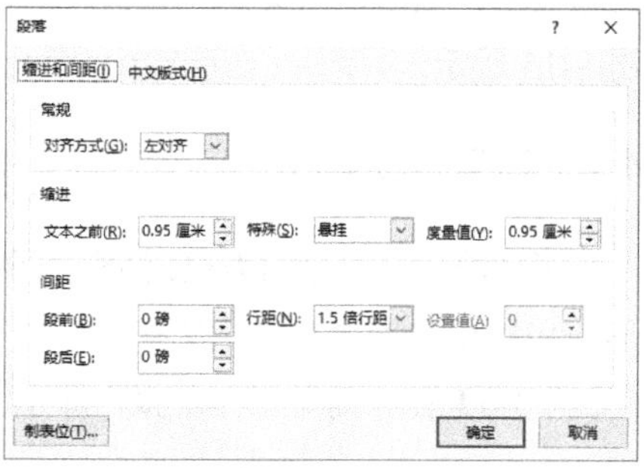

图 8-19　【段落】对话框

8.4.4　使用项目符号和编号

在演示文稿中，为了使某些内容更为醒目，经常要用到项目符号和编号。这些项目符号和编号用于强调一些特别重要的观点或条目，从而使主题更加美观、突出和分明。

首先选中要添加项目符号或编号的文本，然后在【开始】选项卡的【段落】命令组中单击【项目符号】下拉按钮，在弹出的下拉菜单中选择【项目符号和编号】命令，打开【项目符号和编号】对话框。【项目符号】选项卡中可设置项目符号，【编号】选项卡中可设置编号，如图 8-20 所示。

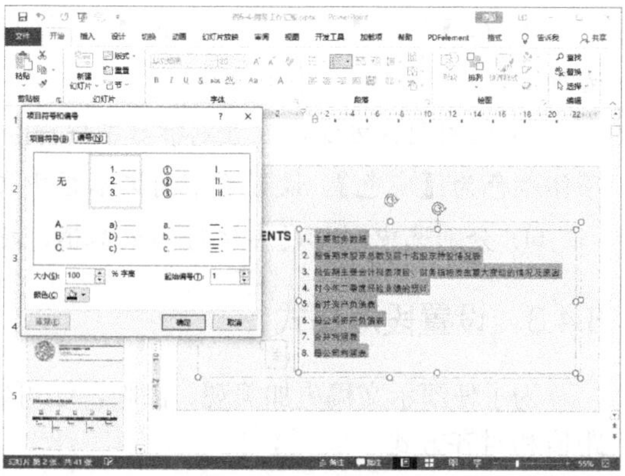

图 8-20　设置编号

在 PowerPoint 2016 中设置段落格式、添加项目符号和编号，以及自定义项目符号和编号的方法，与在 Word 2016 中进行相关设置的方法非常相似，此处不再赘述。

8.5 插入多媒体元素

如果幻灯片中只有文本未免会显得单调，PowerPoint 2016 支持在幻灯片中插入各种多媒体元素，包括图片、艺术字、声音和视频等。

8.5.1 在幻灯片中插入图片

在演示文稿中插入图片，可以更生动、形象地阐述其主题和要表达的思想。插入图片时，要充分考虑幻灯片的主题，使图片和主题和谐一致。

在 PowerPoint 2016 主界面中打开【插入】选项卡，在【图像】命令组中单击【图片】按钮，在弹出的列表中选择【此设备】选项，然后在打开的【插入图片】对话框中选择需要的图片后，单击【插入】按钮，即可在幻灯片中插入图片。

【例 8-7】在“商务工作汇报”演示文稿中插入计算机中的图片。

① 继续例 8-6 的操作，选择【插入】选项卡，在【图像】命令组中单击【图片】按钮，在弹出的列表中选择【此设备】选项，打开【插入图片】对话框选择需要插入幻灯片的图片，单击【插入】按钮，将该图片插入幻灯片中，如图 8-21 所示。

② 使用鼠标调整图片的大小和位置，使其和幻灯片一样大小，选择【格式】选项卡，在【排列】命令组中单击【下移一层】|【置于底层】选项，将图片置于底层，如图 8-22 所示。

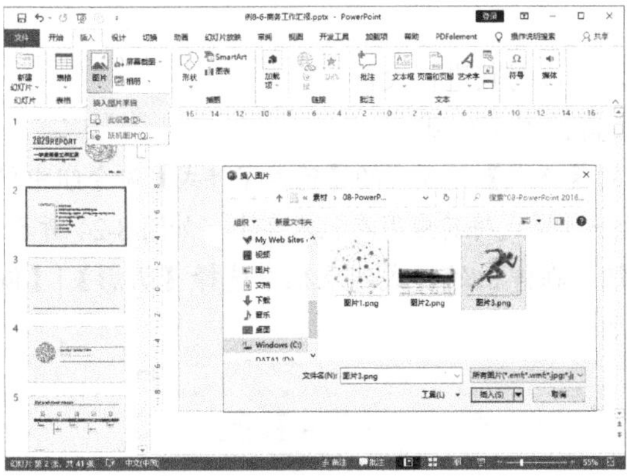

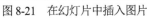

图 8-21　在幻灯片中插入图片

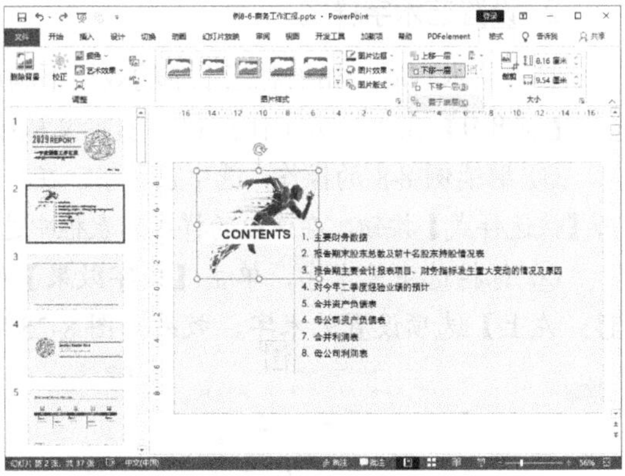

图 8-22　调整图片

8.5.2 在幻灯片中插入艺术字

艺术字是一种特殊的图形文字，常被用来表现幻灯片的标题文字。用户既可以像对普通文字一样设置其字号、加粗和倾斜等效果，也可以像对图形对象那样设置它的边框、填充等属性，还可以对其进行大小调整、旋转或添加阴影、三维效果设置等。

1. 添加艺术字

打开【插入】选项卡，在功能区的【文本】命令组中单击【艺术字】按钮，打开艺术字样式列表，单击需要的样式，即可在幻灯片中插入艺术字。

【例 8-8】在“商务工作汇报”演示文稿中插入艺术字。

① 继续例 8-7 的操作，删除页面中的文本 CONTENTS，选择【插入】选项卡，在【文本】命令组中单击【艺术字】按钮，打开艺术字样式列表，选择一种艺术字样式，在幻灯片中插入该艺术字，如图 8-23(a)所示。

② 在【请在此处放置您的文字】占位符中输入文字“目录”，使用鼠标调整艺术字的位置并设置其大小，效果如图 8-23(b)所示。

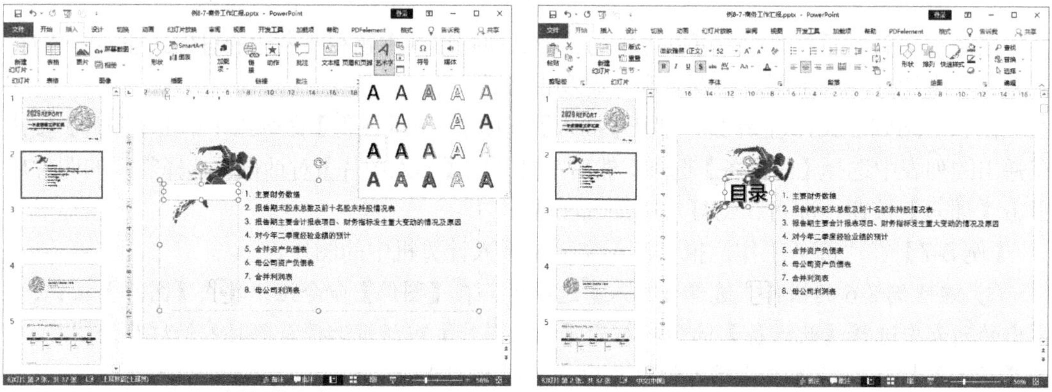

(a) 插入艺术字　　(b) 调整艺术字

图 8-23　在幻灯片中插入并调整艺术字

2. 设置艺术字样式

插入艺术字后，如果对艺术字的效果不满意，可以对其进行设置。

【例 8-9】在“商务工作汇报”演示文稿中设置艺术字样式。

① 继续例 8-8 的操作，选中艺术字，在打开的【格式】选项卡的【艺术字样式】命令组中单击【快速样式】按钮，在弹出的样式列表框中选择一种样式将其应用在艺术字上，如图 8-24 所示。

② 保持选中艺术字，单击【文字效果】按钮，在弹出的样式列表框中选择【阴影】|【偏移：左上】选项设置艺术字，效果如图 8-25 所示。

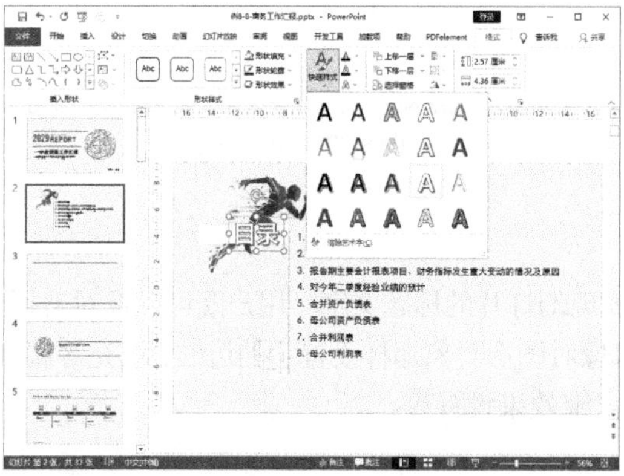

图 8-24　应用艺术字快速样式

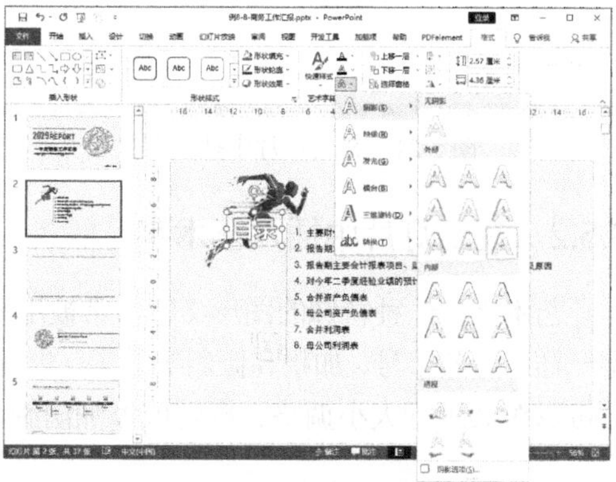

图 8-25　设置阴影效果

8.5.3　在幻灯片中插入声音

使用 PowerPoint 在 PPT 中插入声音效果的方法有以下 4 种。

(1) 直接插入音频文件。选择【插入】选项卡，在【媒体】命令组中单击【音频】下拉按钮，在弹出的下拉列表中选择【PC 上的音频】选项。打开【插入音频】对话框，用户可以将计算机中保存的音频文件插入演示文稿中，如图 8-26 所示。声音被插入 PPT 后，将显示为图 8-27 所示的声音图标，选中该图标将显示声音播放栏。

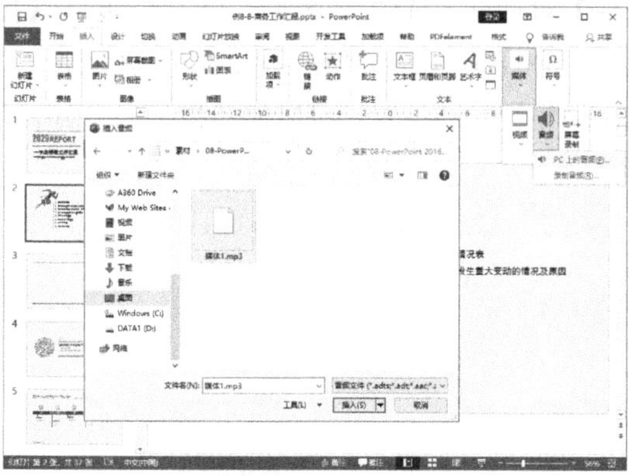

图 8-26　插入声音文件

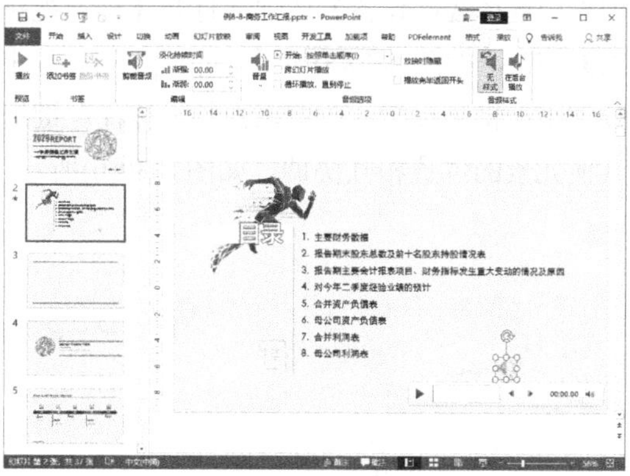

图 8-27　PPT 中的声音图标

(2) 为幻灯片切换动画设置声音。选择【切换】选项卡，在【切换到此幻灯片】命令组中为当前幻灯片设置一种切换动画后，在【计时】命令组中单击【声音】下拉列表，在弹出的列表中选择【其他声音】选项，可以将计算机中保存的音频文件设置为幻灯片切换时的动画声音。

(3) 为对象动画设置声音。在【动画】选项卡的【高级动画】命令组中单击【动画窗格】按钮。打开【动画窗格】窗口，单击需要设置声音的动画右侧的倒三角按钮，在弹出的下拉列表中选择【效果选项】选项。在打开的对话框中选择【效果】选项卡，单击【声音】下拉列表，在弹出的列表中选择【其他声音】选项，即可为演示文稿中的对象动画设置声音效果，如图 8-28 所示。

(4) 在幻灯片演示时插入旁白。选择【幻灯片放映】选项卡，在【设置】命令组中单击【录制幻灯片演示】按钮，如图 8-29 所示。此时，幻灯片进入全屏放映状态，单击屏幕左上角的【录制】按钮，即可通过话筒录制幻灯片演示旁白语音，按 Esc 键结束录制，PowerPoint 将在每张幻灯片的右下角添加语音。

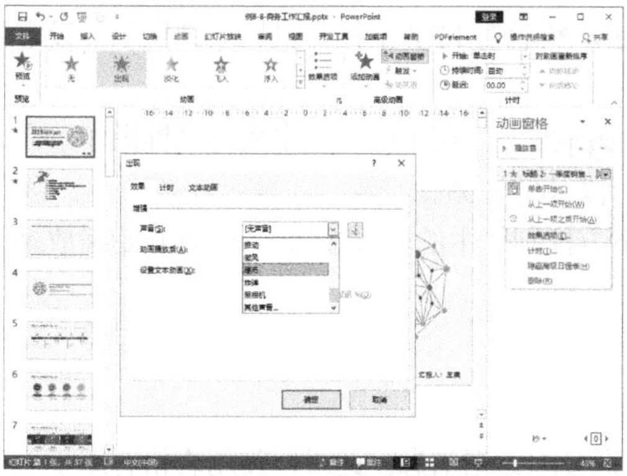

图 8-28　为对象动画设置声音

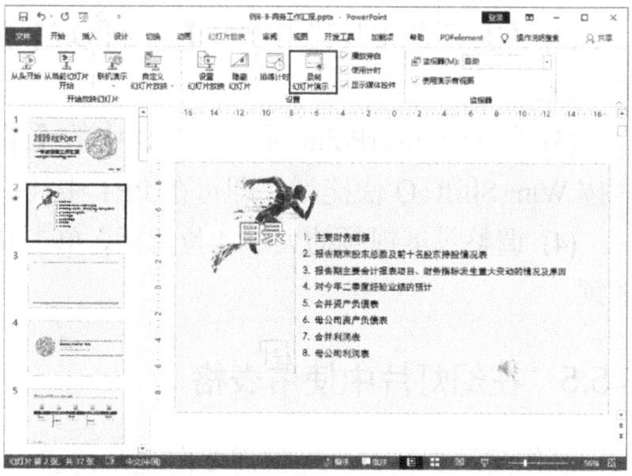

图 8-29　在幻灯片演示时插入旁白

8.5.4 在幻灯片中插入视频

在演示文稿中适当地使用视频，能够方便、快捷地展示动态的内容。通过视频中流畅的演示，能够在演示文稿中实现化抽象为直观、化概括为具体、化理论为实例的效果。

1. 将视频插入 PPT 中

选择【插入】选项卡，在【媒体】命令组中单击【视频】按钮下方的箭头，在弹出的下拉列表中选择【此设备】选项。打开【插入视频文件】对话框，选中一个视频文件后，单击【插入】按钮，如图 8-30(a)所示，即可在幻灯片中插入一个视频。拖动视频四周的控制点，调整视频大小；将鼠标指针放置在视频上按住左键拖动，调整视频的位置，可以使其和演示文稿中的其他元素的位置相互协调，如图 8-30(b)所示。

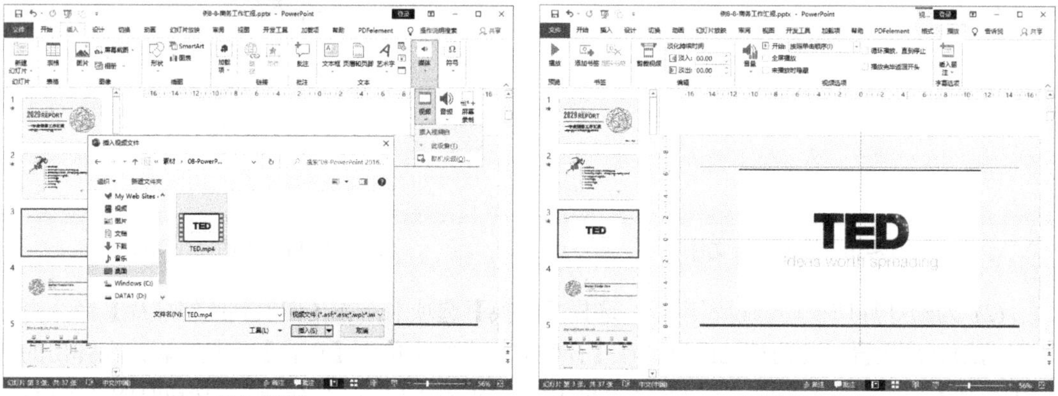

(a) 插入视频　　　　(b) 调整视频位置

图 8-30　在幻灯片中插入视频并调整视频位置

选中演示文稿中的视频，可以在【播放】选项卡中设置视频的淡入、淡出效果，播放音量，是否全屏播放，是否循环播放，以及开始播放的触发机制。

2. 录屏

在 PowerPoint 2016 中，用户可以使用软件提供的录屏功能，录制屏幕中的操作，并将其插入演示文稿中，具体方法如下。

(1) 选择【插入】选项卡，在【媒体】命令组中单击【屏幕录制】按钮。

(2) 在显示的工具栏中单击【选择区域】按钮，然后在 PPT 中按住鼠标左键拖动，设定录屏区域。

(3) 单击 PowerPoint 录屏工具栏中的【录制】按钮●，在录屏区域中执行录屏操作，完成后按 Win+Shift+Q 快捷键，即可在 PPT 中插入一段录屏视频。

(4) 调整录屏视频的大小和位置后，单击其下方控制栏中的播放按钮▸，即可开始播放录屏视频。

8.5.5 在幻灯片中使用表格

制作演示文稿时，经常需要向观众传递一些直接的数据信息。此时，使用表格有助于更加有条理地展示信息，让 PPT 可以更加直观、快速地呈现重点内容。在 PowerPoint 2016 中插入与编辑表格的具体方法如下。

1. 插入表格

在 PowerPoint 中执行【插入表格】命令的方法有以下几种。

- 选择幻灯片后，在【插入】选项卡的【表格】命令组中单击【表格】下拉按钮，从弹出的下拉菜单中选择【插入表格】命令，打开【插入表格】对话框，在其中设置表格的行数与列数，然后单击【确定】按钮，如图 8-31(a)所示。
- 单击【插入】选项卡中的【表格】下拉按钮，在图 8-31(b)所示的下拉列表中移动鼠标指针，让列表中的表格处于选中状态，单击即可在幻灯片中插入相应的表格。

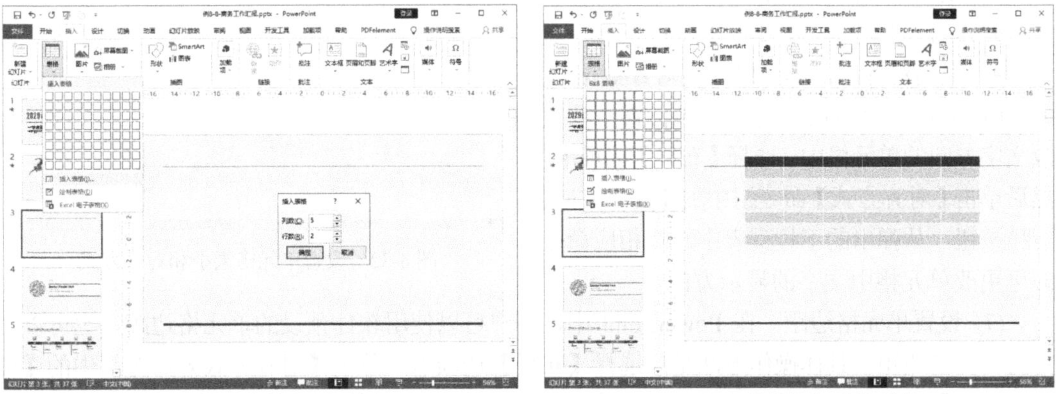

(a) 【插入表格】对话框　　(b) 【表格】下拉列表

图 8-31　插入表格

2. 编辑表格

在 PowerPoint 中，编辑表格的常用操作如下。

(1) 移动行或列。在 PowerPoint 中移动表格行或列的方法有以下几种。

- 选中表格中需要移动的行或列，按住鼠标左键拖动其至合适的位置，然后释放鼠标即可。
- 选中需要移动的行或列，单击【开始】选项卡中的【剪切】按钮剪切整行或整列，然后将光标移动至幻灯片中合适的位置，按 Ctrl+V 快捷键粘贴即可。

(2) 插入行或列。在编辑表格时，有时需要根据数据的具体类别插入行或列。此时，通过【布局】选项卡的【行和列】命令组，可以为表格插入行或列。

- 插入行：将鼠标光标置于表格中合适的单元格中，单击【布局】选项卡【行和列】命令组中的【在上方插入】按钮，即可在单元格上方插入一个空行；单击【在下方插入】按钮，即可在单元格下方插入一个空行。
- 插入列：将鼠标光标置于表格中合适的单元格中，单击【布局】选项卡【行和列】命令组中的【在左侧插入】按钮，即可在单元格左侧插入一个空列(保持表格大小不变)；单击【在右侧插入】按钮，即可在单元格右侧插入一个空列(保持表格大小不变)。

(3) 删除行或列。如果用户需要删除表格中的行或列，则选中行或列后，单击【布局】选项卡【行和列】命令组中的【删除】下拉按钮，在弹出的下拉列表中选择【删除列】或【删除行】命令即可。

(4) 调整单元格大小。选中表格后，在【布局】选项卡的【表格尺寸】命令组中设置【宽度】和【高度】文本框中的数值，可以调整表格中所有单元格的大小。

同样，将鼠标指针置入表格中的单元格内，在【表格尺寸】命令组中设置【宽度】和【高度】文本框中的数值，可以调整单元格所在行的高度和所在列的宽度。

(5) 设置单元格对齐方式。当用户在表格中输入数据后，可以使用【布局】选项卡中【对齐方式】命令组(如图 8-32 所示)内的各个按钮来设置数据在单元格中的对齐方式，具体如下。

- 左对齐：将数据靠左对齐。
- 居中：将数据居中对齐。
- 右对齐：将数据靠右对齐。
- 顶端对齐：沿单元格顶端对齐数据。
- 垂直居中：将数据垂直居中。
- 底端对齐：沿单元格底端对齐数据。

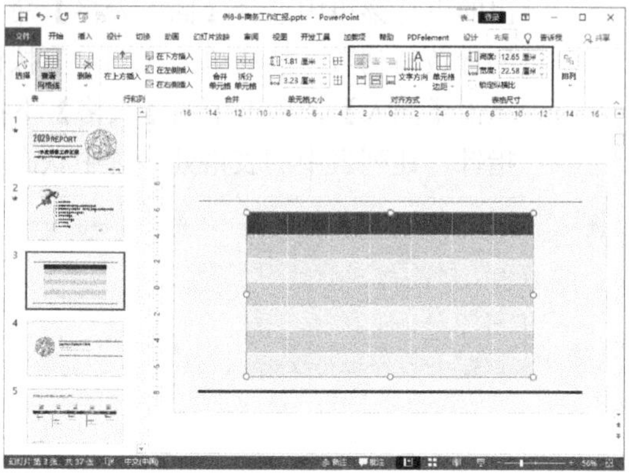

图 8-32　设置单元格大小和对齐方式

(6) 更改文字方向。将鼠标光标置于要更改文字方向的单元格中，选择【布局】选项卡，然后单击【对齐方式】命令组中的【文字方向】下拉按钮，从弹出的下拉列表中选择相应命令即可更改单元格中文字的显示方向。

(7) 设置单元格边距。在 PowerPoint 中，用户可以使用软件预设的单元格边距，也可以自定义单元格边距。具体操作方法是：选择【布局】选项卡，单击【对齐方式】命令组中的【单元格边距】下拉按钮，从弹出的下拉列表中选择一组合适的单元格边距参数。

(8) 合并单元格。在 PowerPoint 2016 中合并单元格的方法有以下两种。

- 选中表格中两个以上的单元格后，选择【布局】选项卡，单击【合并】命令组中的【合并单元格】按钮。
- 选中表格中需要合并的多个单元格后，右击，在弹出的快捷菜单中选择【合并单元格】命令。

(9) 拆分单元格。拆分单元格的操作步骤与合并单元格的操作步骤类似，具体有以下两种。

- 将鼠标置于需要拆分的单元格中，单击【布局】选项卡中的【拆分单元格】按钮，打开【拆分单元格】对话框，设置需要拆分的行数与列数，然后单击【确定】按钮。
- 在要拆分的单元格上右击，在弹出的快捷菜单中选择【拆分单元格】命令，打开【拆分单元格】对话框，设置需要拆分的行数与列数，单击【确定】按钮即可。

8.6 综合案例

1. 使用 PowerPoint 2016 制作“宣传文稿”演示文稿，完成以下操作。

(1) 在 PowerPoint 2016 中创建一个空白 PPT，并将其以名称“宣传文稿”保存。

(2) 在“宣传文稿”PPT 中插入与删除幻灯片。

(3) 为“宣传文稿”PPT 中所有的幻灯片设置统一背景。

(4) 在幻灯片母版中调整并删除多余的标题页，然后插入一个自定义内容页。
(5) 通过应用版式，在多个幻灯片中同时插入相同的图标。
(6) 将“宣传文稿”PPT 的母版尺寸设置为 16:9。
(7) 在“宣传文稿”PPT 的第一张幻灯片中插入图片。
(8) 裁剪幻灯片中插入的图片。
(9) 删除“宣传文稿”PPT 中插入的图片的背景。
(10) 在幻灯片页面中绘制【直线】形状。
(11) 设置幻灯片中插入形状的线形与线条颜色。
(12) 在“宣传文稿”PPT 中插入一个横排文本框，并设置文本字符间距。
(13) 在“宣传文稿”PPT 中插入一个横排文本框，并设置其中文本的行距。
(14) 在“宣传文稿”PPT 中利用智能网格线对齐页面中的元素。
(15) 在“宣传文稿”PPT 中利用参考线对齐页面中的元素。
(16) 在“宣传文稿”PPT 中使用【对齐】功能对齐页面元素。
(17) 在“宣传文稿”PPT 中设置文本框纵向分布、靠右对齐。
(18) 在“宣传文稿”PPT 的第 3 张幻灯片中插入 4 张图片，并横向分布、对齐。
(19) 为插入幻灯片母版中的图片设置 PPT 内部链接。
(20) 在“宣传文稿”PPT 中为图片设置电子邮件链接。

2. 使用 PowerPoint 2016 制作如图 8-33 所示的幻灯片，要求如下。

(1) 在幻灯片编辑区域中绘制一个图片占位符，并调整其位置。

(2) 在幻灯片编辑区域中绘制图形并设置图形样式。

图 8-33　幻灯片示例

8.7 习题

一、判断题

1. PowerPoint 2016 中，在大纲视图模式下，文本的某些格式将不能显示出来，如字体颜色。(　　)

2. 在 PowerPoint 中，普通视图包含两个区：大纲区和幻灯片区。(　　)

3. 在 PowerPoint 2016 中，可以通过配色方案来更改模板中对象的相应设置。(　　)

二、选择题

1. 在 PowerPoint 演示文稿中，将一张布局为“节标题”的幻灯片改为“标题和内容”幻灯片，应使用的对话框是(　　)。

A. 幻灯片版式　　　　B. 幻灯片配色方案
C. 背景　　　　D. 应用设计模板

2. PowerPoint 中，下列说法错误的是(　　)。

A. 可以利用自动版式建立带剪贴画的幻灯片，用来插入剪贴画

B. 可以向已存在的幻灯片中插入剪贴画

C. 可以修改剪贴画

D. 不可以为剪贴画重新上色

3. PowerPoint 中，有关修改图片的说法中，错误的是(　　)。

A. 裁剪图片是指保存图片的大小不变，而将不希望显示的部分隐藏起来

B. 当需要重新显示被隐藏的部分时，还可以通过【裁剪】工具进行恢复

C. 按住鼠标右键向图片内部拖动时，可以隐藏图片的部分区域

D. 要裁剪图片，选定图片然后单击【图片工具】|【格式】选项卡中的【裁剪】按钮

4. PowerPoint 2016 文档的默认扩展名是(　　)。

A. .DOCX　　B. .XLSX　　C. .PTPX　　D. .PPTX

三、操作题

1. 启动 PowerPoint 2016 制作演示文稿，要求如下。

(1) 为当前演示文稿套用设计主题“极目远眺”。

(2) 第 2 张幻灯片采用“两栏内容”版式。右栏内容添加考生试题文件夹中的图片“wb1.jpg”。

(3) 第 3 张幻灯片采用“标题和内容”版式。背景设置为浅蓝色。

(4) 第 5 张幻灯片采用“两栏内容”版式。右侧图表位置插入表格内容如样章所示，表格文字设置为 29 号。

(5) 在第 2 张幻灯片中插入艺术字“微博的影响”，并设置艺术字效果。

(6) 在第 5 张幻灯片右下角插入如样章所示按钮，以便在放映过程中单击该按钮可以跳转到第 2 张幻灯片。

(7) 保存创建的演示文稿。

2. 打开演示文稿后新建一张标题幻灯片，然后完成以下操作。

(1) 插入一张新幻灯片，版式为“标题幻灯片”，并完成如下设置：

- 设置主标题为“图片浏览”，字形为【倾斜】， 字号为 72;
- 设置副标题为“图片一”，超链接为【下一张幻灯片】。

(2) 插入一张新幻灯片，版式为“空白”，并完成如下设置：

- 插入试题文件夹下的图片“P01-M.GIF”，设置高度为 10.48 厘米，宽度为 20.96 厘米;
- 插入一个横排文本框，设置文本内容为“图片二”，超链接为【下一张幻灯片】。

(3) 插入一张新幻灯片，版式为“空白”，然后插入【试题】文件夹下的图片“P01-M.GIF”，设置图片的高度为 11.83 厘米，宽度为 15.77 厘米。

第 9 章

演示文稿的设置与放映

☑ 本章要点

掌握演示文稿主题选用与幻灯片背景设置方法。掌握在演示文稿中设计动画、更换放映方式、切换效果的方法。掌握在 PowerPoint 2016 中输出与打印演示文稿的方法。

☑ 知识体系

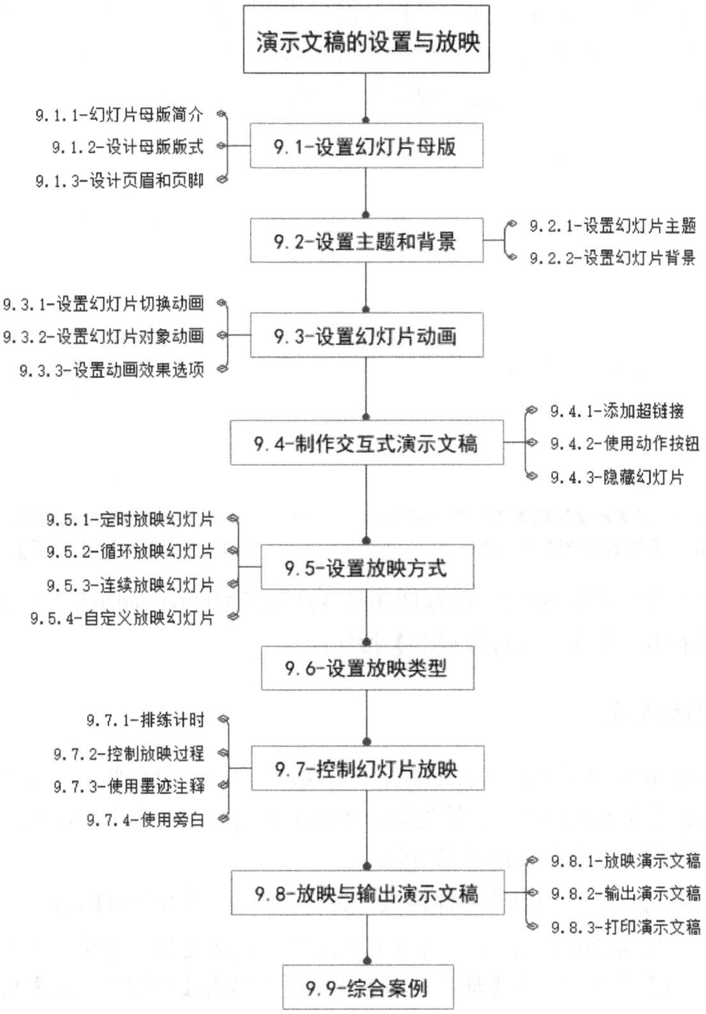

9.1 设置幻灯片母版

幻灯片母版决定着幻灯片的外观，可以设置幻灯片的标题、正文文字等样式，包括字体、字号、字体颜色、阴影等效果；也可以设置幻灯片的背景、页眉、页脚等。也就是说，幻灯片母版可以为所有幻灯片设置默认的版式。

9.1.1 幻灯片母版简介

母版是演示文稿中所有幻灯片或页面格式的底板，或者说是样式，它包括所有幻灯片具有的公共属性和布局信息。用户可以在打开的母版中进行设置或修改，从而快速地创建样式各异的幻灯片，提高工作效率。

PowerPoint 2016 中的母版类型分为幻灯片母版、讲义母版和备注母版 3 种类型，不同母版的作用和视图都是不相同的。打开【视图】选项卡，在【母版视图】命令组中单击相应的视图按钮，即可切换至对应的母版视图，如图 9-1 所示。

例如，单击【幻灯片母版】按钮，可打开幻灯片母版视图，并同时打开【幻灯片母版】选项卡，如图 9-2 所示。幻灯片母版中的信息包括字形、占位符大小和位置、背景设计和配色方案。通过更改这些信息，即可更改整个演示文稿中幻灯片的外观。

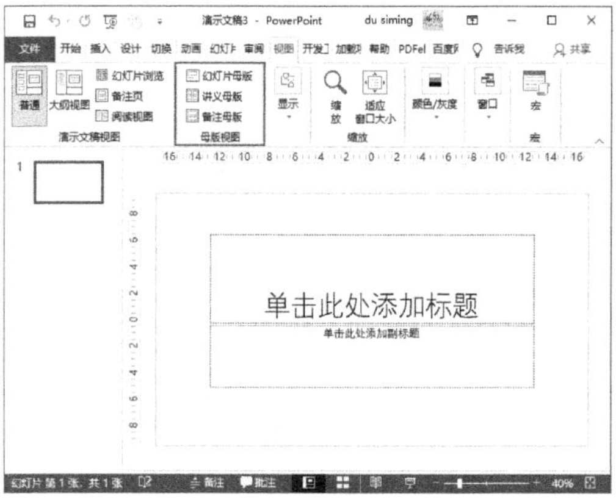

图 9-1 【母版视图】命令组

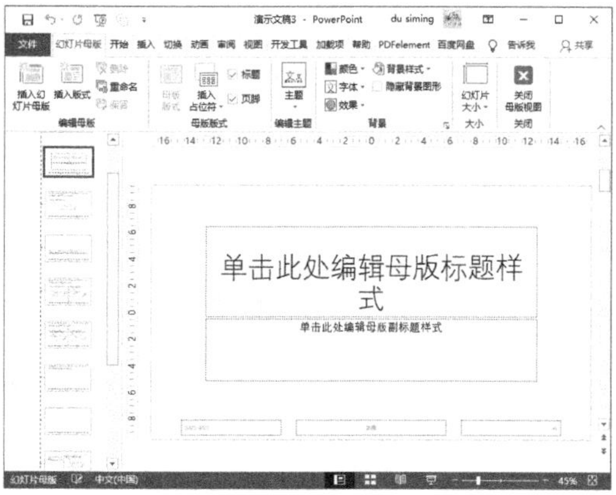

图 9-2 【幻灯片母版】选项卡

无论是幻灯片母版视图、讲义母版视图还是备注母版视图中，如果要返回普通模式，在【幻灯片母版】选项卡中单击【关闭母版视图】按钮即可。

9.1.2 设计母版版式

在 PowerPoint 2016 中创建的演示文稿都带有默认的版式，这些版式不仅决定了占位符、文本框、图片、图表等内容在幻灯片中的位置，还决定了幻灯片中文本的样式。在幻灯片母版视图中，用户可以按照自己的需求设置母版版式。

【例 9-1】设置幻灯片母版中的字体格式，并调整母版中的图片样式。

① 启动 PowerPoint 2016，打开“商务工作汇报”演示文稿，选中第 3 张幻灯片。

② 打开【视图】选项卡，在【母版视图】命令组中单击【幻灯片母版】按钮，切换到幻灯

片母版视图。

③ 选中“仅标题”母版版式，然后选择【单击此处编辑母版标题样式】占位符，右击其边框，在打开的浮动工具栏中设置字体为【微软雅黑(标题)】、字号为 32、字体颜色为【深蓝】，如图 9-3 所示。

④ 打开【插入】选项卡，在【图像】命令组中单击【图片】按钮，从弹出的列表中选择【此设备】选项，打开【插入图片】对话框，选择要插入的图片文件，然后单击【插入】按钮，在幻灯片中插入图片。

⑤ 打开【格式】选项卡，调整图片的大小，然后在【排列】命令组中单击【下移一层】下拉按钮，选择【置于底层】命令，如图 9-4 所示。

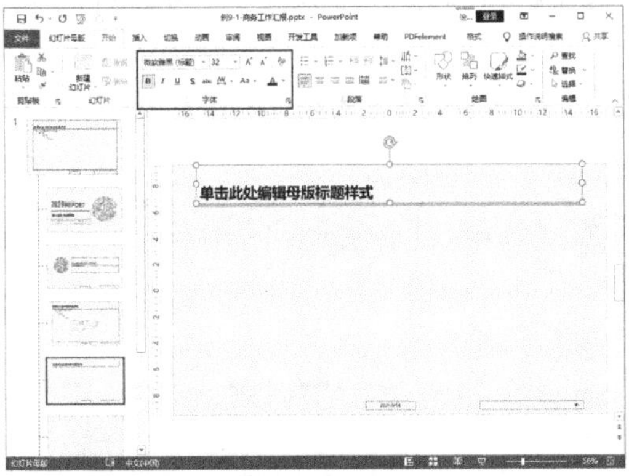

图 9-3　【母版视图】命令组

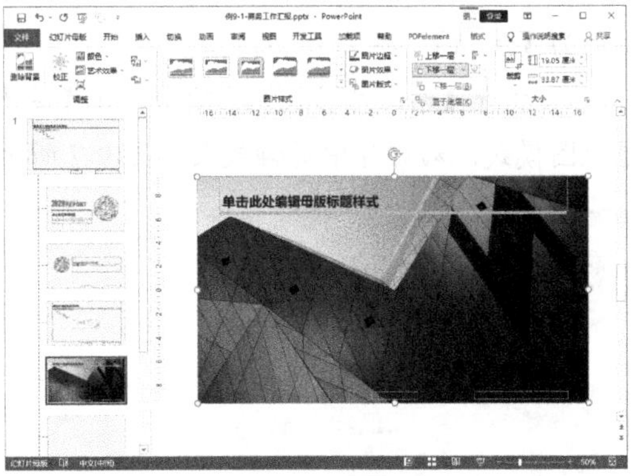

图 9-4　【幻灯片母版】选项卡

⑥ 打开【插入】选项卡，在【图像】命令组中单击【形状】下拉按钮，在弹出的列表中选择【矩形】选项，创建一个与插入图片一样大的矩形形状，并重复步骤⑤的操作，将该形状下移使其位于版式中占位符之下。

⑦ 选择【格式】选项卡，将矩形形状的填充颜色设置为【白色】，然后右击该形状，在弹出的菜单中选择【设置形状格式】命令，在打开的窗口中设置形状透明度为 20%，如图 9-5 所示。

⑧ 打开【幻灯片母版】选项卡，在【关闭】命令组中单击【关闭母版视图】按钮，返回普通视图模式。演示文稿中所有应用“仅标题”母版版式的幻灯片将自动应用版式效果。

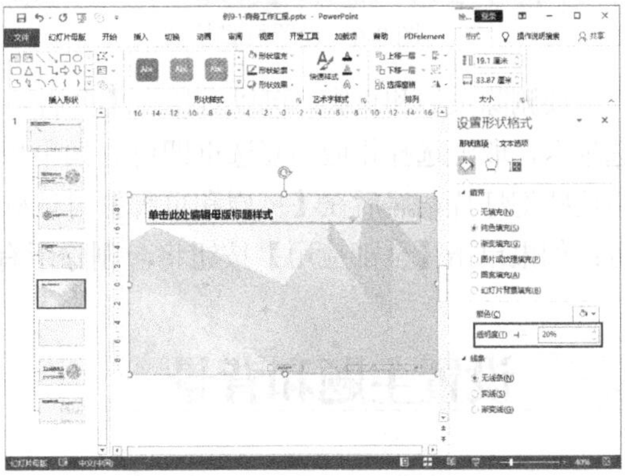

图 9-5　设置形状透明度

9.1.3　设计页眉和页脚

在制作幻灯片时，使用 PowerPoint 提供的页眉和页脚功能，可以为每张幻灯片添加相对固定的信息。若要插入页眉和页脚，只须在【插入】选项卡的【文本】命令组中单击【页眉和页脚】按钮，打开【页眉和页脚】对话框，在其中进行相关操作即可。插入页眉和页脚后，可以在幻灯片母版视图中对其格式进行统一设置。

【例 9-2】在演示文稿中插入页脚，并设置其格式。

① 继续例 9-1 的操作，选择【插入】选项卡，在【文本】命令组中单击【页眉和页脚】按钮，打开【页眉和页脚】对话框，选中【日期和时间】【幻灯片编号】【页脚】【标题幻灯片中不显示】复选框，并在【页脚】文本框中输入文本“王燕制作”，单击【全部应用】按钮，如图 9-6 所示，为除第 1 张幻灯片以外的幻灯片添加页脚。

② 打开【视图】选项卡，在【母版视图】命令组中单击【幻灯片母版】按钮，切换到幻灯片母版视图。

③ 在左侧预览窗口中选择第 1 张幻灯片，将该幻灯片母版显示在编辑区域。

④ 选中第 1 张幻灯片中所有的页脚文本框，选择【格式】选项卡，设置字体为【微软雅黑】，字形为【加粗】，字号为 18。

⑤ 打开【幻灯片母版】选项卡，在【关闭】命令组中单击【关闭母版视图】按钮，返回普通视图模式，幻灯片中页脚效果如图 9-7 所示。

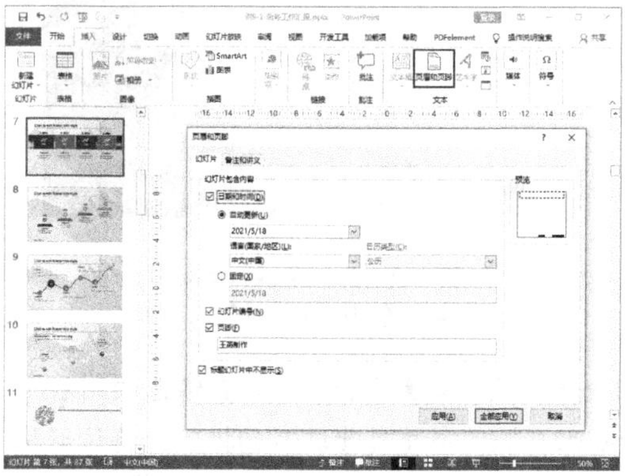

图 9-6　设置页脚格式

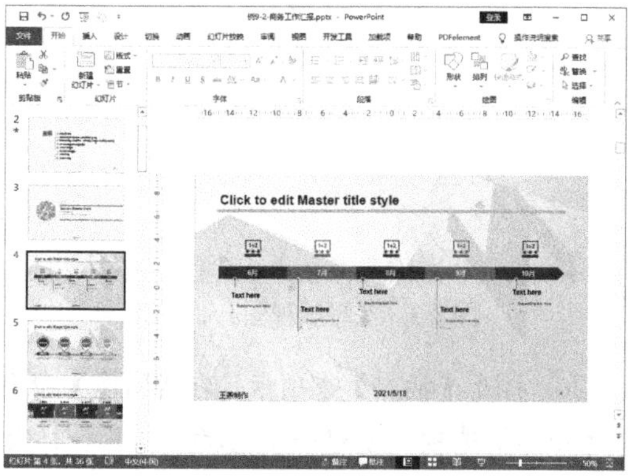

图 9-7　页脚效果

要删除页眉和页脚，可以直接在【页眉和页脚】对话框中选择【幻灯片】或【备注和讲义】选项卡，取消选择相应的复选框即可。如果想删除几个幻灯片中的页眉和页脚信息，需要先选中这些幻灯片，然后在【页眉和页脚】对话框中取消选择相应的复选框，单击【应用】按钮即可；如果单击【全部应用】按钮将会删除所有幻灯片中的页眉和页脚。

9.2 设置主题和背景

PowerPoint 2016 提供了多种主题颜色和背景样式，使用这些主题颜色和背景样式，可以使幻灯片具有丰富的色彩和良好的视觉效果。

9.2.1 设置幻灯片主题

PowerPoint 2016 为每种设计模板提供了几十种内置的主题颜色，用户在【设计】选项卡中单击【主题】命令组中的主题选项可以根据需要选择不同的主题样式来设计演示文稿。这些主题样式是预先设置好的协调色，可以自动应用于幻灯片的背景、文本线条、阴影、标题文本、填充、强调和超链接中，如图 9-8 所示。

9.2.2　设置幻灯片背景

设计演示文稿时，用户除了可以在应用模板或改变主题颜色时更改幻灯片的背景外，还可以根据需要任意更改幻灯片的背景颜色和背景设计，如添加底纹、图案、纹理或图片等。

在 PowerPoint 2016 中为幻灯片设置背景，打开【设计】选项卡，在【自定义】命令组中单击【设置背景样式】按钮，在显示的窗格中选择需要的背景样式即可，如图 9-9 所示。

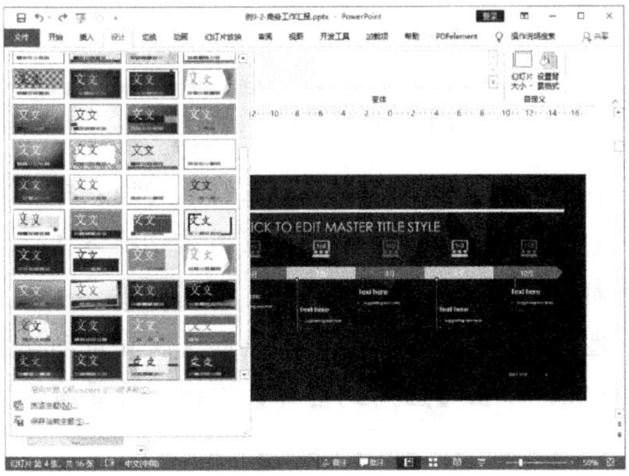

图 9-8　设置主题

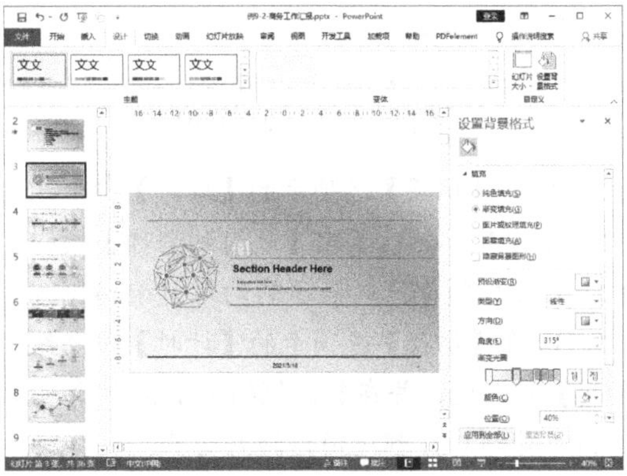

图 9-9　设置背景

9.3　设置幻灯片动画

动画是为文本或其他对象添加的，在幻灯片放映时产生的特殊视觉或声音效果。在 PowerPoint 中，演示文稿中的动画有两种主要类型：一种是幻灯片切换动画，另一种是对象的动画效果。

9.3.1　设置幻灯片切换动画

幻灯片切换效果是指一张幻灯片如何从屏幕上消失，以及另一张幻灯片如何在屏幕上显示。幻灯片切换方式可以是简单地以一张幻灯片代替另一张幻灯片，也可以创建一种特殊的效果，使幻灯片以不一样的方式出现在屏幕上。用户既可以为一组幻灯片设置同一种切换方式，也可以为每张幻灯片设置不同的切换方式。

【例 9-3】 在“商务工作汇报”演示文稿中为幻灯片设置切换动画效果。

① 继续例 9-2 的操作，选择【视图】选项卡，在【演示文稿视图】命令组中单击【幻灯片浏览】按钮，将演示文稿切换到幻灯片浏览视图界面，如图 9-10 所示。

② 打开【切换】选项卡，在【切换到此幻灯片】命令组中单击【其他】按钮，在弹出的列表框中选择【百叶窗】选项，如图 9-11 所示，此时被选中的幻灯片缩略图将显示切换动画的预览效果。

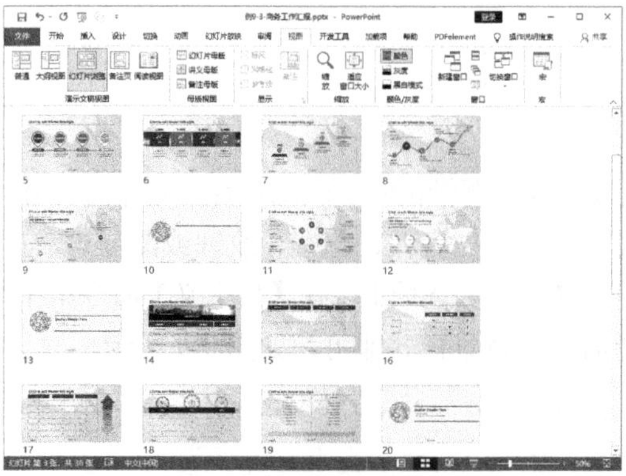

图 9-10　幻灯片浏览视图

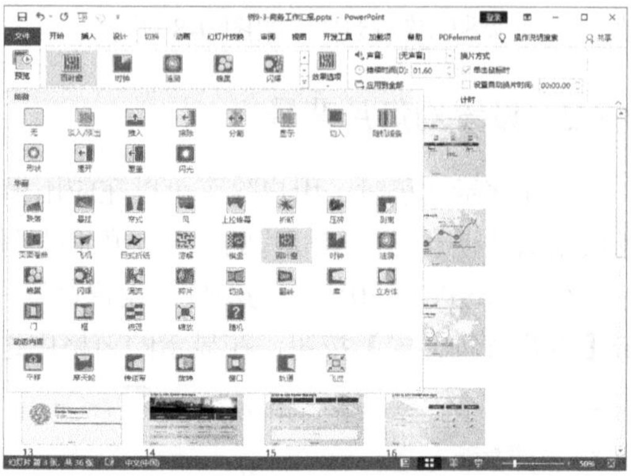

图 9-11　设置幻灯片切换动画

③ 在【切换】选项卡的【计时】命令组中，单击【声音】下拉按钮，在打开的列表中选择【风铃】选项，然后单击【应用到全部】按钮，将演示文稿的所有幻灯片都应用该切换方式。此时，幻灯片预览窗口显示的幻灯片缩略图左下角都将出现动画标志。

④ 在【切换】选项卡的【计时】命令组中，选中【单击鼠标时】复选框和【设置自动换片时间】复选框，并在其右侧的文本框中输入 00:05.00，单击【应用到全部】按钮，设置演示文稿的所有幻灯片都应用该换片方式。

⑤ 在【切换】选项卡的【切换此幻灯片】命令组中单击【效果选项】按钮，可以在弹出的效果下拉列表框中选择【垂直】或【水平】切换效果。

⑥ 打开【幻灯片放映】选项卡，在【开始放映幻灯片】命令组中单击【从头开始】按钮，此时演示文稿将从第 1 张幻灯片开始放映。单击或者等待 5 秒钟即可切换至下一张幻灯片。

9.3.2　设置幻灯片对象动画

在 PowerPoint 2016 中，除了幻灯片切换动画外，还可以设置幻灯片对象的动画效果。所谓动画效果，是指为幻灯片内部各个对象设置的动画效果。用户可以对幻灯片中的文本、图形、表格等对象添加不同的动画效果，如进入动画、强调动画、退出动画和动作路径动画等。

在幻灯片中选中某个对象后，打开【动画】选项卡，单击【动画】命令组中的【其他】按钮，在弹出的下拉列表框中选择一种动画选项，即可为对象添加该动画效果，如图 9-12 所示。若在下拉列表框中选择【更多进入效果】【更多强调效果】【更多退出效果】【其他动作路径】等命令，将打开相应类型动画的选择对话框，用户在其中可以选择更多类型的进入动画选项。

另外，在【高级动画】命令组中单击【添加动画】按钮，在弹出的下拉列表框中选择动画选项，用户可以将动画添加给某个对象，使一个对象同时拥有两种以上的动画效果。

【例 9-4】在“商务工作汇报”演示文稿中为对象添加动画效果。

① 继续例 9-3 的操作，在第 1 张幻灯片中选择“一季度销售工作汇报”文本框，打开【动画】选项卡，在【动画】命令组单击【其他】按钮，在弹出的列表框中选择【飞入】进入效果，将该标题应用飞入效果。

② 在【高级动画】命令组单击【添加动画】下拉按钮，在弹出的下拉菜单中选择【更多进入效果】命令，打开【添加进入效果】对话框。

③ 在【基本】选项区域中选择【内向溶解】选项，单击【确定】按钮，为文本框添加【内向溶解】动画，使其同时拥有两个动画效果，如图 9-13 所示。

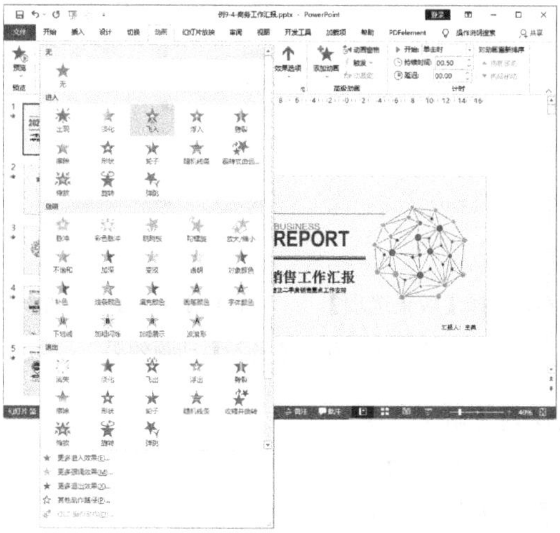

图 9-12　为文本框设置【飞入】进入效果

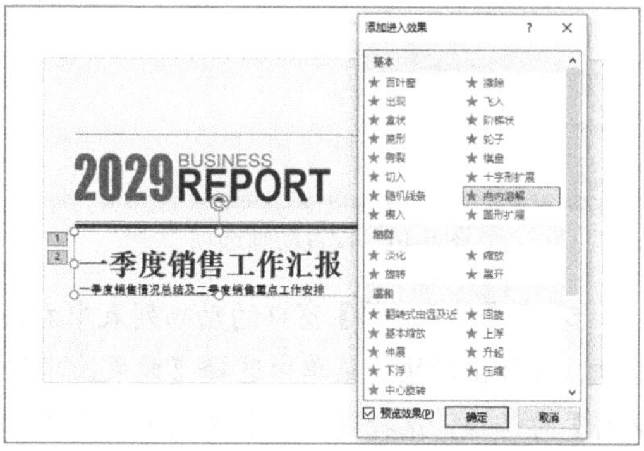

图 9-13　添加【内向溶解】动画

④ 重复以上操作，为演示文稿中其他对象设置动画效果。

9.3.3　设置动画效果选项

为对象添加了动画效果后，该对象就应用了默认的动画格式。这些动画格式主要包括动画开始运行的方式、变化方向、运行速度、延时方案、重复次数等。

在【动画】选项卡的【高级动画】命令组中单击【动画窗格】按钮，可以打开【动画窗格】窗口，窗口中将显示当前选中对象上所设置的动画列表。在动画效果列表中单击动画效果，在【动画】选项卡的【动画】和【高级动画】命令组中，用户可以重新设置对象的效果；在【动画】选项卡的【计时】命令组中【开始】下拉列表框中，用户可以设置动画开始方式，在【持续时间】和【延迟】微调框中设置运行速度。另外，在动画效果列表中右击动画效果，在弹出的快捷菜单中选择【效果选项】命令，打开【效果设置】对话框，可以设置动画效果。

【例 9-5】 在“商务工作汇报”演示文稿中更改动画效果，并设置相关动画选项。

① 继续例 9-4 的操作，选择【动画】选项卡，在【高级动画】命令组中单击【动画窗格】按钮，打开【动画窗格】窗口。

② 选中例 9-4 设置动画效果的对话框，在【动画窗格】窗口中按 Ctrl+A 快捷键选中所有的动画，在【计时】命令组的【开始】下拉列表框中选择【与上一动画同时】选项，单击【播放所选项】按钮，预览动画效果，如图 9-14 所示。

③ 在【动画窗格】窗口的动画列表中右击【飞入】动画选项，在弹出的快捷菜单中选择【效果选项】命令，如图 9-15(a)所示。

④ 打开【飞入】对话框，单击【方向】下拉按钮，从弹出的列表中选择【自左侧】选项，单击【动画文本】下拉按钮，从弹出的列表中选择【按字母顺序】选项，在该选项下的文本框中输入 10，然后单击【确定】按钮，如图 9-15(b)所示。

图 9-14　设置动画选项

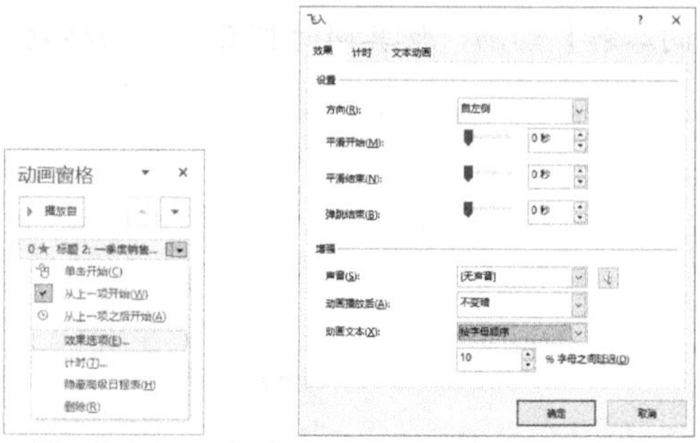

(a) 选择【效果选项】　　(b) 【飞入】对话框

图 9-15 设置【飞入】动画效果

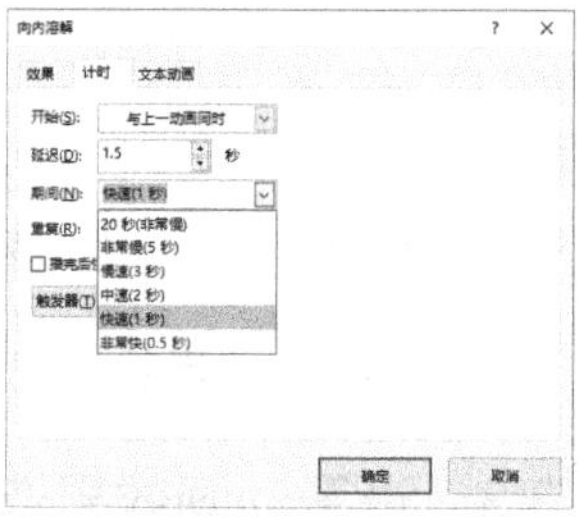

图 9-16 设置动画计时选项

⑤ 在【动画窗格】窗口的动画列表中右击【向内溶解】动画选项，在弹出的快捷菜单中选择【效果选项】命令，打开【向内溶解】对话框，选择【计时】选项卡，在【延迟】文本框中设置动画延迟时间为 1.5 秒，然后单击【期间】下拉按钮，在弹出的下拉列表中选择【1 秒】选项，如图 9-16 所示。

⑥ 在【向内溶解】对话框中单击【确定】按钮，然后在【动画】选项卡中单击【预览】按钮，即可预览幻灯片中对象动画的效果。

在【动画窗格】窗口的列表中选中动画效果，单击上移按钮▲或下移按钮▼可以调整该动画的播放次序。其中，上移按钮表示将该动画的播放次序提前一位，下移按钮表示将该动画的播放次序向后移一位。

9.4 制作交互式演示文稿

在 PowerPoint 中，用户可以为幻灯片中的文本、图形、图片等对象添加超链接或者动作。当放映幻灯片时，单击链接和动作按钮，程序将自动跳转到指定的幻灯片页面，或者执行指定的程序。此时演示文稿具有了一定的交互性，在适当的时候放映所需内容，或做出相应的反应。

9.4.1 添加超链接

超链接是指向特定位置或文件的一种连接方式，可以利用它指定程序的跳转位置。超链接只有在幻灯片放映时才有效，当鼠标移至超链接文本时，鼠标将变为手形指针。在 PowerPoint 中，超链接可以跳转到当前演示文稿中的特定幻灯片、其他演示文稿中特定的幻灯片、自定义放映、电子邮件地址、文件或 Web 页上。

【例 9-6】在“商务工作汇报”演示文稿中为对象设置超链接。

① 继续例 9-5 的操作，选择第 2 张幻灯片中的文本“主要财务数据”，然后打开【插入】选项卡，在【链接】命令组中单击【链接】按钮，如图 9-17(a)所示，打开【插入超链接】对话框。

② 在【插入超链接】对话框的【链接到】选项区域中单击【本文档中的位置】按钮，在【请

选择文档中的位置】列表框中选择【幻灯片标题】选项下的【3.主要财务数据】选项，如图 9-17(b)所示，然后单击【确定】按钮。

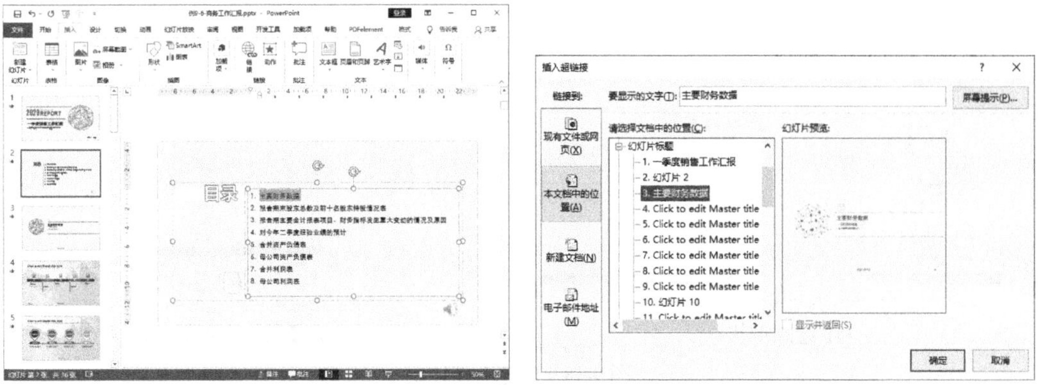

(a) 选择要添加超链接的文本　　(b) 【插入超链接】对话框

图 9-17　为文本添加超链接

③ 按 F5 键放映幻灯片，此时将鼠标光标移动到文字“主要财务数据”上时，鼠标光标变为形状，单击，演示文稿将自动跳转到第 3 张幻灯片。

在 PowerPoint 中，只有幻灯片中的对象才能添加超链接，备注、讲义等内容不能添加超链接。幻灯片中可以显示的对象几乎都可以作为超链接的载体。添加或修改超链接的操作，一般在普通视图的幻灯片编辑窗口中进行，在幻灯片预览窗口的大纲选项卡中，只能对文字添加或修改超链接。

9.4.2 使用动作按钮

动作按钮是 PowerPoint 中预先设置好的一组带有特定动作的图形按钮。这些按钮被预先设置为指向前一张、后一张、第一张、最后一张幻灯片、播放声音及播放电影等链接，可以方便地应用这些预置好的按钮，实现在放映幻灯片时跳转的目的。

动作与超链接有很多相似之处，几乎包括了超链接可以指向的所有位置。动作还可以设置其他属性，比如设置当鼠标移过某一对象上方时的动作。设置动作与设置超链接是相互影响的，在【设置动作】对话框中所做的设置，可以在【编辑超链接】对话框中表现出来。

【例 9-7】 在“商务工作汇报”演示文稿中添加动作按钮。

① 继续例 9-6 的操作，在幻灯片预览窗口中选择第 3 张幻灯片缩略图。

② 打开【插入】选项卡，在【插图】命令组中单击【形状】按钮，在打开菜单的【动作按钮】选项区域中选择【动作按钮：转到开头】选项，如图 9-18(a)所示，在幻灯片的右下角拖动鼠标绘制形状。

③ 释放鼠标，自动打开【操作设置】对话框，在【单击鼠标时的动作】选项区域中选中【超链接到】单选按钮，然后选择其下拉列表中的【第一张幻灯片】选项，选中【播放声音】复选框，并在其下拉列表框中选择【打字机】选项，然后单击【确定】按钮，如图 9-18(b)所示。

④ 按 F5 键放映演示文稿，单击第 3 张幻灯片中的动作按钮，将跳转至第 1 张幻灯片。

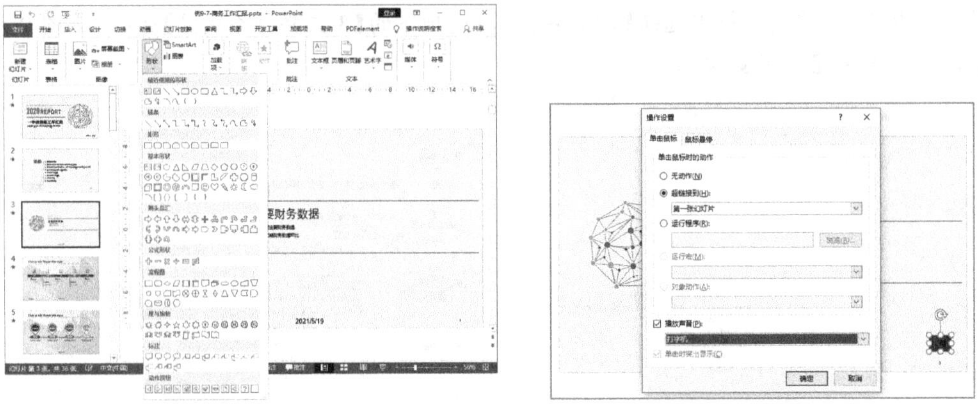

(a) 绘制形状　　　　(b) 【操作设置】对话框

图 9-18　创建动作按钮

如果在【操作设置】对话框的【鼠标移过】选项卡中设置超链接的目标位置，那么放映演示文稿的过程中，当鼠标移过该动作按钮(无须单击)时，演示文稿将直接跳转到目标幻灯片。

9.4.3　隐藏幻灯片

通过添加超链接或动作将演示文稿的结构设置得较为复杂时，有时希望某些幻灯片只在单击指向它们的链接时才会被显示出来。要达到这样的效果，可以使用幻灯片的隐藏功能。

在普通视图模式下，右击幻灯片预览窗口中的幻灯片缩略图，在弹出的快捷菜单中选择【隐藏幻灯片】命令，或者打开【幻灯片放映】选项卡，在【设置】命令组中单击【隐藏幻灯片】按钮，即可将正常显示的幻灯片隐藏。被隐藏的幻灯片编号上将显示一个带有斜线的灰色小方框，这表示幻灯片在正常放映时不会被显示，只有当单击了指向它的超链接或动作按钮后才会显示。

【例 9-8】 在“商务工作汇报”演示文稿中隐藏第 3 张幻灯片。

① 继续例 9-7 的操作，在幻灯片预览窗口中选择第 3 张幻灯片缩略图，将其显示在幻灯片编辑窗口中。

② 打开【幻灯片放映】选项卡，在【设置】命令组中单击【隐藏幻灯片】按钮，即可将正常显示的幻灯片隐藏，如图 9-19 所示。

③ 此时，按 F5 键放映幻灯片，当放映到第 2 张幻灯片时，单击，则 PowerPoint 将忽略第 3 张幻灯片自动播放第 4 张幻灯片。若在放映第 2 张幻灯片时单击【主要财务数据】链接，即可放映隐藏的第 3 张幻灯片。

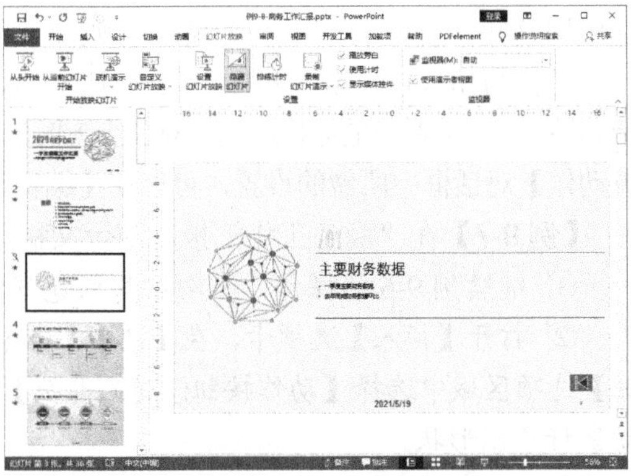

图 9-19　隐藏第 3 张幻灯片

9.5 设置放映方式

PowerPoint 提供了灵活的幻灯片放映控制方法和适合不同场合的幻灯片放映类型，使演示更为得心应手，更有利于主题的阐述及思想的表达。

9.5.1　定时放映幻灯片

用户在设置幻灯片切换效果时，可以设置每张幻灯片在放映时停留的时间，当等待到设定的时间后，幻灯片将自动向下放映。

打开【切换】选项卡，在【计时】命令组中选中【单击鼠标时】复选框，则用户单击鼠标或按 Enter 键和空格键时，放映的演示文稿将切换到下一张幻灯片；选中【设置自动换片时间】复选框，并在其右侧的文本框中输入时间(时间为秒)后，则在演示文稿放映时，当幻灯片等待了设定的秒数之后，将自动切换到下一张幻灯片，如图 9-20 所示。

9.5.2　循环放映幻灯片

将制作好的演示文稿设置为循环放映，可以应用于展览会场的展台等场合，让演示文稿自动运行并循环播放。

打开【幻灯片放映】选项卡，在【设置】命令组中单击【设置幻灯片放映】按钮，打开【设置放映方式】对话框，如图 9-21 所示。在【放映选项】选项区域中选中【循环放映，按 Esc 键终止】复选框，则在播放完最后一张幻灯片后，会自动跳转到第 1 张幻灯片，而不是结束放映，直到用户按 Esc 键退出放映状态。

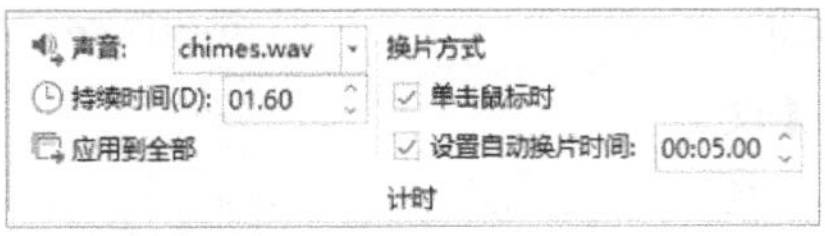

图 9-20 【计时】命令组

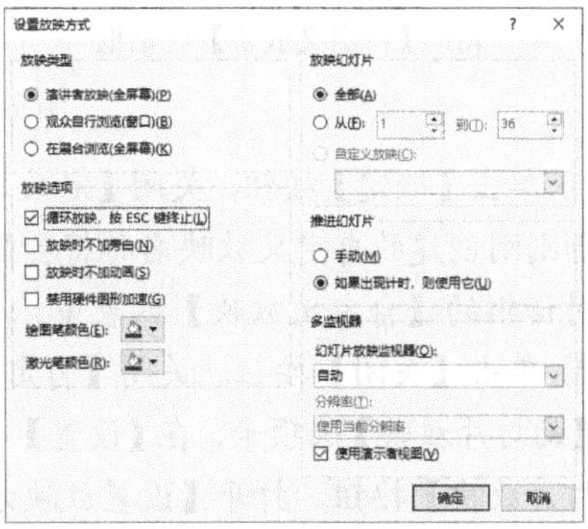

图 9-21 【设置放映方式】对话框

9.5.3　连续放映幻灯片

在【切换】选项卡【计时】命令组选中【设置自动换片时间】复选框，并为当前选定的幻灯片设置自动换片时间，然后单击【全部应用】按钮，为演示文稿中的每张幻灯片设定相同的切换时间，即可实现幻灯片的连续自动放映。

需要注意的是，由于每张幻灯片的内容不同，放映的时间可能不同，所以设置连续放映的最常见方法是通过排练计时功能完成。

9.5.4 自定义放映幻灯片

自定义放映是指用户可以自定义演示文稿放映的张数，使一个演示文稿适用于多种观众，可以将一个演示文稿中的多张幻灯片进行分组，以便对特定的观众放映演示文稿中的特定部分。用户可以使用超链接指向演示文稿中的各个自定义放映，也可以在放映整个演示文稿时只放映其中的某个自定义放映。

【例 9-9】在“商务工作汇报”演示文稿中创建自定义放映。

① 继续例 9-8 的操作，选择【幻灯片放映】选项卡，单击【开始放映幻灯片】命令组中的【自定义幻灯片放映】按钮，在弹出的菜单中选择【自定义放映】命令，打开【自定义放映】对话框，然后单击【新建】按钮，如图 9-22(a)所示。

② 打开【定义自定义放映】对话框，在【幻灯片放映名称】文本框中输入文字“主要财务数据”，在【在演示文稿中的幻灯片】列表中选择第 3～第 8 张幻灯片，然后单击【添加】按钮，将幻灯片添加到【在自定义放映中的幻灯片】列表中，如图 9-22(b)所示。

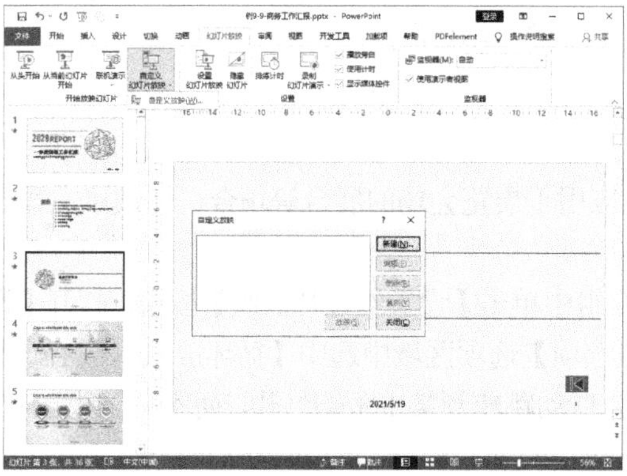

(a) 【自定义放映】对话框

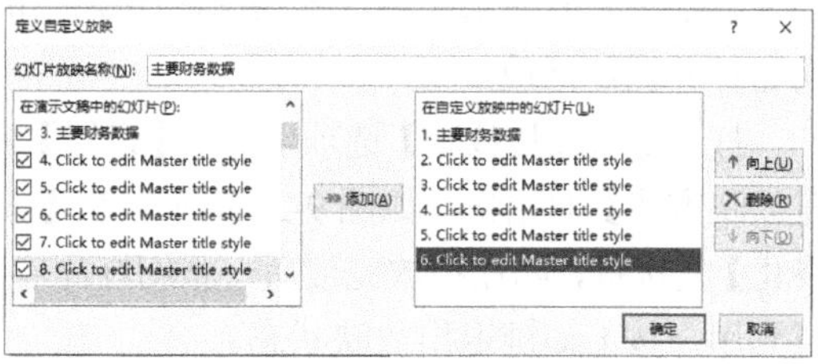

(b) 【定义自定义放映】对话框

图 9-22 定义自定义放映

③ 单击【确定】按钮，关闭【定义自定义放映】对话框，则刚刚创建的自定义放映名称将会显示在【自定义放映】对话框的【自定义放映】列表中。

④ 单击【关闭】按钮，关闭【自定义放映】对话框。打开【幻灯片放映】选项卡，在【设置】命令组中单击【设置幻灯片放映】按钮，打开【设置放映方式】对话框，在【放映幻灯片】选项区域中选中【自定义放映】单选按钮，然后选择需要的自定义放映名称，如图 9-23 所示。

⑤ 单击【确定】按钮，关闭【设置放映方式】对话框。此时按 F5 键，将自动播放自定义放映的幻灯片。

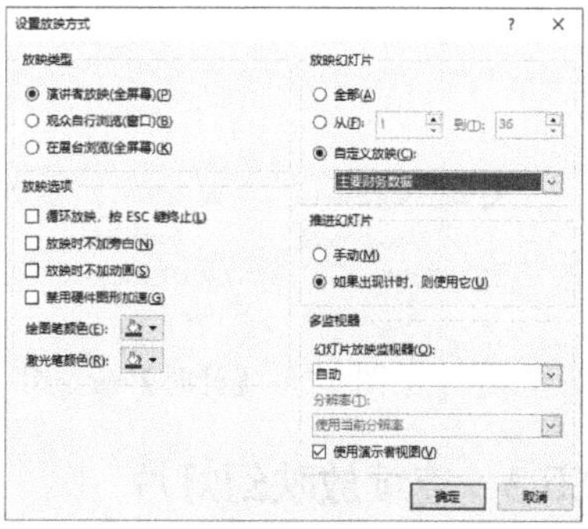

图 9-23 【设置放映方式】对话框

9.6 设置放映类型

选择【幻灯片放映】选项卡，单击【设置】命令组中的【设置幻灯片放映】选项，在打开的【设置放映方式】对话框，用户可以设置当前演示文稿的放映类型，如图 9-23 所示，包括演讲者放映(全屏幕)、观众自行浏览(窗口)及在展台浏览(全屏幕)3 种。

1. 演讲者放映(全屏幕)

演讲者放映是系统默认的放映类型，也是最常见的全屏放映方式。在这种放映方式下，演讲者现场控制演示节奏，具有放映的完全控制权。

演讲者可以根据观众的反应随时调整放映速度或节奏，还可以暂停下来进行讨论或记录观众即席反应，甚至可以在放映过程中录制旁白。演讲者放映一般用于召开会议时的大屏幕放映、联机会议或网络广播等。

2. 观众自行浏览(窗口)

观众自行浏览是在标准 Windows 窗口中显示的放映形式，放映时的 PowerPoint 窗口具有菜单栏、Web 工具栏，与浏览网页的效果类似，便于观众自行浏览。该放映类型用于在局域网或 Internet 中浏览演示文稿。

3. 在展台浏览(全屏幕)

采用该放映类型，最主要的特点是不需要专人控制就可以自动运行，在使用该放映类型时，如超链接等控制方法都失效。播放完最后一张幻灯片后，会自动从第一张重新开始播放，直至用户按 Esc 键才会停止播放。该放映类型主要用于展览会的展台或会议中的某部分需要自动演示等场合。

需要注意的是，使用该放映方式时，用户不能对其放映过程进行干预，必须设置每张幻灯片的放映时间或预先设定排练计时，否则可能会长时间停留在某张幻灯片上。

另外，打开【幻灯片放映】选项卡，按住 Ctrl 键，在【开始放映幻灯片】组中单击【从当前幻灯片开始】按钮，即可实现幻灯片缩略图放映效果。

9.7 控制幻灯片放映

在放映幻灯片时，用户还可对放映过程进行控制，例如设置排练计时、控制放映过程、添加注释和录制旁白等。熟练掌握这些操作，则用户在放映幻灯片时能够更加得心应手。

9.7.1 排练计时

完成演示文稿内容的制作之后，可以运用 PowerPoint 2016 的排练计时功能来排练整个演示文稿放映的时间。在排练计时的过程中，演讲者可以确切了解每一页幻灯片需要讲解的时间，以及整个演示文稿的总放映时间。

【例 9-10】使用排练计时功能排练“商务工作汇报”演示文稿的放映时间。

① 继续例 9-9 的操作，选择【幻灯片放映】选项卡，在【设置】命令组中单击【排练计时】按钮，演示文稿将自动切换到幻灯片放映状态，幻灯片左上角出现【录制】对话框。

② 整个演示文稿放映完成后，将打开 Microsoft PowerPoint 对话框，该对话框显示幻灯片播放的总时间，并询问是否保留该排练时间，如图 9-24 所示。

③ 单击【是】按钮，此时若将演示文稿切换到幻灯片浏览视图，从幻灯片浏览视图中可以看到，每张幻灯片下方均显示各自的排练时间，如图 9-25 所示。

用户在放映幻灯片时可以选择是否启用设置好的排练时间。打开【幻灯片放映】选项卡，在【设置】命令组中单击【设置放映方式】按钮，打开【设置放映方式】对话框。如果在对话框的【换片方式】选项区域中选中【手动】单选按钮，则存在的排练计时不起作用，用户在放映幻灯片时只有通过单击或按 Enter 键、空格键才能切换幻灯片。

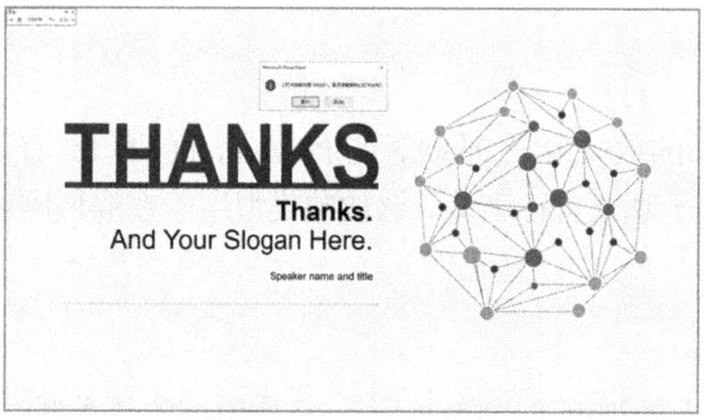

图 9-24 播放演示文稿时显示【录制】对话框

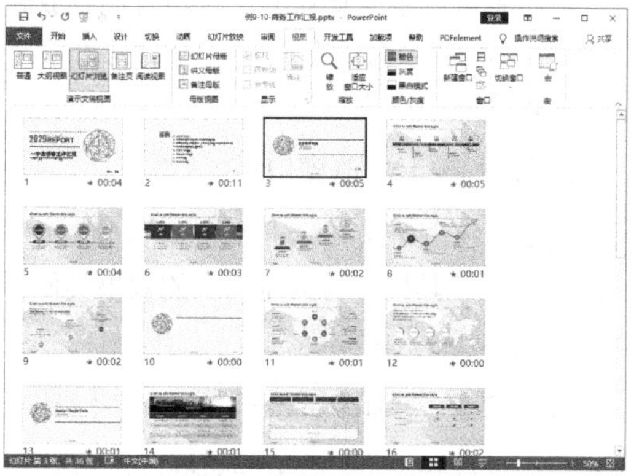

图 9-25 排练计时结果

9.7.2 控制放映过程

在放映演示文稿的过程中，可以根据需要按放映次序依次放映、快速定位幻灯片、显示黑屏或白屏和结束放映等。

1. 按放映次序依次放映

如果需要按放映次序依次放映，则可以进行如下操作。

- 单击鼠标左键。
- 在放映屏幕的左下角单击▷按钮。
- 右击，在弹出的快捷菜单中选择【下一张】命令。

2. 快速定位幻灯片

如果不需要按照指定的顺序进行放映，则可以快速定位幻灯片。在放映屏幕的左下角单击按钮(或者在放映屏幕上右击，在弹出的快捷菜单中选择【查看所有幻灯片】命令)，在显示的界面中单击需要定位的幻灯片预览图即可，如图 9-26 所示。

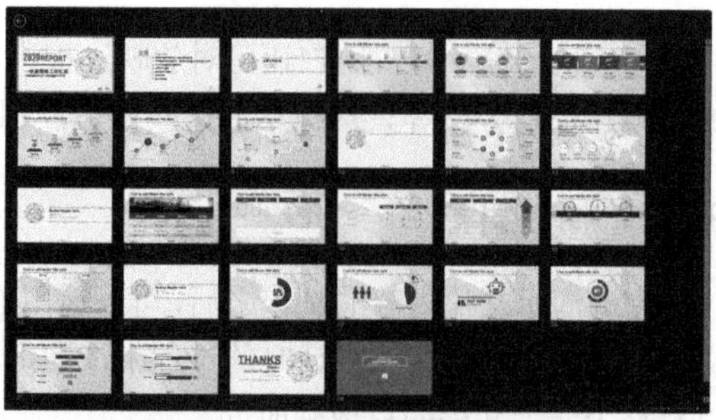

图 9-26 快速定位到指定幻灯片

3. 显示白屏/黑屏

在幻灯片放映的过程中，有时为了避免引起观众的注意，可以将幻灯片以黑屏或白屏显示。具体方法为，右击，在快捷菜单中选择【屏幕】|【黑屏】命令或【屏幕】|【白屏】命令即可。

9.7.3　使用墨迹注释

使用 PowerPoint 提供的绘图笔可以为重点内容添加墨迹。绘图笔的作用类似于板书笔，常用于强调或添加注释。用户可以选择绘图笔的形状和颜色，也可以随时擦除绘制的笔迹。

【例 9-11】在“商务工作汇报”演示文稿放映时使用绘图笔标注重点。

① 继续例 9-10 的操作，按 F5 键，播放排练计时后的演示文稿。

② 当放映幻灯片时，单击屏幕左下角的按钮，或者在屏幕中右击，在弹出的快捷菜单中选择【荧光笔】选项，将绘图笔设置为荧光笔样式，然后在弹出的快捷菜单中选择【墨迹颜色】命令，在打开的【标准色】面板中选择【黄色】选项，如图 9-27 所示。

③ 此时鼠标变为一个小矩形形状，可以在需要绘制重点的地方拖动鼠标绘制标注，如图 9-28 所示。

图 9-27　使用荧光笔

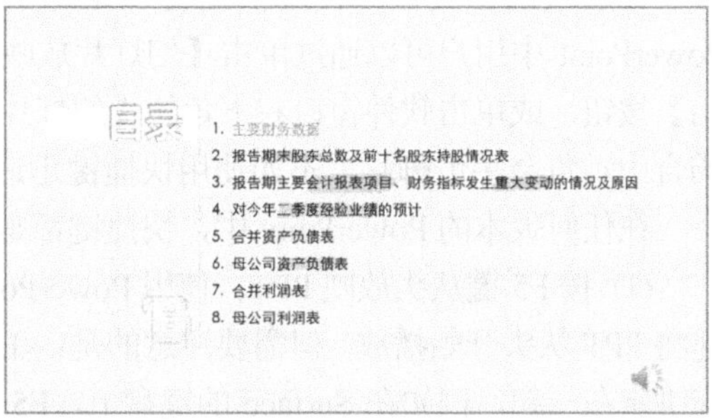

图 9-28　在幻灯片中拖动鼠标绘制重点

④ 按 Esc 键退出放映状态，系统将弹出对话框，询问用户是否保留在放映时所做的墨迹注释。单击【保留】按钮，将绘制的注释图形保留在幻灯片中。

⑤ 在绘制注释的过程中出现错误时，可以在右键菜单中选择【指针选项】|【橡皮擦】命令，然后在墨迹上单击，将墨迹按需要擦除；选择【指针选项】|【擦除幻灯片上的所有墨迹】命令，即可一次性删除幻灯片中的所有墨迹。

9.7.4　使用旁白

在 PowerPoint 中，用户可以为指定的幻灯片或全部幻灯片添加录音旁白。使用录制旁白可以为演示文稿增加解说词，使演示文稿在放映状态下主动播放语音说明。

【例 9-12】在“商务工作汇报”演示文稿中录制旁白。

① 选择【幻灯片放映】选项卡，在【设置】命令组中单击【录制幻灯片演示】按钮，在弹出的菜单中选择【从头开始录制】命令。

② 打开【录制幻灯片演示】对话框，保持默认设置。

③ 单击【开始录制】按钮，进入幻灯片放映状态，同时开始录制旁白，单击或按 Enter 键切换到下一张幻灯片。

④ 旁白录制完成后，按Esc键或者单击即可，此时演示文稿将切换到幻灯片浏览视图，从幻灯片浏览视图中可以看到，每张幻灯片下方均显示各自的排练时间。

录制了旁白的幻灯片在右下角都会显示一个声音图标，PowerPoint 中的旁白声音优于其他声音文件，当幻灯片同时包含旁白和其他声音文件时，在放映幻灯片时只放映旁白。选中声音图标，按键盘上的 Delete 键即可删除旁白。

9.8 放映与输出演示文稿

在完成演示文稿的设计、排版与相关的设置后，就可以在演讲中使用演示文稿与观众进行沟通。在实际工作中，利用 PowerPoint 软件的各种输出功能，用户可以将 PPT 输出为各种文件形式，或通过打印机打印成纸质文稿。

9.8.1 放映演示文稿

在放映演示文稿时使用快捷键，是每个演讲者必须掌握的最基础的入门知识。虽然在 PowerPoint 中用户可以通过单击【幻灯片放映】选项卡中的【从头开始】与【从当前幻灯片开始】按钮，或单击软件窗口右下角的【幻灯片放映】图标来放映演示文稿，但在正式的演讲场合中难免会手忙脚乱，不如使用快捷键迅速且高效。

在任何版本的 PowerPoint 中，快捷键都是通用的，下面介绍一些常用的 PPT 放映快捷键。

(1) 按 F5 键从头放映 PPT。使用 PowerPoint 打开 PPT 文档后，用户只要按 F5 键，即可快速将 PPT 从头开始播放。但需要注意的是：在笔记本型电脑中，功能键 F1～F12 往往与其他功能绑定在一起，例如在 Surface 的键盘上，F5 键就与计算机的音量减小功能绑定。此时，只有在按 F5 键的同时再多按一个 Fn 键(一般在键盘底部的左侧)，才算是按了 F5 键，PPT 才会开始放映。

(2) 停止 PPT 放映并显示幻灯片列表。在放映 PPT 时，按-键将立即停止放映，并在 PowerPoint 中显示幻灯片列表。单击幻灯片列表中的某张幻灯片，PowerPoint 将快速切换到该幻灯片页面中。

(3) 按 W 键进入空白页状态。在演讲过程中，如果临时需要和观众就某一个论点或内容进行讨论，可以按 W 键进入 PPT 空白页状态。

如果用户先按 Ctrl+P 快捷键激活激光笔，再按 W 键进入空白页状态，在空白页中，用户可以在投影屏幕中使用激光笔涂抹画面对演讲内容进行说明。如果要退出空白页状态，按键盘上的任意键即可。在空白页上涂抹的内容将不会保存在 PPT 中。

(4) 按 B 键进入黑屏状态。在放映 PPT 时，有时需要观众自行讨论演讲的内容。此时，为了避免 PPT 中显示的内容对观众产生影响，用户可以按 B 键，使 PPT 进入黑屏状态。当观众讨论结束后，再次按 B 键即可恢复播放。

(5) 指定播放 PPT 的特定页面。在 PPT 正在放映的过程中，如果用户需要马上指定从 PPT 的某一张幻灯片(例如第 5 张)开始放映，可以按该张幻灯片的数字键+Enter 键(例如 5+Enter 键)。

(6) 快速返回 PPT 的第一张幻灯片。在 PPT 放映的过程中，如果用户需要使放映页面快速返回第一张幻灯片，只需要同时按住鼠标的左键和右键两秒钟左右即可。

(7) 暂停或重新开始 PPT 自动放映。在 PPT 放映时，如果用户要暂停放映或重新恢复幻灯片的自动放映，按 S 键或+键即可。

(8) 快速停止 PPT 放映。在 PPT 放映时按 Esc 键将立即停止放映，并在 PowerPoint 中选中当前正在放映的幻灯片。

(9) 从当前选中的幻灯片开始放映。在 PowerPoint 中，用户可以通过按 Shift+F5 快捷键，从当前选中的幻灯片开始放映 PPT。

9.8.2　输出演示文稿

有时，为了让演示文稿在不同的环境下正常放映，可以将制作好的演示文稿输出为不同的格式，以便播放。

1. 将演示文稿输出为视频

日常工作中，为了让没有安装 PowerPoint 软件的计算机也能够正常放映演示文稿，或是将制作好的演示文稿放到其他设备平台进行播放(如手机、平板电脑等)，就需要将演示文稿转换成其他格式，其中视频格式是最常用的格式，演示文稿在输出为视频格式后，其效果不会发生变化，依然会播放动画效果、嵌入的视频、音乐或语音旁白等内容。

【例 9-13】将演示文稿保存为视频。

① 继续例 9-12 的操作，按 F12 键打开【另存为】对话框，将【文件类型】设置为“MPEG-4 视频”，然后单击【保存】按钮。

② 此时，PowerPoint 将把 PPT 输出为视频格式，并在软件工作界面底部显示输出进度。

③ 稍等片刻后，双击输出的视频文件，即可启动视频播放软件查看演示文稿内容。

2. 将演示文稿输出为图片

在 PowerPoint 中，用户可以将演示文稿中的每一张幻灯片作为 GIF、JPEG 或 PNG 格式的图片文件输出。下面以输出为 JPEG 格式的图片为例介绍具体方法。

【例 9-14】将演示文稿保存为图片。

① 继续例 9-12 的操作，按 F12 键打开【另存为】对话框，将【文件类型】设置为【JPEG 文件交换格式】，然后单击【保存】按钮。

② 在打开的提示对话框中单击【所有幻灯片】按钮，如图 9-29 所示。

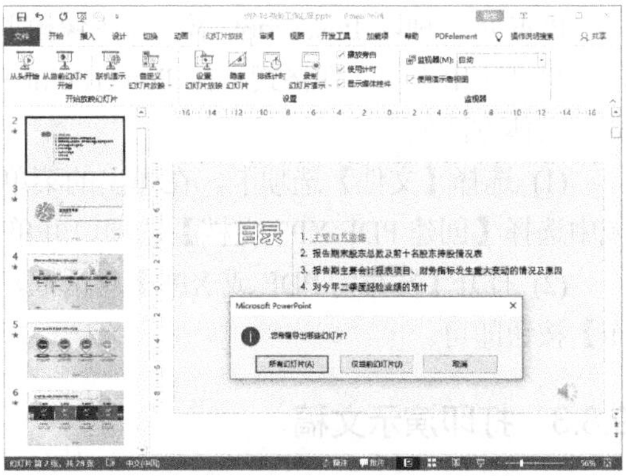

图 9-29　将演示文稿保存为图片

③ 此时，PowerPoint 将新建一个与演示文稿同名的文件夹用于保存输出的图片文件。

3. 将演示文稿打包为 CD

虽然目前 CD 很少被使用，但如果由于某些特殊的原因(例如，向客户赠送产品说明演示文稿)，用户需要将演示文稿打包为 CD，可以参考以下方法进行操作。

(1) 选择【文件】选项卡，在弹出的菜单中选择【导出】选项，在显示的【导出】选项区域中选择【将演示文稿打包成 CD】选项，并单击【打包成 CD】按钮，如图 9-30(a)所示。

(2) 打开【打包成 CD】对话框，单击【添加】按钮，如图 9-30(b)所示。

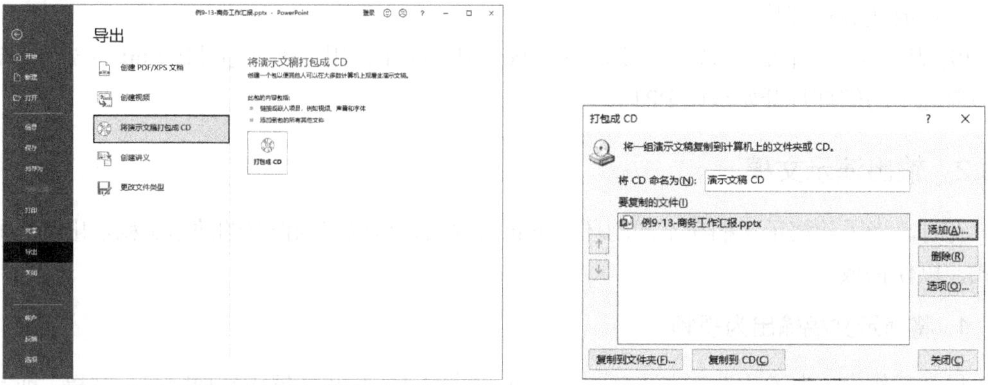

(a) 选择【将演示文稿打包成 CD】　　　(b) 【打包成 CD】对话框

图 9-30　将 PPT 文件打包为 CD

(3) 打开【添加文件】对话框，选中需要一次性打包的演示文稿文件路径，按住 Ctrl 键选中需要打包的主文件及其附属文件，然后单击【添加】按钮。

(4) 返回【打包成 CD】对话框，单击【复制到文件夹】按钮，打开【复制到文件夹】对话框，设置【文件夹名称】和【位置】，然后单击【确定】按钮。

(5) 在打开的提示对话框中单击【是】按钮，即可复制文件到文件夹。

(6) 使用刻录设备将打包成 CD 的演示文稿文件刻录在 CD 上，将 CD 放入光驱并双击其中的演示文稿文件，即可开始放映演示文稿。

4. 将演示文稿保存为 PDF 文件

PDF 是一种以 PostScript 语言和图像模型为基础，无论在哪种打印机上都可以确保以很好的效果打印出来的文件格式。在 PowerPoint 中制作好演示文稿后，也可以将其保存为 PDF 格式，具体方法如下。

(1) 选择【文件】选项卡，在弹出的菜单中选择【导出】选项，在显示的【导出】选项区域中选择【创建 PDF/XPS 文档】选项，并单击【创建 PDF/XPS】按钮。

(2) 打开【发布为 PDF 或 XPS】对话框，在其中设置 PDF 文件的保存路径，然后单击【发布】按钮即可。

9.8.3　打印演示文稿

演示文稿在打印时不像 Word、Excel 等文档那么简单。由于一页演示文稿的内容相对较少，如果把其中每一页幻灯片都单独打印在一整张 A4 纸上，那么一份普通的 PPT 文档在被打印出来后，可能会使用大量纸张(少则几页，多则几百页)，这样不但浪费纸，而且也会为阅读带来障碍。因此，在打印演示文稿时，一般会将多个演示文稿页面集中打印在一张纸上。

1. 自定义演示文稿单页打印数量

在 PowerPoint 中选择【文件】选项卡，在弹出的菜单中选择【打印】选项，将显示演示文稿打印界面。

在 PowerPoint 打印窗口的右侧显示演示文稿中当前选中的页面，软件默认一张纸打印一个幻灯片页面。单击【整页幻灯片】下拉按钮，在弹出的下拉列表中的【讲义】选项区域中，用户可以自定义在一张纸上打印 PPT 幻灯片页面的数量和版式，如图 9-31 所示。

2. 调整演示文稿颜色打印模式

虽然演示文稿在设计时通常会使用非常多的色彩，但在打印时却未必都以彩色模式打印，因此，当用户不需要对 PPT 进行彩色打印时，可以参考以下方法，将 PPT 设置为灰色打印效果。具体方法是：选择【文件】选项卡，在弹出的菜单中选择【打印】选项，在显示的打印选项区域中单击【颜色】下拉按钮，从弹出的下拉列表中选择【灰度】选项，如图 9-32 所示。

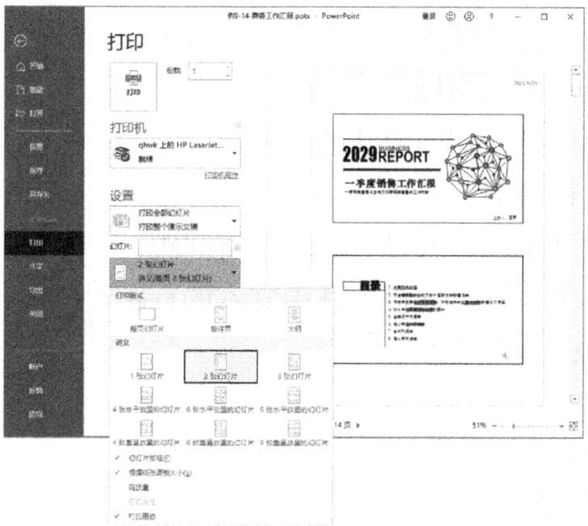

图 9-31　设置单页打印数量

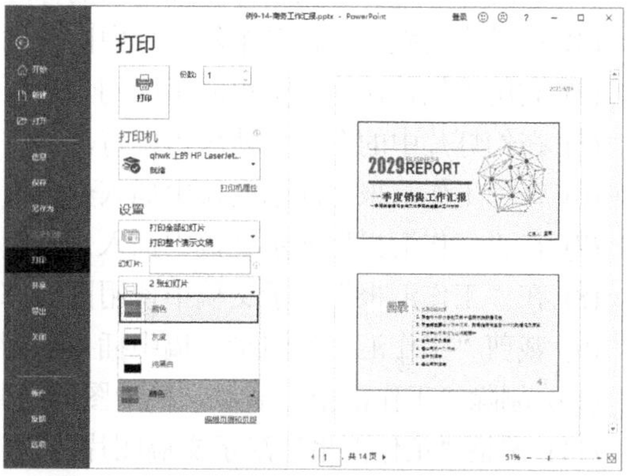

图 9-32　设置打印颜色

3. 打印演示文稿中隐藏的页面

在 PPT 打印界面中，如果软件没能显示打印隐藏的幻灯片页面，用户可以在打印界面中单击【打印全部幻灯片】下拉按钮，从弹出的下拉列表中选择【打印隐藏幻灯片】选项，设置 PowerPoint 打印 PPT 中隐藏的页面。

4. 设置演示文稿打印纸张大小

在 PowerPoint 中，软件默认使用 A4 纸张打印 PPT，如果用户想要更换 PPT 的打印纸张，可以执行以下操作。

(1) 选择【文件】选项卡，在弹出的菜单中选择【打印】选项，在显示的打印界面中单击【打印机属性】按钮。

(2) 在打开的对话框中选择【纸张/质量】选项卡，单击【尺寸】下拉按钮，从弹出的下

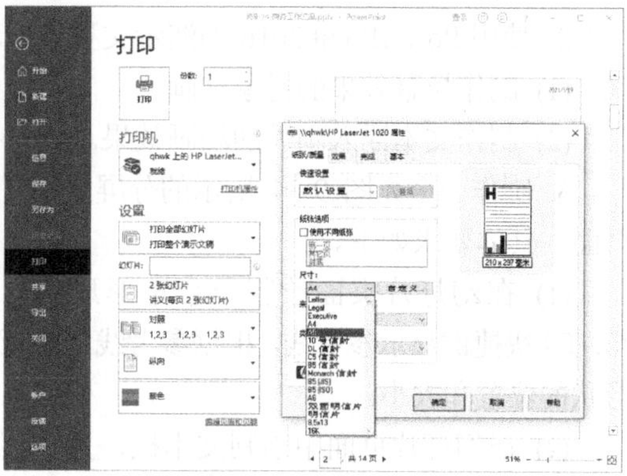

图 9-33　设置打印纸张尺寸

拉列表中选择合适的纸张后，单击【确定】按钮即可，如图 9-33 所示。

5. 预览演示文稿内容并执行打印

使用上面介绍的方法对演示文稿的各项打印参数进行设置后，用户可以在打印界面中拖动界面右侧的滚动条预览每张纸打印的演示文稿页面。

确认打印内容无误后，在【份数】文本框中输入 PPT 的打印份数，然后单击【打印】按钮，即可执行 PPT 打印操作。

9.9 综合案例

1. 使用 PowerPoint 2016 制作“工作汇报”演示文稿，完成以下操作。

(1) 创建“工作汇报”演示文稿，并为演示所有的幻灯片设置统一背景。

(2) 在幻灯片母版中调整并删除多余的标题页，然后插入一个自定义内容页。

(3) 通过应用版式，在多个幻灯片中同时插入相同的图标。

(4) 利用占位符在演示文稿的不同幻灯片页面中插入相同尺寸的图片。

(5) 在幻灯片中的图片上使用占位符，制作出样机演示效果。

(6) 在“工作汇报”演示文稿中插入一个横排文本框，并设置文本字符间距。

(7) 在“工作汇报”演示文稿中插入一个横排文本框，并设置其中文本的行距。

(8) 在“工作汇报”演示文稿中使用图像修饰幻灯片页面。

(9) 裁剪“工作汇报”演示文稿中插入的图片。

(10) 删除“工作汇报”演示文稿中图片的背景。

(11) 调整“工作汇报”演示文稿图片的图层位置。

(12) 在“工作汇报”演示文稿中通过插入形状绘制一个矩形和两个圆形形状。

(13) 设置幻灯片中插入形状的填充与线条格式。

(14) 在“工作汇报”演示文稿中使用蒙版修饰幻灯片页面效果。

(15) 为“工作汇报”演示文稿中的所有幻灯片统一设置“棋盘”切换效果。

(16) 为“工作汇报”演示文稿的目录页文本框添加超链接。

(17) 在“工作汇报”演示文稿中设置动作按钮。

2. 使用 PowerPoint 2016 为演示文稿设置动画，完成以下操作。

(1) 制作拉幕效果的对象动画。

(2) 制作文本浮入画面的动画效果。

3. 制作一个如图 9-34 所示的分屏式幻灯片页面，具体要求如下。

(1) 在幻灯片页面绘制一个矩形形状。按 Alt+F9 快捷键显示参考线，根据参考线调整矩形形状的位置和大小。

(2) 在幻灯片页面中绘制文本框，并在其中输入文本。

图 9-34 工作总结计划幻灯片

9.10 习题

一、判断题

1. PowerPoint 中，演示文稿一般按原来的顺序依次放映，有时需要改变这种顺序，可以借助超链接的方法来实现。(　　)

2. 在 PowerPoint 2016 中，母版有幻灯片母版、标题母版、备注母版和讲义母版四种类型。(　　)

3. PowerPoint 2016 的幻灯片浏览视图中，屏幕上可以同时看到演示文稿的多幅幻灯片的缩略图。(　　)

二、选择题

1. PowerPoint 2016 中，下列有关幻灯片母版的页眉、页脚的说法中，错误的是(　　)。

A. 页眉或页脚是加在演示文稿中的注释性内容

B. 不能设置页眉和页脚的文本格式

C. 在打印演示文稿的幻灯片时，页眉/页脚的内容也可以打印出来

D. 典型的页眉/页脚内容是日期、时间以及幻灯片编号

2. PowerPoint 2016 中，下列有关备注母版的说法中，错误的是(　　)。

A. 备注母版的下方是备注文本区，可以像在幻灯片母版中那样设置其格式

B. 要转到备注母版视图，可选择【视图】选项卡中的【备注母版】按钮

C. 备注母版的页面共有 5 个设置区：页眉区、页脚区、日期区、幻灯片缩图和数字区

D. 备注的最主要功能是进一步提示某张幻灯片的内容

3. PowerPoint 中，下列有关设置幻灯片放映时间的说法中，错误的是(　　)。

A. 只有单击鼠标时换页

B. 可以设置在单击鼠标时换页

C. 可以设置每隔一段时间自动换页

D. B、C 两种方法都可以换页

4. PowerPoint 2016 中，(　　)不是合法的【打印内容】选项。

A. 幻灯片　　B. 备注页　　C. 讲义　　D. 幻灯片浏览

5. 能够快速改变演示文稿的背景图案和配色方案的操作是(　　)。

A. 编辑母板

B. 在【设计】选项卡中的【效果】下拉框中选择

C. 切换到不同的视图

D. 在【设计】选项卡中单击不同的设计模板

三、操作题

1. 启动 PowerPoint 2016，打开素材演示文稿，新建一个标题幻灯片，然后完成以下操作。

(1) 删除最后一张幻灯片，并将第 4 张幻灯片与第 5 张幻灯片互换位置。

(2) 为所有幻灯片应用【考生】文件夹中的设计模板 Moban04.potx。

(3) 为第 2 张幻灯片文本区中的文字建立超链接，分别指向具有相应标题的幻灯片。

(4) 在第 1 张幻灯片的副标题位置输入日期“2022 年 10 月 12 日”，并设置该日期的动画效果为百叶窗，单击时开始播放。

2. 打开素材演示文稿，然后完成以下操作。

(1) 将所有幻灯片背景填充效果预设为“绿色”。

(2) 除标题幻灯片外，在其他幻灯片中添加幻灯片编号。

(3) 为第 2 张幻灯片文本区中的各行文字建立超链接，分别指向具有相应标题的幻灯片。

(4) 在最后一张幻灯片的右下角添加“第一张”动作按钮，超链接指向第 1 张幻灯片。

3. 打开素材演示文稿，然后完成以下操作。

(1) 为所有幻灯片添加主题，主题为“顶峰”。

(2) 设置所有幻灯片切换方式为“揭开”，每隔 10 秒钟自动换页。

(3) 为最后一张幻灯片“玄武湖五洲”设置自定义动画，标题效果为单击时，自右侧飞入；正文内容效果为单击时，每个段落分批出现。

(4) 将第 1 张幻灯片中的图片超链接到“http://www.baidu.com”。

4. 打开素材演示文稿，然后完成以下操作。

(1) 使用“暗香扑面”主题。

(2) 在页眉和页脚中设置：页脚为“马尔代夫”、显示幻灯片编号，以上内容在标题幻灯片中不显示。

(3) 第 2 张幻灯片，给文字“1190 个岛屿组成”添加超链接，使之链接到第 4 张幻灯片。

(4) 第 2 张幻灯片，插入【试题】文件夹中的图片“马尔代夫.jpg”，添加动画效果，使之单击时从左侧飞入。

(5) 将第 2 张幻灯片的版式设置为“标题和竖排文字”。

(6) 将第 3 张幻灯片的切换方式设置为“百叶窗”。

(7) 在第 4 张幻灯片上添加一个自定义按钮，使之能返回到第 2 张幻灯片，并在按钮上添加文字“返回”。

5. 打开素材演示文稿，然后完成以下操作。

(1) 所有幻灯片应用设计模板“波形”。

(2) 设置第 1 张幻灯片标题的动画效果为盒状，方向缩小。

(3) 设置所有幻灯片显示固定的日期为“2012 年 10 月 19 日”及幻灯片编号(注：先插入日期，后插入编号)。

(4) 在最后一张幻灯片的右下角插入一个“第一张”动作按钮，超链接指向首张幻灯片。

第 10 章
计算机网络与信息安全

☑ 本章要点

了解计算机网络的基本概念和因特网的基础知识。掌握 IE 浏览器和 Outlook 软件的基本操作。了解计算机病毒的概念、特征、分类与防治方法。理解计算机与网络信息安全的概念和防控方法。

☑ 知识体系

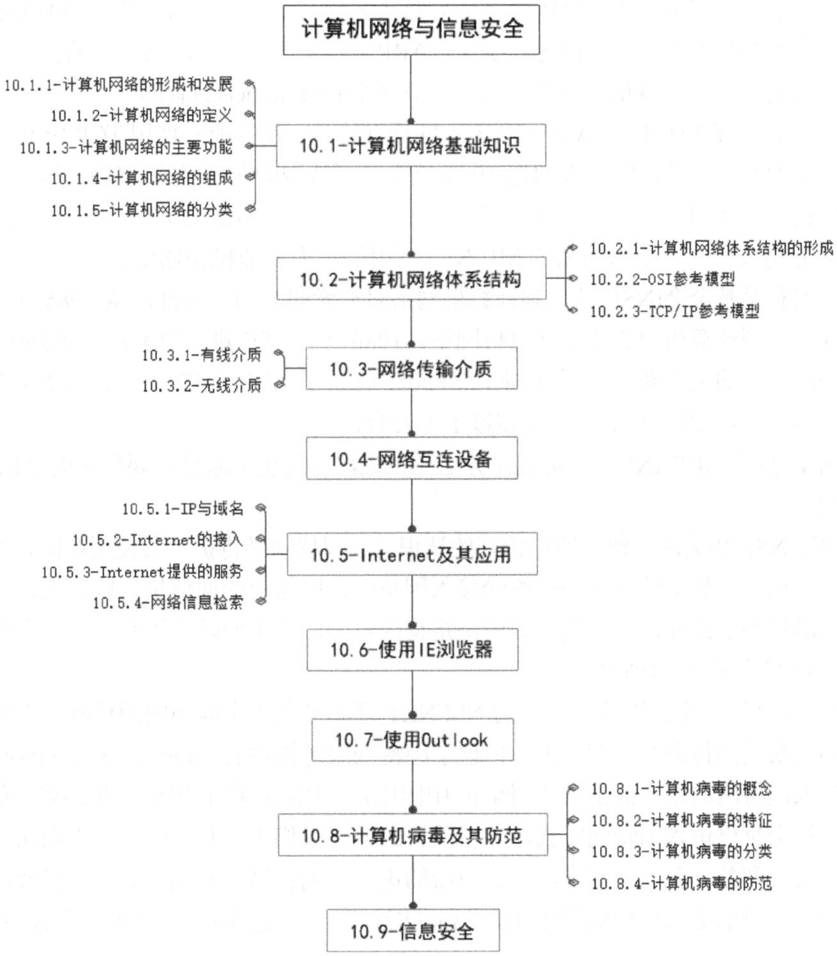

10.1 计算机网络基础知识

随着人类社会信息化水平不断提高，人们对信息的需求量越来越大。计算机技术的快速发展，使信息的数字化表示和快速处理成为可能，为了将大量的数字化信息方便、快速、安全地传递，计算机网络技术应运而生。计算机网络是计算机技术和现代通信技术紧密结合的产物，它经历了20世纪60年代的萌芽阶段、70年代的兴起阶段、70年代中期至80年代的局域网发展和网络互联阶段、90年代网络计算机和国际互联网阶段，最终形成了全球互联网。如今，计算机网络已经深入到了社会生活的各个领域，正在逐步改变人们生活和工作的方方面面。

10.1.1 计算机网络的形成和发展

20世纪60年代初，美国国防部领导的远景研究规划局(Advanced Research Project Agency，ARPA)提出要研制一种全新的、能够适应现代战争的、生存性很强的网络，于是在1969年，美国创建了世界上第一个分组交换网——ARPANET。

ARPANET的规模迅速增长，到了1975年，ARPANET已经连入了100多台主机，并结束了网络试验阶段，移交美国国防部国防通信局正式运行。同时，人们已认识到不可能仅使用一个单独的网络来满足所有的通信问题，于是，ARPA开始研究多种网络互连的技术，这就导致了后来互联网的出现。这样的互联网就成为现在因特网(Internet)的雏形。

1983年，TCP/IP协议成为ARPANET上的标准协议，使得所有使用TCP/IP协议的计算机都能利用互联网互相通信，因而人们把1983年定为因特网的诞生时间。1983年，美国国防部国防通信局将ARPANET分为两个独立的部分，一部分仍叫ARPANET，用于进一步的研究工作；另一部分稍大一些，成为著名的MILNET，用于军方的非机密通信。

美国国家科学基金会(NSF)认识到计算机网络对科学研究的重要性，从1985年开始，NSF就围绕其6个大型计算机中心建设计算机网络。1986年，NSF建立国家科学基金网NSFNET，覆盖了全美国主要的大学和研究所。后来，NSFNET接管了ARPANET并将网络改名为Internet，即因特网。1987年，因特网上的主机超过了1万台。

1990年，鉴于ARPANET的实验任务已经完成，在历史上起过重要作用的ARPANET正式宣布关闭。

1991年，NSF和美国其他政府机构开始认识到，因特网必将扩大其使用范围，不应仅限于大学和研究机构。世界上的许多公司纷纷接入因特网，网络上的通信量急剧增大，导致因特网的容量已经满足不了需要，于是美国政府决定将因特网的主干网转交给私人公司来经营，并开始对接入因特网的用户进行收费。

从1993年开始，由美国政府资助的NSFNET逐渐被若干个商用的因特网主干网替代，而政府机构不再负责因特网的运营。因此出现了因特网服务提供者(Internet Service Provider，ISP)来为需要加入因特网的用户提供服务。例如，中国电信、中国联通和中国移动是我国著名的ISP。

如今，社会早已进入因特网时代，因特网正改变着人们工作和生活的方方面面，为很多国家带来了巨大的利益，并加速了全球信息革命的进程。因特网上的网络数、主机数、用户数和管理机构正在迅速增加。由于因特网的技术和功能存在着一定的不足，加上用户数的急剧增加，因特网不堪重负。

1996 年，美国的一些研究机构和 34 所大学提出研制与建造新一代因特网的设想。同年 10 月，美国总统克林顿宣布：在今后 5 年内，用 5 亿美元的联邦资金实施“下一代因特网计划”，即“NGI 计划”(Next Generation Internet Initiative)。

下一代因特网具有广泛的应用前景，支持医疗保健、国家安全、远程教学、能源研究、生物医学、环境监测、制造工程以及紧急情况下的应急反应和危机管理等，它有直接和应用两个目标。

直接目标如下。

(1) 使连接各大学和国家实验室的高速网络的传输速率比现有因特网快 100～1000 倍，可在 1s 内传输一部大英百科全书。

(2) 推动下一代因特网技术的实验研究，如研究一些技术使因特网能提供高质量的会议电视等实时服务。

(3) 开展新的应用以满足国家重点项目的需要。

应用目标如下。

(1) 在医疗保健方面，让人们得到最好的诊断和治疗，分享医学领域的最新成果。

(2) 在教育方面，通过虚拟图书馆和虚拟实验室提高教学质量。

(3) 在环境监测方面，通过虚拟世界为各方面提供服务。

(4) 在工程方面，通过各种造型系统和模拟系统缩短新产品的开发时间。

(5) 在科研方面，通过 NGI 进行大范围的协作，以提高科研效率。

NGI 计划使用超高速全光网络，能实现更快速的交换和路由选择，同时具有为一些实时应用保留带宽的能力。

10.1.2　计算机网络的定义

计算机网络是计算机技术和通信技术相结合的产物。在计算机网络发展的不同阶段，人们对计算机网络提出了不同的定义，其中影响最广的是根据资源共享的观点所做出的定义，这种观点认为计算机网络是以共享资源为目的，将各个具有独立功能的计算机系统用通信设备和线路连接起来，按照网络协议进行数据通信的计算机集合。

资源共享观点的定义符合目前计算机网络的基本特征，主要表现在以下几个方面。

(1) 多台具有独立操作能力，并且有资源共享需求的计算机。

(2) 可将多台计算机连接起来的通信设施和通信方法。

(3) 可保障计算机之间有条不紊地相互通信的规则(协议)。

10.1.3　计算机网络的主要功能

基于计算机网络的出现及发展，所有的计算机网络都具备 4 个最基本的功能，具体如下。

1. 数据通信

数据通信是计算机网络最基本的功能之一，是实现其他功能的基础。

计算机网络为分布在不同地理位置的用户提供便利的通信手段，允许网络上的不同计算机之间快速、准确地传送数据信息。随着互联网技术的快速发展，更多的用户把计算机网络作为一种常用的通信手段。通过计算机网络，用户可以发送 E-mail、聊天和网上购物，还可以利用计算机网络组织召开远程视频会议、协同工作等。

2. 资源共享

计算机网络系统中的资源分为三大类，即数据资源、硬件资源和软件资源，因此资源共享包括数据共享、硬件共享和软件共享。

- 数据资源的共享包括数据库、数据文件以及数据软件系统等数据的共享。网络上有各种数据库供用户使用，随着网络覆盖区域的扩大，信息交流已经越来越不受地理位置和时间的限制，用户能够互用网络上的数据资源，从而大大提高了数据资源的利用率。
- 硬件资源的共享包括对处理器资源、输入输出资源和存储资源的共享，特别是对一些价格昂贵的、高级的设备，如巨型计算机、高分辨率打印机、大型绘图仪以及大容量的外存储器设备等的共享。
- 软件资源的共享包括各种应用程序和语言处理程序的共享。网络上的用户可以远程访问各类大型数据库，可以通过网络下载某些软件到本地计算机上使用，可以在网络环境下访问一些安装在服务器上的公用网络软件，可以通过网络登录远程计算机并使用该计算机上的软件。这样可以避免软件研制上的重复劳动以及数据资源的重复存储，也便于集中管理。

3. 提高系统的可靠性和可用性

当网络中的某一台计算机发生故障时，可以通过网络把任务转到其他计算机代为处理，从而保证了用户的工作任务不因系统的局部故障而受到影响，保证了整个网络仍处于正常状态。若某台计算机发生故障而使得数据库中的数据遭受破坏时，可以从另一台计算机的备份数据库中恢复被破坏的数据，从而通过网络提高了系统的可靠性和可用性。

4. 分布式处理

负载均衡是指网络中的任务被均匀分配给网络中的各计算机系统，每台计算机只完成整个任务中的一部分，防止某台计算机系统的负荷过重。需要说明的是，负载均衡设备不是基础网络设备，而是性能优化设备。对于网络应用，并不是一开始就需要负载均衡，当网络应用的访问量不断增长，单个处理单元无法满足负载需求，网络应用流量将要出现瓶颈时，负载均衡才会起到作用。

在具有分布处理能力的计算机网络中，可以将任务分散到多台计算机上进行处理，然后再集中起来解决问题。通过这种方式，以往需要大型计算机才能完成的复杂问题，现在可以通过多台微机或小型机构成的网络来协同完成，并且费用低廉。

10.1.4 计算机网络的组成

计算机网络是计算机应用的高级形式，它充分体现了信息传输与分配手段、信息处理手段的有机联系。从用户角度来看，可将计算机网络看成一个透明的数据传输机构，网上的用户在访问网络中的资源时不必考虑网络的存在。从网络逻辑功能角度来看，可以将计算机网络分成资源子网和通信子网两个部分，如图 10-1 所示。

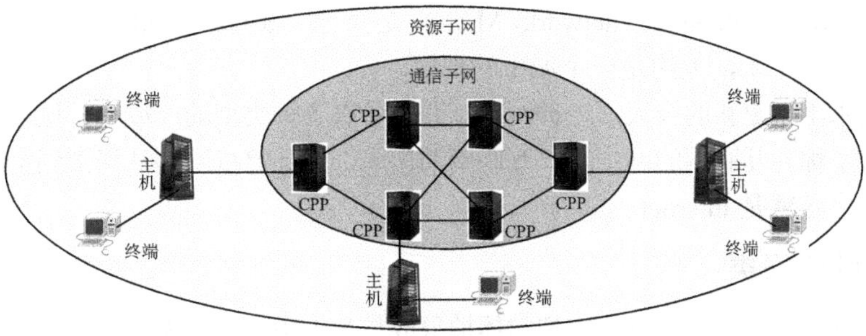

图 10-1　资源子网和通信子网

1. 资源子网

资源子网由主机、终端、终端控制器、联网外设、网络软件与数据资源组成。资源子网负责全网的数据处理业务，向网络用户提供各种网络资源与网络服务。主机主要为本地访问网络的用户提供服务，响应各类信息请求。终端既包括简单的输入、输出终端，也包括具备存储和处理信息能力的智能终端，主要通过主机联入网络。网络软件主要包括协议软件、通信软件、网络操作系统、网络管理软件和应用软件等。其中网络操作系统用于协调网络资源分配，提供网络服务，是最主要的网络软件。

2. 通信子网

通信子网由通信控制处理机、通信线路和其他通信设备组成。通信控制处理机是一种在网络中负责数据通信、传输和控制的专用计算机，一般由小型机、微型机或带有 CPU 的专门设备承担。通信控制处理机一方面作为资源子网的主机和终端的接口节点，将它们联入网中；另一方面又实现通信子网中报文分组的接收、校验、存储、转发等功能，并且起着将源主机报文准确地发送到目的主机的作用。

通信线路即通信介质，为通信控制处理机与通信控制处理机、通信控制处理机与主机之间提供数据通信的通道。通信线路和网络上的各种通信设备、仪器组成了通信信道。计算机网络中采用的通信线路的种类很多，可以使用双绞线、同轴电缆、光导纤维等有限通信线路组成的通信信道，也可以使用微波通信和卫星通信等无线通信线路组成的通信信道。

10.1.5　计算机网络的分类

计算机网络类型繁多，有不同的分类方法，常见的分类方法有如下几种。

1. 按地理范围分类

计算机网络常见的分类依据是网络覆盖的地理范围，按照这种分类方法，可以将计算机网络分为局域网、广域网和城域网 3 类。

(1) 局域网(local area network，LAN)，是连接近距离计算机的网络，覆盖范围从几米到数千米，例如办公室或实验室网络、同一建筑物内的网络以及校园网等。

(2) 广域网(wide area network，WAN)，其覆盖的地理范围从几十千米到几千千米，覆盖一个国家、地区或横跨几个大洲，形成国际性的远程网络，例如我国的共用数字数据网(China DDN)、电话交换网(PSDN)等。

(3) 城域网(metropolitan area network，MAN)，是介于广域网和局域网之间的一种高速网络，其覆盖范围为几十千米，大约是一个城市的规模。

在网络技术不断更新的今天，一种网络互联设备将各种类型的广域网、城域网和局域网互联起来，形成了称为互联网的网中网。互联网的出现，使计算机网络从局部到全国，进而将世界连接在一起，这就是 Internet。

2. 按拓扑结构分类

拓扑学是几何学的一个分支，它把实体抽象成与其大小、形状无关的点，将点与点之间的连接抽象成线段，进而研究它们之间的关系。计算机网络中也借用这种方法，将网络中的计算机和通信设备抽象成节点，将节点与节点之间的通信线路抽象成链路。这样，计算机网络可以抽象成由一组节点和若干链路组成。这种由节点和链路组成的几何图形，被称为计算机网络拓扑结构，或称网络结构。

拓扑结构是区分局域网类型和特性的一个很重要的因素。不同拓扑结构的局域网中所采用的信号技术、协议以及所能达到的网络性能会有很大的差别。

(1) 总线型拓扑结构：总线型拓扑结构采用单根传输线(总线)连接网络中所有节点(工作站和服务器)，任一站点发送的信号都可以沿着总线传播，并被其他所有节点接收，如图 10-2 所示。总线型拓扑结构的小型局域网工作站和服务器常采用 BNC 接口网卡，利用 T 形 BNC 接口连接器和 50 欧姆同轴电缆串行连接各站点，总线两个端头须安装终端匹配器。由于不需要额外的通信设备，因此可以节约联网费用。但是，其缺点也是明显的，即只要网络中有一个节点出现故障，将导致整个网络瘫痪。

(2) 星状拓扑结构：星状拓扑结构的网络中有一个唯一的转发节点(中央节点)，每一台计算机都通过单独的通信线路连接到中央节点，如图 10-3 所示，信息传送方式、访问协议十分简单。

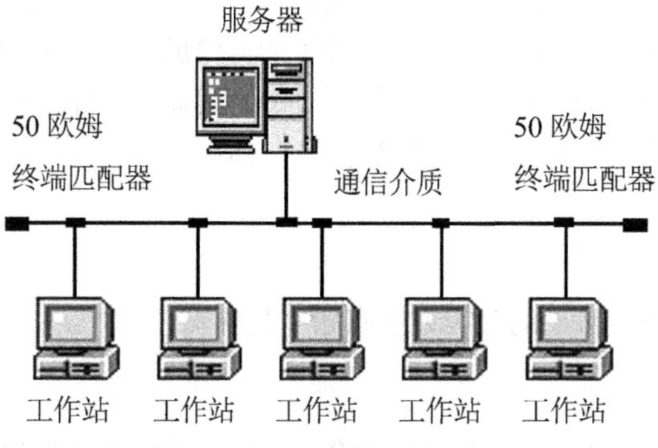

图 10-2　总线型拓扑网络

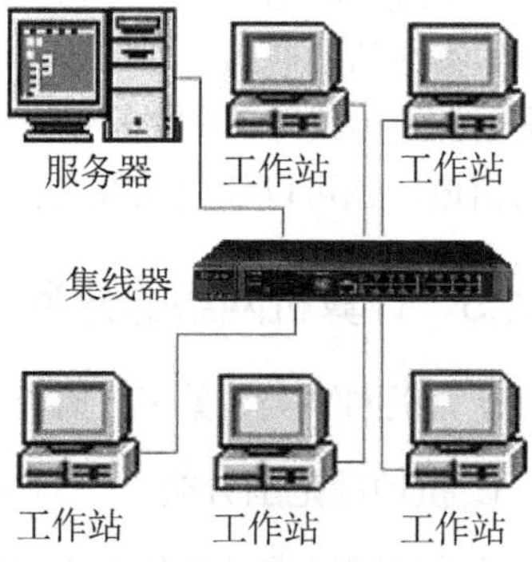

图 10-3　星状拓扑网络

(3) 环状拓扑结构：环状拓扑中，各节点首尾相连形成一个闭合的环，环中的数据沿着一个方向绕环逐站传输，如图 10-4 所示。环状拓扑的抗故障性能好，但网络中的任意一个节点或一条传输介质出现故障都将导致整个网络的故障。因为用来创建环状拓扑结构的设备能轻易地定位出故障的节点或电缆问题，所以环状拓扑结构管理起来比总线型拓扑结构要容易，这种结构非常适合 LAN 中长距离传输信号。然而，环状拓扑结构在实施时比总线型拓扑结构要昂贵，而且环状拓扑结构的应用不像总线型拓扑结构那样广泛。

(4) 树状拓扑结构：树状拓扑由总线型拓扑演变而来，其结构看上去像一棵倒挂的树，如图 10-5 所示。树最上端的节点叫根节点，一个节点发送信息时，根节点接收该信息并向全树广播。树状拓扑易于扩展与故障隔离，但对根节点依赖性太大。

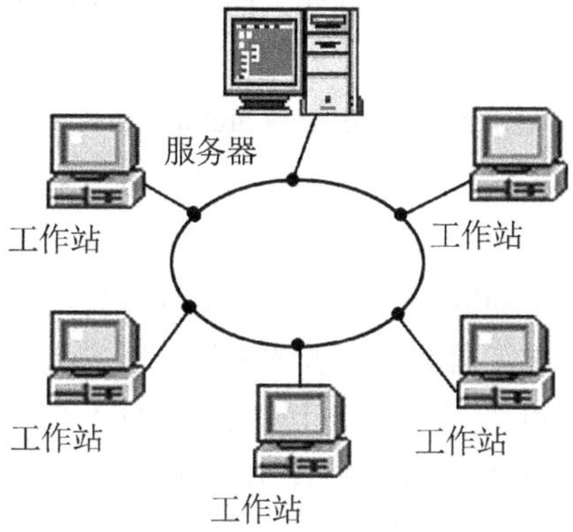

图 10-4　环状拓扑结构

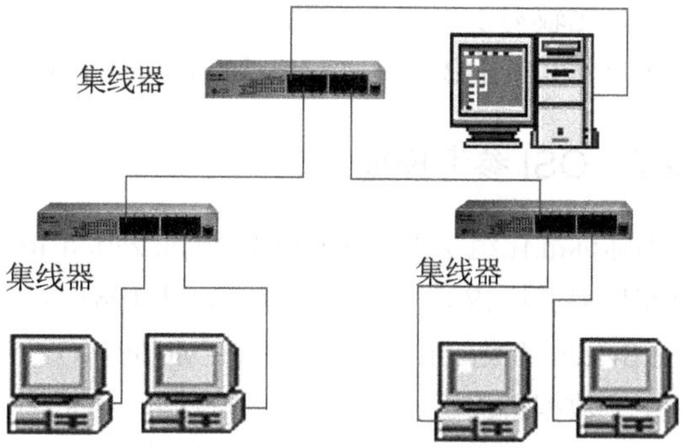

图 10-5　树状拓扑结构

3. 按传输介质分类

传输介质指的是用于网络连接的通信线路。目前常用的传输介质有同轴电缆、双绞线、光纤、微波等有线或无线传输介质，相应地可以将网络分为同轴电缆网、双绞线网、光纤网及无线网等。

4. 按传输速率分类

传输速率指的是每秒钟传输的二进制位数，通常使用的计量单位为 b/s、Kb/s、Mb/s。按传输速率可以分为低速网、中速网和高速网。

10.2 计算机网络体系结构

网络体系结构是计算机网络的分层、各层协议和功能的集合。不同的计算机网络具有不同的体系结构，其层次的数量，各层的名称、内容和功能都不一样。然而，在任何网络中，每一层都是为了向与它邻接的上层提供一定的服务而设置的，而且每一层都对上层屏蔽如何实现协议的具体细节。这样，网络体系结构就能做到与具体物体实现无关，哪怕连接到网络中的主机和终端的型号及性能各不相同，只要它们共同遵守相同的协议，就可以实现互通信和互操作。

由此可见，计算机网络体系结构实际上是一组设计原则，网络体系结构是一个抽象的概念，因为它不涉及具体的实现细节，只是网络体系结构的说明必须包括足够的信息，以便网络设计者能为每一层编写符合相应协议的程序。因此，网络的体系结构与网络的实现不是一回事，前者仅告诉网络设计者“做什么”，而不是“怎么做”。

10.2.1　计算机网络体系结构的形成

计算机网络是由多种计算机和各类终端通过通信线路连接起来的复合系统。在这个系统中，由于计算机型号不一，终端类型各异，加之线路类型、连接方式、同步方式、通信方式的不同，给网络中各节点的通信带来许多不便。由于在不同计算机系统之间，真正以协同方式进行通信的任务是十分复杂的。为了设计这一复杂的计算机网络，早在最初的 ARPANET 设计时就提出了分层的方法。分层可以将庞大而复杂的问题转化为若干较小的局部问题，而这些较小的布局问题总是比较易于研究和处理。

1974 年，美国 IBM 公司宣布了其研制的系统网络体系结构(system network architecture，SNA)。

10.2.2 OSI 参考模型

国际标准化组织(International Organization for Standardization，ISO)为了建立使各种计算机可以在世界范围内联网的标准框架，从 1981 年开始，制定了著名的开放式系统互联参考模型(Open System Interconnect Reference Model，OSI/RM)。OSI 参考模型将计算机网络分为 7 层：物理层、数据链路层、网络层、传输层、会话层、表示层和应用层，如图 10-6 所示。

OSI 采用这种层次可以带来以下好处。

(1) 各层之间是独立的。某一层并不需要知道下一层是如何实现的，而仅需要知道该层间接口(即界面)所提供的服务。每一层只实现一种相对独立的功能，因而可将一个难以处理的复杂问题分解为若干较容易处理的更小一些的问题。这样，整个问题的复杂程度就降低了。

(2) 灵活性好。当任意层发生变化时(如技术的变化)，只要层间接口关系保持不变，则在这层以上或以下各层均不受影响。

(3) 结构上可分割。各层都可以采用最合适的技术来实现。

(4) 易于实现和维护。这种结构使得实现和调试一个庞大而复杂的系统变得易于处理，因为整个系统已被分解为若干个相对独立的子系统。

(5) 能促进标准化工作。因为每一层的功能及其所提供的服务都已有了精确的说明。

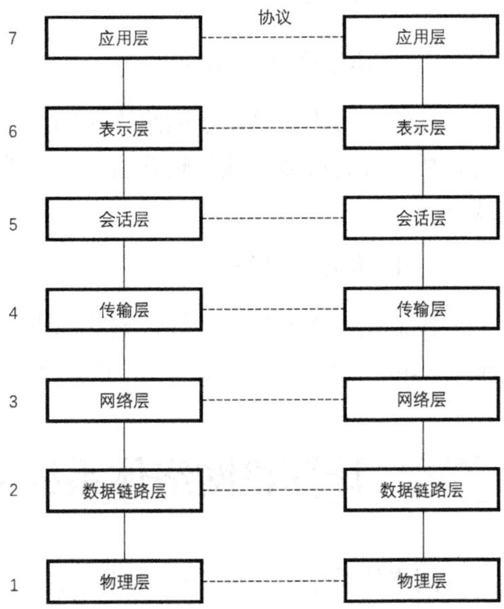

图 10-6　OSI 七层模型和数据在各层的表示

1. 物理层

物理层实现了相邻节点之间比特数据的透明传输，为数据链路层提供服务。物理层的数据传输基本单位是比特。

2. 数据链路层

在物理层提供的服务的基础上，数据链路层通过一些数据链路层协议和链路控制规程，在不太可靠的物理链路上实现可靠的数据传输。数据链路层传输数据的基本单位是帧。

3. 网络层

在数据链路层提供的服务的基础上，网络层主要实现点到点的数据通信，即计算机到计算机的通信。网络层实现数据传输的基本单位是分组，通过路由选择算法为分组通过通信子网选择最适当的路径。

4. 传输层

传输层又称运输层，主要实现端到端的数据通信，即端口到端口的数据通信。传输层向高层屏蔽了下层数据通信的细节，因此它是计算机体系结构中的关键层，传输层及以上层次传输数据的基本单位都是报文。

5. 会话层

会话层提供面向用户的连接服务，它给合作的会话用户之间的对话和活动提供组织与同步所必需的手段，同时对数据的传送提供控制和管理，主要用于绘画的管理和数据传输的同步。

6. 表示层

表示层用于处理在通信系统中交换信息的方式，主要包括数据格式变换、数据加密与解密、数据压缩与恢复功能。

7. 应用层

应用层作为用户应用进程的接口，负责用户信息的语义表示，并在两个通信者之间进行语义匹配。它不仅要提供应用进程所需要的信息交换和远程操作，而且还要作为互相作用的应用进程的用户代理来完成一些为进行语义上有意义的信息交换所必需的功能。

10.2.3　TCP/IP 参考模型

TCP/IP 参考模型将计算机网络分为 4 个层次：应用层、传输层、网络层和网络接口层。图 10-7 所示为 TCP/IP 参考模型与 OSI 参考模型的对应关系。

<table>
<tr><td>应用层</td><td rowspan="3">应用层</td></tr>
<tr><td>表示层</td></tr>
<tr><td>会话层</td></tr>
<tr><td>传输层</td><td>传输层</td></tr>
<tr><td>网络层</td><td>网络层</td></tr>
<tr><td>数据链路层</td><td rowspan="2">网络接口层</td></tr>
<tr><td>物理层</td></tr>
</table>

图 10-7　OSI 参考模型与 TCP/IP 参考模型的对应关系

TCP/IP 参考模型各层的功能说明如下。

- 网络接口层是 TCP/IP 参考模型的最底层，负责接收来自网络层的 IP 数据包并将 IP 数据包通过底层物理网络发送出去，或者从底层物理网络上接收物理帧，提取出 IP 分组并提交给网络层。
- 网络层的主要功能是复杂主机之间的数据传送，它提供的服务是尽最大努力交付服务，类似于 OSI 参考模型中的网络层。
- TCP/IP 参考模型的传输层与 OSI 参考模型的传输层的作用是一样的，即在源节点和目的节点的两个进程实体之间提供可靠的端到端的数据传输。为保证数据传输的可靠性，传输层协议规定接收端必须发回确认信息，并且如果分组丢失，必须重新发送。传输层主要提供两个传输层的协议：传输控制协议(TCP)和用户数据报协议(UDP)，TCP 是面向连接的、可靠的传输层协议，UDP 是面向无连接的、不可靠的传输层协议。
- 应用层包括所有的应用层协议，主要的应用层协议有远程登录协议(Telnet)、文件传输协议(FTP)、简单邮件传输协议(SMTP)和超文本传输协议(HTTP)等。

OSI 参考模型的七层协议体系结构的概念清晰，理论完整，但是它复杂且不适用。TCP/IP 参考模型的体系结构则不同，它现在已经得到了非常广泛的应用。因此，OSI 参考模型称为理论标准，而 TCP/IP 参考模型称为事实标准。

10.3 网络传输介质

网络传输介质用于连接网络中的各种设备，是数据传输的通路。网络中常用的传输介质分为有线介质和无线介质。

目前，最常用的有线传输介质有双绞线、同轴电缆和光纤。常用的无线传输介质有无线电、微波、红外线等。

10.3.1 有线介质

(1) 双绞线。组建局域网络所用的双绞线是一种由 4 对线(即 8 根线)组成的双绞线，其中每根线的材质有铜线和铜包钢线两类。

一般来说，双绞线电缆中的 8 根线是成对使用的，而且每一对都相互绞合在一起，绞合的目的是减少对相邻线的电磁干扰。双绞线分为屏蔽双绞线(STP)和非屏蔽双绞线(UTP)，如图 10-8 所示。

(a) 屏蔽双绞线

(b) 非屏蔽双绞线

图 10-8 双绞线

在局域网中常用的双绞线为非屏蔽双绞线，它又分为 3 类、4 类、5 类、超 5 类、6 类和 7 类等。在局域网中，双绞线主要用于计算机网卡与集线器之间的连接或集线器之间的级联，有时也可以直接用于两个网卡之间的连接或不通过集线器级联口之间的级联，但它们的连接方式各有不同。双绞线的 8 根线的引脚定义如表 10-1 所示，双绞线接法如图 10-9 所示。

表 10-1 双绞线的 8 根线的引脚定义

线路线号	1	2	3	4	5	6	7	8
线路色标	白橙	橙	白绿	蓝	白蓝	绿	白褐	褐
引脚定义	Tx^+	Tx^-	Rx^+			Rx^-		

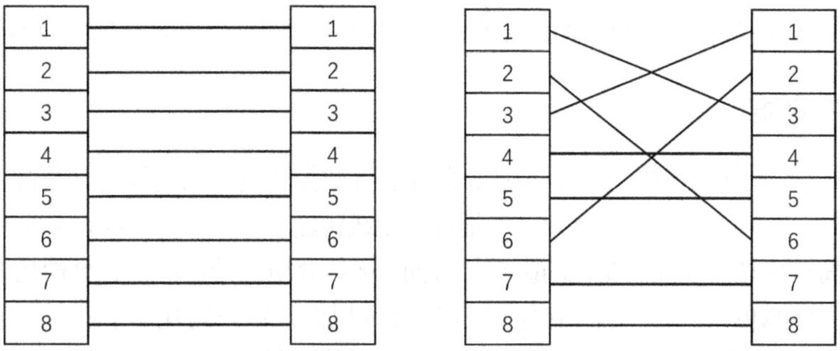

(a) 常规双绞线接法　　　(b) 跳线双绞线接法

图 10-9　双绞线接法

(2) 同轴电缆。同轴电缆的中央是铜质的芯线(单股的实心线或多股绞合线)，铜质的芯线包着一层绝缘层，绝缘层是一层网状编织的金属丝，作为外导体屏蔽层(可以是单股的)，屏蔽层可以把电线很好地包起来，最外一层是外包的保护塑料外层，如图 10-10 所示。

局域网中常用的同轴电缆有两种：一种是专门用在符合 IEEE802.3 标准以太网环境中阻抗为 50Ω的电缆，只用于数字信号发送，称为基带同轴电缆；另一种是用于频分多路复用 FDM 的模拟信号发送，阻抗为 75Ω的电缆，称为带宽同轴电缆。

(3) 光纤。光纤是一种细小、柔韧并能传输光信号的介质，一根光缆中包含多条光纤。

光纤利用有光脉冲信号来表示 1，没有光脉冲表示 0。光纤通信系统由光端机、光纤(光缆)和光纤中继器组成。光端机又分为光发送机和光接收机。而光纤中继器用来延伸光纤或光缆的长度，防止光信号衰减。光发送机将电信号调制成光信号，利用光发送机内的光源将调制好的光波导入光纤，经光纤传送到光接收机。光接收机将光信号变换为电信号，经过放大、均衡判决等处理后送给接收方。

光纤与同轴电缆相似，只是没有网状屏蔽层。中心是光传播的玻璃芯。光纤的结构如图 10-11 所示。光纤分为单模光纤和多模光纤两类(所谓模，是指以一定的角度进入光纤的一束光)。

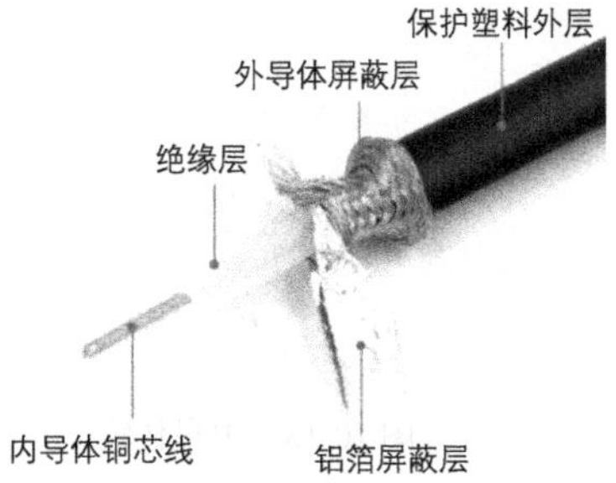

图 10-10　同轴电缆结构

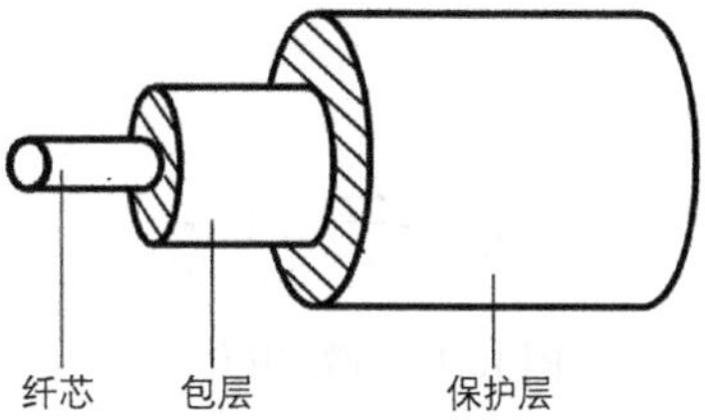

图 10-11　光纤的结构

光纤不仅具有通信容量非常大的特点，还具有一些其他的特点，例如抗电磁干扰性较好；保密性较好，无串音干扰；信号衰减小，传输距离长；抗化学腐蚀能力强等。

正是由于光纤具有数据传输率较高，传输距离远的特点，在计算机网络布线中被广泛应用。目前，光纤主要用于交换机之间、集线器之间的连接，但随着千兆位局域网应用的不断普及和光纤产品价格的不断下降，光纤连接到桌面也将成为网络发展的一个趋势。

此外，光纤也存在一些缺点，即光纤的切断和将两根光纤精确地连接所需要的技术要求较高。

10.3.2　无线介质

无线传输介质采用电磁波、红外线和激光等进行数据传输。无线传输不受固定位置限制，可以实现全方位三维立体通信和移动通信。但是目前无线传输还存在一些缺陷，主要表现在传输速率低、安全性不高及容易受到天气变化的影响等方面。无线介质的带宽可达到每秒几十兆，如微波为45Mb/s，卫星为50Mb/s。室内传输距离一般在200m以内，室外为几十千米到上千千米。

采用无线传输介质连接的网络称为无线网络。无线局域网可以在普通局域网的基础上通过无线集线器、无线接入点AP(access point，也称为网络桥通器)、无线网桥、无线调制解调器及无线网卡等实现。其中，无线网卡被普遍应用。无线网络具有组网灵活、容易安装、节点加入或退出方便、可移动上网等优点。随着通信技术的不断发展，无线网络必将占据越来越重要的地位，其应用将越来越广泛。

无线通信有两种类型十分重要，即微波传输和卫星传输。

(1) 微波传输。微波传输一般发生在两个地面站之间。微波传输的两个特性限制了它的使用范围。首先，微波是直线传播，其无法像某些低频波那样沿着地球的曲面传播；其次，大气条件和固体物将妨碍微波的传播。例如，微波无法穿过建筑物。

因为发射装置与接收装置之间必须存在一条直线的视线，这样就限制了它们可以拉开的距离。两者的最大距离取决于塔的高度、地球的曲率及两者之间的地形。例如，把天线安装在位于平原的高塔上，信号将传播得很远，通常为20～30mi(1mi＝1.609 344km)，当然，如果增加塔的高度，或者将塔建在山顶上，传播距离将更远。有时候城市中的天线间隔很短，如果有人在两座天线的视线上修建建筑物，也会影响传播。如果要实现长途传送，可以在中间设置几个中继站。中继站上的天线依次将信号传递给相邻的站点。这种传递不断持续下去就可以实现视线被地表切断的两个站点间的传输，如图10-12所示。

(2) 卫星传输。卫星传输是微波传输的一种，但卫星传输过程中的一个站点是绕地球轨道运行的卫星，如图10-13所示。

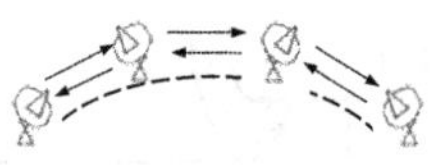

图10-12　微波传输

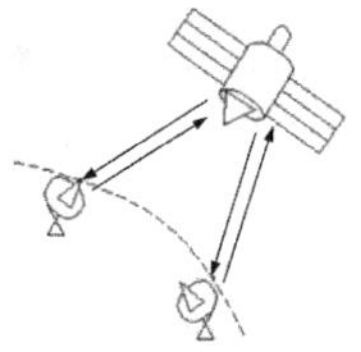

图10-13　卫星传输

卫星传输是目前的一种普遍通信手段，其应用领域包括电话、电视、新闻服务、天气预报及军事用途等。

10.4　网络互联设备

光域网是通过将各个局域网连接起来形成的，这个过程称为网络互联。网络互联主要有局域网和局域网、局域网和广域网、广域网和广域网 3 种形式。由于各个网络使用的协议与技术不同，因此要实现网络之间的连接，必须要解决以下几个问题。

(1) 由于各个不同的网络寻址方案不同，必须在不改变原来网络结构的基础上将它们统一起来。

(2) 在各个不同的网络上传送的分组最大长度不一样，必须加以识别并统一。

(3) 不同网络有不同的接入技术、不同的超时控制、不同的差错恢复方法、不同的路由器选择技术、不同的传输服务等，这些也需要统一协调。

将不同类型的局域网连接起来必须通过一些网络互联设备。按照各种网络互联设备所起作用在网络协议中层次的不同，可以分为物理层互联设备、数据链路层互联设备、网络层互联设备和应用层互联设备。

1. 物理层互联设备(中继器和集线器)

由于信号在网络传输介质中有衰减和噪声，使有用的数据信号变得越来越弱，因此为了保证有用数据的完整性，并在一定范围内传送，要用中继器(见图 10-14)把所接收到的弱信号分离，并再生放大以保持与原数据相同，中继器只能用于拓扑结构相同的网络互联，是物理层的网络互联设备。

集线器(见图 10-15)实际上是多端中继器的一种，它是以太网的中心连接设备，是网络传输媒介的中间节点，具有信号再生和转发的功能。一个集线器上往往带有 8 个、16 个或更多的端口，这些端口可以通过双绞线与网络主机连接。集线器的基本功能是信息分发，它把一个端口接收的所有信号向所有端口分发出去。

图 10-14　中继器

图 10-15　集线器

按照所支持的带宽不同，集线器通常可分为 10Mb/s、100Mb/s 和 10/100Mb/s 等 3 种，基本上与网卡一样，这里所说的带宽是指整个集线器所能提供的总带宽，而不是每个端口所提供的带宽。

按照对信号处理能力的不同，集线器分为无源集线器、有源集线器、智能集线器 3 种。无源集线器仅负责将多个网段连接在一起，不对信号做任何处理。有源集线器拥有无源集线器的所有功能，此外还能监视数据，具有信号的扩大和再生能力。此外，有源集线器还可以报知用户哪些设备失效，从而提供一定的设备状态诊断能力。智能集线器比前两种集线器的优点更多，其提供集中管理功能，如果连接到智能集线器上的设备出现了故障，可以被集线器识别、诊断并修补。此外，智能集线器还有一个出色的特性是可以为不同的设备提供灵活、可调的传输速率。

2. 数据链路层互联设备(网桥和交换机)

网桥是一个局域网与另一个局域网之间建立连接的桥梁。网桥是工作在数据链路层上的设备，有两个或多个端口，分别连接在不同的网段上，监听所有流经它所连接的网段的数据帧，并检查每个帧的MAC地址，然后决定是否把该帧的数据转发到其他网段上去。

图10-16所示为网桥工作示意图。网桥具有帧过滤功能，可以有选择地进行数据帧的转发。根据扩展范围，网桥可以分为本地网桥和远程网桥。本地网桥只有连接局域网的端口，只能在小范围内进行局域网的扩展；而远程网桥既有连接局域网的端口，又有连接光域网的端口，通过远程网桥互联的局域网将成为城域网和光域网。

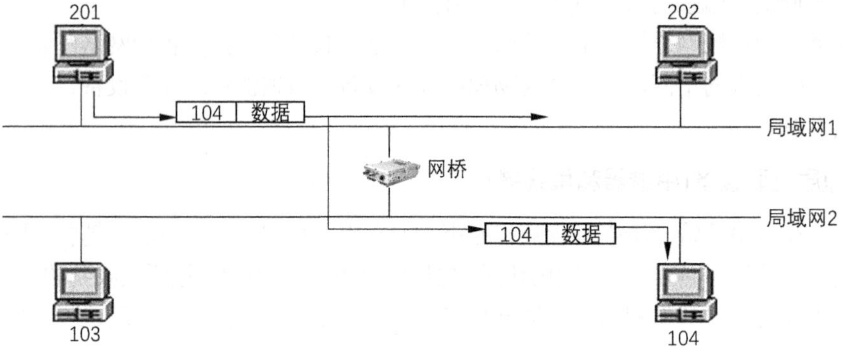

图10-16　网桥工作示意图

网络交换机是一种连接网络分段的网络互联设备。从技术角度来看，网络交换机运行在OSI模式的第2层(数据链路层)。网络交换机取代集线器和网桥，增强路由选择功能，它能监测到所接收的数据包，并能判断出该数据包的源和目的地设备，从而实现正确的转发过程。网络交换机只能对连接设备传送信息，其目的是保存带宽。局域网网络中最通用的网络交换机是以太网交换机。

对于传统的以太网来说，当连接在集线器上的一个节点发送数据时，它用广播的方式将数据传送到集线器的每个端口。因此，以太网的每个时间片内只允许一个节点占用公用通信信道。局域网交换机从根本上改变了局域网“共享介质”的工作方式，它可以通过支持交换机端口节点之间多个并发连接，实现多节点之间数据的并发传输。因此交换式局域网可以增加带宽，改善网络性能与服务质量。随着快速以太网与千兆以太网对带宽需求量的增加，用户对局域网交换机的需求越来越大，对其性能要求越来越高，很多网络硬件制造商都提供成系列的交换机产品，例如应用最广泛的Cisco公司的Catalyst系列、3Com公司的SupeiStack II系列、Nortel公司的BayStack300系列等。

3. 网络层互联设备(路由器)

路由器是用于网络层扩展局域网的互联设备。路由器可以连接不同类型的网络或子网，例如可以将以太网与令牌环网连接起来。当数据从一个子网传输到另一个子网时，路由器查看网络层分组的内容，根据到达数据包中的地址，决定是否转发以及从哪一条路由转发。路由器分本地路由器和远程路由器，本地路由器用来连接网络传输介质，如光纤、同轴电缆和双绞线等；远程路由器用来与远程传输介质连接并需要搭配使用相应的设备，如电话线网络要搭配调制解调器，无线网络要搭配无线接收机和发射机。

4. 应用层互联设备(网关)

网关是在高层上实现多个网络互联的设备，当连接不同类型而协议差别又较大的网络时，需要选用网关设备。不同网络通过网关进行互联后，网关能够对其网络协议进行转换，将数据重新分组，以便在不同类型的网络系统之间进行通信。网关可以实现无线通信协议与 Internet 协议之间的转换。由于协议转换是一件复杂的事，一般来说，网关只进行一对一转换，或是少数几种特定应用协议的转换，很难实现通用的协议转换。用于网关转换的应用协议有电子邮件、文件转换和远程工作站登录等。

5. 网卡

网卡也称为网络适配器(network interface card，NIC)，是插在服务器或工作站扩展槽内的扩展卡。网卡给计算机提供与通信线路相连的接口，计算机要连接到网络，就需要安装一块网卡。如果有必要，一台计算机也可以安装两块或多块网卡。

网卡的类型较多，按网卡的总线接口来分，一般可分为 ISA 网卡、PCI 网卡、USB 接口网卡及笔记本式计算机使用的 PCMCIA 网卡等，ISA 网卡目前已被淘汰；按网卡的带宽来分，主要有 10Mb/s 网卡、10～100Mb/s 自适应网卡、1000Mb/s 以太网卡等 3 种，目前 10Mb/s 网卡也已经基本淘汰；按网卡提供的网络接口来分，主要有 RJ-45 接口(双绞线)、BNC 接口(同轴电缆)和 AUI 接口等，此外还有无线接口的网卡等。

每块网卡都有全球唯一的固定编号，称为网卡的 MAC(media access control)地址或物理地址，它由网卡生产商写入网卡的 EPROM 中，在网卡被使用的过程中，其物理地址都不会改变。网络中的计算机或其他设备借助 MAC 地址完成通信和信息交换。

在 Windows 操作系统中，用户可以通过执行 ipconfig/all 命令来查询当前本地计算机的 MAC 地址信息。

10.5 Internet 及其应用

Internet，中文译名为因特网，又叫作国际互联网，是由那些使用公用语言互相通信的计算机连接而成的全球性网络。简单地说，Internet 是由多台计算机组成的系统，它们通过电缆相连，用户可以互相共享其他计算机上的文件、数据和设备等资源。图 10-17 为 Internet 的结构示意图，有人说它是一个虚拟网，也有人说它是一个网上之网。

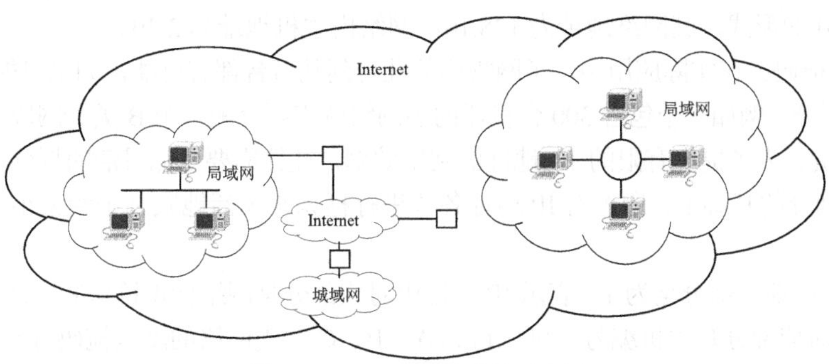

图 10-17 Internet 的结构示意图

10.5.1 IP 与域名

Internet 由许许多多物理网络组成，其中每一个小型网络都是由信道和节点组成。由于两个节点可能在同一个物理网络之中，也可能不在同一个物理网络之中，因此关键就是如何从源节点出发找到目标节点，这就是寻址问题。网际层采用了独立于具体网络的 IP 协议。IP 协议等同地看待所有的物理网络，它定义了一个抽象的“网络”，屏蔽了物理网络连接的细节，为众多的不同类型的网络和计算机提供了一个单一的、无缝的通信系统。正因如此，才把多个网络连成一个互联网。

1. IP 地址

IP 地址(Internet protocol address)是一种给 Internet 上的主机编址的方式，也称为网际协议地址。IP 地址是 IP 协议提供的一种统一的地址格式，它为 Internet 上的每一个网络和每一台主机分配一个逻辑地址，以此来屏蔽物理地址的差异。常见的 IP 地址分为 IPv4 与 IPv6 两大类。

(1) IP 地址的分类。在网际层中传输数据单元称为 IP 分组，也称为 IP 数据报。IP 分组从源主机向目的主机传送的依据就是 IP 地址。IP 地址是 Internet 协议地址的简称，用作接入 Internet 的独立计算机的唯一标识。通信时，需利用 IP 地址来指定目的主机的地址，就像电话网中每台电话机必须有自己的电话号码一样。

IP 协议提供整个 Internet 通用的地址格式。为了确保每一个 IP 地址对应一台主机，网络地址由 Internet 注册管理机构网络信息中心(NIC)分配，主机地址由网络管理机构负责分配。每个 IP 地址占用 32 位，并被分为 A、B、C、D 和 E 五类，分别用 0、10、110、1110 和 11110 标识，如图 10-18 所示。

	0 1 2 3 4	8	16	24	31
A类	0	网络标识符（7位）	主机编号（24位）		
B类	1 0	网络标识符（14位）		主机编号（16位）	
C类	1 1 0	网络标识符（21位）			主机编号（8位）
D类	1 1 1 0	多点广播地址（28位）			
E类	1 1 1 1 0	实验保留地址			

图 10-18 五类 IP 地址结构

IP 地址是 32 位的二进制地址，例如某地址为 10000000000010100000001000011110，由于它以“10”打头，所以是一个 B 类地址。

IP 地址太长，并且不便于记忆，因而常用 4 个十进制数分别代表 4 个 8 位二进制数，在它们之间用圆点分隔，以 X.X.X.X 的格式表示，称为点分十进制计数法。例如，上述地址可以写为 128.10.2.30 的形式，其网络地址为 128.10，网络内主机地址为 2.30。

(2) 子网掩码。在实际应用中，子网规模从几台到几万台都有可能，如果只能按照 A、B、C 三类子网划分，例如一个包含 300 台机器的小网络就需要分配一个 B 类子网段，必然会造成 IP 地址的浪费。为了提高有限的 IP 地址的利用效率，往往需要更加灵活的划分方法，即在基本网络结构划分的基础上，通过对 IP 地址各位进行标识来灵活地限制子网大小，这就是子网掩码。

子网掩码的前一部分全为 1，表示 IP 地址中对应部分是网络标识符；后一部分全是 0，表示 IP 地址中对应部分是主机编号。可以得到 A、B、C 三类网络的默认掩码分别如下。

- A 类网络为 11111111000000000000000000000000，即 255.0.0.0。

- B 类网络为 11111111111111110000000000000000，即 255.255.0.0。
- C 类网络为 11111111111111111111111100000000，即 255.255.255.0。

网络管理员可以通过改变子网掩码中 1 和 0 的个数，修改网络标识符的范围和主机编号的范围，从而把一个大的网络划分为几个子网。例如网络号为 200.15.192 的 C 类网络，主机编号范围为 200.15.192.0～200.15.192.256，最多能拥有 256 台主机。现在要从这个 C 类网络中划分出拥有 128 台主机的子网，需要借用其主机编号域中的最高一位，用来表示网络标识符，子网掩码由 C 类的默认掩码 255.255.255.0 变为 255.255.255.128，即 11111111.11111111.11111111.1000000。

这时 IP 地址就只能从属于 200.15.192.0～200.15.192.127 或者 200.15.192.128～200.15.192.256 这两个子网段之一，其特点是子网内 IP 地址网络标识符相同。此时网络地址 200.15.192.127 和 200.15.192.128 虽然数字相邻，但是网络标识符不同，就不再属于同一个子网，可以分别分配给两个独立子网的设备。

(3) IPv6 及其目标。迅速发展中的 Internet 不再是仅仅连接计算机的网络，它将发展成能兼容电话网、有线电视网的通信基础设施。随着 Internet 的广泛应用和用户数量的急剧增加，只有 32 位地址(地址数量为 4.3×10^9)的 IPv4 协议的危机已经展现在人们的面前。面对这一危机，1990 年，Internet 工程任务组开始着手制定一个新的 IP 版本——IPng(下一代 IP 协议)，其主要目标如下：

- 具有非常充分的地址空间；
- 简化协议，允许路由器更好地处理 IP 分组；
- 减小路由表大小；
- 提供身份验证和保密等进一步的安全性能；
- 更多地关注服务类型，特别是实时性服务；
- 允许通过指定范围辅助多投点服务；
- 允许主机 IP 地址与地理位置无关；
- 可以承前启后，既兼容 IPv4，又可以进一步演变。

IPv6 将 IP 地址扩充到 128 位，地址数增加到 4.3×10^{38} 个。同时，IPv6 简化了 IP 分组头，由 IPv4 的 12 个段减为 8 个段，使路由器能快速地处理 IP 分组，改善路由器的吞吐率。此外，它还使用地址空间的扩充技术、使路由表减小地址构造和自动设定地址等技术，与 IPv4 相比，路由数可以减少一个数量级，并能提高安全保密性。在主机数目大量增加，路由器的处理性能提高有限的情况下，这些技术使 Internet 连接变得简单，而且使用方便。

IPv6 在路由技术上继承了 IPv4 的有利方面，代表未来路由技术的发展方向，许多路由器厂商目前已经投入很大力量来生成支持 IPv6 的路由器。IPv6 也有一些值得注意和效率不高的地方，因此 IPv4 和 IPv6 将会共存相当长的一段时间。

2. 域名

由于 IP 地址是数字标识，使用时难以记忆和书写，因此在 IP 地址的基础上又发展出一种符号化的地址方案，来代替数字型的 IP 地址，每一个符号化的地址都与特定的 IP 地址一一对应。这个与网络上的数字型 IP 地址相对应的字符型地址，被称为域名(domain name)。

域名由两个或两个以上的词构成，中间由点号分隔开，最右边的那个词称为顶级域名。

(1) 国际域名。国际域名也叫国际顶级域名，是使用最早也最广泛的域名。例如表示工商企业的 com，表示网络提供商的 net，表示非营利组织的 org 等。

(2) 国内域名。国内域名又称为国内顶级域名，即按照国家的不同分配不同后缀。200 多个国家和地区都按照 ISO3166 分配了顶级域名，例如中国是 cn，美国是 us，日本是 jp 等。

在实际使用和功能上，国际域名和国内域名没有任何区别，都是互联网上具有唯一性的标识。只是在最终管理结构上有所不同，国际域名由美国商业部授权的互联网名称与数字地址分配机构(ICANN)负责注册和管理；而国内域名则由各国的相应机构负责注册和管理，例如 cn 域名由中国互联网管理中心(CNNIC)负责注册和管理。

计算机网络通常依赖于 IP 地址，通过域名对计算机进行访问需要首先进行域名解析，就是把域名转换为计算机可以直接识别的 IP 地址。域名的解析工作由域名服务器完成。通常情况下，一个 IP 地址可以有 0 到多个域名，而一个域名必须对应唯一的一个 IP 地址。

10.5.2 Internet 的接入

目前，接入 Internet 的技术有很多，可以将其简单地分为适用于窄带业务的接入网技术和适用于宽带业务的接入网技术。从用户入网方式来看，又可以分为有线接入技术和无线接入技术。

1. 基于双绞线的 ADSL 技术

非对称数字用户线路(asymmetric digital subscriber line，ADSL)亦可称作非对称数字用户环路，是充分利用现有的电话网络的双绞线资源，实现高速、高带宽的数据接入的技术。ADSL 是 DSL 的一种非对称版本，其采用 FDM(频分复用)技术和 DMT 调制技术，在不影响正常电话使用的前提下，利用原有的电话双绞线进行高速数据传输。

ADSL 能够向终端用户提供 8Mb/s 的下行传输速率和 1Mp/s 的上行速率，比传统的 28.8Kb/s 模拟调制解调器快近 200 倍，这也是传输速率达 128Kb/s 的 ISDN(综合业务数据网)所无法比拟的。与电缆调制解调器相比，ADSL 具有独特的优势：ADSL 是针对单一电话线路用户的专线服务，而电缆调制解调器则要求一个系统内的众多用户分享同一带宽。尽管电缆调制解调器的下行速率比 ADSL 高，但考虑到将来会有越来越多的用户在同一时间上网，电缆调制解调器的性能将大大下降。另外，电缆调制解调器的上行速率通常低于 ADSL。

2. 基于 HFC 网的电缆调制解调器技术

基于 HFC 网(光纤和同轴电缆混合网)的电缆调制解调器技术是宽带接入技术中最先成熟和最先进入市场的，巨大的带宽和相对经济性使其对有线电视网络公司和新成立的电信公司有很大的吸引力。

电缆调制解调器的通信和普通调制解调器一样，是数据信号在模拟信号上交互传输的过程，但也存在差异：普通调制解调器的传输介质在用户与访问服务器之间是独立的，即用户独享传输介质，而电缆调制解调器的传输介质是 HFC 网，将数据信号调制的某个传输带宽与有线电视信号共享介质；电缆调制解调器的结构比普通调制解调器复杂，它由调制解调器、调谐器、加密/解密模块、桥接器、网络接口卡、以太网集线器等组成，无须拨号上网，不占用电话线，可提供随时在线连接的全天候服务。

3. 基于五类线的以太网接入技术

从 20 世纪 80 年代开始，以太网就成为最普遍采用的网络技术，根据 IDC 的统计，以太网的端口数约占所有网络端口数的 85%。1998 年，以太网网卡的销售量是 4 800 万端口，而令牌环网、FDDI 网和 ATM 等网卡的销售量总共只有 500 万端口，而且以太网的这种优势仍然有继续保持下去的势头。

传统以太网技术不属于接入网范畴，而属于用户驻地网(CPC)领域，然而其应用领域正在向包括接入网在内的其他公用网领域扩展。对于企事业用户，以太网技术一直是最流行的技术之一，利用以太网作为接入手段的主要原因如下：

- 以太网已有巨大的网络基础和长期的经验知识；
- 目前所有流行的操作系统和应用都与以太网兼容；
- 性价比高、可扩展性强、容易安装开通以及可靠性高；

以太网接入方式适用于 IP 网，同时以太网技术已有重大突破，容量分为 10、100、1000 Mb/s 三级，可按需升级，10Gb/s 以太网系统也即将问世。

4. 光纤接入技术

在干线通信中，光纤扮演着重要角色。在接入网络中，光纤接入也将成为发展的重点。光纤接入网指的是传输媒介为光纤的接入网。光纤接入网从技术上可以分为两类：有源光网络(active optical network，AON)和无源光网络(passive optica network，PON)。

光纤接入技术与其他接入技术相比，最大的优势在于可用带宽大，并且还有巨大潜力可以开发，这是其他接入技术无法相比的。此外，光纤接入网还有传输质量好、传输距离长、抗干扰能力强、网络可靠性高、节约管道资源等特点。

当然，与其他接入技术相比，光纤接入网也存在一些劣势，其最大的问题是成本较高。尤其是节点离用户越近，每个用户分担的接入设备成本就越高。另外，与无线接入相比，光纤接入网还需要管道资源。

5. 无线接入技术

无线接入技术是无线通信的关键问题，是指通过无线介质将用户终端与网络节点连接起来，以实现用户与网络间的信息传递。无线信道传输的信号应遵循一定的协议，这些协议构成无线接入技术的主要内容。无线接入技术与有线接入技术的一个重要区别在于可以向用户提供移动接入业务。在通信网中，无线接入系统的定位是本地通信网的一部分，并且是本地有线通信网的延伸、补充和临时应急系统。典型的无线接入系统主要由控制器、操作维护中心、基站、固定用户单元和移动终端几个部分组成。

10.5.3　Internet 提供的服务

Internet 提供的服务很多，而且新的服务还不断推出。下面介绍 Internet 提供的一些基本服务。

(1) 远程登录。远程登录(TELNET)可以建立一个远程 TCP 连接，让用户(使用主机名和 IP 地址)注册到远程的一个主机上。这时，用户把击键信号传到远程主机，也把远程主机的输出通过 TCP 连接返回本地显示器。

(2) 电子邮件服务。电子邮件服务是 Internet 上使用最为广泛的一种服务，使用这种服务可以传输各种文本、声音、图像、视频等信息。用户只须在网络上申请一个虚拟的电子邮箱，就可以通过电子邮箱收发邮件。

(3) 文件传输服务。Internet 允许用户将一台计算机上的文件传送到网络上的另一台计算机上。通过传输文件的服务，用户不但可以获取 Internet 上丰富的资源，还可以将自己计算机中的文件复制到其他计算机中。传输的文件内容可包括程序、图片、音乐和视频等各类信息。

(4) 电子公告牌。电子公告牌又称 BBS，是一种电子信息服务系统，它提供公共电子白板，用户可以在上面发表意见、网上聊天、网上讨论、组织沙龙、为别人提供信息等。

(5) 娱乐与会话服务。通过 Internet，用户可以使用专门的软件或设备与世界各地的用户进行实时通话和视频聊天。此外，用户还可以参与各种娱乐游戏，如网上下棋、玩网络游戏、看电影等。

(6) 超文本。超文本技术(hypertext technology)是一种以节点为信息单元，通过链接方式揭示信息单元之间相互联系的技术。通过超文本技术，一个含有多个链接的文件可以通过超链接跳转到其他文本、图像、声音、动画等任何形式的文件中。一个超文本可以包含多个超链接，并且超链接的数量不受限制，从一个文档链接到另一个文档，形成遍布世界的 WWW。

(7) WWW。WWW(world wide web)简称 Web，这个名字本身就非常形象地定义了用超链接技术组织的全球信息资源。它所使用的服务器称为 WWW 服务器或 Web 服务器，每个 Web 服务器都是一个信息源，遍布全球的 Web 服务器通过超链接把各种形式的信息，如文本、图像、声音、视频等无缝地集成在一起，构筑密布全球的信息资源库。Web 浏览器则提供以页面为单位的信息显示。用户在自己的计算机上安装一个 WWW 浏览程序和相应的通信软件后，只需要提出自己的查询要求，就可以轻松地从一个页面跳转到另一个页面，从一台 Web 服务器跳转到另一台 Web 服务器上，自由地漫游 Internet。用户无须关心这些文件存放在 Internet 上的哪台计算机中，存放在什么地方、如何取回信息都由 WWW 自动完成。

10.5.4 网络信息检索

传统的信息资源主体是文献资源，以纸质材料为主要对象，如图书、期刊、报纸、论文等。在网络环境下，信息的组成体系发生了变化，网络资源的内容和形式均较传统的信息资源丰富了许多，其信息量大，信息的形式更加多样。

20 世纪 90 年代后，互联网的发展风起云涌，人类社会的信息化、网络化进程大大加快。与之相适应的信息检索技术也迅速转移到以 WWW 为核心的网络应用环境中，信息检索步入网络化时代，网络信息检索已基本取代了手工检索。

网络信息检索也称网络信息检索，是指互联网用户在网络终端，通过特定的网络搜索工具或通过浏览的方式，运用一定的检索技术与策略，从有序的网络信息资源集合中查找并获取所需信息的过程。与传统信息检索相比，网络信息检索具有以下特点。

- 检索范围大、领域涵盖广。网络新消息检索的信息来源范围通常涵盖全球，而信息资源类型、学科(主题)领域也几乎无限制。
- 传统的信息检索技术与网络信息检索技术相结合。传统的信息检索核心技术如布尔逻辑检索、截词检索、限定检索等在网络信息检索中被沿用，网络信息检索技术借助网络信息技术的发展融入了一些新的检索技术，如人工智能、数据挖掘、自然语言理解、多媒体检索技术、多语言检索技术等。

- 用户界面友好，容易上手。网络信息检索所借助的网络信息检索工具均以面对非专业信息检索的广大网民为主，通过各种交换和智能技术，使得一般检索基本能解决大部分问题，不需要专门的检索技术和知识。
- 信息检索效率低。由于网络信息资源具有量大、质量良莠不齐等特点，信息检索结果数量虽然多，但是查询效率较低。尽管一些新技术如数据挖掘技术、自然语言理解技术等不断发展，但网络信息检索效率低的状况短期内还无法改变。

网络信息检索常见形式有网络目录和搜索引擎两种。

1. 网络目录

网络目录(web directory)也称为网络资源目录或网络分类目录，是目录型网络检索工具。最早的网络目录是由人工采集网络上的网站(或网页)，然后按照一定分类标准，如科学类型、主题等，建立网站分类目录，并将筛选后的信息分门别类地放入各类目录中，并辅助一定的检索，供用户浏览。这种网络目录也称为人工网络目录。随着搜索引擎技术的发展，后来出现计算机和人工协同工作完成的网络资源目录，直至发展成今天的完全由计算机自动完成的搜索引擎分类目录。

网络目录是一种既可以供检索也可以供浏览的等级结构式目录。与搜索引擎不同的是，用户可以不必进行搜索，仅仅通过逐层浏览目录即可找到相关信息。同时，用户也可以在某一层级的目录中检索该目录中的信息。

最有影响的搜索引擎分类目录是由 Yahoo！建立的网络目录。搜索引擎的分类目录发展到今天已经成为搜索引擎的副产品，而且大多都由搜索引擎自动生成，人工干预极少。

网络目录的优点有以下几个：

- 分类浏览直观、查准率更高；
- 信息组织的专题性较强，满足族性检索要求；
- 使用简单，只要选择相关类目，依照页面之间的超链接很快就能到达目的信息，适合检索不熟悉的领域或不熟悉网络的用户使用。

网络目录的缺点有以下几个：

- 人工采集信息的收录范围小，更新慢；
- 受主观因素影响，类目设置不够科学，缺少规范。

2. 搜索引擎

搜索引擎是指运行于 Internet 上，以 Internet 上各种信息资源为对象，以信息检索的方式提供用户所需信息的数据库服务系统(即检索工具)。搜索引擎所处理的信息资源主要包括 WWW 服务器上的信息资源、邮件列表和新闻组信息等。

Internet 发展初期，用户一般通过浏览的方式来寻找自己需要的信息，一些专业网站也会在专门的栏目或页面上用下拉菜单等形式列出一些相关网站提供导航服务，也有网站专门进行网络信息资源的发现和人工整理，建立科学信息门户、开放目录等。随着网络信息资源的爆炸性增长，网站越来越多，用户对信息需求的信息粒度越来越细、领域越来越宽，这种人工整理网络信息资源的模式已不能适应网络信息资源的快速增长。搜索引擎技术应运而生，使得用户可以快速检索和获取 Internet 上的海量信息资源。

搜索引擎的基本原理是首先通过网络蜘蛛根据一定的规则在网上“爬行”，搜集网页信息；然后通过搜索引擎对收集的网页进行自动标引，形成网页索引数据库；用户通过查询引擎进行信息的检索。搜索引擎大量应用了文本信息检索技术，并根据网络超文本的特点，引入了更多的信息。

10.6 使用 IE 浏览器

Internet Explorer(IE)是一款优秀的浏览器软件，由于该软件操作简便、使用简单、易学易用，深受用户的喜爱。IE 软件可以使用含有 IE 软件的光盘直接安装，也可以通过 Internet 从微软公司的站点或其他提供下载服务的网站免费下载安装。当用户连接到因特网后，就可以启动 Internet Explorer 浏览器来浏览 Internet 上的资源了。

Windows 7 操作系统中集成了 IE 浏览器，双击桌面上的 IE 浏览器图标(或者单击【开始】按钮，在弹出的菜单中选择【所有程序】| Internet Explorer 命令)，即可打开 IE 浏览器，如图 10-19 所示。IE 浏览器的操作界面主要由地址栏、选项卡、菜单栏、状态栏等几个部分组成。使用 IE 浏览网页的基础操作如下。

(1) 在浏览器地址栏中输入网址(例如 www.baidu.com)，然后按 Enter 键即可打开相应的网页，如图 10-19 所示。

(2) 单击浏览器界面选项卡栏右侧的【新建标签页】按钮，可以创建一个新的标签页，在新标签页中重复步骤(1)的操作，可以在新建的标签页面中打开另一个网页。此时，用户可以通过在浏览器选项卡中单击标签页在两个打开的网页之间切换。

(3) 单击浏览器右下角状态栏右侧的【更改缩放级别】按钮，在弹出的列表中，用户可以调整浏览器界面中内容的显示比例，如图 10-20 所示。

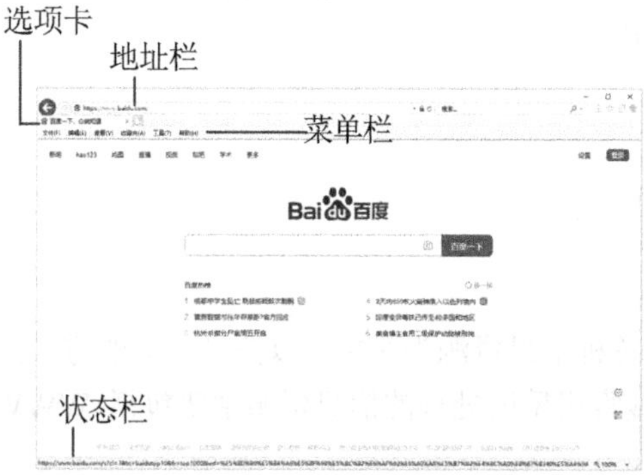

图 10-19　使用 IE 浏览器打开网页

图 10-20　调整浏览器界面中内容的显示比例

(4) 单击浏览器界面选项卡右侧的【关闭标签页】按钮×，可以关闭标签页，单击浏览器界面右上角的【关闭】按钮☒，可以关闭 IE 浏览器。

10.7 使用 Outlook

电子邮件是一种用电子手段提供信息交换的通信方式，是互联网应用最广的服务。通过网络的电子邮件系统，用户可以以非常低廉的价格、非常快速的方式，与世界上任何一个角落的网络用户联系。

电子邮件的地址格式为：用户标识符+@+域名。例如 miaofa@sina.com，其中@符号表示“在”的意思。

Outlook 是 Office 组件之一，作为一个 Web 服务平台，通过互联网向计算机终端提供各种应用服务。本节介绍通过 Outlook 收发电子邮件的方法。

1. 添加电子邮件账户

在 Windows 操作系统中安装并启动 Outlook 后，用户可以参考以下操作完成电子邮件账户的创建。

(1) 在 Outlook 工作界面中选择【文件】选项卡，在打开的界面中选择【信息】选项，然后单击【添加账户】选项，在打开的对话框中输入电子邮件地址，单击【连接】按钮，如图 10-21(a)所示。

(2) 打开【IMAP 账户设置】对话框，输入电子邮件密码，单击【连接】按钮，如图 10-21(b)所示。

(a) 输入电子邮件地址　　(b) 输入密码

图 10-21　添加电子邮件账户

(3) 此时，Outlook 将自动添加邮件账户，用户在打开的对话框中单击【已完成】按钮即可。

2. 接收电子邮件

使用 Outlook 接收电子邮件很简单，设置了电子邮件账户后，软件将自动接收发往该邮箱的电子邮件。用户单击 Outlook 工作界面右上角的【发送/接收所有文件夹】按钮后，Outlook 将打开图 10-22(a)所示的【Outlook 发送/接收进度】对话框接收电子邮件，完成后在打开的邮件列表中单击需要查看的邮件，右侧窗格会显示该邮件的内容，如图 10-22(b)所示。如果想要查看邮件的内容细节，可以双击该邮件，打开邮件查看窗口。

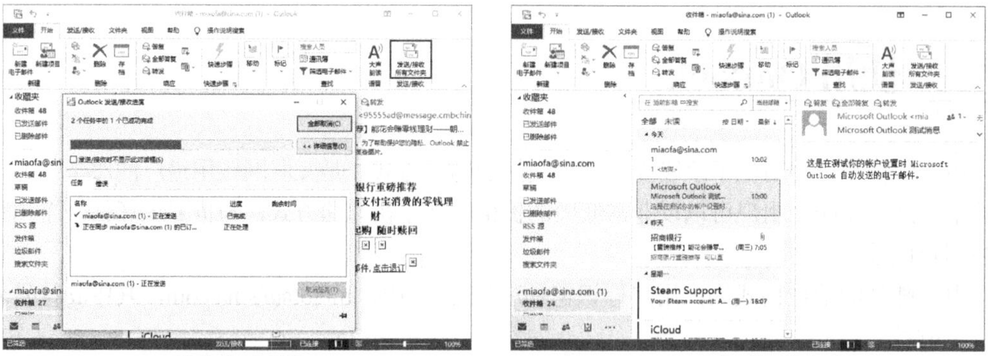

(a) 接收电子邮件　　　　　　　　　　(b) 查看邮件内容

图 10-22　使用 Outlook 接收电子邮件和查看邮件内容

2. 发送电子邮件

在 Outlook 工作界面左上角单击【新建电子邮件】按钮，用户可以在打开的对话框中新建并发送电子邮件，具体方法如下。

(1) 在 Outlook 工作界面左上角的【新建电子邮件】按钮，在打开的对话框中的【收件人】和【抄送】文本框中输入收件人和抄送人的电子邮件地址，在【主题】文本框中输入电子邮件的标题，在对话框底部的文本框中输入电子邮件的内容，如图 10-23(a)所示。

(2) 选择【插入】选项卡，然后单击【附件文件】按钮，用户可以在电子邮件中添加附件，如图 10-23(b)所示。

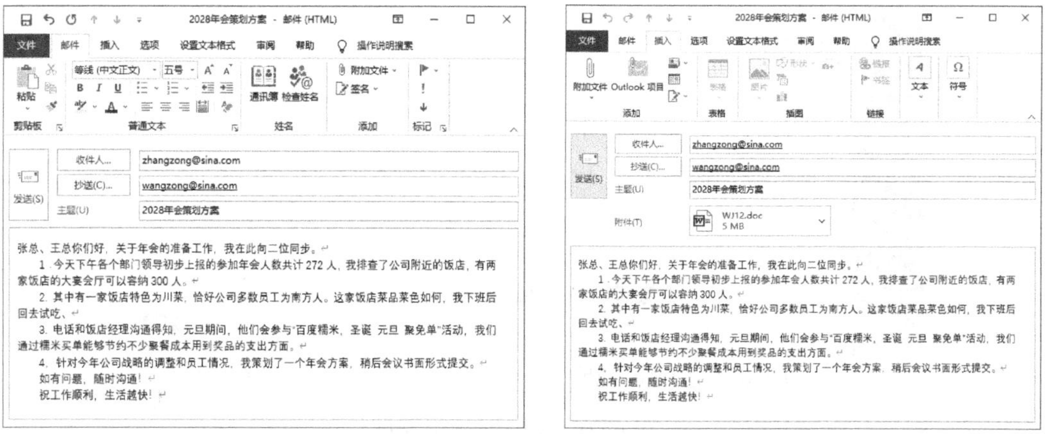

(a) 输入内容　　　　　　　　　　(b) 添加附件

图 10-23　设置邮件内容

(3) 完成上述设置后，单击对话框左侧的【发送】按钮，即可将邮件发送给指定邮箱。

10.8 计算机病毒及其防范

在计算机网络日益普及的今天，几乎所有的计算机用户都受过计算机病毒的侵害。有时，计算机病毒会对人们的日常工作造成很大的影响，因此，了解计算机病毒的特征以及学会如何预防、消灭计算机病毒是非常必要的。

10.8.1　计算机病毒的概念

从技术角度来讲，计算机病毒是一种会自我复制的可执行程序。对计算机病毒的定义可以分为以下两种：一种是以磁盘、磁带和网络等作为媒介传播扩散，能“传染”其他程序的程序；另一种是能够实现自身复制且借助一定的载体存在的具有潜伏性、传染性和破坏性的程序。

因此，确切地说，计算机病毒就是能够通过某种途径潜伏在计算机存储介质(或程序)里，当达到某种条件时即被激活的，能够对计算机资源进行破坏的一组程序或指令集合。

10.8.2　计算机病毒的特征

凡是计算机病毒，一般来说都具有以下特征。

(1) 传染性：病毒通过自身复制来感染正常文件，达到破坏计算机正常运行的目的。但是它的感染是有条件的，也就是病毒程序必须被执行之后它才具有传染性，才能感染其他文件。

(2) 破坏性：任何病毒侵入计算机后，都会或大或小地对计算机的正常使用造成一定的影响，轻者降低计算机的性能，占用系统资源，重者破坏数据导致系统崩溃，甚至会损坏计算机硬件。

(3) 隐藏性：病毒程序一般都设计得非常小巧，当它附带在文件中或隐藏在磁盘上时，不易被人觉察，有些更是以隐藏文件的形式出现，不经过仔细地查看，一般用户很难发现。

(4) 潜伏性：一般病毒在感染文件后并不是立即发作，而是隐藏在系统中，在满足条件时才激活，例如“黑色星期五”就是在每逢 13 号的星期五才会发作。

(5) 可触发性：病毒如果没有被激活，它就像其他没执行的程序一样，安静地待在系统中，没有传染性也不具有杀伤力，但是一旦遇到某个特定的条件，它就会被触发，具有传染性和破坏力，对系统产生破坏作用。这些特定的触发条件一般都是病毒制造者设定的，它可能是时间、日期、文件类型或某些特定数据等。

(6) 不可预见性：病毒种类多种多样，病毒代码千差万别，而且新的病毒制作技术也不断涌现。因此，用户对于已知病毒可以检测、查杀，但对于新的病毒却没有未卜先知的能力，尽管这些新式病毒有某些病毒的共性，但是它采用的技术将更加复杂，更不可预见。

(7) 寄生性：病毒嵌入载体中，依靠载体而生存，当载体被执行时，病毒程序也就被激活，然后进行复制和传播。

10.8.3　计算机病毒的分类

(1) 按计算机病毒的基本类型划分。按照计算机病毒的基本类型划分，可以将其分为系统引导型病毒、可执行文件型病毒、宏病毒、混合型病毒、特洛伊木马型病毒、Internet 语言病毒，如表 10-2 所示。

表 10-2　按计算机病毒的基本类型划分病毒类型

类　　型	说　　明
系统引导型病毒	系统启动时，系统引导型病毒先于正常系统将病毒程序自身装入操作系统中，完成病毒自身程序的安装后，该病毒程序成为驻留内存的程序，然后再将系统的控制权转给真正的系统引导程序，完成系统的安装。表面上看起来计算机系统能够正常启动并正常工作，但此时由于有计算机病毒程序驻留内存，计算机系统已在病毒程序的控制之下了。系统引导型病毒主要是感染软盘的引导扇区和硬盘的主引导扇区或 DOS 引导扇区
可执行文件型病毒	可执行文件型病毒依附在可执行文件或覆盖文件中，当病毒程序感染一个可执行文件时，病毒修改原文件的一些参数并将病毒自身程序添加到原文件中。在感染病毒的文件被执行时，将首先执行病毒程序的一段代码，病毒程序将驻留在内存并取得系统的控制权
宏病毒	宏病毒是利用宏语言编制的病毒，其充分利用宏命令的强大系统调用功能，破坏系统底层的操作。宏病毒仅感染 Windows 系统下用 Word、Excel、Access、PowerPoint 等办公自动化软件编制的文档以及 Outlook Express 邮件等，不会感染给可执行文件
混合型病毒	混合型病毒是系统引导型病毒、可执行文件型病毒、宏病毒等几种病毒的混合体。这种计算机病毒综合利用多种类型病毒的感染渠道进行破坏，不仅传染可执行文件，而且还传染硬盘主引导区
特洛伊木马型病毒	特洛伊木马型病毒也被称为黑客程序或后门病毒。这种病毒程序分为服务器端和客户端两个部分，服务器端病毒程序通过文件的复制、网络中文件的下载和电子邮件的附件等途径传送到要破坏的计算机系统中，一旦用户执行了这类病毒程序，病毒就会在系统每次启动时偷偷地在后台运行。当计算机接入 Internet 时，黑客就可以通过客户端病毒在网络上寻找运行了服务器端病毒程序的计算机，当客户端病毒找到这种计算机后，就能在用户不知不觉的情况下使用客户端病毒指挥服务器端病毒进行合法用户能进行的各种操作，例如复制、删除、关机等，从而达到控制计算机的目的
Internet 语言病毒	Internet 语言病毒是利用 Java、VB 和 ActiveX 等特性来撰写的病毒。此类病毒程序虽然不能破坏计算机硬盘中的资料，但是如果用户使用浏览器来浏览含有这些病毒程序的网页，病毒会不知不觉地进入计算机进行复制，并通过网络窃取用户个人的信息，或者使计算机系统的资源利用率下降，造成死机等问题

(2) 按计算机病毒的链接方式划分。按照计算机病毒的链接方式，可以将其分为操作系统型病毒、外壳型病毒、嵌入型病毒、源码型病毒，如表 10-3 所示。

表 10-3　按计算机病毒的链接方式划分病毒类型

类　　型	说　　明
操作系统型病毒	操作系统型病毒采用的方式是代替操作系统运行，可以产生很大的破坏，可能导致计算机系统崩溃

(续表)

类　型	说　明
外壳型病毒	外壳型病毒是一种比较常见的病毒程序，有易于编写、易被发现的特点，其存在的形式是将自身包围在其他程序的主程序的四周，但并不修改主程序
嵌入型病毒	在计算机现有的程序中嵌入此类病毒程序，从而将计算机病毒的主体程序与其攻击对象通过插入的方式进行链接
源码型病毒	该类病毒主要攻击高级语言编写的计算机程序，在高级语言所编写的程序编译之前就将病毒程序插入程序中，通过有效的编译，使其成为编译中合法的部分

(3) 按传播媒介划分。按传播媒介划分，计算机病毒可以分为单机病毒和网络病毒两类，其中单机病毒一般都是以磁盘作为载体，通常是从移动存储设备传入硬盘中，感染系统后再将病毒传播到其他移动存储设备，从而感染其他系统；网络病毒主要是通过网络渠道传播，具有强大的破坏力与传染性。

10.8.4　计算机病毒的防范

在使用计算机的过程中，如果用户能够掌握一些预防计算机病毒的小技巧，那么就可以有效地降低计算机感染病毒的概率。这些技巧主要包含以下几个方面。

- 最好禁止可移动磁盘和光盘的自动运行功能，因为很多病毒会通过可移动存储设备进行传播。
- 最好不要在一些不知名的网站上下载软件，很有可能病毒会随着软件一同下载到计算机上。
- 尽量使用正版杀毒软件。
- 经常从所使用的软件供应商处下载和安装安全补丁。
- 对于游戏爱好者，尽量不要登录一些外挂类的网站，很有可能在登录的过程中，病毒已经悄悄地侵入了计算机系统中。
- 使用较为复杂的密码，尽量使密码难以猜测，以防止钓鱼网站盗取密码。不同的账号应使用不同的密码，避免雷同。
- 如果病毒已经进入计算机，应该及时将其清除，防止其进一步扩散。
- 共享文件要设置密码，共享结束后应及时关闭。
- 要对重要文件进行习惯性的备份，以防遭遇病毒的破坏，造成意外损失。
- 可在计算机和网络之间安装并使用防火墙，提高系统的安全性。
- 定期使用杀毒软件扫描计算机中的病毒，并及时升级杀毒软件。

10.9　信息安全

迅猛发展的信息技术在不断提高获取、存储、处理和传输信息资源能力的同时，也使信息资源面临更加严峻的安全问题，因此，信息安全受到越来越多的关注。信息安全的任务是保证信息功能的实现。保护信息安全的主要目标是保护信息的机密性、完整性、可用性、可控性及可审查性。

信息系统包括信息处理系统、信息传输系统和信息存储系统等，因此信息的安全要综合考虑这些系统的安全性。

计算机系统作为一种主要的信息处理系统，其安全性直接影响整个信息系统的安全。计算机系统都是由软件、硬件及数据资源组成的。计算机系统安全是指保护计算机软件、硬件和数据资源不被更改、破坏及泄漏，包括物理安全和逻辑安全。物理安全就是保证计算机系统的硬件安全，具体包括计算机设备、网络设备、存储设备等的安全保护和管理。逻辑安全涉及信息的完整性、机密性和可用性。

目前，网络技术和通信技术的不断发展使得信息可以使用通信网络来进行传输。在信息传输过程中，如何保证信息能正确传输并防止信息泄露、篡改与冒用成为信息传输系统的主要安全任务。

数据库系统是常用的信息存储系统。目前，数据库面临的安全威胁主要有数据文件安全、未授权用户窃取、修改数据库内容、授权用户的误操作等。因此，为了维护数据库安全，除了提高硬件设备的安全性、提高管理制度的安全性、定期进行数据备份之外，还必须采用一些常用技术，如访问控制技术、加密技术等保证数据的机密性、完整性及一致性。数据库的完整性包括三个方面：数据项完整性、结构完整性及语义完整性。数据项完整性与系统的安全是密切相关的，保证数据项的完整性主要是通过防止非法对数据库进行插入、删除、修改等操作，还要防止意外事故对数据库的影响。结构完整性就是保持数据库属性之间的依赖关系，可以通过关系完整性规则进行约束。语义完整性就是保证数据语义上的正确性，可以通过域完整性规则进行约束。

10.10 习题

一、判断题

1. 计算机病毒主要以存储介质和计算机网络为媒介进行传播。(　　)
2. 发现计算机病毒后，比较彻底的清除方式是格式化磁盘。(　　)
3. 以信息高速公路为主干网的 Internet 是世界上最大的互联网络。(　　)

二、选择题

1. 在电子信箱地址中，@左侧的是用户名，右侧是(　　)。
   A. 电话号码　　B. 用户账号
   C. 邮件服务器的域名　　D. 用户密码
2. WWW 是万维网，它的英文全称是(　　)。
   A. world wide web　　B. word wide web
   C. word while web　　D. world wide while
3. 互联网通常使用的网络通信协议是(　　)。
   A. NCP　　B. NETBUEI　　C. OSI　　D. TCP/IP

4. 如果计算机在工作中突然断电，下列存储器中，信息全部丢失的将是(　　)。

A. ROM　　B. RAM　　C. 硬盘　　D. 优盘

5. 计算机网络的目标是(　　)。

A. 提高计算机的安全性　　B. 将多台计算机连接起来

C. 提高计算机的可靠性　　D. 共享软件、硬件和数据资源

6. 下列属于计算机网络基本拓扑结构的是(　　)。

A. 层次型　　B. 总线型　　C. 交换型　　D. 分组型

7. 计算机局域网的英文缩写是(　　)。

A. WAN　　B. LAN　　C. MAN　　D. SAN

8. 计算机网络按地域划分，不包括(　　)。

A. 局域网　　B. 以太网　　C. 广域网　　D. 城域网